矩阵分析与应用

张兆军　李　灿　段　纳　编著

中国矿业大学出版社
·徐州·

内 容 提 要

本书分为6章，主要介绍矩阵基础知识、矩阵分解、矩阵分析、矩阵的广义逆、线性空间与线性变换、Kronecker积与矩阵不等式。每章加入了相应的应用案例，并给出了一定量的习题。本书根据理工科研究生特点，进一步凝练和精简了矩阵理论的知识点，应用案例包含了背景分析、应用矩阵知识的具体过程以及仿真结果等完整过程以突出矩阵理论的实际价值。

本书可作为普通高等院校理工科研究生以及高年级本科生的教材，也可供从事科学计算和工程技术的科技工作者参考。

图书在版编目(CIP)数据

矩阵分析与应用/张兆军，李灿，段纳编著．—徐州：中国矿业大学出版社，2022.12

ISBN 978-7-5646-5680-5

Ⅰ．①矩…　Ⅱ．①张…　②李…　③段…　Ⅲ．①矩阵分析　Ⅳ．①O151.21

中国版本图书馆CIP数据核字(2022)第247692号

书　　名　矩阵分析与应用
编　　著　张兆军　李　灿　段　纳
责任编辑　张　岩
出版发行　中国矿业大学出版社有限责任公司
　　　　　　(江苏省徐州市解放南路　邮编221008)
营销热线　(0516)83884103　83885105
出版服务　(0516)83995789　83884920
网　　址　http://www.cumtp.com　**E-mail**:cumtpvip@cumtp.com
印　　刷　江苏淮阴新华印务有限公司
开　　本　787 mm×1092 mm　1/16　**印张** 11.75　**字数** 301千字
版次印次　2022年12月第1版　2022年12月第1次印刷
定　　价　40.00元

前　言

矩阵理论不仅是数学理论的一个重要组成部分，而且在很多工程领域都有着广泛的应用，具有很强的理论性和很高的实用价值。因此，矩阵分析与应用是高等学校理工科研究生的一门重要基础课程，已经成为学习控制理论、电气、力学、光学、信息科学、管理科学与工程、计算机等学科的基础。矩阵是一种非常有用的数学工具，最初是为了求解线性方程而发展出来的一种数学计算形式。人们应用这种简单的数学形式可以解决很多复杂的工程问题。随着矩阵理论的发展和完善，尤其是随着计算机科学技术的发展，矩阵理论也在人工智能和大数据处理等学科有着广泛的应用。

矩阵理论对于工科研究生而言具有很强的抽象性和理论性，特别是对于数学基础较为薄弱的研究生，学习难度较大。本书在编写过程中通过对矩阵理论的知识点进行梳理，依据工科研究生的先修课程和培养目标，对矩阵理论中的知识架构进行了合理安排。首先，将与线性代数和高等数学衔接较为紧密的矩阵基础、矩阵分解以及矩阵分析安排在前三章，而将矩阵广义逆、线性空间/线性变换以及矩阵 Kronecker 积与矩阵不等式依次安排在后三章。这样安排更加符合由简单到复杂、知识积累循序渐进的学习规律，有助于读者更好地掌握矩阵知识。其次，依据工科研究生的特点，每个章节的主要知识点后都加入了应用案例，突出矩阵理论的实际价值。应用主要涉及线性系统、线性与非线性控制、图像处理、数据处理、现代通信、多智能体等应用场景。应用案例包括了背景分析、应用矩阵知识的具体过程以及仿真结果。本书案例丰富、分析全面、结果清晰，理论与实践的结合较强，易于激发工科读者的学习兴趣。最后，本书进一步凝练和精简了矩阵理论的知识点，知识点的选取以实用性为主导，以更好地满足于工科学生的实际需求。对于主要定理适当地给出证明过程，不仅有助于增强读者的理解，而且能够避免知识点罗列过多带来的枯燥感。此外，在知识点衔接之处加入适当的文字描述可引导读者思考和理解。

本书在线性代数和高等数学的基础上分 6 章介绍矩阵分析及应用的相关内容。第 1 章回顾线性代数中的矩阵基础知识，并扩展到一般的复数矩阵，为后续章节做准备。第 2 章介绍在工程学科中常用的几种矩阵分解，包括三角分解、满秩分解、对角分解、酉相似分解和奇异值分解，并对这些分解在MIMO通信、线性系统分析和图像处理领域进行应用。第3章为矩阵分析初步，重点介绍矩阵范数、矩阵函数以及矩阵的微积分，相关知识在采样控制和神经网络控制中进行应用分析。第4章为矩阵的广义逆，重点介绍其中的“1-逆”“1,2-逆”“1,3-逆”“1,4-逆”“MP-逆”，主要包括广义逆的定义和构造方法，并将相关知识应用于求解曲线拟合问题。第5章介绍线性空间和线性变换，线性空间以内积空间为例进行重点讲解，线性变换则重点介绍它的运算、子空间以及矩阵表示，以子空间方法中的主成分分析方法为例对本章知识进行应用分析。第6章为矩阵的Kronecker积和矩阵不等式，前者重点介绍了Kronecker积的性质及其与矩阵向量化的关系，后者则侧重于线性矩阵不等式的求解和非线性矩阵不等式的线性化技术，相关知识在线性系统控制和多智能体系统控制中进行应用。

本书作为我校研究生培养质量工程项目的一部分(2021年研究生培养质量工程项目研究生教材建设，项目编号：Y2021YJC0404)，得到了学校、研究生院和电气工程及自动化学院的大力支持。在编写过程中也参考和引用了同行、前辈的工作成果。本书的部分应用案例是根据近年来发表的学术论文编写的。此外，研究生秦佳乐、谭思梦、骆宏杰对文稿进行了认真仔细的校对工作。在此，对他们的付出表示衷心的感谢。

受限于作者水平和能力，书中难免有疏漏和不当之处，敬请广大读者批评指正。

目 录

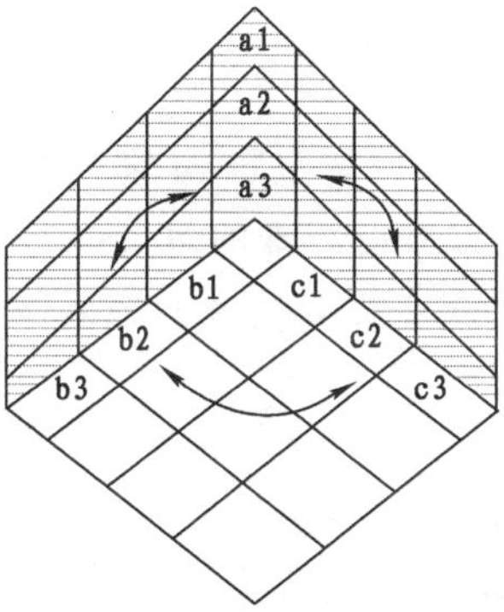

第1章 矩阵基础知识

矩阵是一种非常有用的数学工具，最初是为了求解线性方程而发展出来的一种数学计算形式。但随着矩阵理论的发展和完善，现已被广泛用于电气、力学、光学、计算机科学和人工智能等学科。人们应用这种简单的数学形式可以解决很多复杂的工程问题。

1.1 矩阵的基本概念和运算

在科学研究和社会生产实践中，大量的问题都涉及矩阵的概念。对这些问题的研究常常反映为对有关矩阵的研究。因此掌握矩阵的概念显得尤为重要。另外，矩阵有加、减、乘、转置、共轭、共轭转置等基本运算，也需要掌握。

1.1.1 矩阵与向量

定义1.1(矩阵) 由 $m\times n$ 个数 a_{ij} 排成 m 行 n 列的数表

$$\boldsymbol{A}=\begin{bmatrix} a_{11} & a_{12} & \cdots & a_{1n} \\ a_{21} & a_{22} & \cdots & a_{2n} \\ \vdots & \vdots & & \vdots \\ a_{m1} & a_{m2} & \cdots & a_{mn} \end{bmatrix} \tag{1.1}$$

称为 m 行 n 列矩阵，简称为 $m\times n$ 矩阵，记作 $\boldsymbol{A}_{m\times n}$ 或者 $[a_{ij}]_{m\times n}$，其中 a_{ij} 称为矩阵 $\boldsymbol{A}$ 的元素。

$m\times n$ 实矩阵的全体记为 $\mathbb{R}^{m\times n}$，$m\times n$ 复矩阵的全体记为 $\mathbb{C}^{m\times n}$。若矩阵 $\boldsymbol{A}$ 的任意元素 $a_{ij}\in\mathbb{R}$，则称其为实矩阵；若矩阵 $\boldsymbol{A}$ 存在元素 $a_{ij}\in\mathbb{C}$，则称其为复矩阵。

根据矩阵 $\boldsymbol{A}\in\mathbb{C}^{m\times n}$ 的行数 m 与列数 n 的关系，可以将矩阵分为：

(1) 当 $m=n$ 时，称矩阵 $\boldsymbol{A}$ 为方矩阵或方阵；

(2) 当 $m<n$ 时，称矩阵 $\boldsymbol{A}$ 为宽矩阵；

(3) 当 $m>n$ 时，称矩阵 $\boldsymbol{A}$ 为高矩阵。

定义 1.2(向量) 由 m 个数 a_i 按照如下形式排列

$$\boldsymbol{a}=\begin{bmatrix}a_1\\a_2\\\vdots\\a_m\end{bmatrix} \tag{1.2}$$

称为 m 维列向量。

同理称 $\boldsymbol{a}=[a_1,a_2,\cdots,a_m]$为 m 维行向量。为了书写方便,常利用转置将 m 维列向量写成 m 维行向量,即 $\boldsymbol{a}=[a_1,a_2,\cdots,a_m]^{\mathrm{T}}$。行向量或者列向量可以看成特殊的只有一行或者一列的矩阵,称为行矩阵或者列矩阵。在此基础上,可以将列向量记作 $\boldsymbol{a}\in\mathbb{R}^{m\times 1}$或者 $\boldsymbol{a}\in\mathbb{C}^{m\times 1}$。同理,行向量可以记作 $\boldsymbol{a}\in\mathbb{R}^{1\times m}$或者 $\boldsymbol{a}\in\mathbb{C}^{1\times m}$。

反之,$m\times n$ 矩阵 $\boldsymbol{A}$ 也可以利用 n 个 m 维列向量

$$\boldsymbol{a}_j=[a_{1j},a_{2j},\cdots,a_{mj}]\quad(j=1,2,\cdots,n)$$

表示,即 $\boldsymbol{A}=[\boldsymbol{a}_1,\boldsymbol{a}_2,\cdots,\boldsymbol{a}_n]$。类似地,也可以用行向量来表示矩阵。

1.1.2 矩阵的加法和数乘

由矩阵的定义 1.1 可知,单纯的矩阵仅仅是由若干个数构成的一个表,实际意义或者价值并不大。为了使其更具有实际意义,一方面需要赋予矩阵一定的运算,另一方面需要将其与实际问题相结合。这里重点介绍矩阵的基本运算如加法、数乘运算等。

定义 1.3(矩阵的和) 设有两个矩阵 $\boldsymbol{A}=[a_{ij}]_{m\times n}$和 $\boldsymbol{B}=[b_{ij}]_{m\times n}$,矩阵 $\boldsymbol{A}$ 与 $\boldsymbol{B}$ 的和记为 $\boldsymbol{A}+\boldsymbol{B}$,则有

$$\boldsymbol{A}+\boldsymbol{B}=\begin{bmatrix}a_{11}+b_{11} & a_{12}+b_{12} & \cdots & a_{1n}+b_{1n}\\a_{21}+b_{21} & a_{22}+b_{22} & \cdots & a_{2n}+b_{2n}\\\vdots & \vdots & & \vdots\\a_{m1}+b_{m1} & a_{m2}+b_{m2} & \cdots & a_{mn}+b_{mn}\end{bmatrix} \tag{1.3}$$

两个矩阵的加法实际上是矩阵对应位置的元素相加。而两个矩阵可以相加的前提条件是两个矩阵为同型矩阵,即矩阵的行数和列数对应相等。

定义 1.4 (数乘) 数 k 与矩阵 $\boldsymbol{A}=[a_{ij}]_{m\times n}$的乘积,记为 $k\boldsymbol{A}$,则有

$$k\boldsymbol{A}=\begin{bmatrix}ka_{11} & ka_{12} & \cdots & ka_{1n}\\ka_{21} & ka_{22} & \cdots & ka_{2n}\\\vdots & \vdots & & \vdots\\ka_{m1} & ka_{m2} & \cdots & ka_{mn}\end{bmatrix} \tag{1.4}$$

矩阵的数乘运算等于这个数与矩阵所有的元素相乘。在此基础上可以定义矩阵 $\boldsymbol{A}$ 的负矩阵记为 $-\boldsymbol{A}$,满足 $\boldsymbol{A}-\boldsymbol{A}=\boldsymbol{O}$,其中 $\boldsymbol{O}$ 表示零矩阵。进而可以利用加法运算定义矩阵减法运算,即 $\boldsymbol{A}-\boldsymbol{B}=\boldsymbol{A}+(-\boldsymbol{B})$。

加法和数乘运算的运算规律有:

(1) $\boldsymbol{A}+\boldsymbol{B}=\boldsymbol{B}+\boldsymbol{A}$;

(2) $(\boldsymbol{A}+\boldsymbol{B})+\boldsymbol{C}=\boldsymbol{A}+(\boldsymbol{B}+\boldsymbol{C})$;

(3) $(\lambda\mu)\boldsymbol{A}=\lambda(\mu\boldsymbol{A})$;

(4) $(\lambda+\mu)\boldsymbol{A}=\lambda\boldsymbol{A}+\mu\boldsymbol{A}$;

(5) $\lambda(\boldsymbol{A}+\boldsymbol{B})=\lambda\boldsymbol{A}+\lambda\boldsymbol{B}$。

1.1.3　矩阵的转置

定义 1.5（转置）　设 $m\times n$ 阶矩阵

$$\boldsymbol{A}=\begin{bmatrix} a_{11} & a_{12} & \cdots & a_{1n} \\ a_{21} & a_{22} & \cdots & a_{2n} \\ \vdots & \vdots & & \vdots \\ a_{m1} & a_{m2} & \cdots & a_{mn} \end{bmatrix}$$

则其转置矩阵是将矩阵 $\boldsymbol{A}$ 的行换为同序数的列后得到的矩阵，记为 $\boldsymbol{A}^{\mathrm{T}}$，即

$$\boldsymbol{A}^{\mathrm{T}}=\begin{bmatrix} a_{11} & a_{21} & \cdots & a_{m1} \\ a_{12} & a_{22} & \cdots & a_{m2} \\ \vdots & \vdots & & \vdots \\ a_{1n} & a_{2n} & \cdots & a_{mn} \end{bmatrix} \tag{1.5}$$

定义 1.6（共轭转置）　设 $m\times n$ 矩阵 $\boldsymbol{A}$ 的共轭转置矩阵为

$$\boldsymbol{A}^{\mathrm{H}}=\begin{bmatrix} \bar{a}_{11} & \bar{a}_{21} & \cdots & \bar{a}_{m1} \\ \bar{a}_{12} & \bar{a}_{22} & \cdots & \bar{a}_{m2} \\ \vdots & \vdots & & \vdots \\ \bar{a}_{1n} & \bar{a}_{2n} & \cdots & \bar{a}_{mn} \end{bmatrix} \tag{1.6}$$

其中 $\bar{a}_{ij}$ 表示复数 a_{ij} 的共轭复数。

由定义 1.6 可知 $\boldsymbol{A}^{\mathrm{H}}=\bar{\boldsymbol{A}}^{\mathrm{T}}$。实际上，若 $\boldsymbol{A}\in\mathbb{R}^{m\times n}$，则 $\boldsymbol{A}^{\mathrm{H}}=\boldsymbol{A}^{\mathrm{T}}$。常见的运算规律有：

(1) $(\boldsymbol{A}^{\mathrm{T}})^{\mathrm{T}}=\boldsymbol{A}$，$(\boldsymbol{A}^{\mathrm{H}})^{\mathrm{H}}=\boldsymbol{A}$；

(2) $(\boldsymbol{A}+\boldsymbol{B})^{\mathrm{T}}=\boldsymbol{A}^{\mathrm{T}}+\boldsymbol{B}^{\mathrm{T}}$，$(\boldsymbol{A}+\boldsymbol{B})^{\mathrm{H}}=\boldsymbol{A}^{\mathrm{H}}+\boldsymbol{B}^{\mathrm{H}}$；

(3) $(\lambda\boldsymbol{A})^{\mathrm{T}}=\lambda\boldsymbol{A}^{\mathrm{T}}$，$(\lambda\boldsymbol{A})^{\mathrm{H}}=\bar{\lambda}\boldsymbol{A}^{\mathrm{H}}$。

1.1.4　矩阵的乘积

定义 1.7（矩阵的乘积）　设矩阵 $\boldsymbol{A}=[a_{ij}]_{m\times s}$，$\boldsymbol{B}=[b_{ij}]_{s\times n}$，则 $\boldsymbol{A}$ 与 $\boldsymbol{B}$ 的乘积 $\boldsymbol{AB}$ 是一个 $m\times n$ 的矩阵，记为 $\boldsymbol{C}=[c_{ij}]_{m\times n}$，其中

$$c_{ij}=a_{i1}b_{1j}+a_{i2}b_{2j}+\cdots+a_{is}b_{sj}=\sum_{k=1}^{s}a_{ik}b_{kj} \tag{1.7}$$

由定义 1.7 可知，两个矩阵可以相乘的前提是第一个矩阵的列数等于第二个矩阵的行数。

定义 1.8（方阵的行列式）　由 n 阶方阵 $\boldsymbol{A}$ 的元素所构成的 n 阶行列式（各元素的位置不变），称为方阵 $\boldsymbol{A}$ 的行列式，记作 $|\boldsymbol{A}|$ 或 $\det(\boldsymbol{A})$。

定义 1.9（逆矩阵）　设 $\boldsymbol{A}$ 为 n 阶方阵，$\boldsymbol{E}$ 是 n 阶单位阵，若存在一个 n 阶方阵 $\boldsymbol{B}$ 满足

$$\boldsymbol{AB}=\boldsymbol{BA}=\boldsymbol{E} \tag{1.8}$$

则称 $\boldsymbol{A}$ 是可逆矩阵或非奇异矩阵（nonsingular matrix），并称 $\boldsymbol{B}$ 为 $\boldsymbol{A}$ 的逆（inverse），记作 $\boldsymbol{B}=\boldsymbol{A}^{-1}$。否则称 $\boldsymbol{A}$ 是不可逆矩阵或奇异矩阵（singular matrix）。

定义 1.10　由 n 阶方阵 $\boldsymbol{A}$ 中元素 a_{ij} 的代数余子式 A_{ij} 构成的 n 阶方阵

$$\begin{bmatrix} A_{11} & A_{21} & \cdots & A_{n1} \\ A_{12} & A_{22} & \cdots & A_{n2} \\ \vdots & \vdots & & \vdots \\ A_{1n} & A_{2n} & \cdots & A_{nn} \end{bmatrix} \tag{1.9}$$

称为方阵 $\boldsymbol{A}$ 的伴随矩阵，记作 $\boldsymbol{A}^*$。

对于伴随矩阵一定要注意其排列方式。

定理 1.1 方阵 $\boldsymbol{A}$ 可逆的充分必要条件是 $|\boldsymbol{A}| \neq 0$，且

$$\boldsymbol{A}^{-1} = \frac{1}{|\boldsymbol{A}|}\boldsymbol{A}^* \tag{1.10}$$

例 1.1 求二阶矩阵 $\boldsymbol{A}=\begin{bmatrix} a & b \\ c & d \end{bmatrix}$ 的逆矩阵。

解 可以求出 $\det(\boldsymbol{A})=ad-bc$，而 $\boldsymbol{A}^*=\begin{bmatrix} d & -b \\ -c & a \end{bmatrix}$，故当 $ad-bc\neq 0$ 时，利用式(1.10)，有

$$\boldsymbol{A}^{-1} = \frac{1}{ad-bc}\begin{bmatrix} d & -b \\ -c & a \end{bmatrix}$$

这样就求得二阶矩阵的逆矩阵。 □

需要注意的是二阶矩阵可逆的条件。另外，可以利用例题的结果直接计算二阶可逆矩阵的逆矩阵。

从定理 1.1 可以看出，按照式(1.10)求逆矩阵，不仅需要计算矩阵的行列式，而且需要计算矩阵的伴随矩阵。随着矩阵的阶数升高，伴随矩阵的计算量也会增大。因此，在求高阶矩阵的逆矩阵时一般不采用这个公式。但是对于四阶以下的矩阵可以使用式(1.10)求逆矩阵。在大多数情况下，式(1.10)主要用于理论推导或一些特殊矩阵求逆，而一般矩阵的逆矩阵主要通过初等变换方法求得。

设 $\boldsymbol{A}$ 为 n 阶方阵，下列表述是等价的：

(1) 矩阵 $\boldsymbol{A}$ 可逆；

(2) $\det(\boldsymbol{A})\neq 0$；

(3) $\boldsymbol{A}$ 是非奇异矩阵；

(4) $\boldsymbol{A}$ 是满秩矩阵，或 $\operatorname{rank}(\boldsymbol{A})=n$；

(5) $\boldsymbol{A}$ 与单位矩阵等价；

(6) $\boldsymbol{A}$ 可以分解成一系列初等矩阵的乘积；

(7) $\boldsymbol{A}$ 的行(列)向量组线性无关；

(8) 齐次线性方程组 $\boldsymbol{Ax}=\boldsymbol{0}$ 只有零解；

(9) 非齐次线性方程组 $\boldsymbol{Ax}=\boldsymbol{b}$ 有唯一解。

一些常见的运算规律：

(1) $\det(\boldsymbol{AB})=\det(\boldsymbol{BA})$；

(2) $(\boldsymbol{AB})^{\mathrm{T}}=\boldsymbol{B}^{\mathrm{T}}\boldsymbol{A}^{\mathrm{T}}$，$(\boldsymbol{AB})^{\mathrm{H}}=\boldsymbol{B}^{\mathrm{H}}\boldsymbol{A}^{\mathrm{H}}$；

(3) $\boldsymbol{A}(\boldsymbol{B}+\boldsymbol{C})=\boldsymbol{AB}+\boldsymbol{AC}$，$(\boldsymbol{B}+\boldsymbol{C})\boldsymbol{A}=\boldsymbol{BA}+\boldsymbol{CA}$。

若 $\boldsymbol{A}$ 和 $\boldsymbol{B}$ 是 n 阶方阵，则有：

(1) $\det(\boldsymbol{A}^{\mathrm{T}})=\det(\boldsymbol{A})$；

(2) $\det(\lambda \boldsymbol{A})=\lambda^n \det(\boldsymbol{A})$；

(3) $\det(\boldsymbol{AB})=\det(\boldsymbol{A})\det(\boldsymbol{B})$；

(4) $(\boldsymbol{A}^{-1})^{\mathrm{T}}=(\boldsymbol{A}^{\mathrm{T}})^{-1},(\boldsymbol{A}^{-1})^{\mathrm{H}}=(\boldsymbol{A}^{\mathrm{H}})^{-1}$。

需要注意的是：一般情况下，矩阵乘法运算不满足交换律和消去律，即：

(1) 由 $\boldsymbol{AB}=\boldsymbol{AC}$ 不能推出 $\boldsymbol{B}=\boldsymbol{C}$；

(2) 一般情况下，$\boldsymbol{AB}\neq\boldsymbol{BA}$。

若 $\boldsymbol{AB}=\boldsymbol{BA}$，则称 $\boldsymbol{A}$ 与 $\boldsymbol{B}$ 是可交换的。

1.1.5 矩阵的初等变换

定义 1.11(初等变换) 下面 3 种对矩阵的变换，统称为矩阵的初等变换：

(1) 交换矩阵的 i,j 两行(列)，记作 $r_i\leftrightarrow r_j(c_i\leftrightarrow c_j)$；

(2) 用任意数 $k\neq0$ 乘以矩阵的第 i 行(列)所有元素，记作 $r_i\times k(c_i\times k)$；

(3) 把矩阵的第 j 行(列)的 k 倍加到矩阵的第 i 行(列)，记作 $r_i+kr_j(c_i+kc_j)$。

定义 1.12 (初等矩阵) 将 n 阶单位矩阵 $\boldsymbol{E}$ 进行一次初等变换所得的矩阵，称为初等矩阵。即：

(1) 将单位矩阵 $\boldsymbol{E}$ 进行初等行变换所得的矩阵，称为初等行变换矩阵；

(2) 将单位矩阵 $\boldsymbol{E}$ 进行初等列变换所得的矩阵，称为初等列变换矩阵；

(3) 初等行变换矩阵和初等列变换矩阵均称为初等矩阵。

由于初等变换不改变矩阵的秩，因此常被用于求矩阵的秩。此外，初等矩阵的秩与对应的单位矩阵的秩是相同的，因而初等矩阵是满秩矩阵。

所有元素均为 0 的 $m\times n$ 矩阵称为零矩阵，记作 $\boldsymbol{O}_{m\times n}$。在矩阵的行数和列数已知的情况下，也可以简记为 $\boldsymbol{O}$。同理，所有元素均为 1 的 $m\times n$ 矩阵称为全 1 矩阵，也称为幺矩阵，记作 $\boldsymbol{1}_{m\times n}$。

对于 $m\times n$ 矩阵 $\boldsymbol{A}$，若 $\boldsymbol{A}$ 的秩为 r，可以利用初等变换(行变换和列变换)将其化为标准形，即

$$\boldsymbol{A}\sim\boldsymbol{F}=\begin{bmatrix}\boldsymbol{E}_r & \boldsymbol{O}\\ \boldsymbol{O} & \boldsymbol{O}\end{bmatrix}_{m\times n} \tag{1.11}$$

其中，$\boldsymbol{E}_r$ 是 r 阶单位矩阵。

式(1.11)给出了求矩阵秩的一般方法，即利用初等变换将矩阵化成标准形或者行阶梯形，其中非零行的个数或者阶梯的个数就是矩阵的秩。需要注意的是，这里 $\boldsymbol{A}$ 与 $\boldsymbol{F}$ 是等价关系，使用符号"～"连接。不难看出，对于定义在同一数域上的任意 $m\times n$ 矩阵，虽然元素的具体数值不同，但只要矩阵的秩相同，其最终都可通过初等变换化成同一标准形。这说明秩是矩阵重要的性能指标。

命题 1.1 设 $m\times n$ 矩阵 $\boldsymbol{A}$，对 $\boldsymbol{A}$ 进行一次初等行变换，相当于在 $\boldsymbol{A}$ 的左边乘以相应的 m 阶的初等矩阵；对 $\boldsymbol{A}$ 进行一次初等列变换，相当于在 $\boldsymbol{A}$ 的右边乘以相应的 n 阶的初等矩阵。

定理 1.2 对于任意 $m\times n$ 矩阵 $\boldsymbol{A}$，若 $\mathrm{rank}(\boldsymbol{A})=r$，则存在 m 阶满秩矩阵 $\boldsymbol{P}$ 和 n 阶满秩矩阵 $\boldsymbol{Q}$，使得

$$PAQ=\begin{bmatrix}E_r & O\\ O & O\end{bmatrix}_{m\times n} \tag{1.12}$$

对于定理1.2的证明，这里就不再详细介绍了。实际上式(1.11)就是采用初等变换的方法将矩阵 $\boldsymbol{A}$ 化成标准形的，即对矩阵进行了一系列初等行变换和初等列变换，只是连接符号用的是等价符号是等价关系，使用符号“～”。而在有了初等矩阵的概念后，只需要将执行的初等行变换对应的 m 阶初等行变换矩阵“左乘”矩阵 $\boldsymbol{A}$，初等列变换对应的 n 阶初等列变换矩阵“右乘”矩阵 $\boldsymbol{A}$。一系列初等行变换矩阵的乘积构成矩阵 $\boldsymbol{P}$，同理一系列初等列变换矩阵的乘积构成矩阵 $\boldsymbol{Q}$。由于初等矩阵是非奇异矩阵，因此 $\boldsymbol{P}$ 和 $\boldsymbol{Q}$ 也是非奇异矩阵。

式(1.11)与式(1.12)的最大不同在于连接符号。前者使用等价符号“～”，后者使用等号符号“＝”。在一般计算中，前者使用较多；但是在一些证明或者推理过程中，后者用处更大些，所以应当根据实际情况合理选择。矩阵之间等价关系的内容将在后面介绍。

另外，初等变换也是矩阵的一种基本运算，对矩阵进行一次初等变换实质上是将之左乘或者右乘了一个初等矩阵，满足行变“左乘”、列变“右乘”规则。因此，一系列初等行(列)变换则对应一系列初等行(列)矩阵的乘积。而初等矩阵的乘积仍是矩阵，这表明对矩阵进行的变换在一定程度上是让该矩阵乘以一个与变换对应的矩阵，即矩阵与变换是对应的。如矩阵 $\boldsymbol{B}$ 乘以矩阵 $\boldsymbol{A}$，相当于将矩阵 $\boldsymbol{B}$ 进行了一次与矩阵 $\boldsymbol{A}$ 对应的变换。

例1.2 证明：对于 $m\times n$ 矩阵 $\boldsymbol{A}$，若 $\mathrm{rank}(\boldsymbol{A})=r$，则存在列满秩矩阵 $\boldsymbol{B}_{m\times r}$ 和行满秩矩阵 $\boldsymbol{C}_{r\times n}$，使得 $\boldsymbol{A}=\boldsymbol{BC}$。

证明 由于 $\mathrm{rank}(\boldsymbol{A})=r$，则存在 m 阶满秩矩阵 $\boldsymbol{P}$ 和 n 阶满秩矩阵 $\boldsymbol{Q}$，使得

$$PAQ=\begin{bmatrix}E_r & O\\ O & O\end{bmatrix}_{m\times n}$$

于是有

$$A=P^{-1}\begin{bmatrix}E_r & O\\ O & O\end{bmatrix}_{m\times n}Q^{-1}=P^{-1}\begin{bmatrix}E_r\\ O\end{bmatrix}\begin{bmatrix}E_r & O\end{bmatrix}Q^{-1}$$

取 $\boldsymbol{B}=\boldsymbol{P}^{-1}\begin{bmatrix}E_r\\ O\end{bmatrix}$，$\boldsymbol{C}=[\boldsymbol{E}_r\quad \boldsymbol{O}]\boldsymbol{Q}^{-1}$，则有 $\mathrm{rank}(\boldsymbol{B}_{m\times r})=r$，$\mathrm{rank}(\boldsymbol{C}_{r\times n})=r$，使得 $\boldsymbol{A}=\boldsymbol{BC}$。

□

这个例题实际上给出了矩阵满秩分解的一种方法。关于矩阵分解的内容将在第2章详细介绍。

例1.3 证明：对于 $m\times n$ 矩阵 $\boldsymbol{A}$ 和 $\boldsymbol{B}$，若存在可逆矩阵 $\boldsymbol{P}$ 和 $\boldsymbol{Q}$，使得 $\boldsymbol{PAQ}=\boldsymbol{B}$，则有 $\mathrm{rank}(\boldsymbol{A})=\mathrm{rank}(\boldsymbol{B})$。

证明 设 $\mathrm{rank}(\boldsymbol{A})=r$，则存在 m 阶满秩矩阵 $\boldsymbol{H}$ 和 n 阶满秩矩阵 $\boldsymbol{M}$，使得

$$HAM=\begin{bmatrix}E_r & O\\ O & O\end{bmatrix}$$

于是有

$$A=H^{-1}\begin{bmatrix}E_r & O\\ O & O\end{bmatrix}M^{-1}$$

令 $\boldsymbol{J}=\boldsymbol{PH}^{-1}$，$\boldsymbol{K}=\boldsymbol{M}^{-1}\boldsymbol{Q}$，则 $\boldsymbol{J}$ 和 $\boldsymbol{K}$ 均是可逆矩阵，故有 $\boldsymbol{B}=\boldsymbol{J}\begin{bmatrix}E_r & O\\ O & O\end{bmatrix}\boldsymbol{K}$，所以 $\mathrm{rank}(\boldsymbol{B})=r$。

故有 $\mathrm{rank}(\boldsymbol{A})=\mathrm{rank}(\boldsymbol{B})$。 □

初等变换和初等矩阵不仅可以用于求矩阵的秩，还有许多其他的作用。如在线性代数里学过的求解线性方程组，求向量组的秩，求逆矩阵，求向量组的极大无关组，等等，这里不再一一举例。

1.1.6　分块矩阵

对矩阵进行适当分块处理，不仅可以使矩阵的结构变得清晰简单，而且在一定程度上可以降低计算量。特别是在矩阵行数和列数较高的情况下，利用分块方法，可以将高阶矩阵的运算转化为低阶矩阵的运算，从而简化运算步骤。

定义 1.13(分块矩阵)　将矩阵 $\boldsymbol{A}_{m\times n}$ 用若干条横线和竖线分成许多个小矩阵，如

$$\boldsymbol{A}=\left[\begin{array}{cc:cc} a_{11} & a_{12} & \cdots & a_{1n} \\ \hdashline a_{21} & a_{22} & \cdots & a_{2n} \\ \vdots & \vdots & & \vdots \\ a_{m1} & a_{m2} & \cdots & a_{mn} \end{array}\right] \tag{1.13}$$

将每个小矩阵称为这个矩阵的子块，以子块为元素的形式上的矩阵称为分块矩阵。

由定义 1.13 不难看出，子块的分法不唯一，因而分块矩阵的形式也是不同的。这需要观察矩阵的特点，合理地进行分块。

如矩阵

$$\boldsymbol{A}=\begin{bmatrix} 1 & 0 & 0 & 0 \\ 0 & 1 & 0 & 0 \\ -1 & 2 & 1 & 0 \\ 1 & 1 & 0 & 1 \end{bmatrix}$$

采用不同的分块方法，对应的分块矩阵形式分别为：

$$(1)\left[\begin{array}{c:ccc} 1 & 0 & 0 & 0 \\ \hdashline 0 & 1 & 0 & 0 \\ -1 & 2 & 1 & 0 \\ 1 & 1 & 0 & 1 \end{array}\right],\quad (2)\left[\begin{array}{cc:cc} 1 & 0 & 0 & 0 \\ 0 & 1 & 0 & 0 \\ \hdashline -1 & 2 & 1 & 0 \\ 1 & 1 & 0 & 1 \end{array}\right],\quad (3)\left[\begin{array}{ccc:c} 1 & 0 & 0 & 0 \\ 0 & 1 & 0 & 0 \\ \hdashline -1 & 2 & 1 & 0 \\ 1 & 1 & 0 & 1 \end{array}\right]$$

若考虑后面的计算问题，明显(2)的划分更为合理一些。

分块的作用是将矩阵进行合理的划分，但由于这种划分并没有改变矩阵元素和位置，所以得到的分块矩阵(子块)相当于其元素是部分矩阵或者单个矩阵元素。如果将部分矩阵也当作元素，则分块矩阵实际上也可以看成矩阵，故其仍具有与普通矩阵一样的运算规律。这里仅以分块矩阵的乘法运算加以说明，其余运算不再一一说明。

设矩阵 $\boldsymbol{A}_{m\times l}$ 和矩阵 $\boldsymbol{B}_{l\times n}$，对应的分块矩阵分别为

$$\boldsymbol{A}=\begin{bmatrix} \boldsymbol{A}_{11} & \cdots & \boldsymbol{A}_{1t} \\ \vdots & & \vdots \\ \boldsymbol{A}_{s1} & \cdots & \boldsymbol{A}_{st} \end{bmatrix},\quad \boldsymbol{B}=\begin{bmatrix} \boldsymbol{B}_{11} & \cdots & \boldsymbol{B}_{1r} \\ \vdots & & \vdots \\ \boldsymbol{B}_{t1} & \cdots & \boldsymbol{B}_{tr} \end{bmatrix}$$

其中 $\boldsymbol{A}_{i1},\boldsymbol{A}_{i2},\cdots,\boldsymbol{A}_{it}$ 的列数分别与 $\boldsymbol{B}_{1j},\boldsymbol{B}_{2j},\cdots,\boldsymbol{B}_{tj}$ 的行数相等，则

$$\boldsymbol{AB}=\begin{bmatrix}\boldsymbol{C}_{11} & \cdots & \boldsymbol{C}_{1r}\\ \vdots & & \vdots\\ \boldsymbol{C}_{s1} & \cdots & \boldsymbol{C}_{sr}\end{bmatrix}$$

其中，$\boldsymbol{C}_{ij}=\sum_{k=0}^{t}\boldsymbol{A}_{ik}\boldsymbol{B}_{kj}\ (i=1,\cdots,s;j=1,\cdots,r)$。

例 1.4 设矩阵 $\boldsymbol{A}=\begin{bmatrix}2&0&0\\0&5&1\\0&4&1\end{bmatrix}$，求其逆矩阵。

解 方法一，直接利用公式求解。

不难求出 $\det(\boldsymbol{A})=2$，可知矩阵 $\boldsymbol{A}$ 是可逆的。计算其伴随矩阵时需要计算 9 个二阶行列式。可以求出

$$\boldsymbol{A}^*=\begin{bmatrix}1&0&0\\0&2&-2\\0&-8&10\end{bmatrix}$$

利用式(1.10)，有

$$\boldsymbol{A}^{-1}=\frac{1}{2}\boldsymbol{A}^*=\begin{bmatrix}\frac{1}{2}&0&0\\0&1&-1\\0&-4&5\end{bmatrix}$$

方法二，利用分块矩阵的思想求解。

通过观察矩阵 $\boldsymbol{A}$，不难发现

$$\boldsymbol{A}=\left[\begin{array}{c|cc}2&0&0\\\hline 0&5&1\\0&4&1\end{array}\right]=\begin{bmatrix}\boldsymbol{A}_1&\boldsymbol{O}\\\boldsymbol{O}&\boldsymbol{A}_2\end{bmatrix}$$

$\boldsymbol{A}$ 是一个分块对角矩阵，又因 $\boldsymbol{A}_1=[2]$，$\boldsymbol{A}^{-1}=\begin{bmatrix}\frac{1}{2}\end{bmatrix}$，$\boldsymbol{A}_2=\begin{bmatrix}5&1\\4&1\end{bmatrix}$，$\boldsymbol{A}_2^{-1}=\begin{bmatrix}1&-1\\-4&5\end{bmatrix}$，故利用分块对角性质可以有

$$\boldsymbol{A}^{-1}=\left[\begin{array}{c|cc}\frac{1}{2}&0&0\\\hline 0&1&-1\\0&-4&5\end{array}\right]$$

这样就得到矩阵 $\boldsymbol{A}$ 的逆矩阵。 □

用公式求解需要求 9 个二阶行列式，而利用分块矩阵的话，计算量则少得多，可以看出分块矩阵在某些情况下的作用是显著的。

1.1.7 矩阵的秩和特征值

定义 1.14(余子式和代数余子式) 在 n 阶行列式 $\det(\boldsymbol{A})$ 中划去元素 a_{ij} 所在的第 i 行与第 j 列，剩下的 $(n-1)^2$ 个元素按原来的排列方式构成一个 $n-1$ 阶行列式

$$\begin{vmatrix} a_{11} & \cdots & a_{1,j-1} & a_{1,j+1} & \cdots & a_{1n} \\ \vdots & & \vdots & \vdots & & \vdots \\ a_{i-1,1} & \cdots & a_{i-1,j-1} & a_{i-1,j+1} & \cdots & a_{i-1,n} \\ a_{i+1,1} & \cdots & a_{i+1,j-1} & a_{i+1,j+1} & \cdots & a_{i+1,n} \\ \vdots & & \vdots & \vdots & & \vdots \\ a_{n1} & \cdots & a_{n,j-1} & a_{n,j+1} & \cdots & a_{nn} \end{vmatrix} \tag{1.14}$$

称为元素 a_{ij} 的余子式，记为 M_{ij}。记

$$A_{ij} = (-1)^{ij} M_{ij} \tag{1.15}$$

称 A_{ij} 为元素 a_{ij} 的代数余子式。

定义 1.15（k 阶子式和 k 阶余子式）　在一个 n 阶行列式 D 中任意选定 k 行 k 列（$k \leqslant n$）：

(1) 位于这些行与列的交点上的 k^2 个元素按原来的次序组成的一个 k 阶行列式 M 称为行列式 D 的一个 k 阶子式；

(2) 在 D 中划去 k 行 k 列后，余下的元素按原来的次序组成的 $n-k$ 阶行列式 M'，称为 k 阶子式 M 的余子式。

定义 1.16（代数余子式）　设行列式 D 的 k 阶子式 M 的行和列指标分别是 $i_1, i_2, \cdots, i_k; j_1, j_2, \cdots, j_k$。则在 M 的余子式 M' 前面加上符号 $(-1)^{(i_1+i_2+\cdots+i_k)+(j_1+j_2+\cdots+j_k)}$ 后称为 M 的代数余子式 A。记为

$$A = (-1)^{(i_1+i_2+\cdots+i_k)+(j_1+j_2+\cdots+j_k)} M' \tag{1.16}$$

定义 1.17（矩阵的秩）　设矩阵 $\boldsymbol{A}_{m\times n}$ 至少存在一个 k 阶子式不为零，而所有的 $k+1$ 阶子式（若存在）全为零，则称 k 为矩阵 $\boldsymbol{A}$ 的秩（rank）。记为

$$\text{rank}(\boldsymbol{A}) = k \tag{1.17}$$

(1) 若 $k=n$，则称 $\boldsymbol{A}$ 为列满秩矩阵；

(2) 若 $k=m$，则称 $\boldsymbol{A}$ 为行满秩矩阵；

(3) 若 $k=m=n$，则称 $\boldsymbol{A}$ 为满秩矩阵。

记号约定：

(1) $\mathbb{R}_k^{m\times n}$ 表示 $\forall \boldsymbol{A} \in \mathbb{R}_k^{m\times n}$，满足 $\boldsymbol{A} \in \mathbb{R}^{m\times n}$ 且 $\text{rank}(\boldsymbol{A})=k$；

(2) $\mathbb{C}_k^{m\times n}$ 表示 $\forall \boldsymbol{A} \in \mathbb{C}_k^{m\times n}$，满足 $\boldsymbol{A} \in \mathbb{C}^{m\times n}$ 且 $\text{rank}(\boldsymbol{A})=k$。

由此不难看出，对于 $\forall \boldsymbol{A}, \boldsymbol{B} \in \mathbb{R}_k^{m\times n}$，虽然两个矩阵的具体数值可能不同，但是最终都有一个共同的特征，两个矩阵的秩是相同的。再根据定理 1.2 可知，两个矩阵对应的标准形是相同的。因此，矩阵的秩是矩阵的重要特征之一。

矩阵的秩的重要性质：

(1) 设 $\boldsymbol{A} \in \mathbb{C}^{m\times n}$，则

$$0 \leqslant \text{rank}(\boldsymbol{A}) \leqslant \min\{m, n\}$$

(2) $\text{rank}(\boldsymbol{A}) = \text{rank}(\boldsymbol{A}^{\mathrm{T}}) = \text{rank}(\boldsymbol{A}^{\mathrm{H}})$；

(3) $\boldsymbol{A} \in \mathbb{C}^{m\times n}, \boldsymbol{B} \in \mathbb{C}^{n\times p}$，则

$$\text{rank}(\boldsymbol{A}) + \text{rank}(\boldsymbol{B}) - n \leqslant \text{rank}(\boldsymbol{AB}) \leqslant \min\{\text{rank}(\boldsymbol{A}), \text{rank}(\boldsymbol{B})\}$$

(4) $\max\{\text{rank}(\boldsymbol{A}), \text{rank}(\boldsymbol{B})\} \leqslant \text{rank}([\boldsymbol{A}, \boldsymbol{B}]) \leqslant \text{rank}(\boldsymbol{A}) + \text{rank}(\boldsymbol{B})$；

(5) $\text{rank}(\boldsymbol{A}+\boldsymbol{B}) \leqslant \text{rank}(\boldsymbol{A}) + \text{rank}(\boldsymbol{B})$；

(6) $\boldsymbol{A} \in \mathbb{C}_k^{m\times n}, \boldsymbol{X} \in \mathbb{C}_m^{p\times m}, \boldsymbol{Y} \in \mathbb{C}_n^{n\times q}$，则

$$\text{rank}(\boldsymbol{A})=\text{rank}(\boldsymbol{XA})=\text{rank}(\boldsymbol{AY})=\text{rank}(\boldsymbol{XAY})$$

定义 1.18(迹) 设 n 阶方阵

$$\boldsymbol{A}=\begin{bmatrix} a_{11} & a_{12} & \cdots & a_{1n} \\ a_{21} & a_{22} & \cdots & a_{2n} \\ \vdots & \vdots & \ddots & \vdots \\ a_{n1} & a_{n2} & \cdots & a_{nn} \end{bmatrix} \tag{1.18}$$

称 $\boldsymbol{A}$ 的主对角元素的和为 $\boldsymbol{A}$ 的迹(trace),记为 trace($\boldsymbol{A}$)。即

$$\text{trace}(\boldsymbol{A})=a_{11}+a_{22}+\cdots+a_{nn}$$

迹的常见性质:

(1) $\text{trace}(\lambda\boldsymbol{A}+\mu\boldsymbol{B})=\lambda\text{trace}(\boldsymbol{A})+\mu\text{trace}(\boldsymbol{B})$;

(2) $\text{trace}(\boldsymbol{AB})=\text{trace}(\boldsymbol{BA})$。

矩阵的特征值和特征向量问题是矩阵理论中的一个重要问题,关于它的讨论开始于 18 世纪。其概念和相关结论在纯数学、应用数学、工程技术以及经济管理等领域都有十分广泛的应用。

定义 1.19(特征值) 设 $\boldsymbol{A}$ 是 n 阶矩阵,若存在数 λ 和 n 维非零向量 $\boldsymbol{x}$,使得

$$\boldsymbol{Ax}=\lambda\boldsymbol{x} \tag{1.19}$$

则 λ 称为矩阵 $\boldsymbol{A}$ 的特征值,$\boldsymbol{x}$ 称为矩阵 $\boldsymbol{A}$ 的对应于特征值 λ 的特征向量。

注 1 对于特征向量 $\boldsymbol{x}$ 的说明:

(1) 特征向量 $\boldsymbol{x}$ 是非零向量;

(2) 向量 $k\boldsymbol{x}(k\neq 0)$ 也是对应于特征值 λ 的特征向量。

矩阵的特征值和特征向量的求解步骤:

(1) 求特征值:解特征方程 $|\lambda\boldsymbol{E}-\boldsymbol{A}|=0$,求出全部特征根;

(2) 求特征向量:求方程组 $(\lambda_i\boldsymbol{E}-\boldsymbol{A})\boldsymbol{x}=\boldsymbol{0}$ 的所有非零解。

例 1.5 求矩阵 $\boldsymbol{A}=\begin{bmatrix} -1 & 0 & 2 \\ 1 & 2 & -1 \\ 1 & 3 & 0 \end{bmatrix}$ 的特征值和特征向量。

解 由 $\boldsymbol{A}$ 的特征多项式,有

$$|\lambda\boldsymbol{E}-\boldsymbol{A}|=\lambda^3-\lambda^2-\lambda+1=(\lambda-1)(\lambda^2-1)=(\lambda+1)(\lambda-1)^2$$

$\boldsymbol{A}$ 的特征值为 $\lambda_1=-1,\lambda_2=\lambda_3=1$。

对于 $\lambda_1=-1$,由于

$$\boldsymbol{A}+\boldsymbol{E}=\begin{bmatrix} 0 & 0 & 2 \\ 1 & 3 & -1 \\ 1 & 3 & 1 \end{bmatrix}\sim\begin{bmatrix} 1 & 3 & 1 \\ 1 & 3 & -1 \\ 0 & 0 & 2 \end{bmatrix}\sim\begin{bmatrix} 1 & 3 & 0 \\ 0 & 0 & 1 \\ 0 & 0 & 0 \end{bmatrix}$$

得到基础解系 $\boldsymbol{\eta}_1=(-3,1,0)^{\mathrm{T}}$。因此,矩阵 $\boldsymbol{A}$ 属于特征值 $\lambda_1=-1$ 的全部特征向量为 $k_1\boldsymbol{\eta}_1$ $(k_1=0)$。同理可得矩阵 $\boldsymbol{A}$ 属于特征值 $\lambda_2=\lambda_3=1$ 的全部特征向量为 $k_2\boldsymbol{\eta}_2=k_2(1,0,1)^{\mathrm{T}}$ $(k_2\neq 0)$。 □

性质 1.1 设 $\lambda_1,\lambda_2,\cdots,\lambda_n$ 是 n 阶矩阵 $\boldsymbol{A}$ 的全部特征值,则有

(1) $\lambda_1+\lambda_2+\cdots+\lambda_n=a_{11}+a_{22}+\cdots+a_{nn}$;

(2) $\lambda_1\lambda_2\cdots\lambda_n=|\boldsymbol{A}|$。

定理 1.3　设 $\lambda_1,\lambda_2,\cdots,\lambda_m$ 是方阵 $\boldsymbol{A}$ 的互不相等的 m 个特征值，$\boldsymbol{x}_1,\boldsymbol{x}_2,\cdots,\boldsymbol{x}_m$ 是对应的特征向量，则 $\boldsymbol{x}_1,\boldsymbol{x}_2,\cdots,\boldsymbol{x}_m$ 线性无关。

定义 1.20(谱半径)　设 n 阶方阵 $\boldsymbol{A}$ 的特征值分别为 $\lambda_1,\lambda_2,\cdots,\lambda_n$，称

$$\rho(\boldsymbol{A}) = \max\{|\lambda_1|,|\lambda_2|,\cdots,|\lambda_n|\} \tag{1.20}$$

为方阵 $\boldsymbol{A}$ 的谱半径。

特征值是矩阵的重要参数，在很多方面有着广泛的应用。但是随着矩阵阶数的增加，精确计算特征值的难度也会加大，甚至无法实现。另外，在矩阵的理论研究与工程计算中，人们需要的并不一定是特征值的精确值。如在自动控制理论中，为了判断系统的稳定性，只需要判断特征值的实部是正还是负；用迭代法讨论线性方程组解的敛散性时，只需要估计迭代矩阵的特征值是否在以原点为圆心的单位圆内。因此在这些应用中，如何有效估计特征值的变化范围或者变化区域就显得十分重要。而特征值又可以看作是复平面上的一个点，故对特征值的估计主要是集中在复平面内。下面将给出两种估计特征值分布的方法。

例 1.6　已知矩阵 $\boldsymbol{A}$ 对应的特征方程为

$$\lambda^4+2\lambda^3+3\lambda^2+4\lambda+5=0 \tag{1.21}$$

求出特征值的分布范围(主要讨论实部的正负问题)。

解　依据特征方程的系数，构造劳斯表如下

$$\begin{array}{c|ccc} s^4 & 1 & 3 & 5 \\ s^3 & 2 & 4 & 0 \\ s^2 & 1 & 5 & 0 \\ s^1 & -6 & 0 & 0 \\ s^0 & 5 & 0 & 0 \end{array}$$

由于劳斯表的第一列元素从 $1\to-6$，又从 $-6\to5$，从正到负，又从负到正，符号变换了两次，因此有两个特征根位于复平面的右半平面。　□

这是自动控制理论中劳斯稳定判据的一个应用。关于劳斯表的一般构造方法和相关结论，可以参考自动控制原理相关教材。这种方法是根据特征方程的系数去判断特征根的分布范围，是一种代数方法。有时也可以从矩阵自身元素出发，估计出特征值的范围。

定义 1.21(盖尔圆盘)　记 $B(a,r)=\{z:|z-a|\leqslant r,z\in\mathbb{C}\}$ 是复平面中以 a 为中心，r 为半径的圆盘，则

(1) 称 $D_i=B(a_{ii},R_i)(i=1,2,\cdots,n)$ 为矩阵 $\boldsymbol{A}$ 的第 i 个行盖尔圆盘，其中 $R_i=\sum\limits_{\substack{j=1\\j\neq i}}^{n}|a_{ij}|$；

(2) 称 $G_i=B(a_{ii},\widetilde{R}_i)(i=1,2,\cdots,n)$ 为矩阵 $\boldsymbol{A}$ 的第 i 个列盖尔圆盘，其中 $\widetilde{R}_i=\sum\limits_{\substack{j=1\\j\neq i}}^{n}|a_{ji}|$。

定理 1.4(第一圆盘定理)　设矩阵 $\boldsymbol{A}=[a_{ij}]\in\mathbb{C}^{n\times n}$，$\lambda$ 是 $\boldsymbol{A}$ 的特征值，则 λ 落在复平面上的 n 个圆盘的并集上，称 $D(\boldsymbol{A})$ 为矩阵 $\boldsymbol{A}$ 的行盖尔区，即

$$\lambda\in D(\boldsymbol{A})=\bigcup_{i=1}^{n}D_i(\boldsymbol{A}) \tag{1.22}$$

例 1.7 试估计矩阵 $\boldsymbol{A}=\begin{bmatrix}0 & 1 & 0 & \mathrm{i}\\ 1 & 6 & 1 & 1\\ \frac{\mathrm{i}}{2} & \mathrm{i} & 5\mathrm{i} & 0\\ 0 & \frac{1}{2} & \frac{1}{2} & -2\end{bmatrix}$ 的特征值的分布范围。

解 由于 $a_{11}=0, a_{22}=6, a_{33}=5\mathrm{i}, a_{44}=-2$，可知对应的行盖尔圆盘为

$D_1=\{z:|z|\leqslant|a_{12}|+|a_{13}|+|a_{14}|=1+0+|\mathrm{i}|=2\}$

$D_2=\{z:|z-6|\leqslant|a_{21}|+|a_{23}|+|a_{24}|=1+1+1=3\}$

$D_3=\{z:|z-5\mathrm{i}|\leqslant|a_{31}|+|a_{32}|+|a_{34}|=|\frac{\mathrm{i}}{2}|+|\mathrm{i}|+0=\frac{3}{2}\}$

$D_4=\{z:|z+2|\leqslant|a_{41}|+|a_{42}|+|a_{43}|=0+\frac{1}{2}+\frac{1}{2}=1\}$

四个行盖尔圆盘围成的区域如图 1.1 所示。

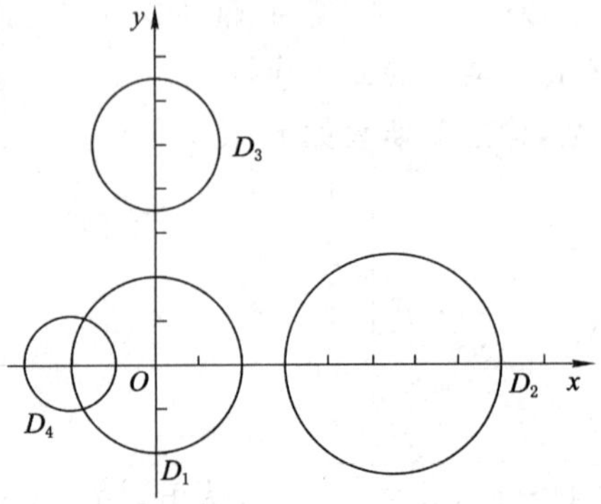

图 1.1 行盖尔圆盘图

由此可知矩阵 $\boldsymbol{A}$ 的四个特征值分别分布在四个圆盘的并集 $D=\bigcup_{i=1}^{4}D_k$ 内。 □

1.1.8 矩阵之间的关系

定义 1.22(等价) 设 $\boldsymbol{A},\boldsymbol{B}$ 均为 $m\times n$ 矩阵，若存在 m 阶可逆阵 $\boldsymbol{P}$ 和 n 阶可逆阵 $\boldsymbol{Q}$，使 $\boldsymbol{PAQ}=\boldsymbol{B}$，则称 $\boldsymbol{A}$ 与 $\boldsymbol{B}$ 等价。

由定义 1.22 可知，等价只要求两个矩阵 $\boldsymbol{P}$ 和 $\boldsymbol{Q}$ 是可逆的。由于初等矩阵是可逆矩阵，因而矩阵的初等变换也是一种等价关系。如果两个矩阵 $\boldsymbol{P}$ 和 $\boldsymbol{Q}$ 有更特殊的性质，则矩阵 $\boldsymbol{A}$ 和 $\boldsymbol{B}$ 会有其他关系。

定义 1.23 设 $\boldsymbol{A},\boldsymbol{B}$ 均为 n 阶方阵，

(1) 若存在可逆阵 $\boldsymbol{P}$，使 $\boldsymbol{P}^{-1}\boldsymbol{AP}=\boldsymbol{B}$，则称 $\boldsymbol{A}$ 与 $\boldsymbol{B}$ 相似；

(2) 若存在可逆阵 $\boldsymbol{C}$，使 $\boldsymbol{C}^{\mathrm{T}}\boldsymbol{AC}=\boldsymbol{B}$，则称 $\boldsymbol{A}$ 与 $\boldsymbol{B}$ 合同；

(3) 若存在正交阵 $\boldsymbol{Q}$，使 $\boldsymbol{Q}^{\mathrm{T}}\boldsymbol{AQ}=\boldsymbol{Q}^{-1}\boldsymbol{AQ}=\boldsymbol{B}$，则称 $\boldsymbol{A}$ 与 $\boldsymbol{B}$ 正交相似。

等价、相似、合同、正交相似之间的区别和联系：

(1) 等价的矩阵不必是方阵，后面三个都是方阵之间的关系。

(2) 相似、合同、正交相似都是等价的一种;正交相似关系最强,等价关系最弱。

(3) 相似与合同没有什么关系,但当$\boldsymbol{Q}$为正交阵时,由于$\boldsymbol{Q}^{\mathrm{T}}\boldsymbol{A}\boldsymbol{Q}=\boldsymbol{Q}^{-1}\boldsymbol{A}\boldsymbol{Q}$,这时相似与合同是一致的。

定理1.5 若n阶矩阵$\boldsymbol{A}$和$\boldsymbol{B}$相似,则$\boldsymbol{A}$和$\boldsymbol{B}$具有相同的特征值。

1.2 向量

在1.1节中已经介绍了向量的概念,并说明了矩阵和向量之间的关系。一般来说,包含有限个向量的有序向量组可以与矩阵一一对应。因此矩阵中存在的一些基本运算对于向量也是适用的。这里为了后续内容的展开,介绍一些与向量相关的其他知识。

1.2.1 线性相关和线性无关

定义1.24(线性表示) 给定向量组A:$\boldsymbol{a}_1,\boldsymbol{a}_2,\cdots,\boldsymbol{a}_k$和向量$\boldsymbol{b}$,如果存在一个数组$\lambda_1,\lambda_2,\cdots,\lambda_k$,使得

$$\boldsymbol{b}=\lambda_1\boldsymbol{a}_1+\lambda_2\boldsymbol{a}_2+\cdots+\lambda_k\boldsymbol{a}_k \tag{1.23}$$

则称向量$\boldsymbol{b}$能由向量组A线性表示。

定义1.25(线性无关) 设V是向量空间,$\boldsymbol{a}_1,\boldsymbol{a}_2,\cdots,\boldsymbol{a}_k$为$V$中的一组向量,若存在不全为零的数$\lambda_1,\lambda_2,\cdots,\lambda_k$,使得

$$\lambda_1\boldsymbol{a}_1+\lambda_2\boldsymbol{a}_2+\cdots+\lambda_k\boldsymbol{a}_k=\boldsymbol{0} \tag{1.24}$$

则称向量组$\boldsymbol{a}_1,\boldsymbol{a}_2,\cdots,\boldsymbol{a}_k$线性相关;否则称为线性无关,即只有当

$$\lambda_1=\lambda_2=\cdots=\lambda_k=0 \tag{1.25}$$

时,等式(1.24)才成立,则称向量组$\boldsymbol{a}_1,\boldsymbol{a}_2,\cdots,\boldsymbol{a}_k$线性无关。

性质1.2 一些常用结论:

(1) 单个向量$\boldsymbol{x}$线性相关的充要条件是$\boldsymbol{x}=\boldsymbol{0}$。

(2) 两个以上的向量$\boldsymbol{x}_1,\boldsymbol{x}_2,\cdots,\boldsymbol{x}_r$线性相关的充要条件是:其中有一个向量是其余向量的线性组合。

(3) 如果向量组$\boldsymbol{x}_1,\boldsymbol{x}_2,\cdots,\boldsymbol{x}_r$线性无关,而且可以被$\boldsymbol{y}_1,\boldsymbol{y}_2,\cdots,\boldsymbol{y}_s$线性表示,那么$r\leqslant s$。

(4) 两个等价的线性无关的向量组必含有相同个数的向量。

(5) 如果向量组$\boldsymbol{x}_1,\boldsymbol{x}_2,\cdots,\boldsymbol{x}_r$线性无关,但$\boldsymbol{x}_1,\boldsymbol{x}_2,\cdots,\boldsymbol{x}_r,\boldsymbol{y}$线性相关,那么$\boldsymbol{y}$可以被$\boldsymbol{x}_1,\boldsymbol{x}_2,\cdots,\boldsymbol{x}_r$线性表示,而且表示法是唯一的。

定理1.6 向量组$\boldsymbol{a}_1,\boldsymbol{a}_2,\cdots,\boldsymbol{a}_k$线性相关的充分必要条件是它所构成的矩阵$\boldsymbol{A}=(\boldsymbol{a}_1,\boldsymbol{a}_2,\cdots,\boldsymbol{a}_k)$的秩小于向量个数$k$;向量组线性无关的充分必要条件是$\mathrm{rank}(\boldsymbol{A})=k$。

因此,向量组的线性相关性与由其组成矩阵的秩是紧密关联的。为此可以将秩的概念引入向量组。

定义1.26(极大无关组) 设向量组A中r个向量$\boldsymbol{a}_1,\boldsymbol{a}_2,\cdots,\boldsymbol{a}_r$,如果满足

(1) $\boldsymbol{a}_1,\boldsymbol{a}_2,\cdots,\boldsymbol{a}_r$向量组线性无关;

(2) 若向量组A存在$r+1$个向量,则任意$r+1$个向量都线性相关。

则称向量组$\boldsymbol{a}_1,\boldsymbol{a}_2,\cdots,\boldsymbol{a}_r$为向量组$A$的一个极大线性无关组,简称为极大无关组。极大无

关组所含向量个数 r 称为向量组 A 的秩。

求向量组的秩，实际上是求向量组对应的矩阵的秩，故可以利用初等变换的方法求向量组的秩，进而可以确定对应的极大无关组。

例 1.8 求向量组 A：$\boldsymbol{a}_1=[1,2,-2,3]^{\mathrm{T}}$，$\boldsymbol{a}_2=[-2,-4,4,-6]^{\mathrm{T}}$，$\boldsymbol{a}_3=[2,8,-2,0]^{\mathrm{T}}$，$\boldsymbol{a}_4=[-1,0,3,-6]^{\mathrm{T}}$，$\boldsymbol{a}_5=[1,2,3,4]^{\mathrm{T}}$ 的极大无关组，并将其余向量用最大无关组线性表示。

解 先将向量组构成对应的矩阵，有

$$\boldsymbol{A}=[\boldsymbol{a}_1,\boldsymbol{a}_2,\boldsymbol{a}_3,\boldsymbol{a}_4,\boldsymbol{a}_5]=\begin{bmatrix}1&-2&2&-1&1\\2&-4&8&0&2\\-2&4&-2&3&3\\3&-6&0&-6&4\end{bmatrix}$$

对矩阵施行初等行变换化成行阶梯形矩阵为

$$\boldsymbol{A}\sim\begin{bmatrix}1&-2&2&-1&1\\0&0&2&1&0\\0&0&0&0&1\\0&0&0&0&0\end{bmatrix}$$

由于矩阵的秩为 3，因此对应的向量组的秩也为 3。这表明极大无关组有 3 个向量，分别是每个阶梯中首个不为零的元素所在的列，即 $\boldsymbol{a}_1,\boldsymbol{a}_3,\boldsymbol{a}_5$。

为了将剩余两个向量用极大无关组线性表示，需要利用初等行变换将矩阵化为行最简形，即

$$\boldsymbol{A}\sim\begin{bmatrix}1&\boxed{-2}&0&\boxed{-2}&0\\0&0&1&\boxed{1/2}&0\\0&0&0&0&1\\0&0&0&0&0\end{bmatrix}$$

于是有 $\boldsymbol{a}_2=-2\boldsymbol{a}_1$，$\boldsymbol{a}_4=-2\boldsymbol{a}_1+\dfrac{1}{2}\boldsymbol{a}_3$。 □

注 2 极大无关组不是唯一的。例题中极大无关组 $\boldsymbol{a}_1,\boldsymbol{a}_3,\boldsymbol{a}_5$ 的取法只是其中之一，即取每个阶梯中首个不为零的元素所在的列。实际上每个阶梯中只要取一个不为零的元素所在的列也是可以组成极大无关组的，如 $\boldsymbol{a}_2,\boldsymbol{a}_4,\boldsymbol{a}_5$。极大无关组不同，对应的线性表示也会有所不同。

定义 1.27(基) 设 V 为向量空间，向量组 $\boldsymbol{a}_1,\boldsymbol{a}_2,\cdots,\boldsymbol{a}_r$ 为 V 中 r 个向量，且满足

(1) $\boldsymbol{a}_1,\boldsymbol{a}_2,\cdots,\boldsymbol{a}_r$ 线性无关；

(2) V 任意一个向量都可以由 $\boldsymbol{a}_1,\boldsymbol{a}_2,\cdots,\boldsymbol{a}_r$ 线性表示。

则称向量组 $\boldsymbol{a}_1,\boldsymbol{a}_2,\cdots,\boldsymbol{a}_r$ 为 V 的一个基，r 称为 V 的维数。

1.2.2 向量的内积

定义 1.28(内积) 在 n 维向量空间 $\mathbb{R}^n$ 中，对于 $\boldsymbol{x}=[a_1,a_2,\cdots,a_n]^{\mathrm{T}}$，$\boldsymbol{y}=[b_1,b_2,\cdots,b_n]^{\mathrm{T}}$，规定

$$\langle \boldsymbol{x},\boldsymbol{y}\rangle = a_1b_1 + a_2b_2 + \cdots + a_nb_n = \sum_{k=1}^{n} a_kb_k = \boldsymbol{x}^{\mathrm{T}}\boldsymbol{y} \tag{1.26}$$

称$\langle \boldsymbol{x},\boldsymbol{y}\rangle$为向量 $\boldsymbol{x}$ 和 $\boldsymbol{y}$ 的内积。

内积(1.26)称为$\mathbb{R}^n$上的标准(典范)内积。

定义 1.29　设 $\boldsymbol{x}=[a_1,a_2,\cdots,a_n]^{\mathrm{T}}\in\mathbb{C}^n$，$\boldsymbol{y}=[b_1,b_2,\cdots,b_n]^{\mathrm{T}}\in\mathbb{C}^n$，令

$$\langle \boldsymbol{x},\boldsymbol{y}\rangle = \bar{a}_1b_1 + \bar{a}_2b_2 + \cdots + \bar{a}_nb_n = \sum_{k=1}^{n} \bar{a}_kb_k = \boldsymbol{x}^{\mathrm{H}}\boldsymbol{y} \tag{1.27}$$

称$\langle \boldsymbol{x},\boldsymbol{y}\rangle$为向量 $\boldsymbol{x}$ 和 $\boldsymbol{y}$ 的内积。

内积(1.27)称为$\mathbb{C}^n$上的标准(典范)内积。

需要注意的是，对于复向量标准内积，其不满足交换性。

如复向量 $\boldsymbol{x}=[3,4,5\mathrm{i}]^{\mathrm{T}}$，$\boldsymbol{y}=[4\mathrm{i},-3,1+2\mathrm{i}]^{\mathrm{T}}$

$\langle \boldsymbol{x},\boldsymbol{x}\rangle=3^2+4^2+(-5\mathrm{i})\times(5\mathrm{i})=50$

$\langle \boldsymbol{x},\boldsymbol{y}\rangle=3\times(4\mathrm{i})+4\times(-3)+(-5\mathrm{i})\times(1+2\mathrm{i})=-2+7\mathrm{i}$

$\langle \boldsymbol{y},\boldsymbol{x}\rangle=(-4\mathrm{i})\times3+(-3)\times4+(1-2\mathrm{i})\times(5\mathrm{i})=-2-7\mathrm{i}$

定义 1.30(长度)　设 V 为 n 维向量空间，$\boldsymbol{x}\in V$，则称

$$\|\boldsymbol{x}\| = \sqrt{\langle \boldsymbol{x},\boldsymbol{x}\rangle} \tag{1.28}$$

为 n 维向量 $\boldsymbol{x}$ 的长度。特别地，当 $\|\boldsymbol{x}\|=1$ 时，称 $\boldsymbol{x}$ 为单位向量。

定义 1.31(夹角)　设 V 为 n 维向量空间，$\boldsymbol{x},\boldsymbol{y}$ 为 V 中非零向量，则称实数

$$\theta = \arccos\frac{\langle \boldsymbol{x},\boldsymbol{y}\rangle}{\|\boldsymbol{x}\|\,\|\boldsymbol{y}\|} \tag{1.29}$$

为向量 $\boldsymbol{x}$ 与 $\boldsymbol{y}$ 的夹角。

定义 1.32(正交)　设 $\boldsymbol{x},\boldsymbol{y}$ 为向量空间 V 的向量，若

$$\langle \boldsymbol{x},\boldsymbol{y}\rangle = 0 \tag{1.30}$$

则称向量 $\boldsymbol{x}$ 与 $\boldsymbol{y}$ 正交，记为 $\boldsymbol{x}\perp\boldsymbol{y}$。

结合定义 1.28 和 1.29，可知：

(1) 对于$\mathbb{R}^n$标准内积下的向量，$\boldsymbol{x}\perp\boldsymbol{y}$ 等价于 $\boldsymbol{x}^{\mathrm{T}}\boldsymbol{y}=0$；

(2) 对于$\mathbb{C}^n$标准内积下的向量，$\boldsymbol{x}\perp\boldsymbol{y}$ 等价于 $\boldsymbol{x}^{\mathrm{H}}\boldsymbol{y}=0$。

定义 1.33(正交向量组)　若向量空间 V 中的不含零向量的向量组 $\boldsymbol{x}_1,\boldsymbol{x}_2,\cdots,\boldsymbol{x}_k$ 两两互相正交，则称之为一个正交向量组。

定义 1.34(标准正交向量组)　设 n 维向量空间 V 中 k 个向量 $\boldsymbol{x}_1,\boldsymbol{x}_2,\cdots,\boldsymbol{x}_k$，若$\langle \boldsymbol{x}_i,\boldsymbol{x}_j\rangle=\delta_{ij}$，$i,j=1,2,\cdots,k$，其中

$$\delta_{ij} = \begin{cases} 1 & 若\ i=j \\ 0 & 若\ i\neq j \end{cases} \tag{1.31}$$

则称 $\boldsymbol{x}_1,\boldsymbol{x}_2,\cdots,\boldsymbol{x}_k$ 为一个标准正交向量组。

显然，当 $k=n$ 时，向量组 $\boldsymbol{x}_1,\boldsymbol{x}_2,\cdots,\boldsymbol{x}_n$ 成为 V 的一个基，称为标准正交基。

δ_{ij}称为克罗内克符号(Kronecker Delta)。这是个常用的符号，例如单位矩阵可以表示为

$$\boldsymbol{E} = [\delta_{ij}]$$

3 维向量空间$\mathbb{R}^3$的一个标准正交基可以表示为

$$e_1=\begin{bmatrix}1\\0\\0\end{bmatrix},\quad e_2=\begin{bmatrix}0\\1\\0\end{bmatrix},\quad e_3=\begin{bmatrix}0\\0\\1\end{bmatrix}$$

定理 1.7 每个 n 维向量空间 V 一定存在标准正交基。

现在的问题是如何求标准正交基？根据定义 1.27 可知，向量空间的基是极大无关组。对于极大无关组的知识已经学习过了。现在的问题是在已知极大无关组的情况下，如何得到标准正交基？这个过程称为 Gram-Schmidt 正交化过程。

Gram-Schmidt 正交化过程的主要步骤为：

(1) $\boldsymbol{u}_1=\boldsymbol{x}_1$,

$$\boldsymbol{y}_1=\frac{1}{\|\boldsymbol{u}_1\|}\boldsymbol{u}_1$$

(2) $\boldsymbol{u}_{m+1}=\boldsymbol{x}_{m+1}-\langle\boldsymbol{x}_{m+1},\boldsymbol{y}_1\rangle\boldsymbol{y}_1-\langle\boldsymbol{x}_{m+1},\boldsymbol{y}_2\rangle\boldsymbol{y}_2-\cdots-\langle\boldsymbol{x}_{m+1},\boldsymbol{y}_m\rangle\boldsymbol{y}_m$,

$$\boldsymbol{y}_{m+1}=\frac{1}{\|\boldsymbol{u}_{m+1}\|}\boldsymbol{u}_{m+1}$$

上述从线性无关向量组 $\boldsymbol{x}_1,\boldsymbol{x}_2,\cdots,\boldsymbol{x}_n$ 导出标准正交向量组 $\boldsymbol{y}_1,\boldsymbol{y}_2,\cdots,\boldsymbol{y}_n$ 的过程，称为 Gram-Schmidt 正交化过程。

1.3 特殊矩阵

所谓特殊矩阵是指由于矩阵元素在数值上有特殊取值或者在排列上呈现特点使得其具有特殊性质的矩阵。特殊矩阵无论在科学计算还是在工程应用上都有着重要的应用。如已经介绍过的全零矩阵 $\boldsymbol{O}$、全 1 矩阵 $\boldsymbol{1}$、单位矩阵 $\boldsymbol{E}$、初等矩阵等都是特殊矩阵。除此之外还有很多的特殊矩阵。本节主要介绍一些常见的特殊矩阵。

1.3.1 三角矩阵

三角矩阵是方形矩阵的一种，其主要特点是矩阵中非零元素的排列呈现三角形状。

定义 1.35[上(下)三角矩阵] 设 $\boldsymbol{A}=[a_{ij}]$ 是 n 阶方阵，当 $i>j$ 时有 $a_{ij}=0$，则称 $\boldsymbol{A}$ 为上三角矩阵。其一般形式为

$$\boldsymbol{A}=\begin{bmatrix}a_{11}&a_{12}&\cdots&a_{1n}\\&a_{22}&\cdots&a_{2n}\\&&\ddots&\vdots\\&&&a_{nn}\end{bmatrix}\tag{1.32}$$

当 $i<j$ 时有 $a_{ij}=0$，则称 $\boldsymbol{A}$ 为下三角矩阵。其一般形式为

$$\boldsymbol{A}=\begin{bmatrix}a_{11}&&&\\a_{21}&a_{22}&&\\\vdots&\vdots&\ddots&\\a_{n1}&a_{n2}&\cdots&a_{nn}\end{bmatrix}\tag{1.33}$$

从定义 1.35 中不难看出，上三角矩阵和下三角矩阵划分的主要依据是主对角线。这里对于主对角线上的元素并没有严格要求。

在有些资料中规定：若当 $i\geqslant j$ 时有 $a_{ij}=0$，则称 $\boldsymbol{A}$ 为严格上三角矩阵；若当 $i\leqslant j$ 时有 $a_{ij}=0$，则称 $\boldsymbol{A}$ 为严格下三角矩阵。再特殊一些，当 $i\neq j$ 时有 $a_{ij}=0$，则称 $\boldsymbol{A}$ 是对角矩阵，一般记为 $\mathrm{diag}(a_{11},a_{22},\cdots,a_{nn})$。

在此基础上，若 $\boldsymbol{A}$ 为上三角矩阵，且对 $\forall i, a_{ii}=1$，则称 $\boldsymbol{A}$ 为单位上三角矩阵。类似地，若 $\boldsymbol{A}$ 为下三角矩阵，且对 $\forall i, a_{ii}=1$，则称 $\boldsymbol{A}$ 为单位下三角矩阵。当 $\boldsymbol{A}$ 是对角矩阵，且 $a_{ii}=1$ 时，则 $\boldsymbol{A}$ 是单位矩阵。

性质 1.3　三角矩阵的一些性质：

(1) 上(下)三角矩阵的乘积仍是上(下)三角矩阵，即若 $\boldsymbol{A}_1,\boldsymbol{A}_2,\cdots,\boldsymbol{A}_k$ 为上(下)三角矩阵，则 $\boldsymbol{A}=\boldsymbol{A}_1\boldsymbol{A}_2\cdots\boldsymbol{A}_k$ 仍为上(下)三角矩阵；

(2) 上(下)三角矩阵 $\boldsymbol{A}$ 的行列式等于对角线元素的乘积，即

$$\det(\boldsymbol{A}) = a_{11}a_{22}\cdots a_{nn} = \prod_{i=1}^{n} a_{ii} \tag{1.34}$$

(3) 上(下)三角矩阵的逆矩阵仍是上(下)三角矩阵。特殊地，当矩阵 $\boldsymbol{A}$ 为对角矩阵时，即 $\mathrm{diag}(a_{11},a_{22},\cdots,a_{nn})$，则其逆矩阵为

$$\boldsymbol{A}^{-1} = \begin{bmatrix} a_{11}^{-1} & & & \\ & a_{22}^{-1} & & \\ & & \ddots & \\ & & & a_{nn}^{-1} \end{bmatrix} \tag{1.35}$$

在 1.1.6 节中介绍了分块矩阵，并指出分块矩阵的一些运算与普通矩阵没有区别，只需要将分块矩阵的子块看成普通矩阵的元素就可以了。若对角线或者交叉对角线上矩阵是可逆的，则分块三角矩阵的求逆公式为：

$$\begin{bmatrix} \boldsymbol{A} & \boldsymbol{O} \\ \boldsymbol{B} & \boldsymbol{C} \end{bmatrix}^{-1} = \begin{bmatrix} \boldsymbol{A}^{-1} & \boldsymbol{O} \\ -\boldsymbol{C}^{-1}\boldsymbol{B}\boldsymbol{A}^{-1} & \boldsymbol{C}^{-1} \end{bmatrix} \tag{1.36}$$

$$\begin{bmatrix} \boldsymbol{A} & \boldsymbol{B} \\ \boldsymbol{O} & \boldsymbol{C} \end{bmatrix}^{-1} = \begin{bmatrix} \boldsymbol{A}^{-1} & -\boldsymbol{A}^{-1}\boldsymbol{B}\boldsymbol{C}^{-1} \\ \boldsymbol{O} & \boldsymbol{C}^{-1} \end{bmatrix} \tag{1.37}$$

$$\begin{bmatrix} \boldsymbol{A} & \boldsymbol{B} \\ \boldsymbol{C} & \boldsymbol{O} \end{bmatrix}^{-1} = \begin{bmatrix} \boldsymbol{O} & \boldsymbol{C}^{-1} \\ \boldsymbol{B}^{-1} & -\boldsymbol{B}^{-1}\boldsymbol{A}\boldsymbol{C}^{-1} \end{bmatrix} \tag{1.38}$$

设 n 阶矩阵 $\boldsymbol{A}$ 的分块矩阵只有对角线上是方块，其余子块都是零矩阵，即

$$\boldsymbol{A} = \begin{bmatrix} \boldsymbol{A}_1 & & & \\ & \boldsymbol{A}_2 & & \\ & & \ddots & \\ & & & \boldsymbol{A}_t \end{bmatrix} \tag{1.39}$$

称 $\boldsymbol{A}$ 是分块对角矩阵，则有

$$\det(\boldsymbol{A}) = \det(\boldsymbol{A}_1)\det(\boldsymbol{A}_2)\cdots\det(\boldsymbol{A}_t) \tag{1.40}$$

若 $\det(\boldsymbol{A}_i)\neq 0\,(i=1,2,\cdots,t)$，则 $\boldsymbol{A}$ 可逆，且逆矩阵为

$$\boldsymbol{A}^{-1} = \begin{bmatrix} \boldsymbol{A}_1^{-1} & & & \\ & \boldsymbol{A}_2^{-1} & & \\ & & \ddots & \\ & & & \boldsymbol{A}_t^{-1} \end{bmatrix} \tag{1.41}$$

1.3.2 对称矩阵和 Hermitian 矩阵

定义 1.36(对称和 Hermitian 矩阵) 已知 $\boldsymbol{A}$ 是 n 阶方阵，若 $\boldsymbol{A}^{\mathrm{T}}=\boldsymbol{A}$，即 $a_{ji}=a_{ij}$，则称 $\boldsymbol{A}$ 为对称矩阵；若 $\boldsymbol{A}^{\mathrm{T}}=-\boldsymbol{A}$，即 $a_{ji}=-a_{ij}$，则称 $\boldsymbol{A}$ 为反对称矩阵。若 $\boldsymbol{A}^{\mathrm{H}}=\boldsymbol{A}$，则称 $\boldsymbol{A}$ 为共轭对称矩阵，也称为 Hermitian 矩阵；若 $\boldsymbol{A}^{\mathrm{H}}=-\boldsymbol{A}$，则称 $\boldsymbol{A}$ 为反 Hermitian 矩阵。

从定义 1.36 不难看出，如果矩阵 $\boldsymbol{A}$ 是实矩阵，若 $\boldsymbol{A}$ 是 Hermitian 矩阵，则其也是对称矩阵。同样的，若 $\boldsymbol{A}$ 是反 Hermitian 矩阵，则其也是反对称矩阵。换而言之，Hermitian 矩阵是对称矩阵在复数域上的推广。另外，Hermitian 矩阵主对角线上的元素是实数。

例 1.9 判断下列两个 3×3 的复矩阵是对称矩阵还是反对称矩阵，是 Hermitian 矩阵还是反 Hermitian 矩阵。

$$\boldsymbol{A}=\begin{bmatrix}2 & 1+5\mathrm{i} & 2-3\mathrm{i}\\ 1-5\mathrm{i} & 4 & 7+5\mathrm{i}\\ 2+3\mathrm{i} & 7-5\mathrm{i} & 5\end{bmatrix},\quad \boldsymbol{B}=\begin{bmatrix}2 & 1+5\mathrm{i} & 2-3\mathrm{i}\\ 1+5\mathrm{i} & 4 & 7+5\mathrm{i}\\ 2-3\mathrm{i} & 7+5\mathrm{i} & 5\end{bmatrix}$$

解 对于矩阵 $\boldsymbol{A}$，由于 $\boldsymbol{A}^{\mathrm{T}}\neq\boldsymbol{A}$ 且 $\boldsymbol{A}^{\mathrm{T}}\neq-\boldsymbol{A}$，因而矩阵 $\boldsymbol{A}$ 既不是对称矩阵，也不是反对称矩阵。但由于

$$\boldsymbol{A}^{\mathrm{H}}=\begin{bmatrix}2 & 1+5\mathrm{i} & 2-3\mathrm{i}\\ 1-5\mathrm{i} & 4 & 7+5\mathrm{i}\\ 2+3\mathrm{i} & 7-5\mathrm{i} & 5\end{bmatrix}=\boldsymbol{A}$$

故矩阵 $\boldsymbol{A}$ 是 Hermitian 矩阵。

对于矩阵 $\boldsymbol{B}$，由于 $\boldsymbol{B}^{\mathrm{T}}=\boldsymbol{B}$，所以 $\boldsymbol{B}$ 是对称矩阵。但由于 $\boldsymbol{B}^{\mathrm{H}}\neq\boldsymbol{B}$，故 $\boldsymbol{B}$ 不是 Hermitian 矩阵。 □

这表明对称矩阵的定义对于矩阵是实矩阵还是复矩阵是没有要求的。但是由于实对称矩阵具有良好的性质，因此在一般情况下默认对称矩阵就是实对称矩阵。

性质 1.4 由定义 1.36 可知实对称矩阵和实反对称矩阵具有以下性质：

(1) 对称矩阵和反对称矩阵均为方阵；

(2) 若 $\boldsymbol{B}$ 是 n 阶反对称矩阵，则 $\boldsymbol{B}$ 的主对角元素均为 0，即 $b_{ii}=0, i=1,2,\cdots,n$；

(3) 一系列对称(反对称)同型矩阵的和、差、数乘仍是对称(反对称)矩阵；

(4) 若 $\boldsymbol{A}$ 是 n 阶方阵，则 $\boldsymbol{A}+\boldsymbol{A}^{\mathrm{T}}$、$\boldsymbol{A}\boldsymbol{A}^{\mathrm{T}}$、$\boldsymbol{A}^{\mathrm{T}}\boldsymbol{A}$ 均为对称矩阵；

(5) 若 $\boldsymbol{A}$ 是 n 阶对称(反对称)矩阵，且 $\boldsymbol{A}$ 可逆，则 $\boldsymbol{A}^{-1}$ 是对称(反对称)矩阵。

实际上，对于第(4)条性质，即使矩阵 $\boldsymbol{A}$ 不是方阵，$\boldsymbol{A}\boldsymbol{A}^{\mathrm{T}}$、$\boldsymbol{A}^{\mathrm{T}}\boldsymbol{A}$ 仍是对称矩阵，只是对称矩阵的阶数不同而已。

例 1.10 证明：任意 n 阶矩阵均可以表示为一个对称矩阵与一个反对称矩阵之和。

证明 令 $\boldsymbol{A}$ 是任意 n 阶矩阵，则 $\boldsymbol{A}=\frac{1}{2}(\boldsymbol{A}+\boldsymbol{A}^{\mathrm{T}})+\frac{1}{2}(\boldsymbol{A}-\boldsymbol{A}^{\mathrm{T}})$，由性质 1.4 可知 $\boldsymbol{A}+\boldsymbol{A}^{\mathrm{T}}$ 是对称矩阵。所以令 $\boldsymbol{B}=\frac{1}{2}(\boldsymbol{A}+\boldsymbol{A}^{\mathrm{T}})$，则 $\boldsymbol{B}$ 是对称矩阵。令 $\boldsymbol{C}=\frac{1}{2}(\boldsymbol{A}-\boldsymbol{A}^{\mathrm{T}})$，则有 $\boldsymbol{C}^{\mathrm{T}}=\left(\frac{1}{2}(\boldsymbol{A}-\boldsymbol{A}^{\mathrm{T}})\right)^{\mathrm{T}}=\frac{1}{2}(\boldsymbol{A}^{\mathrm{T}}-\boldsymbol{A})=-\boldsymbol{C}$，故 $\boldsymbol{C}$ 是反对称矩阵。即任意 n 阶矩阵 $\boldsymbol{A}$ 均可以表示为一个对称矩阵与一个反对称矩阵之和。 □

例 1.11 证明：若 $\boldsymbol{A}$ 和 $\boldsymbol{B}$ 是 n 阶对称矩阵，则 $\boldsymbol{A}\boldsymbol{B}$ 是对称矩阵的充要条件是矩阵 $\boldsymbol{A}$ 和

$\boldsymbol{B}$ 可交换。

证明　必要性：若 $\boldsymbol{AB}$ 是对称矩阵，则 $(\boldsymbol{AB})^{\mathrm{T}}=\boldsymbol{AB}$。又因为 $\boldsymbol{A}$ 和 $\boldsymbol{B}$ 是对称矩阵，故有 $\boldsymbol{A}^{\mathrm{T}}=\boldsymbol{A}$，$\boldsymbol{B}^{\mathrm{T}}=\boldsymbol{B}$。而 $(\boldsymbol{AB})^{\mathrm{T}}=\boldsymbol{B}^{\mathrm{T}}\boldsymbol{A}^{\mathrm{T}}=\boldsymbol{BA}=\boldsymbol{AB}$。所以 $\boldsymbol{A}$ 和 $\boldsymbol{B}$ 可交换。

充分性：若 $\boldsymbol{A}$ 和 $\boldsymbol{B}$ 可交换，即有 $\boldsymbol{BA}=\boldsymbol{AB}$。于是有 $(\boldsymbol{AB})^{\mathrm{T}}=(\boldsymbol{BA})^{\mathrm{T}}=\boldsymbol{A}^{\mathrm{T}}\boldsymbol{B}^{\mathrm{T}}=\boldsymbol{AB}$。故 $\boldsymbol{AB}$ 是对称矩阵。 □

对于 Hermitian 矩阵和反 Hermitian 矩阵的性质，只需要将性质 1.4 中的对称矩阵和反对称矩阵替换为 Hermitian 矩阵和反 Hermitian 矩阵，相应的结论仍然成立，这里就不再一一赘述了。对于实对称矩阵还有如下结论。

定理 1.8　实对称矩阵的特征值均为实数。

注 3　特征值均为实数的矩阵不一定是实对称矩阵。如 $\boldsymbol{A}=\begin{bmatrix}1&2&5\\0&1&4\\0&0&0\end{bmatrix}$，对应的特征值为 $\lambda_1=\lambda_2=1,\lambda_3=0$，均为实数，但是矩阵 $\boldsymbol{A}$ 不是对称矩阵。

定理 1.9　任意一个 n 阶实对称矩阵 $\boldsymbol{A}$，必有正交矩阵 $\boldsymbol{P}$，使得 $\boldsymbol{P}^{-1}\boldsymbol{AP}=\boldsymbol{P}^{\mathrm{T}}\boldsymbol{AP}=\mathrm{diag}(\lambda_1,\lambda_2,\cdots,\lambda_n)$，其中 λ_i 是矩阵 $\boldsymbol{A}$ 的特征值。

定理 1.8 和 1.9 的证明过程在线性代数中已经出现过，这里不再讨论了。定理 1.9 也被称为谱定理。由定理 1.9 可知，任意的实对称矩阵一定可以对角化。但是矩阵的对角化问题实际上是比较复杂的问题，并不是所有的矩阵都可以对角化的。对于更为一般的矩阵可对角化条件可以根据定理 1.10 得到。

定理 1.10　n 阶矩阵 $\boldsymbol{A}$ 与对角矩阵相似，即可对角化的充分必要条件是 $\boldsymbol{A}$ 有 n 个线性无关的特征向量。

由定理 1.10 可知，若 n 阶矩阵 $\boldsymbol{A}$ 有 n 个互不相等的特征值，则 $\boldsymbol{A}$ 可对角化。若当 $\boldsymbol{A}$ 的特征根是重根时，则不一定存在 n 个线性无关的特征向量，从而不一定能对角化。如矩阵

$$\boldsymbol{A}=\begin{bmatrix}-1&1&0\\-4&3&0\\1&0&2\end{bmatrix},\quad \boldsymbol{B}=\begin{bmatrix}-2&1&1\\0&2&0\\-4&1&3\end{bmatrix}$$

虽然两个矩阵的特征根都存在重根的情况，但是矩阵 $\boldsymbol{A}$ 不能找到三个线性无关的特征向量，而矩阵 $\boldsymbol{B}$ 可以找到三个线性无关的特征向量。因而矩阵 $\boldsymbol{A}$ 不可以对角化，而矩阵 $\boldsymbol{B}$ 则可以对角化。

这里还需要说明的是，定理 1.8 和 1.9 对于 Hermitian 矩阵同样适用。这里就不再一一赘述了。不同的地方在于定理 1.9 中正交矩阵 $\boldsymbol{P}$ 需要换成酉矩阵。

1.3.3　正定矩阵

定义 1.37（正定矩阵和负定矩阵）　设 $\boldsymbol{A}\in\mathbb{R}^{n\times n}$ 是任意对称矩阵，二次型 $f(\boldsymbol{x})=\boldsymbol{x}^{\mathrm{T}}\boldsymbol{Ax}$，如果对任意非零向量 $\boldsymbol{x}\in\mathbb{R}^n$，

(1) 都有 $f(\boldsymbol{x})\geqslant 0$，且至少存在一个 $\boldsymbol{x}_0\neq\boldsymbol{0}$，使得 $f(\boldsymbol{x}_0)=0$，则称 f 为半正定二次型，并称矩阵 $\boldsymbol{A}$ 为半正定矩阵；

(2) 都有 $f(\boldsymbol{x})>0$，只有当 $\boldsymbol{x}_0=\boldsymbol{0}$，使得 $f(\boldsymbol{x}_0)=0$，则称 f 为正定二次型，并称矩阵 $\boldsymbol{A}$ 为正定矩阵；

(3) 都有 $f(\boldsymbol{x})\leqslant 0$，且至少存在一个 $\boldsymbol{x}_0\neq\boldsymbol{0}$，使得 $f(\boldsymbol{x}_0)=0$，则称 f 为半负定二次型，并称矩阵 $\boldsymbol{A}$ 为半负定矩阵；

(4) 都有 $f(\boldsymbol{x})<0$，只有当 $\boldsymbol{x}_0=\boldsymbol{0}$，使得 $f(\boldsymbol{x}_0)=0$，则称 f 为负定二次型，并称矩阵 $\boldsymbol{A}$ 为负定矩阵。

按照定义 1.37 可知，令 $\boldsymbol{y}=\boldsymbol{A}\boldsymbol{x}$，则根据内积定义 1.28 可知，二次型 $\boldsymbol{x}^{\mathrm{T}}\boldsymbol{A}\boldsymbol{x}$ 可以看成向量 $\boldsymbol{x}$ 和 $\boldsymbol{y}$ 的内积。如果 $\boldsymbol{A}$ 是半正定矩阵，则说明两个向量的夹角小于或等于 $\frac{\pi}{2}$。如果 $\boldsymbol{A}$ 是正定矩阵，则说明两个向量的夹角小于 $\frac{\pi}{2}$。

定理 1.11 设 $\boldsymbol{A}$ 是 n 阶实对称矩阵，则下列命题等价：

(1) $\boldsymbol{A}$ 正定；

(2) $\boldsymbol{x}^{\mathrm{T}}\boldsymbol{A}\boldsymbol{x}$ 的正惯性指数等于 n；

(3) 存在可逆矩阵 $\boldsymbol{P}$，使 $\boldsymbol{A}=\boldsymbol{P}^{\mathrm{T}}\boldsymbol{P}$；

(4) $\boldsymbol{A}$ 的 n 个特征值全为正；

(5) $\boldsymbol{A}$ 的各阶主子式为正。

由定义 1.37 可知，正定矩阵是一种特殊的实对称矩阵。实际上满足同一个二次型的矩阵还是很多的，但并不是所有的矩阵都是对称的。所以为了保证唯一性，需要矩阵是对称矩阵。另外，定义 1.37 中讨论的主要是实矩阵，而对于复矩阵，也可以有类似的定义，只需要将对称矩阵 $\boldsymbol{A}$ 换成 Hermitian 矩阵即可，对应的二次型换成 $f(\boldsymbol{x})=\boldsymbol{x}^{\mathrm{H}}\boldsymbol{A}\boldsymbol{x}$，这里就不再详细介绍了。

1.3.4 正交矩阵和酉矩阵

定义 1.38(正交矩阵) 如果 n 阶矩阵 $\boldsymbol{A}$ 满足

$$\boldsymbol{A}^{\mathrm{T}}\boldsymbol{A}=\boldsymbol{E}_n \tag{1.42}$$

则称矩阵 $\boldsymbol{A}$ 为正交矩阵，简称为正交阵。

从定义 1.38 可知，若矩阵 $\boldsymbol{A}$ 是正交矩阵，则 $\boldsymbol{A}$ 可逆，且 $\boldsymbol{A}^{-1}=\boldsymbol{A}^{\mathrm{T}}$。因此，正交矩阵的定义也可以采用 $\boldsymbol{A}\boldsymbol{A}^{\mathrm{T}}=\boldsymbol{E}_n$。

例 1.12 已知矩阵 $\boldsymbol{P}$ 为

$$\begin{bmatrix} -\frac{1}{\sqrt{3}} & -\frac{1}{\sqrt{2}} & \frac{1}{\sqrt{6}} \\ -\frac{1}{\sqrt{3}} & \frac{1}{\sqrt{2}} & \frac{1}{\sqrt{6}} \\ \frac{1}{\sqrt{3}} & 0 & \frac{2}{\sqrt{6}} \end{bmatrix}$$

验证该矩阵是否为正交矩阵。

解 因为 $\boldsymbol{P}^{\mathrm{T}}\boldsymbol{P}$ 为

$$\boldsymbol{P}^{\mathrm{T}}\boldsymbol{P}=\begin{bmatrix} 1 & 0 & 0 \\ 0 & 1 & 0 \\ 0 & 0 & 1 \end{bmatrix}$$

所以 $\boldsymbol{P}$ 为正交矩阵。 □

性质 1.5　正交矩阵有如下性质：

(1) 若 $\boldsymbol{A}$ 为正交矩阵，则 $\boldsymbol{A}^{-1}$ 也是正交矩阵，且 $\det(\boldsymbol{A})=1$ 或 -1；

(2) 若 $\boldsymbol{A}$ 和 $\boldsymbol{B}$ 都是正交矩阵，则 $\boldsymbol{AB}$ 也是正交矩阵。

实际上不仅 $\boldsymbol{A}^{-1}$ 是正交矩阵，$\boldsymbol{A}^{\mathrm{T}}$ 也是正交矩阵。

定义 1.39(正交变换)　若 $\boldsymbol{A}$ 是正交矩阵，则线性变换 $\boldsymbol{y}=\boldsymbol{Ax}$ 称为正交变换。

向量与矩阵相乘，实际上相当于将向量做了线性变换。后面的学习过程中，将会进一步理解线性变换。正交变换能够保持线段的长度不变。另外，正交矩阵多是基于实矩阵进行的。若矩阵是复矩阵，则对应的是酉矩阵。

定义 1.40(酉矩阵)　如果 n 阶复矩阵 $\boldsymbol{A}$ 满足

$$\boldsymbol{A}^{\mathrm{H}}\boldsymbol{A}=\boldsymbol{A}\boldsymbol{A}^{\mathrm{H}}=\boldsymbol{E}_n \tag{1.43}$$

则称矩阵 $\boldsymbol{A}$ 为酉矩阵。

酉矩阵具有正交矩阵类似的性质。更为一般的情况下则有如下定义。

定义 1.41(正规矩阵)　如果 n 阶矩阵 $\boldsymbol{A}$ 满足

$$\boldsymbol{A}^{\mathrm{H}}\boldsymbol{A}=\boldsymbol{A}\boldsymbol{A}^{\mathrm{H}} \tag{1.44}$$

则称矩阵 $\boldsymbol{A}$ 为正规矩阵。

由定义 1.41 可知，对角矩阵、(反)实对称矩阵、(反)Hermitian 矩阵、正交矩阵、酉矩阵都是正规矩阵。可以根据特征值的不同来区分：如当 $\boldsymbol{A}$ 的全部特征值为实数时，$\boldsymbol{A}$ 是 Hermitian 矩阵；当 $\boldsymbol{A}$ 的全部特征值为零或虚数时，$\boldsymbol{A}$ 是反 Hermitian 矩阵；当 $\boldsymbol{A}$ 的全部特征值的模为 1 时，$\boldsymbol{A}$ 是酉矩阵。进一步区分的话，则需要判断矩阵是实矩阵还是复矩阵。

定理 1.12　$\boldsymbol{A}$ 为正规矩阵的充要条件是存在酉矩阵 $\boldsymbol{Q}$ 使得 $\boldsymbol{A}$ 酉相似于对角矩阵。

定理 1.12 表明，正规矩阵是可以对角化的。另外与正规矩阵相似的矩阵都是正规矩阵。

1.3.5　其他特殊矩阵

本节将介绍幂等矩阵、范德蒙矩阵和带状矩阵等其他常见的特殊矩阵。

定义 1.42(幂等矩阵)　若 n 阶矩阵 $\boldsymbol{A}$ 满足 $\boldsymbol{A}^2=\boldsymbol{A}$，则称矩阵 $\boldsymbol{A}$ 为幂等矩阵(idempotent matrix)。

例如，n 阶全零矩阵 $\boldsymbol{O}$ 和单位矩阵 $\boldsymbol{E}$ 是幂等矩阵。除此之外，某行全为 1 而其他行全为 0 的方阵也是幂等矩阵。

命题 1.2　若矩阵 $\boldsymbol{A}\in\mathbb{C}^{n\times n}$ 为幂等矩阵，则下面的命题成立：

(1) $\boldsymbol{A}^{\mathrm{H}}$、$\boldsymbol{A}^{\mathrm{T}}$、$\boldsymbol{A}^{*}$、$\boldsymbol{E}-\boldsymbol{A}$ 和 $\boldsymbol{E}-\boldsymbol{A}^{\mathrm{H}}$ 也为幂等矩阵，这里 $\boldsymbol{E}$ 为 n 阶单位矩阵；

(2) 与 $\boldsymbol{A}$ 等价的矩阵也为幂等矩阵；

(3) 与 $\boldsymbol{A}$ 相似的矩阵也为幂等矩阵；

(4) $\boldsymbol{A}$ 的 k 次幂 $\boldsymbol{A}^k$ 仍是幂等矩阵。

性质 1.6　若矩阵 $\boldsymbol{A}\in\mathbb{C}^{n\times n}$ 为幂等矩阵，则

(1) $\boldsymbol{A}$ 的特征值非 0 即 1；

(2) $\boldsymbol{A}$ 可以对角化；

(3) $\mathrm{rank}(\boldsymbol{A})=\mathrm{trace}(\boldsymbol{A})$；

(4) 如果 $\boldsymbol{A}$ 可逆，则 $\boldsymbol{A}$ 是单位阵。

幂等矩阵通常用于回归分析和经济学中。例如在回归分析中经常使用的幂等矩阵被称为“帽子矩阵”(hat matrix)，即 $\boldsymbol{H}=\boldsymbol{X}(\boldsymbol{X}^{\mathrm{T}}\boldsymbol{X})^{-1}\boldsymbol{X}$。这样就可以很方便地表示观测值 $\boldsymbol{y}$ 和估计值 $\hat{\boldsymbol{y}}$ 之间的关系，即 $\hat{\boldsymbol{y}}=\boldsymbol{H}\boldsymbol{y}$。这里需要注意的是帽子矩阵 $\boldsymbol{H}$ 不仅是幂等矩阵而且也是对称矩阵。利用帽子矩阵，可以将残差写成 $\varepsilon=\boldsymbol{y}-\hat{\boldsymbol{y}}=(\boldsymbol{E}-\boldsymbol{H})\boldsymbol{y}$。由于帽子矩阵是对称幂等的，因此 $\boldsymbol{E}-\boldsymbol{H}$ 也是对称幂等的。利用这个性质可以很方便地计算其协差阵。另外，在数值线性代数中该矩阵也被称为投影矩阵。

范德蒙矩阵最早是由法国数学家范德蒙提出的一种各列为几何级数的矩阵。范德蒙矩阵在工程中有很多应用，如数值分析中的多项式插值，信号处理中的信号重构、系统辨识，以及纠错编码中经常用到范德蒙矩阵。

定义 1.43(范德蒙矩阵) *若 $m\times n$ 矩阵 $\boldsymbol{A}$ 的每行元素组成一个等比数列，则称矩阵 $\boldsymbol{A}$ 是范德蒙矩阵，即*

$$\boldsymbol{A}=\begin{bmatrix}1 & a_1 & a_1^2 & \cdots & a_1^{n-1}\\ 1 & a_2 & a_2^2 & \cdots & a_2^{n-1}\\ \vdots & \vdots & \vdots & & \vdots\\ 1 & a_m & a_m^2 & \cdots & a_m^{n-1}\end{bmatrix} \tag{1.45}$$

其中第 i 行 j 列的元素是 a_i^{j-1}。

由定义 1.43 可知，若 $\boldsymbol{A}$ 是范德蒙矩阵，则其转置矩阵 $\boldsymbol{A}^{\mathrm{T}}$ 也是范德蒙矩阵，即

$$\boldsymbol{A}^{\mathrm{T}}=\begin{bmatrix}1 & 1 & \cdots & 1\\ a_1 & a_2 & \cdots & a_n\\ a_1^2 & a_2^2 & \cdots & a_n^2\\ \vdots & \vdots & & \vdots\\ a_1^{n-1} & a_2^{n-1} & \cdots & a_n^{n-1}\end{bmatrix} \tag{1.46}$$

性质 1.7 *若 $m\times n$ 矩阵 $\boldsymbol{A}$ 是范德蒙矩阵，则 $\operatorname{rank}(\boldsymbol{A})\leqslant\min\{m,n\}$。进一步，如果 $m=n$，则 $\operatorname{rank}(\boldsymbol{A})=n-t$。其中 t 表示相同元素的个数。*

由于 n 阶范德蒙矩阵的行列式为

$$\det(\boldsymbol{A})=\prod_{i,j=1,i>j}^{n} a_i-a_j \tag{1.47}$$

若 $a_i\neq a_j$，$\forall\, i\neq j$，则 $\det(\boldsymbol{A})\neq 0$，即范德蒙矩阵非奇异，此时，$\operatorname{rank}(\boldsymbol{A})=n$。如果 $a_1=a_2=a_3$，且 $a_4=a_5$，此时 $t=2+1=3$，故根据性质 1.7 可知，$\operatorname{rank}(\boldsymbol{A})=n-3$。

下面以基于最小二乘法的多项式拟合原理为例介绍一下范德蒙矩阵在多项式拟合中的应用。多项式拟合是利用多项式函数逼近输入 x 和输出 y 的函数关系。假设有 n 个采样点 $(x_1,y_1),\cdots,(x_n,y_n)$，先用一个 k 次多项式去拟合这 n 个点，即将 x 分别代入

$$\hat{y}=a_0+a_1x+\cdots+a_kx^k \tag{1.48}$$

其中，$a_i(i=0,1,\cdots,k)$ 是多项式的系数。

这时真实的 y 与拟合的 $\hat{y}$ 之间将会存在误差，这里采用方差来衡量误差，即

$$E^2=\frac{1}{2}\sum_{i=1}^{n}[(a_0+a_1x_i+\cdots+a_kx_i^k)-y_i]^2 \tag{1.49}$$

显然，方差越小，说明拟合效果越好。因此，为求得方差的极小值，对 $a_0,\cdots,a_k$ 依次求

偏导,并令偏导数为 0,则有

$$\begin{cases} \dfrac{\partial(E^2)}{\partial a_0} = \sum_{i=1}^{n}[(a_0 + a_1 x_i + \cdots + a_k x_i^k) - y_i] = 0 \\ \dfrac{\partial(E^2)}{\partial a_1} = \sum_{i=1}^{n}[(a_0 + a_1 x_i + \cdots + a_k x_i^k) - y_i]x_i = 0 \\ \cdots \\ \dfrac{\partial(E^2)}{\partial a_k} = \sum_{i=1}^{n}[(a_0 + a_1 x_i + \cdots + a_k x_i^k) - y_i]x_i^k = 0 \end{cases} \tag{1.50}$$

于是有

$$\begin{cases} a_0 n + a_1 \sum_{i=1}^{n} x_i + \cdots + a_k \sum_{i=1}^{n} x_i^k = \sum_{i=1}^{n} y_i \\ a_0 \sum_{i=1}^{n} x_i + a_1 \sum_{i=1}^{n} x_i^2 + \cdots + a_k \sum_{i=1}^{n} x_i^{k+1} = \sum_{i=1}^{n} x_i y_i \\ \cdots \\ a_0 \sum_{i=1}^{n} x_i^k + a_1 \sum_{i=1}^{n} x_i^{k+1} + \cdots + a_k \sum_{i=1}^{n} x_i^{2k} = \sum_{i=1}^{n} x_i^k y_i \end{cases} \tag{1.51}$$

写成矩阵形式,为

$$\begin{bmatrix} n & \sum_{i=1}^{n} x_i & \cdots & \sum_{i=1}^{n} x_i^k \\ \sum_{i=1}^{n} x_i & \sum_{i=1}^{n} x_i^2 & \cdots & \sum_{i=1}^{n} x_i^{k+1} \\ \vdots & \vdots & & \vdots \\ \sum_{i=1}^{n} x_i^k & \sum_{i=1}^{n} x_i^{k+1} & \cdots & \sum_{i=1}^{n} x_i^{2k} \end{bmatrix} \begin{bmatrix} a_0 \\ a_1 \\ \vdots \\ a_k \end{bmatrix} = \begin{bmatrix} \sum_{i=1}^{n} y_i \\ \sum_{i=1}^{n} x_i y_i \\ \vdots \\ \sum_{i=1}^{n} x_i^k y_i \end{bmatrix} \tag{1.52}$$

利用范德蒙矩阵改写为

$$\begin{bmatrix} 1 & 1 & \cdots & 1 \\ x_1 & x_2 & \cdots & x_n \\ \vdots & \vdots & & \vdots \\ x_1^k & x_2^k & \cdots & x_n^k \end{bmatrix} \begin{bmatrix} 1 & x_1 & \cdots & x_1^k \\ 1 & x_2 & \cdots & x_2^k \\ \vdots & \vdots & & \vdots \\ 1 & x_n & \cdots & x_n^k \end{bmatrix} \begin{bmatrix} a_0 \\ a_1 \\ \vdots \\ a_k \end{bmatrix} = \begin{bmatrix} 1 & 1 & \cdots & 1 \\ x_1 & x_2 & \cdots & x_n \\ \vdots & \vdots & & \vdots \\ x_1^k & x_2^k & \cdots & x_n^k \end{bmatrix} \begin{bmatrix} y_1 \\ y_2 \\ \vdots \\ y_n \end{bmatrix} \tag{1.53}$$

于是令系数向量为 $\boldsymbol{a}=[a_0, a_1, \cdots, a_k]^{\mathrm{T}}$, $\boldsymbol{y}=[y_1, y_2, \cdots, y_k]^{\mathrm{T}}$, $\boldsymbol{X}$ 为对应的范德蒙矩阵,即

$$\boldsymbol{X} = \begin{bmatrix} 1 & 1 & \cdots & 1 \\ x_1 & x_2 & \cdots & x_n \\ \vdots & \vdots & \ddots & \vdots \\ x_1^k & x_2^k & \cdots & x_n^k \end{bmatrix} \tag{1.54}$$

于是有

$$\boldsymbol{X}\boldsymbol{X}^{\mathrm{T}}\boldsymbol{a} = \boldsymbol{X}\boldsymbol{y} \tag{1.55}$$

若 $\det(\boldsymbol{X}\boldsymbol{X}^{\mathrm{T}})$ 可逆,则有

$$a = (XX^{\mathrm{T}})^{-1}Xy \tag{1.56}$$

注 4 范德蒙矩阵(1.54)不一定是一个方阵，如当采样点多于拟合多项式的最高次数时，就会使得 X 的列数大于行数。目前如果矩阵不是方阵是无法求逆的，因此不能利用乘积的逆的性质进一步化简。但是只要不存在相同的两个采样点，矩阵 XX^{T} 一定是非奇异矩阵，于是多项式的系数向量 a 也可以求出。这也是基于最小二乘法的多项式拟合的原理。

定义 1.44(带状矩阵) 满足条件 $a_{ij}\neq 0, |i-j|\leqslant k$ 的矩阵 $A\in\mathbb{C}^{m\times n}$ 称为带状矩阵(banded matrix)。其中 k 称为带宽。特别地，若当 $i\leqslant j+p$ 时，$a_{ij}\neq 0$，则称 A 的下带宽为 p；若当 $j\leqslant i+q$ 时，$a_{ij}\neq 0$，则称 A 的上带宽为 q。

根据定义 1.44 可知，矩阵 A 所有的非零元素都集中在以主对角线为中心的带状区域中。例如 6×5 的带状矩阵 A，其中 a_{ij} 表示任意非零元素。

$$A = \begin{bmatrix} a_{11} & a_{12} & a_{13} & 0 & 0 \\ a_{21} & a_{22} & a_{23} & a_{24} & 0 \\ 0 & a_{32} & a_{33} & a_{34} & a_{35} \\ 0 & 0 & a_{43} & a_{44} & a_{45} \\ 0 & 0 & 0 & a_{54} & a_{56} \\ 0 & 0 & 0 & 0 & a_{65} \end{bmatrix}$$

可知矩阵 A 的上带宽为 2，下带宽为 1。

三角矩阵实际上也是带状矩阵的特例。特别地，带状矩阵是方阵，且上、下带宽均为 1，这时的矩阵一般称为三对角矩阵，即三对角矩阵中除主对角线及在主对角线上下最邻近的两条对角线上的元素外，所有其他元素均为 0。如矩阵

$$\begin{bmatrix} a_{11} & a_{12} & & & \\ a_{21} & a_{22} & a_{23} & & \\ & a_{32} & a_{33} & a_{34} & \\ & \ddots & \ddots & \ddots & \\ & & a_{n-1,n-2} & a_{n-1,n-1} & a_{n-1,n} \\ & & & a_{n-1,n} & a_{nn} \end{bmatrix} \tag{1.57}$$

特殊矩阵还有很多，如 Hadamard 矩阵、Toeplitz 矩阵、Jacobian 矩阵等。这里限于篇幅就不再一一展开，可以查阅相关资料进一步了解。

1.4 习题

1-1 设矩阵

$$A = \begin{bmatrix} 1 & 2 & 1 \\ 2 & 1 & 2 \\ 1 & 2 & 3 \end{bmatrix},\quad B = \begin{bmatrix} 5 & 1 & 1 \\ -2 & 2 & 0 \\ 1 & 2 & 1 \end{bmatrix}$$

求 $(A+B)^2-(A^2+2AB+B^2)$。

1-2 已知矩阵 $A=\begin{bmatrix} 2 & 1 & 1 \\ 1 & 2 & 0 \\ 1 & 0 & 1 \end{bmatrix}$，矩阵 X 满足矩阵方程 $AX=2X+2A$，求 X。

1-3　求矩阵 $A=\begin{bmatrix}2 & 3 & 1 & -3 & -7\\ 1 & 2 & 0 & -2 & -4\\ 3 & -2 & 8 & 3 & 0\\ 2 & -3 & 7 & 4 & 3\end{bmatrix}$ 的行最简形和秩。

1-4　设 $A\in\mathbb{C}^{n\times n}$ 且 $A^2=A$，证明 $\mathrm{rank}(A)+\mathrm{rank}(E_n-A)=n$。

1-5　求非齐次方程组的通解

$$\begin{cases}x_1-2x_2+x_3+x_4=1\\ x_1-2x_2+x_3-x_4=-1\\ x_1-2x_2+x_3+5x_4=5\end{cases}$$

1-6　求下列矩阵的特征值与特征向量：

(1) $A=\begin{bmatrix}2 & 1\\ 1 & 2\end{bmatrix}$；

(2) $B=\begin{bmatrix}2 & -1 & 2\\ 5 & -3 & 3\\ -1 & 0 & -2\end{bmatrix}$。

1-7　试估计矩阵

$$A=\begin{bmatrix}1 & 0.1 & 0.2 & 0.3\\ 0.5 & 3 & 0.1 & 0.2\\ 1 & 0.3 & -1 & 0.5\\ 0.2 & -0.3 & -0.1 & -4\end{bmatrix}$$

特征值的分布范围。

1-8　设 $\alpha_1=[1,0,2,3]^{\mathrm T}$，$\alpha_2=[1,1,3,5]^{\mathrm T}$，$\alpha_3=[1,-1,a+2,1]^{\mathrm T}$，$\alpha_4=[1,2,4,a+8]^{\mathrm T}$，$\beta=[1,1,b+3,5]^{\mathrm T}$。

(1) a,b 取何值时，β 不能表示成 $\alpha_1,\alpha_2,\alpha_3,\alpha_4$ 的线性组合？

(2) a,b 取何值时，β 有 $\alpha_1,\alpha_2,\alpha_3,\alpha_4$ 唯一的线性表达式？并写出该表示式。

1-9　用盖尔圆盘定理证明矩阵

$$A=\begin{bmatrix}9 & 1 & -2 & 1\\ 0 & 8 & 1 & 1\\ -1 & 0 & 4 & 0\\ 1 & 0 & 0 & 1\end{bmatrix}$$

至少有两个实特征值。

1-10　求下列向量组的秩，并求一个极大无关组。

$$\alpha_1=\begin{bmatrix}1\\2\\1\\3\end{bmatrix},\quad \alpha_2=\begin{bmatrix}4\\-1\\-5\\-6\end{bmatrix},\quad \alpha_3=\begin{bmatrix}1\\-3\\-4\\-7\end{bmatrix}$$

1-11　求下列矩阵的列向量组的一个极大无关组，并把其余列向量用极大无关组线性表示。

$$\begin{bmatrix} 1 & 1 & 2 & 2 & 1 \\ 0 & 2 & 1 & 5 & -1 \\ 2 & 0 & 3 & -1 & 3 \\ 1 & 1 & 0 & 4 & -1 \end{bmatrix}$$

1-12 设矩阵 $\boldsymbol{A}=[\boldsymbol{a}_1,\boldsymbol{a}_2,\boldsymbol{a}_3,\boldsymbol{a}_4]$,其中 $\boldsymbol{a}_2,\boldsymbol{a}_3,\boldsymbol{a}_4$ 线性无关,$\boldsymbol{a}_1=2\boldsymbol{a}_2-\boldsymbol{a}_3$,向量 $\boldsymbol{b}=\boldsymbol{a}_1+\boldsymbol{a}_2+\boldsymbol{a}_3+\boldsymbol{a}_4$,求方程组 $\boldsymbol{Ax}=\boldsymbol{b}$ 的通解。

1-13 设 $\boldsymbol{x}$ 为 n 维列向量,且 $\boldsymbol{x}^{\mathrm{T}}\boldsymbol{x}=1$,令 $\boldsymbol{H}=\boldsymbol{E}-2\boldsymbol{x}\boldsymbol{x}^{\mathrm{T}}$,证明 $\boldsymbol{H}$ 是对称的正交阵。

1-14 设矩阵 $\boldsymbol{A}=\begin{bmatrix} 2 & 0 & 1 \\ 3 & 1 & x \\ 4 & 0 & 5 \end{bmatrix}$ 可相似对角化,求 x。

1-15 已知 $\boldsymbol{p}=\begin{bmatrix} 1 \\ 1 \\ -1 \end{bmatrix}$ 是矩阵 $\boldsymbol{A}=\begin{bmatrix} 2 & -1 & 2 \\ 5 & a & 3 \\ -1 & b & -2 \end{bmatrix}$ 的一个特征向量,则

(1) 求参数 a,b 及特征向量 $\boldsymbol{p}$ 所对应的特征值;

(2) 矩阵 $\boldsymbol{A}$ 能不能相似对角化?并说明理由。

1-16 设矩阵 $\boldsymbol{A}=\begin{bmatrix} 1 & -2 & -4 \\ -2 & x & -2 \\ -4 & -2 & 1 \end{bmatrix}$ 与 $\boldsymbol{\Lambda}=\begin{bmatrix} 5 & & \\ & -4 & \\ & & y \end{bmatrix}$ 相似,求 x,y;并求一个正交阵 $\boldsymbol{P}$,使 $\boldsymbol{P}^{-1}\boldsymbol{AP}=\boldsymbol{\Lambda}$。

1-17 判断下列二次型的正定性:

(1) $f=-2x_1^2-6x_2^2-4x_3^2+2x_1x_2+2x_1x_3$;

(2) $f=x_1^2+3x_2^2+9x_3^2-2x_1x_2+4x_1x_3$。

1-18 证明对称矩阵 $\boldsymbol{A}$ 是正定矩阵的充分必要条件是:存在可逆矩阵 $\boldsymbol{U}$,使 $\boldsymbol{A}=\boldsymbol{U}^{\mathrm{T}}\boldsymbol{U}$,即 $\boldsymbol{A}$ 与单位矩阵 $\boldsymbol{E}$ 合同。

1-19 用盖尔圆盘定理证明矩阵

$$\boldsymbol{A}=\begin{bmatrix} 1 & 0.4 & 0.1 & 0.2 \\ 0.2 & 3 & 0.1 & 0.1 \\ 0.4 & 0.5 & 6 & 0.5 \\ -0.3 & 1 & 0.5 & 12 \end{bmatrix}$$

是可以对角化的非奇异矩阵。

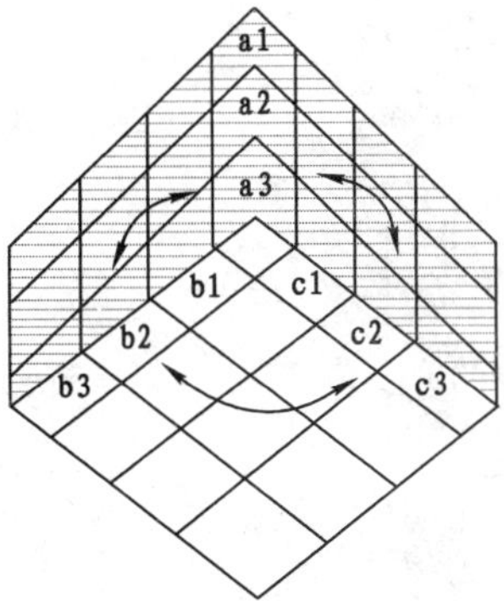

第 2 章 矩阵分解

一般形式的矩阵难以直接观察其特性，也不利于处理和计算，而对角矩阵、三角矩阵、酉矩阵等特殊矩阵则具有非常好且直观的性质，矩阵特征值/特征向量和奇异值/奇异向量更是能够表征矩阵在不同应用场景下的一些本质信息。因此，本章对几种常用的矩阵分解进行介绍。

2.1 三角分解

2.1.1 LU 分解

定义 2.1 设矩阵 $\boldsymbol{A}\in \mathbb{C}^{n\times n}$，如果存在下三角矩阵 $\boldsymbol{L}\in \mathbb{C}^{n\times n}$ 和上三角矩阵 $\boldsymbol{U}\in \mathbb{C}^{n\times n}$，满足

$$\boldsymbol{A}=\boldsymbol{LU} \tag{2.1}$$

则称式(2.1)为矩阵 $\boldsymbol{A}$ 的 LU 分解。

定义 2.2 设矩阵 $\boldsymbol{A}\in \mathbb{C}^{n\times n}$，如果存在单位下三角矩阵 $\boldsymbol{L}\in \mathbb{C}^{n\times n}$、单位上三角矩阵 $\boldsymbol{U}\in \mathbb{C}^{n\times n}$ 以及对角矩阵 $\boldsymbol{D}$，满足

$$\boldsymbol{A}=\boldsymbol{LDU} \tag{2.2}$$

则称式(2.2)为矩阵 $\boldsymbol{A}$ 的 LDU 分解。

根据第 1 章介绍的矩阵初等变换的内容，显然可以知道任何方阵都存在 LU 分解。下面通过一个例子说明如何利用初等变换求方阵的 LU 分解和 LDU 分解。

例 2.1 试求矩阵 $\boldsymbol{A}=\begin{bmatrix}1&0&5\\5&2&3\\8&6&4\end{bmatrix}$ 的 LU 分解和 LDU 分解。

解 利用初等行变换关系 $(\boldsymbol{A}|\boldsymbol{E})\sim(\boldsymbol{U}|\boldsymbol{P})$，先求出初等行变换矩阵 $\boldsymbol{P}$。计算过程如下

$$(\boldsymbol{A} \mid \boldsymbol{E}) = \left[\begin{array}{ccc:ccc} 1 & 0 & 5 & 1 & 0 & 0 \\ 5 & 2 & 3 & 0 & 1 & 0 \\ 8 & 6 & 4 & 0 & 0 & 1 \end{array}\right] \sim \left[\begin{array}{ccc:ccc} 1 & 0 & 5 & 1 & 0 & 0 \\ 0 & 2 & -22 & -5 & 1 & 0 \\ 0 & 6 & -36 & -8 & 0 & 1 \end{array}\right]$$

$$\sim \left[\begin{array}{ccc:ccc} 1 & 0 & 5 & 1 & 0 & 0 \\ 0 & 2 & -22 & -5 & 1 & 0 \\ 0 & 0 & 30 & 7 & -3 & 1 \end{array}\right] = (\boldsymbol{U} \mid \boldsymbol{P})$$

那么有

$$\boldsymbol{P} = \begin{bmatrix} 1 & 0 & 0 \\ -5 & 1 & 0 \\ 7 & -3 & 1 \end{bmatrix}, \quad \boldsymbol{PA} = \boldsymbol{U} = \begin{bmatrix} 1 & 0 & 5 \\ 0 & 2 & -22 \\ 0 & 0 & 30 \end{bmatrix}$$

令

$$\boldsymbol{L} = \boldsymbol{P}^{-1} = \begin{bmatrix} 1 & 0 & 0 \\ 5 & 1 & 0 \\ 8 & 3 & 1 \end{bmatrix}$$

则可得到 $\boldsymbol{A}$ 的一个 LU 分解为 $\boldsymbol{A}=\boldsymbol{LU}$。注意到 $\boldsymbol{L}$ 已经是单位下三角矩阵，下面只需要进一步将 $\boldsymbol{U}$ 变为单位上三角矩阵，即

$$\boldsymbol{A} = \begin{bmatrix} 1 & 0 & 0 \\ 5 & 1 & 0 \\ 8 & 3 & 1 \end{bmatrix} \begin{bmatrix} 1 & & \\ & 2 & \\ & & 30 \end{bmatrix} \begin{bmatrix} 1 & 0 & 5 \\ 0 & 1 & -11 \\ 0 & 0 & 1 \end{bmatrix} = \boldsymbol{LD\tilde{U}}$$

这就得到了矩阵 $\boldsymbol{A}$ 的一个 LDU 分解。 □

在定义 2.1 中，如果 $\boldsymbol{L}$ 是一个单位下三角矩阵，则称式(2.1)为矩阵 $\boldsymbol{A}$ 的 Doolittle 分解。例 2.1 中的 $\boldsymbol{L}$ 为单位下三角矩阵，故该例中的 $\boldsymbol{A}=\boldsymbol{LU}$ 是一个 Doolittle 分解。类似地，在定义 2.1 中，如果 $\boldsymbol{U}$ 是一个单位上三角矩阵，则称式(2.1)为矩阵 $\boldsymbol{A}$ 的 Crout 分解。有些教材在讲 LU 分解时，就是指 Doolittle 分解。这是因为在利用 Doolittle 分解求解线性方程组时非常方便，并且和 Crout 分解、LDU 分解一样，可以讨论分解的唯一性。下面给出 Doolittle 分解的存在性和唯一性定理。

定理 2.1(Doolittle 分解存在唯一性) 如果矩阵 $\boldsymbol{A}=[a_{ij}]\in \mathbb{C}^{n\times n}$ 的各阶顺序主子式均不为零，即

$$D_k = \begin{vmatrix} a_{11} & a_{12} & \cdots & a_{1k} \\ a_{21} & a_{22} & \cdots & a_{2k} \\ \vdots & \vdots & \ddots & \vdots \\ a_{k1} & a_{k2} & \cdots & a_{kk} \end{vmatrix} \neq 0, \quad k = 1,2,\cdots,n \tag{2.3}$$

那么，必然存在唯一的单位下三角矩阵 $\boldsymbol{L}$ 和唯一的上三角矩阵 $\boldsymbol{U}$，使得 $\boldsymbol{A}=\boldsymbol{LU}$。

证明 存在性。记 $\boldsymbol{A}^{[1]}=[a_{ij}^{[1]}]=\boldsymbol{A}$，下面分三步进行展开：

(1) 因为 $D_1=a_{11}^{[1]}\neq 0$，令 $c_{i1}=a_{i1}^{[1]}/a_{11}^{[1]}$，$i=2,\cdots,n$。第 1 步初等行变换是要将矩阵 $\boldsymbol{A}^{[1]}$ 中第 2 行至第 n 行的第 1 列元素消去。若构造矩阵 $\boldsymbol{L}_1$ 及其逆矩阵为

$$L_1 = \begin{bmatrix} 1 & 0 & 0 & \cdots & 0 \\ c_{21} & 1 & 0 & \cdots & 0 \\ c_{31} & 0 & 1 & \cdots & 0 \\ \vdots & \vdots & \vdots & \ddots & \vdots \\ c_{n1} & 0 & 0 & \cdots & 1 \end{bmatrix}, \quad L_1^{-1} = \begin{bmatrix} 1 & 0 & 0 & \cdots & 0 \\ -c_{21} & 1 & 0 & \cdots & 0 \\ -c_{31} & 0 & 1 & \cdots & 0 \\ \vdots & \vdots & \vdots & \ddots & \vdots \\ -c_{n1} & 0 & 0 & \cdots & 1 \end{bmatrix} \tag{2.4}$$

则有

$$L_1^{-1} A^{[1]} = \begin{bmatrix} a_{11}^{[1]} & a_{12}^{[1]} & a_{13}^{[1]} & \cdots & a_{1n}^{[1]} \\ 0 & a_{22}^{[2]} & a_{23}^{[2]} & \cdots & a_{2n}^{[2]} \\ 0 & a_{32}^{[2]} & a_{33}^{[2]} & \cdots & a_{3n}^{[2]} \\ \vdots & \vdots & \vdots & \ddots & \vdots \\ 0 & a_{n2}^{[2]} & a_{n3}^{[2]} & \cdots & a_{nn}^{[2]} \end{bmatrix} = A^{[2]} \tag{2.5}$$

注意到初等变换不会改变行列式的值,故可以根据 $A^{[2]}$ 计算 $D_2 = a_{11}^{[1]} a_{22}^{[2]}$。

(2) 因为 $D_2 \neq 0$ 并且 $D_1 = a_{11}^{[1]} \neq 0$,则必然有 $a_{22}^{[2]} \neq 0$。令 $c_{i2} = a_{i1}^{[2]} / a_{22}^{[2]}, i = 3, \cdots, n$。第 2 步初等行变换是要将矩阵 $A^{[2]}$ 中第 3 行至第 n 行的第 2 列元素消去。若构造矩阵 L_2 及其逆矩阵为

$$L_2 = \begin{bmatrix} 1 & 0 & 0 & \cdots & 0 \\ 0 & 1 & 0 & \cdots & 0 \\ 0 & c_{32} & 1 & \cdots & 0 \\ \vdots & \vdots & \vdots & \ddots & \vdots \\ 0 & c_{n2} & 0 & \cdots & 1 \end{bmatrix}, \quad L_2^{-1} = \begin{bmatrix} 1 & 0 & 0 & \cdots & 0 \\ 0 & 1 & 0 & \cdots & 0 \\ 0 & -c_{32} & 1 & \cdots & 0 \\ \vdots & \vdots & \vdots & \ddots & \vdots \\ 0 & -c_{n2} & 0 & \cdots & 1 \end{bmatrix} \tag{2.6}$$

则有

$$L_2^{-1} A^{[2]} = \begin{bmatrix} a_{11}^{[1]} & a_{12}^{[1]} & a_{13}^{[1]} & \cdots & a_{1n}^{[1]} \\ 0 & a_{22}^{[2]} & a_{23}^{[2]} & \cdots & a_{2n}^{[2]} \\ 0 & 0 & a_{33}^{[3]} & \cdots & a_{3n}^{[3]} \\ \vdots & \vdots & \vdots & \ddots & \vdots \\ 0 & 0 & a_{n3}^{[3]} & \cdots & a_{nn}^{[3]} \end{bmatrix} = A^{[3]} \tag{2.7}$$

同样可得 $D_3 = a_{11}^{[1]} a_{22}^{[2]} a_{33}^{[3]}$。并且可以发现

$$A = A^{[1]} = L_1 L_2 A^{[3]} \tag{2.8}$$

其中

$$L_1 L_2 = \begin{bmatrix} 1 & 0 & 0 & \cdots & 0 \\ c_{21} & 1 & 0 & \cdots & 0 \\ c_{31} & c_{32} & 1 & \cdots & 0 \\ \vdots & \vdots & \vdots & \ddots & \vdots \\ c_{n1} & c_{n2} & 0 & \cdots & 1 \end{bmatrix} \tag{2.9}$$

(3) 类似地,可以构造 $L_3, \cdots, L_{n-1}$,使得

$$\boldsymbol{L}=\boldsymbol{L}_1\boldsymbol{L}_2\cdots\boldsymbol{L}_{n-1}\begin{bmatrix}1&&&&&\\c_{21}&1&&&&\\c_{31}&c_{32}&1&&&\\\vdots&\vdots&\vdots&\ddots&&\\c_{(n-1)1}&c_{(n-1)2}&c_{(n-1)3}&\cdots&1&\\c_{n1}&c_{n2}&c_{n3}&\cdots&c_{n(n-1)}&1\end{bmatrix}\tag{2.10}$$

$$\boldsymbol{U}=\boldsymbol{A}^{[n]}=\begin{bmatrix}a_{11}^{[1]}&a_{12}^{[1]}&a_{13}^{[1]}&\cdots&a_{1n}^{[1]}\\&a_{22}^{[2]}&a_{23}^{[2]}&\cdots&a_{2n}^{[2]}\\&&a_{33}^{[3]}&\cdots&a_{3n}^{[3]}\\&&&\ddots&\vdots\\&&&&a_{nn}^{[n]}\end{bmatrix}\tag{2.11}$$

从而证明了存在 Doolittle 分解 $\boldsymbol{A}=\boldsymbol{LU}$。

唯一性。假设存在两个 Doolittle 分解，分别记为 $\boldsymbol{A}=\widetilde{\boldsymbol{L}}_1\widetilde{\boldsymbol{U}}_1$ 和 $\boldsymbol{A}=\widetilde{\boldsymbol{L}}_2\widetilde{\boldsymbol{U}}_2$，那么有

$$\widetilde{\boldsymbol{L}}_1\widetilde{\boldsymbol{U}}_1=\widetilde{\boldsymbol{L}}_2\widetilde{\boldsymbol{U}}_2\tag{2.12}$$

在式(2.12)两端分别同时左乘 $\widetilde{\boldsymbol{L}}_2^{-1}$ 和同时右乘 $\widetilde{\boldsymbol{U}}_1^{-1}$（这里 $\widetilde{\boldsymbol{U}}_1$ 的可逆性由 $D_n\neq0$ 保证）可得

$$\widetilde{\boldsymbol{L}}_2^{-1}\widetilde{\boldsymbol{L}}_1=\widetilde{\boldsymbol{U}}_2\widetilde{\boldsymbol{U}}_1^{-1}\tag{2.13}$$

由于 $\widetilde{\boldsymbol{L}}_2^{-1}\widetilde{\boldsymbol{L}}_1$ 为单位下三角矩阵，$\widetilde{\boldsymbol{U}}_2\widetilde{\boldsymbol{U}}_1^{-1}$ 为上三角矩阵，那么仅当 $\widetilde{\boldsymbol{L}}_2^{-1}\widetilde{\boldsymbol{L}}_1=\boldsymbol{E}$ 且 $\widetilde{\boldsymbol{U}}_2\widetilde{\boldsymbol{U}}_1^{-1}=\boldsymbol{E}$ 时式(2.13)成立。因此，根据矩阵逆的定义必有

$$\widetilde{\boldsymbol{L}}_1=\widetilde{\boldsymbol{L}}_2,\quad \widetilde{\boldsymbol{U}}_1=\widetilde{\boldsymbol{U}}_2\tag{2.14}$$

唯一性得证。 □

推论 2.1(LDU 分解存在唯一性) *如果矩阵 $\boldsymbol{A}=[a_{ij}]\in\mathbb{C}^{n\times n}$ 的各阶顺序主子式均不为零，并且令*

$$\boldsymbol{D}=\mathrm{diag}(d_1,d_2,\cdots,d_n),\quad d_k=\frac{D_k}{D_{k-1}},\quad k=1,2,\cdots,n,\quad D_0=1\tag{2.15}$$

那么，必然存在唯一的单位下三角矩阵 $\boldsymbol{L}$ 和唯一的单位上三角矩阵 $\boldsymbol{U}$，使得 $\boldsymbol{A}=\boldsymbol{LDU}$。

在例 2.1 中，我们已经利用矩阵的初等行变换求出了矩阵 $\boldsymbol{A}$ 的 Doolittle 分解，在这个过程中需要计算变换矩阵 $\boldsymbol{P}$ 的逆矩阵，这在分解大型矩阵时极为不利，计算机中也应尽量避免矩阵的求逆运算。事实上，定理 2.1 的存在性证明过程给出了 Doolittle 分解的一种程序化方法。为了节约计算机存储空间，可以进一步用紧凑格式表示 Doolittle 分解过程，即

$$\boldsymbol{A}\sim\begin{bmatrix}a_{11}^{[1]}&a_{12}^{[1]}&a_{13}^{[1]}&\cdots&a_{1n}^{[1]}\\c_{21}&a_{22}^{[2]}&a_{23}^{[2]}&\cdots&a_{2n}^{[2]}\\c_{31}&a_{32}^{[2]}&a_{33}^{[2]}&\cdots&a_{3n}^{[2]}\\\vdots&\vdots&\vdots&\ddots&\vdots\\c_{n1}&a_{n2}^{[2]}&a_{n3}^{[2]}&\cdots&a_{nn}^{[2]}\end{bmatrix}\sim\begin{bmatrix}a_{11}^{[1]}&a_{12}^{[1]}&a_{13}^{[1]}&\cdots&a_{1n}^{[1]}\\c_{21}&a_{22}^{[2]}&a_{23}^{[2]}&\cdots&a_{2n}^{[2]}\\c_{31}&c_{32}&a_{33}^{[3]}&\cdots&a_{3n}^{[3]}\\\vdots&\vdots&\vdots&\ddots&\vdots\\c_{n1}&c_{n2}&a_{n3}^{[3]}&\cdots&a_{nn}^{[3]}\end{bmatrix}$$

$$\sim\cdots\sim\begin{bmatrix}a_{11}^{[1]}&a_{12}^{[1]}&a_{13}^{[1]}&\cdots&a_{1n}^{[1]}\\c_{21}&a_{22}^{[2]}&a_{23}^{[2]}&\cdots&a_{2n}^{[2]}\\c_{31}&c_{32}&a_{33}^{[3]}&\cdots&a_{3n}^{[3]}\\\vdots&\vdots&\vdots&\ddots&\vdots\\c_{n1}&c_{n2}&c_{n3}&\cdots&a_{nn}^{[n]}\end{bmatrix}$$

例 2.2 试用紧凑格式的写法求矩阵 $A=\begin{bmatrix}2&1&-1&3\\6&2&-3&11\\-4&1&5&-13\\4&2&13&3\end{bmatrix}$ 的 Doolittle 分解和 LDU 分解。

解 根据定理 2.1 的证明过程和紧凑格式记法，有

$$A=\begin{bmatrix}\boxed{2}&1&-1&3\\6&2&-3&11\\-4&1&5&-13\\4&2&13&3\end{bmatrix}\sim\begin{bmatrix}\boxed{2}&1&-1&3\\3&\boxed{-1}&0&2\\-2&3&3&-7\\2&0&15&-3\end{bmatrix}$$

$$\sim\begin{bmatrix}\boxed{2}&1&-1&3\\3&\boxed{-1}&0&2\\-2&-3&\boxed{3}&-1\\2&0&15&-3\end{bmatrix}\sim\begin{bmatrix}\boxed{2}&1&-1&3\\3&\boxed{-1}&0&2\\-2&-3&\boxed{3}&-1\\2&0&5&\boxed{2}\end{bmatrix}$$

令

$$L=\begin{bmatrix}1&&&\\3&1&&\\-2&-3&1&\\2&0&5&1\end{bmatrix},\quad U=\begin{bmatrix}2&1&-1&3\\&-1&0&2\\&&3&-1\\&&&2\end{bmatrix}\tag{2.16}$$

则得到 Doolittle 分解 $A=LU$。进一步令

$$D=\begin{bmatrix}2&&&\\&-1&&\\&&3&\\&&&2\end{bmatrix},\quad \widetilde{U}=\begin{bmatrix}1&1/2&-1/2&3/2\\&1&0&-2\\&&1&-1/3\\&&&1\end{bmatrix}\tag{2.17}$$

则得到 LDU 分解为 $A=LD\widetilde{U}$。 □

LU 分解的一个直观应用是解线性方程组。利用 LU 分解可以将线性方程组 $Ax=b$ 改写为

$$LUx=Ly=b\tag{2.18}$$

由于 L 是下三角矩阵，可以直接获得 $Ly=b$ 的解 y。同样，由于 U 是上三角矩阵，又可以直接获得 $Ux=y$ 的解 x，这也是原方程组的解。

2.1.2 UR 分解

由 2.1.1 小节可知，满足一定条件的方阵可以分解为单位下三角矩阵和上三角矩阵的乘积，即 Doolittle 分解，该分解只需要通过初等行变换即可获得。下面介绍一种通过正交变换而获得的重要三角分解形式——UR 分解。UR 分解既适用于方阵，也适用于一般的长方形矩阵。

定义 2.3 设矩阵 $R\in\mathbb{C}^{r\times r}$ 为上三角矩阵，如果 R 的对角元素全为实数且大于零，则称

该矩阵为正线上三角矩阵。

定理 2.2(满秩方阵的 UR 分解) 设矩阵 $\boldsymbol{A}\in\mathbb{C}_n^{n\times n}$,则必然存在酉矩阵 $\boldsymbol{U}\in\mathbb{C}^{n\times n}$ 和正线上三角矩阵 $\boldsymbol{R}\in\mathbb{C}^{n\times n}$,使得 $\boldsymbol{A}=\boldsymbol{U}\boldsymbol{R}$。

证明 因为 $\text{rank}(\boldsymbol{A})=n$,那么可以记 $\boldsymbol{A}=[\boldsymbol{x}_1,\boldsymbol{x}_2,\cdots,\boldsymbol{x}_n]$,且 $\boldsymbol{x}_1,\boldsymbol{x}_2,\cdots,\boldsymbol{x}_n$ 线性无关。根据 Schmidt 正交化过程,令

$$\boldsymbol{u}_1=\boldsymbol{x}_1$$

$$\boldsymbol{y}_1=\frac{1}{\|\boldsymbol{u}_1\|}\boldsymbol{u}_1$$

$$\boldsymbol{u}_{i+1}=\boldsymbol{x}_{i+1}-\langle\boldsymbol{x}_{i+1},\boldsymbol{y}_1\rangle\boldsymbol{y}_1-\langle\boldsymbol{x}_{i+1},\boldsymbol{y}_2\rangle\boldsymbol{y}_2-\cdots-\langle\boldsymbol{x}_{i+1},\boldsymbol{y}_i\rangle\boldsymbol{y}_i$$

$$\boldsymbol{y}_{i+1}=\frac{1}{\|\boldsymbol{u}_{i+1}\|}\boldsymbol{u}_{i+1},\quad i=1,\cdots,n-1$$

可以获得一组标准正交基$\{\boldsymbol{y}_1,\boldsymbol{y}_2,\cdots,\boldsymbol{y}_n\}$,用它表示向量组 $\boldsymbol{x}_1,\boldsymbol{x}_2,\cdots,\boldsymbol{x}_n$,即有

$$\boldsymbol{x}_1=\|\boldsymbol{u}_1\|\boldsymbol{y}_1$$

$$\boldsymbol{x}_i=\langle\boldsymbol{x}_i,\boldsymbol{y}_1\rangle\boldsymbol{y}_1+\langle\boldsymbol{x}_i,\boldsymbol{y}_2\rangle\boldsymbol{y}_2+\cdots+\langle\boldsymbol{x}_i,\boldsymbol{y}_{i-1}\rangle\boldsymbol{y}_{i-1}+\|\boldsymbol{u}_i\|\boldsymbol{y}_i,\quad i=2,\cdots,n$$

从而有

$$\underbrace{\begin{bmatrix}\boldsymbol{x}_1^{\mathrm{T}}\\\boldsymbol{x}_2^{\mathrm{T}}\\\vdots\\\boldsymbol{x}_n^{\mathrm{T}}\end{bmatrix}^{\mathrm{T}}}_{\boldsymbol{A}}=\underbrace{\begin{bmatrix}\boldsymbol{y}_1^{\mathrm{T}}\\\boldsymbol{y}_2^{\mathrm{T}}\\\vdots\\\boldsymbol{y}_n^{\mathrm{T}}\end{bmatrix}^{\mathrm{T}}}_{\boldsymbol{U}}\underbrace{\begin{bmatrix}\|\boldsymbol{u}_1\| & \langle\boldsymbol{x}_2,\boldsymbol{y}_1\rangle & \langle\boldsymbol{x}_3,\boldsymbol{y}_1\rangle & \cdots & \langle\boldsymbol{x}_{n-1},\boldsymbol{y}_1\rangle & \langle\boldsymbol{x}_n,\boldsymbol{y}_1\rangle\\ & \|\boldsymbol{u}_2\| & \langle\boldsymbol{x}_3,\boldsymbol{y}_2\rangle & \cdots & \langle\boldsymbol{x}_{n-1},\boldsymbol{y}_2\rangle & \langle\boldsymbol{x}_n,\boldsymbol{y}_2\rangle\\ & & \|\boldsymbol{u}_3\| & \cdots & \langle\boldsymbol{x}_{n-1},\boldsymbol{y}_3\rangle & \langle\boldsymbol{x}_n,\boldsymbol{y}_3\rangle\\ & & & \ddots & \vdots & \vdots\\ & & & & \|\boldsymbol{u}_{n-1}\| & \langle\boldsymbol{x}_n,\boldsymbol{y}_{n-1}\rangle\\ & & & & & \|\boldsymbol{u}_n\|\end{bmatrix}}_{\boldsymbol{R}}$$

其中 $\boldsymbol{U}$ 为酉矩阵,$\boldsymbol{R}$ 为正线上三角矩阵。因此获得了矩阵 $\boldsymbol{A}$ 的 UR 分解。 □

从定理 2.2 的证明过程可以看出,通过 Schmidt 正交化方法可以得到满秩方阵的 UR 分解,另外也可以利用 Householder 变换求矩阵的 UR 分解,有兴趣的读者可以自行了解。从定理 2.2 也不难获得如下推论。

推论 2.2(满秩方阵的 QR 分解) 设矩阵 $\boldsymbol{A}\in\mathbb{R}_n^{n\times n}$,则必然存在正交矩阵 $\boldsymbol{Q}\in\mathbb{R}^{n\times n}$ 和正线上三角矩阵 $\boldsymbol{R}\in\mathbb{R}_n^{n\times n}$,使得 $\boldsymbol{A}=\boldsymbol{Q}\boldsymbol{R}$。

定理 2.2 和推论 2.2 都是通过正交变换而获得的,因此可以称为满秩方阵的正交分解。那么对于一般的长方形矩阵,类似的正交分解如何表示呢?这就是下面的两个推论。

推论 2.3(列满秩矩阵的正交分解) 设矩阵 $\boldsymbol{A}\in\mathbb{C}_n^{m\times n}$ 且 $m>n$,则必然存在酉矩阵 $\boldsymbol{U}\in\mathbb{C}^{m\times m}$ 和正线上三角矩阵 $\boldsymbol{R}\in\mathbb{C}_n^{n\times n}$,使得

$$\boldsymbol{A}=\boldsymbol{U}\begin{bmatrix}\boldsymbol{R}\\\boldsymbol{O}\end{bmatrix}\tag{2.19}$$

其中,零矩阵 $\boldsymbol{O}\in\mathbb{C}^{(m-n)\times n}$。

证明 因为 $\boldsymbol{A}$ 为列满秩且 $\text{rank}(\boldsymbol{A})=n$,故记 $\boldsymbol{A}=[\boldsymbol{x}_1,\boldsymbol{x}_2,\cdots,\boldsymbol{x}_n]$时,向量组 $\boldsymbol{x}_1,\boldsymbol{x}_2,\cdots,\boldsymbol{x}_n$ 线性无关。由于 $m>n$,可以将 $\boldsymbol{x}_1,\boldsymbol{x}_2,\cdots,\boldsymbol{x}_n$ 扩充为 $\mathbb{C}^m$ 的一个基底,记为

$$\{\boldsymbol{x}_1,\boldsymbol{x}_2,\cdots,\boldsymbol{x}_n,\boldsymbol{x}_{n+1},\cdots,\boldsymbol{x}_m\}\tag{2.20}$$

同定理 2.2 的证明过程一样,对基底(2.20)进行 Schmidt 正交化,能够获得一组标准正交基

$\{\boldsymbol{y}_1, \boldsymbol{y}_2, \cdots, \boldsymbol{y}_m\}$和一个正线上三角矩阵 $\widetilde{\boldsymbol{R}}$,使得

$$[\boldsymbol{x}_1 \quad \boldsymbol{x}_2 \quad \cdots \quad \boldsymbol{x}_n \quad \boldsymbol{x}_{n+1} \quad \cdots \quad \boldsymbol{x}_m] = [\boldsymbol{y}_1 \quad \boldsymbol{y}_2 \quad \cdots \quad \boldsymbol{y}_m]\widetilde{\boldsymbol{R}} \tag{2.21}$$

由于 $\widetilde{\boldsymbol{R}}$ 是正线上三角矩阵,那么它的前 n 列构成的矩阵显然可以写为

$$\begin{bmatrix}\boldsymbol{R}\\ \boldsymbol{O}\end{bmatrix}, \quad \boldsymbol{R} \in \mathbb{C}_n^{n\times n}, \quad \boldsymbol{O} \in \mathbb{C}^{(m-n)\times n} \tag{2.22}$$

其中,$\boldsymbol{R}$ 是由 $\widetilde{\boldsymbol{R}}$ 的前 n 行、n 列构成的正线上三角矩阵。此时,根据矩阵乘法的性质不难得出

$$\underbrace{[\boldsymbol{x}_1 \quad \boldsymbol{x}_2 \quad \cdots \quad \boldsymbol{x}_n]}_{\boldsymbol{A}} = \underbrace{[\boldsymbol{y}_1 \quad \boldsymbol{y}_2 \quad \cdots \quad \boldsymbol{y}_m]}_{\boldsymbol{U}}\begin{bmatrix}\boldsymbol{R}\\ \boldsymbol{O}\end{bmatrix}$$

因而证明了列满秩矩阵 $\boldsymbol{A}$ 存在正交分解式(2.19)。 □

推论 2.4(长方形矩阵的正交分解) 设矩阵 $\boldsymbol{A} \in \mathbb{C}_r^{m\times n}$,则必然存在酉矩阵 $\boldsymbol{U} \in \mathbb{C}^{m\times m}$、$\boldsymbol{V} \in \mathbb{C}^{n\times n}$ 和正线上三角矩阵 $\boldsymbol{R} \in \mathbb{C}_r^{r\times r}$,使得

$$\boldsymbol{A} = \boldsymbol{U}\begin{bmatrix}\boldsymbol{R} & \boldsymbol{O}_{r\times(n-r)}\\ \boldsymbol{O}_{(m-r)\times r} & \boldsymbol{O}_{(m-r)\times(n-r)}\end{bmatrix}\boldsymbol{V}^{\mathrm{H}} \tag{2.23}$$

例 2.3 试求矩阵 $\boldsymbol{A} = \begin{bmatrix}0 & -3\mathrm{i} & 1\\ 0 & 4 & -2\mathrm{i}\\ -2\mathrm{i} & 0 & 1/2\end{bmatrix}$ 的 UR 分解。

解 先将 $\boldsymbol{A}$ 写为列向量组

$$\boldsymbol{x}_1 = \begin{bmatrix}0\\ 0\\ -2\mathrm{i}\end{bmatrix}, \quad \boldsymbol{x}_2 = \begin{bmatrix}-3\mathrm{i}\\ 4\\ 0\end{bmatrix}, \quad \boldsymbol{x}_3 = \begin{bmatrix}1\\ -2\mathrm{i}\\ 1/2\end{bmatrix}$$

并对该向量组进行 Schmidt 正交化,即

$$\boldsymbol{u}_1 = \boldsymbol{x}_1$$

$$\boldsymbol{y}_1 = \frac{1}{\|\boldsymbol{u}_1\|}\boldsymbol{u}_1 = [0 \quad 0 \quad -\mathrm{i}]^{\mathrm{T}}$$

$$\boldsymbol{u}_2 = \boldsymbol{x}_2 - \langle \boldsymbol{x}_2, \boldsymbol{y}_1\rangle \boldsymbol{y}_1 = [-3\mathrm{i} \quad 4 \quad 0]^{\mathrm{T}}$$

$$\boldsymbol{y}_2 = \frac{1}{\|\boldsymbol{u}_2\|}\boldsymbol{u}_2 = [-3\mathrm{i}/5 \quad 4/5 \quad 0]^{\mathrm{T}}$$

$$\boldsymbol{u}_3 = \boldsymbol{x}_3 - \langle \boldsymbol{x}_3, \boldsymbol{y}_1\rangle \boldsymbol{y}_1 - \langle \boldsymbol{x}_3, \boldsymbol{y}_2\rangle \boldsymbol{y}_2 = [2/5 \quad -14\mathrm{i}/5 \quad 1]^{\mathrm{T}}$$

$$\boldsymbol{y}_3 = \frac{1}{\|\boldsymbol{u}_3\|}\boldsymbol{u}_3 = [2/15 \quad -14\mathrm{i}/15 \quad 1/3]^{\mathrm{T}}$$

由此得到酉矩阵

$$\boldsymbol{U} = [\boldsymbol{y}_1 \quad \boldsymbol{y}_2 \quad \boldsymbol{y}_3] = \begin{bmatrix}0 & -3\mathrm{i}/5 & 2/15\\ 0 & 4/5 & -14\mathrm{i}/15\\ -\mathrm{i} & 0 & 1/3\end{bmatrix}$$

正线上三角矩阵

$$\boldsymbol{R} = \begin{bmatrix}\|\boldsymbol{u}_1\| & \langle \boldsymbol{x}_2, \boldsymbol{y}_1\rangle & \langle \boldsymbol{x}_3, \boldsymbol{y}_1\rangle\\ & \|\boldsymbol{u}_2\| & \langle \boldsymbol{x}_3, \boldsymbol{y}_2\rangle\\ & & \|\boldsymbol{u}_3\|\end{bmatrix} = \begin{bmatrix}2 & 0 & -\mathrm{i}/2\\ & 5 & \mathrm{i}\\ & & 3\end{bmatrix}$$

从而得到了 UR 分解式 $\boldsymbol{A}=\boldsymbol{U}\boldsymbol{R}$。 □

根据定理 1.11,方阵 $\boldsymbol{A}$ 是正定矩阵的一个充分必要条件是:存在可逆矩阵 $\boldsymbol{P}$,使得 $\boldsymbol{A}=\boldsymbol{P}^{\mathrm{T}}\boldsymbol{P}$。基于此,有如下重要推论。

推论 2.5(Cholesky 分解) 设矩阵 $\boldsymbol{A}\in\mathbb{R}^{n\times n}$ 是一个正定矩阵,则必然存在正线上三角矩阵 $\boldsymbol{R}\in\mathbb{R}_n^{n\times n}$,使得 $\boldsymbol{A}=\boldsymbol{R}^{\mathrm{T}}\boldsymbol{R}$。

证明 因为 $\boldsymbol{A}$ 是正定矩阵,故存在可逆矩阵 $\boldsymbol{P}$,使得 $\boldsymbol{A}=\boldsymbol{P}^{\mathrm{T}}\boldsymbol{P}$。又因 $\boldsymbol{P}$ 可逆,则根据推论 2.2,存在正交矩阵 $\boldsymbol{Q}$ 和正线上三角矩阵 $\boldsymbol{R}$ 满足 $\boldsymbol{P}=\boldsymbol{Q}\boldsymbol{R}$。再结合 $\boldsymbol{Q}^{\mathrm{T}}\boldsymbol{Q}=\boldsymbol{E}$ 可得 $\boldsymbol{A}=\boldsymbol{R}^{\mathrm{T}}\boldsymbol{Q}^{\mathrm{T}}\boldsymbol{Q}\boldsymbol{R}=\boldsymbol{R}^{\mathrm{T}}\boldsymbol{R}$。 □

2.2 满秩分解

定理 1.2 说明通过初等行变换和初等列变换能够将任意形状的矩阵变换为等价标准形。而例 1.2 所证明的结论就是本节的满秩分解。

定理 2.3 设矩阵 $\boldsymbol{A}\in\mathbb{C}_r^{m\times n}$,则必然存在列满秩矩阵 $\boldsymbol{B}\in\mathbb{C}_r^{m\times r}$ 和行满秩矩阵 $\boldsymbol{C}\in\mathbb{C}_r^{r\times n}$,使得 $\boldsymbol{A}=\boldsymbol{B}\boldsymbol{C}$。

满秩分解的难点在于求待分解矩阵的初等行变换矩阵的逆矩阵 $\boldsymbol{P}^{-1}$ 和初等列变换矩阵的逆矩阵 $\boldsymbol{Q}^{-1}$。后面只需要分别取 $\boldsymbol{P}^{-1}$ 的前 r 列作为 $\boldsymbol{B}$ 以及 $\boldsymbol{Q}^{-1}$ 的前 r 行作为 $\boldsymbol{C}$ 即可。

例 2.4 试求矩阵 $\boldsymbol{A}=\begin{bmatrix}1 & -3 & -2 & 0\\ 0 & 3 & -2 & -1\\ 2 & 0 & -4 & 4\end{bmatrix}$ 的满秩分解。

解 先利用初等行变换关系 $(\boldsymbol{A}\,|\,\boldsymbol{E})\sim(\boldsymbol{A}_1\,|\,\boldsymbol{P})$,求出初等行变换矩阵 $\boldsymbol{P}$ 及其逆矩阵。计算过程如下

$$(\boldsymbol{A}\mid\boldsymbol{E})=\left[\begin{array}{cccc:ccc}1 & -3 & -2 & 0 & 1 & 0 & 0\\ 0 & 3 & -2 & -1 & 0 & 1 & 0\\ 2 & 0 & -4 & 4 & 0 & 0 & 1\end{array}\right]$$

$$\sim\left[\begin{array}{cccc:ccc}1 & 0 & 0 & 5 & -1 & -1 & 1\\ 0 & 3 & -2 & -1 & 0 & 1 & 0\\ 0 & 0 & 4 & 6 & -2 & -2 & 1\end{array}\right]=(\boldsymbol{A}_1\mid\boldsymbol{P})$$

则有

$$\boldsymbol{P}^{-1}=\begin{bmatrix}1 & -1 & -1\\ 0 & 1 & 0\\ 2 & 0 & -1\end{bmatrix}$$

再利用初等列变换关系 $\left(\dfrac{\boldsymbol{A}_1}{\boldsymbol{E}}\right)\sim\left(\dfrac{\begin{bmatrix}\boldsymbol{E}_r & \boldsymbol{O}\\ \boldsymbol{O} & \boldsymbol{O}\end{bmatrix}}{\boldsymbol{Q}}\right)$,求出初等列变换矩阵 $\boldsymbol{Q}$ 及其逆矩阵。计算过程如下

$$\left(\frac{A_1}{E}\right)=\begin{bmatrix}1&0&0&5\\0&3&-2&-1\\0&0&4&6\\ \hdashline 1&0&0&0\\0&1&0&0\\0&0&1&0\\0&0&0&1\end{bmatrix}\sim\begin{bmatrix}1&0&0&0\\0&1&0&0\\0&0&1&0\\ \hdashline 1&-10&-55/2&60\\0&-1&-7/2&8\\0&-3&-8&18\\0&2&11/2&-12\end{bmatrix}=\left(\frac{\begin{bmatrix}E_r&O\\O&O\end{bmatrix}}{Q}\right)$$

则有

$$Q^{-1}=\begin{bmatrix}1&0&0&5\\0&3&-2&-1\\0&0&4&6\\0&1/2&3/2&5/2\end{bmatrix}$$

因为 rank(A)=3，分别取 B 为 P^{-1} 的前 3 列（此处 $B=P^{-1}$），C 为 Q^{-1} 的前 3 行，即

$$C=\begin{bmatrix}1&0&0&5\\0&3&-2&-1\\0&0&4&6\end{bmatrix}$$

从而可获得满秩分解 $A=BC$。 □

注意到初等变换矩阵不是唯一的，所以矩阵的满秩分解也不唯一。更直观的证明是任取一个除单位矩阵之外的 r 阶可逆矩阵 D，则有

$$A=BC=BD^{-1}DC=\tilde{B}\tilde{C}$$

由 $\tilde{B}=BD^{-1}$ 和 $\tilde{C}=DC$ 构成了新的满秩分解。另外，例 2.4 的计算过程实际上是非常烦琐的，有的读者可能已经发现了矩阵 C 就是经过初等行变换之后的阶梯形矩阵 A_1 的前 r 行。但即使这样，求矩阵 P 的逆矩阵仍不简单。那有没有更加便捷的方法呢？考虑某矩阵 $A=[\alpha_1\ \ \alpha_2\ \ \alpha_3]$ 经过初等行变换后的最简形矩阵为

$$A_1=\begin{bmatrix}1&0&a\\0&1&b\\0&0&0\end{bmatrix}\triangleq[\beta_1\ \ \beta_2\ \ \beta_3]$$

显然，β_1，β_2 为矩阵 A_1 的极大无关列向量组，且 $\beta_3=a\beta_1+b\beta_2$。由于初等行变换不会改变矩阵列向量的线性关系，那么 α_1，α_2 为矩阵 A 的极大无关列向量组，且 $\alpha_3=a\alpha_1+b\alpha_2$。此时有

$$A=[\alpha_1\ \ \alpha_2\ \ a\alpha_1+b\alpha_2]=\underbrace{[\alpha_1\ \ \alpha_2]}_{B}\underbrace{\begin{bmatrix}1&0&a\\0&1&b\end{bmatrix}}_{C}\tag{2.24}$$

从而得到了满秩分解 $A=BC$，且该过程不需要再求变换矩阵的逆。一般地，有如下定理。

定理 2.4 设矩阵 $A\in\mathbb{C}_r^{m\times n}$ 通过初等行变换之后的行最简形为

$$A_1 = \begin{bmatrix} 0 & \cdots & 0 & \boxed{1} & * & \cdots & * & 0 & * & \cdots & 0 & * & \cdots & * \\ 0 & \cdots & 0 & 0 & 0 & \cdots & 0 & \boxed{1} & * & \cdots & 0 & * & \cdots & * \\ \vdots & \ddots & \vdots & \vdots & \vdots & \ddots & \vdots & \vdots & \vdots & \ddots & \vdots & \vdots & \ddots & \vdots \\ 0 & \cdots & 0 & 0 & 0 & \cdots & 0 & 0 & 0 & \cdots & \boxed{1} & * & \cdots & * \\ 0 & \cdots & 0 & 0 & 0 & \cdots & 0 & 0 & 0 & \cdots & 0 & 0 & \cdots & 0 \\ \vdots & \ddots & \vdots & \vdots & \vdots & \ddots & \vdots & \vdots & \vdots & \ddots & \vdots & \vdots & \ddots & \vdots \\ 0 & \cdots & 0 & 0 & 0 & \cdots & 0 & 0 & 0 & \cdots & 0 & 0 & \cdots & 0 \end{bmatrix}$$

其中 * 表示不一定为 0 的元素。标记 $\boldsymbol{A}_1$ 中单位向量 $\boldsymbol{e}_1,\boldsymbol{e}_2,\cdots,\boldsymbol{e}_r$ 对应的列号为 $k_1,k_2,\cdots,k_r$，如果取 $\boldsymbol{A}$ 的第 $k_1,k_2,\cdots,k_r$ 列构成矩阵 $\boldsymbol{B}$，取 $\boldsymbol{A}_1$ 的前 r 行构成矩阵 $\boldsymbol{C}$，则可获得 $\boldsymbol{A}$ 的一个满秩分解为 $\boldsymbol{A}=\boldsymbol{BC}$。

例 2.5 试利用定理 2.4 中的方法求解例 2.4，并验证结果是矩阵 $\boldsymbol{A}$ 的两种不同的满秩分解。

解 留给读者验证。 □

例 2.6 试求矩阵 $\boldsymbol{A}=\begin{bmatrix} 2 & 4 & \mathrm{i}-2 & -1 \\ 1 & 2 & -1 & 1 \\ -1 & -2 & 2 & 3\mathrm{i}-1 \end{bmatrix}$ 的满秩分解。

解 先通过初等行变换将矩阵 $\boldsymbol{A}$ 化为行最简形

$$\boldsymbol{A} \sim \begin{bmatrix} 1 & 2 & \mathrm{i} & 3\mathrm{i}-2 \\ 0 & 0 & 1 & 3\mathrm{i} \\ 0 & 0 & \mathrm{i}+2 & 6\mathrm{i}-3 \end{bmatrix} \sim \begin{bmatrix} 1 & 2 & 0 & 3\mathrm{i}+1 \\ 0 & 0 & 1 & 3\mathrm{i} \\ 0 & 0 & 0 & 0 \end{bmatrix} \triangleq \boldsymbol{A}_1 \tag{2.25}$$

由于 $\mathrm{rank}(\boldsymbol{A})=2$，观察到行最简形 $\boldsymbol{A}_1$ 中 $\boldsymbol{e}_1,\boldsymbol{e}_2$ 分别在第 1 列和第 3 列。根据定理 2.4，选取 $\boldsymbol{A}$ 的第 1 列和第 3 列构成矩阵 $\boldsymbol{B}$，选取 $\boldsymbol{A}_1$ 的前 2 行构成矩阵 $\boldsymbol{C}$，即

$$\boldsymbol{B} = \begin{bmatrix} 2 & \mathrm{i}-2 \\ 1 & -1 \\ -1 & 2 \end{bmatrix}, \quad \boldsymbol{C} = \begin{bmatrix} 1 & 2 & 0 & 3\mathrm{i}+1 \\ 0 & 0 & 1 & 3\mathrm{i} \end{bmatrix} \tag{2.26}$$

这样就得到了 $\boldsymbol{A}$ 的一个满秩分解 $\boldsymbol{A}=\boldsymbol{BC}$。 □

2.3 对角分解

2.3.1 特征值分解

在定义 1.19 的基础上，将特征值与特征向量的定义进行完善，并引入特征值的代数重数和几何重数。

定义 2.4 设矩阵 $\boldsymbol{A}\in\mathbb{C}^{n\times n}$，称满足关系式

$$\boldsymbol{Av} = \lambda\boldsymbol{v}, \quad \boldsymbol{v} \neq \boldsymbol{0} \tag{2.27}$$

的所有标量 λ 为 $\boldsymbol{A}$ 的特征值，向量 $\boldsymbol{v}$ 为与 λ 对应的（右）特征向量；称满足关系式

$$\boldsymbol{u}^{\mathrm{H}}\boldsymbol{A} = \lambda\boldsymbol{u}^{\mathrm{H}}, \quad \boldsymbol{u} \neq \boldsymbol{0} \tag{2.28}$$

的向量 $\boldsymbol{u}$ 为与 λ 对应的左特征向量。

值得注意的是，无论 $\boldsymbol{A}$ 是实矩阵还是复矩阵，它的特征值均有可能是复数。实矩阵的复特征值会以共轭的形式成对出现，而复矩阵的复特征值则无此性质。式(2.27)等价于求线性方程组 $(\lambda\boldsymbol{E}-\boldsymbol{A})\boldsymbol{v}=\boldsymbol{0}$ 的非零解 $\boldsymbol{v}$，而存在非零解的充要条件是 $\det(\lambda\boldsymbol{E}-\boldsymbol{A})=0$。因此，特征值就是特征方程 $\det(\lambda\boldsymbol{E}-\boldsymbol{A})=0$ 的根，当方程在实数域内无解时，会出现复数根，即复特征值；当方程有多个根相同时，即存在重特征值。特别地，当 $\boldsymbol{A}$ 是 Hermitian 矩阵时，它的所有特征值都是实数，比较式(2.27)和式(2.28)不难发现 $\boldsymbol{u}=\boldsymbol{v}$，即此时左特征向量与右特征向量相同。

定义 2.5 设矩阵 $\boldsymbol{A}\in\mathbb{C}^{n\times n}$，且 $\boldsymbol{A}$ 的特征多项式为

$$\det(\lambda\boldsymbol{E}-\boldsymbol{A})=(\lambda-\lambda_1)^{k_1}(\lambda-\lambda_2)^{k_2}\cdots(\lambda-\lambda_s)^{k_s} \tag{2.29}$$

$$\sum_{i=1}^{s}k_i=n,\quad k_i\in\mathbb{Z}_+,i=1,2,\cdots,s$$

其中，$\lambda_1,\lambda_2,\cdots,\lambda_s$ 为 $\boldsymbol{A}$ 的不同特征值，那么称：

(1) k_i 为特征值 λ_i 的代数重数；

(2) 特征值 λ_i 对应的线性无关特征向量的个数 l_i 为特征值 λ_i 的几何重数。

根据线性代数相关知识不难得出，特征值 λ_i 的几何重数 $l_i=n-\mathrm{rank}(\lambda_i\boldsymbol{E}-\boldsymbol{A})$。

性质 2.1 矩阵 $\boldsymbol{A}\in\mathbb{C}^{n\times n}$ 的特征值的代数重数必不小于其几何重数，即定义 2.5 中 $k_i\geqslant l_i$。

定义 2.6 设矩阵 $\boldsymbol{A}\in\mathbb{C}^{n\times n}$，其特征值 λ_i 对应的代数重数和几何重数分别为 k_i 和 l_i，那么：

(1) 若 $k_i=l_i$，则称特征值 λ_i 为半单的；

(2) 若 $k_i>l_i$，则称特征值 λ_i 为亏损的。

定理 2.5(特征值分解) 设矩阵 $\boldsymbol{A}\in\mathbb{C}^{n\times n}$，存在非奇异矩阵 $\boldsymbol{V}\in\mathbb{C}^{n\times n}$，使得

$$\boldsymbol{V}^{-1}\boldsymbol{A}\boldsymbol{V}=\begin{bmatrix}\lambda_1 & & & \\ & \lambda_2 & & \\ & & \ddots & \\ & & & \lambda_n\end{bmatrix}\triangleq\boldsymbol{\Lambda} \tag{2.30}$$

的充分必要条件是矩阵 $\boldsymbol{A}$ 的每一个特征值都是半单的，其中 $\lambda_1,\lambda_2,\cdots,\lambda_n$ 为 $\boldsymbol{A}$ 的 n 个特征值。

由于 $\sum_{i=1}^{s}k_i=n$，如果矩阵 $\boldsymbol{A}$ 的每一个特征值都是半单的，即 $k_i=l_i$，那么 $\boldsymbol{A}$ 一定具有 n 个线性无关的特征向量。因此矩阵 $\boldsymbol{A}$ 存在特征值分解（可对角化）的充分必要条件也可以表述为 $\boldsymbol{A}$ 具有 n 个线性无关的特征向量。故定理 2.5 可以通过线性代数中的矩阵可对角化证明得出。特征值分解中的非奇异矩阵 $\boldsymbol{V}$ 直接由 n 个线性无关的特征向量构成。特别地，当 $\boldsymbol{A}$ 的所有特征值互异时，因互异特征值对应的特征向量必线性无关，可以保证 $\boldsymbol{A}$ 一定存在特征值分解。

例 2.7 判断矩阵 $\boldsymbol{A}=\begin{bmatrix}2 & 0 & 3\\ 0 & 0 & 1\\ 0 & -2 & 2\end{bmatrix}$ 是否存在特征值分解。若存在，求出其特征值分解；若不存在，说明理由。

解 首先计算 $\boldsymbol{A}$ 的特征多项式为

$$\det(\lambda \boldsymbol{E}-\boldsymbol{A})=(\lambda-2)(\lambda^2-2\lambda+2)$$

令之为零即可得到特征值

$$\lambda_1=2,\quad \lambda_2=1+\mathrm{i},\quad \lambda_3=1-\mathrm{i}$$

由于 $\boldsymbol{A}$ 是 3 阶矩阵，且已算出它的 3 个特征值互异，则所有特征值均是半单的，故存在特征值分解。下面计算每个特征值对应的特征向量。

当特征值为 $\lambda_1=2$ 时，由 $(2\boldsymbol{E}-\boldsymbol{A})\boldsymbol{x}=\boldsymbol{0}$ 可得

$$\begin{cases} -3x_3=0 \\ 2x_2-x_3=0 \\ 2x_2=0 \end{cases}$$

解得 x_1 任意，$x_2=x_3=0$。故 $\lambda_1=2$ 对应的特征向量可取为 $\boldsymbol{v}_1=[1\quad 0\quad 0]^{\mathrm{T}}$。

当特征值为 $\lambda_2=1+\mathrm{i}$ 时，由 $[(1+\mathrm{i})\boldsymbol{E}-\boldsymbol{A}]\boldsymbol{x}=\boldsymbol{0}$ 可得[先利用初等行变换将矩阵 $(1+\mathrm{i})\boldsymbol{E}-\boldsymbol{A}$ 化为阶梯形]

$$\begin{cases} (-1+\mathrm{i})x_1-3x_3=0 \\ 2x_2+(-1+\mathrm{i})x_3=0 \end{cases}$$

解得

$$x_1=-\frac{3(1+\mathrm{i})}{2}x_3,\quad x_2=\frac{1-\mathrm{i}}{2}x_3,\quad x_3\text{ 任意}$$

故 $\lambda_2=1+\mathrm{i}$ 对应的特征向量可取为 $\boldsymbol{v}_2=[-3\quad -\mathrm{i}\quad 1-\mathrm{i}]^{\mathrm{T}}$。

当特征值为 $\lambda_3=1-\mathrm{i}$ 时，由于 λ_3 与 λ_2 互为共轭，故 $\lambda_3=1-\mathrm{i}$ 对应的特征向量可取为

$$\boldsymbol{v}_3=\boldsymbol{v}_2^{\mathrm{H}}=[-3\quad \mathrm{i}\quad 1+\mathrm{i}]^{\mathrm{T}}$$

综上，可以取非奇异矩阵

$$\boldsymbol{V}=[\boldsymbol{v}_1\quad \boldsymbol{v}_2\quad \boldsymbol{v}_3]=\begin{bmatrix} 1 & -3 & -3 \\ 0 & -\mathrm{i} & \mathrm{i} \\ 0 & 1-\mathrm{i} & 1+\mathrm{i} \end{bmatrix}$$

满足

$$\boldsymbol{V}^{-1}\boldsymbol{A}\boldsymbol{V}=\boldsymbol{\Lambda}$$

其中，$\boldsymbol{\Lambda}=\mathrm{diag}(2,1+\mathrm{i},1-\mathrm{i})$。 □

例 2.8 判断矩阵 $\boldsymbol{A}=\begin{bmatrix} 3 & 0 & 8 \\ 3 & -1 & 6 \\ -2 & 0 & -5 \end{bmatrix}$ 是否存在特征值分解。若存在，求出其特征值分解；若不存在，说明理由。

解 首先计算 $\boldsymbol{A}$ 的特征多项式为

$$\det(\lambda \boldsymbol{E}-\boldsymbol{A})=(\lambda+1)^3$$

令之为零即可得到特征值 $\lambda=-1$，代数重数为 $k=3$。由于 $\mathrm{rank}(-\boldsymbol{E}-\boldsymbol{A})=1$，故 $\lambda=-1$ 的几何重数为 $l=3-1=2$。因 $k>l$，故该特征值是亏损的，即矩阵 $\boldsymbol{A}$ 不存在特征值分解。 □

推论 2.6 设矩阵 $\boldsymbol{A}\in\mathbb{C}^{n\times n}$ 为 Hermitian 矩阵，则必然存在非奇异矩阵 $\boldsymbol{V}\in\mathbb{C}^{n\times n}$，使得

$$\boldsymbol{V}^{-1}\boldsymbol{A}\boldsymbol{V}=\begin{bmatrix} \lambda_1 & & & \\ & \lambda_2 & & \\ & & \ddots & \\ & & & \lambda_n \end{bmatrix}\triangleq\boldsymbol{\Lambda}\tag{2.31}$$

其中 $\lambda_1, \lambda_2, \cdots, \lambda_n$ 为 $\boldsymbol{A}$ 的 n 个特征值。

2.3.2 Jordan 分解

当矩阵不存在特征值分解时，可以继续讨论矩阵的 Jordan 分解。

定义 2.7 称形如

$$\boldsymbol{J}_{k_i}(\lambda_i) = \begin{bmatrix} \lambda_i & 1 & & & \\ & \lambda_i & 1 & & \\ & & \ddots & \ddots & \\ & & & \lambda_i & 1 \\ & & & & \lambda_i \end{bmatrix}, \quad k_i \in \mathbb{Z}_+, \quad \lambda_i \in \mathbb{C}, \quad i = 1, 2, \cdots, r \tag{2.32}$$

的矩阵为 Jordan 块；并称由若干 Jordan 块构成的块对角矩阵

$$\boldsymbol{J} = \begin{bmatrix} \boldsymbol{J}_{k_1}(\lambda_1) & & & \\ & \boldsymbol{J}_{k_2}(\lambda_2) & & \\ & & \ddots & \\ & & & J_{k_s}(\lambda_r) \end{bmatrix} \tag{2.33}$$

为 Jordan 矩阵。

根据定义 2.7，可以方便地表示 Jordan 矩阵 $\boldsymbol{J} = \mathrm{diag}(\boldsymbol{J}_{k_1}(\lambda_1), \boldsymbol{J}_{k_2}(\lambda_2), \cdots, \boldsymbol{J}_{k_s}(\lambda_r))$，其中，$r$ 为特征值的个数，λ_i 为 Jordan 块对角元素的值，k_i 描述了 Jordan 块的阶数。注意 s 与 r 不一定相等，且 $r \leqslant s$，因为同一个特征值可能对应多个 Jordan 块。下面是一个表示 Jordan 矩阵的例子。

$$\boldsymbol{J} = \mathrm{diag}(\boldsymbol{J}_2(5), \boldsymbol{J}_2(0), \boldsymbol{J}_3(-1)) = \begin{bmatrix} 5 & 1 & & & & & \\ & 5 & & & & & \\ & & 0 & 1 & & & \\ & & & 0 & & & \\ & & & & -1 & 1 & \\ & & & & & -1 & 1 \\ & & & & & & -1 \end{bmatrix}$$

可以看到，Jordan 矩阵是一种特殊的上三角矩阵，并且 Jordan 块本身也是一个 Jordan 矩阵。另外，对角矩阵也可以看作是 Jordan 块阶数全为 1 的 Jordan 矩阵。

定理 2.6(Jordan 分解) 设矩阵 $\boldsymbol{A} \in \mathbb{C}^{n\times n}$，则必然存在非奇异矩阵 $\boldsymbol{V} \in \mathbb{C}^{n\times n}$，使得

$$\boldsymbol{V}^{-1}\boldsymbol{A}\boldsymbol{V} = \boldsymbol{J} = \begin{bmatrix} \boldsymbol{J}_{k_1}(\lambda_1) & & & \\ & \boldsymbol{J}_{k_2}(\lambda_2) & & \\ & & \ddots & \\ & & & \boldsymbol{J}_{k_s}(\lambda_r) \end{bmatrix} \tag{2.34}$$

其中，$\lambda_1, \lambda_2, \cdots, \lambda_r$ 为 $\boldsymbol{A}$ 的特征值，$k_1, k_2, \cdots, k_s$ 为对应 Jordan 块的阶数。

假设矩阵 $\boldsymbol{A}$ 有 $r(r \leqslant n)$ 个不同的特征值，而定理 2.6 中的 Jordan 块的个数为 s，那么必然有 $r \leqslant s \leqslant n$。例如，当某 Hermitian 矩阵存在代数重数大于 1 的特征值时，其互异特征值个数必然小于 n，而 Jordan 块的个数则必等于 n。另外，也可能出现这样的例子：

$$\boldsymbol{J}=\mathrm{diag}(\boldsymbol{J}_2(5),\boldsymbol{J}_2(5),\boldsymbol{J}_2(-1))=\begin{bmatrix}5&1&&&&\\&5&&&&\\&&5&1&&\\&&&5&&\\&&&&-1&1\\&&&&&-1\end{bmatrix}$$

特征值分解和Jordan分解本质上都是相似变换的结果。一般称特征值分解中的对角矩阵$\boldsymbol{\Lambda}$为对角标准形，而称Jordan分解中的Jordan矩阵$\boldsymbol{J}$为Jordan标准形，对角标准形可以看作是Jordan标准形的特例。由于相似变换不改变矩阵的特征值，所以只需要求得待分解矩阵的特征值即可确定Jordan标准形中的对角元素，但是还需要利用特征值的几何重数等条件来确定Jordan标准形中Jordan块的个数和各个Jordan块的阶数。

定理2.7 设矩阵$\boldsymbol{A}\in\mathbb{C}^{n\times n}$的特征值为$\lambda_i(i\leqslant n)$，$\lambda_i$的代数重数为$k_i$。若将$\boldsymbol{A}$的Jordan矩阵$\boldsymbol{J}$中以$\lambda_i$为特征值、阶数为$j(j\leqslant k_i)$的Jordan块的个数记为$N_{i,j}$，则

$$N_{i,j}=r_{j+1}+r_{j-1}-2r_j \tag{2.35}$$

其中，$r_j=\mathrm{rank}(\lambda_i\boldsymbol{E}-\boldsymbol{A})^j)$。

利用定理2.7进行计算时，存在可以简化的地方。由于$\mathrm{rank}((\lambda_i\boldsymbol{E}-\boldsymbol{A})^0)\equiv\mathrm{rank}(\boldsymbol{E})$，故总有$r_0=n$。注意到在矩阵乘法中，秩的关系满足

$$\mathrm{rank}(\boldsymbol{BC})\leqslant\min\{\mathrm{rank}(\boldsymbol{B}),\mathrm{rank}(\boldsymbol{C})\}$$

那么只要计算得到$r_j=0$，则必有$r_{j+1}=\cdots=r_{k_i+1}=0$。另外，特征值的代数重数是该特征值对应所有Jordan块的总阶数，而几何重数是该特征值对应的Jordan块的个数。当矩阵每个特征值的代数重数都不超过3时，可以根据几何重数直接确定Jordan标准形。

例2.9 试求矩阵$\boldsymbol{A}=\begin{bmatrix}3&0&8\\3&-1&6\\-2&0&-5\end{bmatrix}$的Jordan标准形。

解 在例2.8中已经证明了矩阵$\boldsymbol{A}$的特征值是亏损的，不存在特征值分解（即不存在对角标准形），且特征值为$\lambda=-1$，代数重数为$k=3$，几何重数为$l=2$。这意味着$\lambda=-1$对应2个Jordan块，且总阶数为3。那么可以直接写出$\boldsymbol{A}$的Jordan标准形为

$$\boldsymbol{J}=\begin{bmatrix}-1&&\\&-1&1\\&&-1\end{bmatrix}$$

Jordan矩阵$\boldsymbol{J}$中的Jordan块顺序可以对调。 □

例2.10 试求矩阵$\boldsymbol{A}=\begin{bmatrix}2\mathrm{i}&-\mathrm{i}&0&\mathrm{i}\\0&\mathrm{i}&0&\mathrm{i}\\-\mathrm{i}&0&2\mathrm{i}&\mathrm{i}\\0&-\mathrm{i}&0&3\mathrm{i}\end{bmatrix}$的Jordan标准形。

解 首先计算特征多项式

$$\det(\lambda\boldsymbol{E}-\boldsymbol{A})=\begin{vmatrix}\lambda-2\mathrm{i}&\mathrm{i}&0&-\mathrm{i}\\0&\lambda-\mathrm{i}&0&-\mathrm{i}\\\mathrm{i}&0&\lambda-2\mathrm{i}&-\mathrm{i}\\0&\mathrm{i}&0&\lambda-3\mathrm{i}\end{vmatrix}=\begin{vmatrix}\mathrm{i}&0&\lambda-2\mathrm{i}&-\mathrm{i}\\&\mathrm{i}&0&\lambda-3\mathrm{i}\\&&\lambda^2\mathrm{i}+4\lambda-4\mathrm{i}&0\\&&&\lambda^2\mathrm{i}+4\lambda-4\mathrm{i}\end{vmatrix}$$

$$= (\lambda^2 - 4\lambda i + 4i^2)(\lambda^2 - 4\lambda i + 4i^2) = (\lambda - 2i)^4$$

可得特征值为$\lambda=2i$，代数重数为4。再根据定理2.7分别计算

$$\begin{aligned} r_0 &= 4 \\ r_1 &= \text{rank}(2i \cdot \boldsymbol{E} - \boldsymbol{A}) = 2 \\ r_2 &= \text{rank}((2i \cdot \boldsymbol{E} - \boldsymbol{A})^2) = 1 \\ r_3 &= r_4 = r_5 = 0 \end{aligned}$$

和

$$\begin{aligned} N_1 &= r_2 + r_0 - 2r_1 = 1 \\ N_2 &= r_3 + r_1 - 2r_2 = 0 \\ N_3 &= r_4 + r_2 - 2r_3 = 1 \\ N_4 &= r_5 + r_3 - 2r_4 = 0 \end{aligned}$$

由此可知，特征值$\lambda=2i$对应1个一阶和1个三阶Jordan块。因此

$$\boldsymbol{J} = \begin{bmatrix} 2i & 1 & & \\ & 2i & 1 & \\ & & 2i & \\ & & & 2i \end{bmatrix}$$

即为矩阵$\boldsymbol{A}$的Jordan标准形。 □

由定理2.6，要获得矩阵的Jordan分解就必须求出非奇异矩阵$\boldsymbol{V}$，该矩阵也可称为相似变换矩阵。这个过程是建立在已求出Jordan标准形和解线性方程组的基础之上的。下面继续采用例2.9进行说明。

例2.11 试求矩阵$\boldsymbol{A}=\begin{bmatrix} 3 & 0 & 8 \\ 3 & -1 & 6 \\ -2 & 0 & -5 \end{bmatrix}$的Jordan分解。

解 由式(2.34)，可得$\boldsymbol{AV}=\boldsymbol{VJ}$。设$\boldsymbol{V}=[\boldsymbol{v}_1 \quad \boldsymbol{v}_2 \quad \boldsymbol{v}_3]$，并且$\boldsymbol{J}$已在例2.9中求出，则有

$$\boldsymbol{A}[\boldsymbol{v}_1 \quad \boldsymbol{v}_2 \quad \boldsymbol{v}_3] = [\boldsymbol{v}_1 \quad \boldsymbol{v}_2 \quad \boldsymbol{v}_3]\begin{bmatrix} -1 & 0 & 0 \\ & -1 & 1 \\ & & -1 \end{bmatrix}$$

展开得

$$\begin{cases} \boldsymbol{A}\boldsymbol{v}_1 = -\boldsymbol{v}_1 \\ \boldsymbol{A}\boldsymbol{v}_2 = -\boldsymbol{v}_2 \\ \boldsymbol{A}\boldsymbol{v}_3 = \boldsymbol{v}_2 - \boldsymbol{v}_3 \end{cases} \Rightarrow \begin{cases} (\boldsymbol{A}+\boldsymbol{E})\boldsymbol{v}_1 = \boldsymbol{0} \\ (\boldsymbol{A}+\boldsymbol{E})\boldsymbol{v}_2 = \boldsymbol{0} \\ (\boldsymbol{A}+\boldsymbol{E})\boldsymbol{v}_3 = \boldsymbol{v}_2 \end{cases} \tag{2.36}$$

由于

$$\boldsymbol{A}+\boldsymbol{E} = \begin{bmatrix} 4 & 0 & 8 \\ 3 & 0 & 6 \\ -2 & 0 & -4 \end{bmatrix} \sim \begin{bmatrix} 1 & 0 & 2 \\ 0 & 0 & 0 \\ 0 & 0 & 0 \end{bmatrix}$$

则可得齐次线性方程组$(\boldsymbol{A}+\boldsymbol{E})\boldsymbol{x}=\boldsymbol{0}$的基础解系为

$$\boldsymbol{\alpha}_1 = \begin{bmatrix} 0 \\ 1 \\ 0 \end{bmatrix}, \quad \boldsymbol{\alpha}_2 = \begin{bmatrix} -2 \\ 0 \\ 1 \end{bmatrix}$$

虽然直接取 $\boldsymbol{v}_1=\boldsymbol{\alpha}_1$ 与 $\boldsymbol{v}_2=\boldsymbol{\alpha}_2$ 可以保证式(2.36)的前两个方程成立,但不能这么做,因为目前还不知道第 3 个方程是否有解。但可以明确的是,$\boldsymbol{v}_2$ 一定是 $\boldsymbol{\alpha}_1$ 与 $\boldsymbol{\alpha}_2$ 的线性组合,故可设 $\boldsymbol{v}_2=k_1\boldsymbol{\alpha}_1+k_2\boldsymbol{\alpha}_2$。又因为

$$(\boldsymbol{A}+\boldsymbol{E}\mid\boldsymbol{v}_2)=\left[\begin{array}{ccc:c}4&0&8&-2k_2\\3&0&6&k_1\\-2&0&-4&k_2\end{array}\right]\sim\left[\begin{array}{ccc:c}1&0&2&-k_1-2k_2\\0&0&0&4k_1+6k_2\\0&0&0&-2k_1-3k_2\end{array}\right]\tag{2.37}$$

可得非齐次线性方程组$(\boldsymbol{A}+\boldsymbol{E})\boldsymbol{x}=\boldsymbol{v}_2$ 有解的条件是

$$\begin{cases}4k_1+6k_2=0\\-2k_1-3k_2=0\end{cases}$$

解得 $k_1=3,k_2=-2$,从而有

$$\boldsymbol{v}_1=\boldsymbol{\alpha}_1=\begin{bmatrix}0\\1\\0\end{bmatrix},\quad \boldsymbol{v}_2=k_1\boldsymbol{\alpha}_1+k_2\boldsymbol{\alpha}_2=\begin{bmatrix}4\\3\\-2\end{bmatrix}$$

将 k_1,k_2 代入式(2.37),有

$$(\boldsymbol{A}+\boldsymbol{E}\mid\boldsymbol{v}_2)\sim\left[\begin{array}{ccc:c}1&0&2&1\\0&0&0&0\\0&0&0&0\end{array}\right]$$

从而根据非齐次线性方程组$(\boldsymbol{A}+\boldsymbol{E})\boldsymbol{x}=\boldsymbol{v}_2$ 的解可取 $\boldsymbol{v}_3=[-1\quad 0\quad 1]^{\mathrm{T}}$。综上,找到了非奇异矩阵

$$\boldsymbol{V}=[\boldsymbol{v}_1\quad\boldsymbol{v}_2\quad\boldsymbol{v}_3]=\begin{bmatrix}0&4&-1\\1&3&0\\0&-2&1\end{bmatrix}$$

使得 $\boldsymbol{V}^{-1}\boldsymbol{A}\boldsymbol{V}=\boldsymbol{J}$,即获得了矩阵 $\boldsymbol{A}$ 的 Jordan 分解。 □

2.4 酉相似分解

定义 2.8(酉相似) 设矩阵 $\boldsymbol{A}\in\mathbb{C}^{n\times n}$、$\boldsymbol{B}\in\mathbb{C}^{n\times n}$,如果存在酉矩阵 $\boldsymbol{U}\in\mathbb{C}^{n\times n}$,使得

$$\boldsymbol{A}=\boldsymbol{U}\boldsymbol{B}\boldsymbol{U}^{\mathrm{H}}\tag{2.38}$$

则称 $\boldsymbol{A}$ 与 $\boldsymbol{B}$ 酉相似。

由于酉矩阵满足 $\boldsymbol{U}^{\mathrm{H}}=\boldsymbol{U}^{-1}$,故式(2.38)也可写为

$$\boldsymbol{A}=\boldsymbol{U}\boldsymbol{B}\boldsymbol{U}^{-1}\tag{2.39}$$

定理 2.8(Schur 分解) 设矩阵 $\boldsymbol{A}\in\mathbb{C}^{n\times n}$,则必然存在酉矩阵 $\boldsymbol{U}\in\mathbb{C}^{n\times n}$,使得

$$\boldsymbol{U}^{\mathrm{H}}\boldsymbol{A}\boldsymbol{U}=\begin{bmatrix}\lambda_1&*&*&\cdots&*\\&\lambda_2&*&\cdots&*\\&&\ddots&\ddots&\vdots\\&&&\lambda_{n-1}&*\\&&&&\lambda_n\end{bmatrix}\triangleq\boldsymbol{T}\tag{2.40}$$

其中,$\lambda_1,\lambda_2,\cdots,\lambda_n$ 为 $\boldsymbol{A}$ 的特征值。也称 $\boldsymbol{A}$ 与 $\boldsymbol{T}$ 酉相似。

证明 由定理2.6可知，矩阵 $\boldsymbol{A}$ 可以进行Jordan分解，即存在非奇异矩阵 $\boldsymbol{V}$ 和Jordan矩阵 $\boldsymbol{J}$，使得

$$\boldsymbol{A}=\boldsymbol{VJV}^{-1} \tag{2.41}$$

因 $\boldsymbol{V}$ 非奇异，根据满秩方阵的UR分解定理2.2，存在酉矩阵 $\boldsymbol{U}$ 和一个正线上三角矩阵 $\boldsymbol{R}$，满足 $\boldsymbol{V}=\boldsymbol{UR}$。将其代入式(2.41)，可得(注意 $\boldsymbol{U}^{-1}=\boldsymbol{U}^{\mathrm{H}}$)

$$\boldsymbol{A}=\boldsymbol{URJ}(\boldsymbol{UR})^{-1}=\boldsymbol{URJR}^{-1}\boldsymbol{U}^{-1}=\boldsymbol{URJR}^{-1}\boldsymbol{U}^{\mathrm{H}}=\boldsymbol{UTU}^{\mathrm{H}}$$

其中，$\boldsymbol{T}=\boldsymbol{RJR}^{-1}$ 为上三角矩阵，且主对角元素为 $\boldsymbol{A}$ 的特征值。 □

定义2.9(正规矩阵) 设矩阵 $\boldsymbol{A}\in\mathbb{C}^{n\times n}$，若满足

$$\boldsymbol{AA}^{\mathrm{H}}=\boldsymbol{A}^{\mathrm{H}}\boldsymbol{A} \tag{2.42}$$

则称 $\boldsymbol{A}$ 为正规矩阵。

容易验证以下几类常见的特殊矩阵为正规矩阵：

(1) Hermitian矩阵，即 $\boldsymbol{A}^{\mathrm{H}}=\boldsymbol{A}$；

(2) 反Hermitian矩阵，即 $\boldsymbol{A}^{\mathrm{H}}=-\boldsymbol{A}$；

(3) 酉矩阵，即 $\boldsymbol{A}^{\mathrm{H}}=\boldsymbol{A}^{-1}$。

引理2.1 若上三角矩阵 $\boldsymbol{A}$ 是正规矩阵，则 $\boldsymbol{A}$ 为对角矩阵。

证明 不妨记

$$\boldsymbol{A}=\begin{bmatrix} a_{11} & a_{12} & \cdots & a_{1n} \\ & a_{22} & \cdots & a_{2n} \\ & & \ddots & \vdots \\ & & & a_{nn} \end{bmatrix}$$

因为 $\boldsymbol{A}$ 是正规矩阵，有 $\boldsymbol{AA}^{\mathrm{H}}=\boldsymbol{A}^{\mathrm{H}}\boldsymbol{A}$，即

$$\begin{bmatrix} a_{11} & a_{12} & \cdots & a_{1n} \\ & a_{22} & \cdots & a_{2n} \\ & & \ddots & \vdots \\ & & & a_{nn} \end{bmatrix}\begin{bmatrix} \bar{a}_{11} & & & \\ \bar{a}_{12} & \bar{a}_{22} & & \\ \vdots & \vdots & \ddots & \\ \bar{a}_{1n} & \bar{a}_{2n} & \cdots & \bar{a}_{nn} \end{bmatrix}=\begin{bmatrix} \bar{a}_{11} & & & \\ \bar{a}_{12} & \bar{a}_{22} & & \\ \vdots & \vdots & \ddots & \\ \bar{a}_{1n} & \bar{a}_{2n} & \cdots & \bar{a}_{nn} \end{bmatrix}\begin{bmatrix} a_{11} & a_{12} & \cdots & a_{1n} \\ & a_{22} & \cdots & a_{2n} \\ & & \ddots & \vdots \\ & & & a_{nn} \end{bmatrix}$$

显然有

$$\|a_{11}\|^2+\|a_{12}\|^2+\cdots+\|a_{1n}\|^2=\|a_{11}\|^2$$
$$\|a_{22}\|^2+\|a_{23}\|^2+\cdots+\|a_{2n}\|^2=\|a_{22}\|^2$$
$$\cdots$$

解得 $a_{ij}=0, i<j, i,j=1,2,\cdots,n$。故 $\boldsymbol{A}$ 是对角矩阵，且 $\boldsymbol{A}=\mathrm{diag}(a_{11},\cdots,a_{nn})$。 □

定理2.9(酉相似对角分解) 设矩阵 $\boldsymbol{A}\in\mathbb{C}^{n\times n}$，若 $\boldsymbol{A}$ 是正规矩阵，则必然存在酉矩阵 $\boldsymbol{U}\in\mathbb{C}^{n\times n}$ 和对角矩阵 $\boldsymbol{\Lambda}\in\mathbb{C}^{n\times n}$，使得

$$\boldsymbol{A}=\boldsymbol{U\Lambda U}^{\mathrm{H}} \tag{2.43}$$

反之亦然。

证明 (⇒)如果 $\boldsymbol{A}$ 是正规矩阵，则满足

$$\boldsymbol{AA}^{\mathrm{H}}=\boldsymbol{A}^{\mathrm{H}}\boldsymbol{A} \tag{2.44}$$

又根据Schur分解定理2.8，存在酉矩阵 $\boldsymbol{U}$ 和上三角矩阵 $\boldsymbol{T}$，使得

$$\boldsymbol{A}=\boldsymbol{UTU}^{\mathrm{H}}$$

将其代入式(2.44),可得

$$\boldsymbol{UTU}^{\mathrm{H}}\boldsymbol{UT}^{\mathrm{H}}\boldsymbol{U}^{\mathrm{H}} = \boldsymbol{UT}^{\mathrm{H}}\boldsymbol{U}^{\mathrm{H}}\boldsymbol{UTU}^{\mathrm{H}}$$

因 $\boldsymbol{U}^{\mathrm{H}}\boldsymbol{U}=\boldsymbol{E}$,$\boldsymbol{UTT}^{\mathrm{H}}\boldsymbol{U}^{\mathrm{H}}=\boldsymbol{UT}^{\mathrm{H}}\boldsymbol{TU}^{\mathrm{H}}$,从而有 $\boldsymbol{TT}^{\mathrm{H}}=\boldsymbol{T}^{\mathrm{H}}\boldsymbol{T}$。再利用引理 2.1 得出 $\boldsymbol{T}$ 为对角矩阵,令 $\boldsymbol{\Lambda}=\boldsymbol{T}$,即证明了分解式(2.43)。

(⇐)如果 $\boldsymbol{A}$ 存在酉相似对角分解,即有

$$\boldsymbol{A} = \boldsymbol{U\Lambda U}^{\mathrm{H}}$$

则可以计算

$$\boldsymbol{AA}^{\mathrm{H}} = \boldsymbol{U\Lambda U}^{\mathrm{H}}\boldsymbol{U\Lambda}^{\mathrm{H}}\boldsymbol{U}^{\mathrm{H}} = \boldsymbol{U\Lambda\Lambda}^{\mathrm{H}}\boldsymbol{U}^{\mathrm{H}}$$

$$\boldsymbol{A}^{\mathrm{H}}\boldsymbol{A} = \boldsymbol{U\Lambda}^{\mathrm{H}}\boldsymbol{U}^{\mathrm{H}}\boldsymbol{U\Lambda U}^{\mathrm{H}} = \boldsymbol{U\Lambda}^{\mathrm{H}}\boldsymbol{\Lambda U}^{\mathrm{H}}$$

又因为 $\boldsymbol{\Lambda}$ 是对角矩阵,则有 $\boldsymbol{\Lambda\Lambda}^{\mathrm{H}}=\boldsymbol{\Lambda}^{\mathrm{H}}\boldsymbol{\Lambda}$,从而证明了 $\boldsymbol{AA}^{\mathrm{H}}=\boldsymbol{A}^{\mathrm{H}}\boldsymbol{A}$,即 $\boldsymbol{A}$ 为正规矩阵。 □

酉相似对角分解是基于 Schur 分解获得的,故对角矩阵 $\boldsymbol{\Lambda}=\mathrm{diag}(\lambda_1,\cdots,\lambda_n)$,其中 $\lambda_1,\cdots,\lambda_n$ 为矩阵 $\boldsymbol{A}$ 的特征值。下面不加证明地给出两个重要推论。

推论 2.7 设矩阵 $\boldsymbol{A}\in\mathbb{C}^{n\times n}$ 是正规矩阵,它的实特征值为 $r_1,r_2,\cdots,r_k$,复特征值为 $c_l+d_l\mathrm{i}$,$l=1,2,\cdots,s$,$s=(n-k)/2$,则必然存在酉矩阵 $\boldsymbol{U}\in\mathbb{C}^{n\times n}$,使得

$$\boldsymbol{U}^{\mathrm{H}}\boldsymbol{AU} = \begin{bmatrix} r_1 & & & & & & & \\ & \ddots & & & & & & \\ & & r_k & & & & & \\ & & & c_1 & -d_1 & & & \\ & & & d_1 & c_1 & & & \\ & & & & & \ddots & & \\ & & & & & & c_s & -d_s \\ & & & & & & d_s & c_s \end{bmatrix}$$

推论 2.8 设矩阵 $\boldsymbol{A}\in\mathbb{C}^{n\times n}$ 是 Hermitian 矩阵,则它的特征值 $\lambda_1,\lambda_2,\cdots,\lambda_n$ 皆为实数,且必然存在酉矩阵 $\boldsymbol{U}\in\mathbb{C}^{n\times n}$,使得

$$\boldsymbol{U}^{\mathrm{H}}\boldsymbol{AU} = \boldsymbol{U}^{-1}\boldsymbol{AU} = \begin{bmatrix} \lambda_1 & & & \\ & \lambda_2 & & \\ & & \ddots & \\ & & & \lambda_n \end{bmatrix}$$

由于 Hermitian 矩阵的特征值为实数,且属于不同特征值的特征向量线性无关,所以通过求 Hermitian 矩阵的特征值和特征向量及其正交化,可以很方便地用推论 2.8 进行酉相似对角分解。下面通过一个例子进行说明。

例 2.12 判断矩阵 $\boldsymbol{A}=\begin{bmatrix} -1 & \mathrm{i} & 0 \\ -\mathrm{i} & 0 & -\mathrm{i} \\ 0 & \mathrm{i} & -1 \end{bmatrix}$ 是否为正规矩阵。若是,求它的酉相似对角分解;若不存在,说明理由。

解 因为 $\boldsymbol{A}^{\mathrm{H}}=\boldsymbol{A}$,可知 $\boldsymbol{A}$ 是 Hermitian 矩阵,故 $\boldsymbol{A}$ 一定是正规矩阵。对于这种特殊情况,可以直接利用推论 2.8 进行计算。先利用 $\det(\lambda\boldsymbol{E}-\boldsymbol{A})$ 求出特征多项式

$$\det(\lambda\boldsymbol{E}-\boldsymbol{A})=\begin{vmatrix}\lambda+1 & -\mathrm{i} & 0\\ \mathrm{i} & \lambda & \mathrm{i}\\ 0 & -\mathrm{i} & \lambda+1\end{vmatrix}=(\lambda-1)(\lambda+1)(\lambda+2)$$

令之为零即可得到特征值 $\lambda_1=1,\lambda_2=-1,\lambda_3=-2$。

当 $\lambda=\lambda_1=1$ 时，对应的特征向量为线性方程组 $(\lambda\boldsymbol{E}-\boldsymbol{A})\boldsymbol{x}_1=\boldsymbol{0}$ 的解。经过初等行变换得

$$\lambda_1\boldsymbol{E}-\boldsymbol{A}=\begin{bmatrix}2 & -\mathrm{i} & 0\\ \mathrm{i} & 1 & \mathrm{i}\\ 0 & -\mathrm{i} & 2\end{bmatrix}\sim\begin{bmatrix}1 & 0 & -1\\ 0 & 1 & 2\mathrm{i}\\ 0 & 0 & 0\end{bmatrix}$$

得到 λ_1 对应的特征向量为 $\boldsymbol{x}_1=[1\quad -2\mathrm{i}\quad 1]^{\mathrm{T}}$。类似地求出 $\lambda_2=-1$ 和 $\lambda_3=-2$ 对应的特征向量分别为 $\boldsymbol{x}_2=[-1\quad 0\quad 1]^{\mathrm{T}}$ 和 $\boldsymbol{x}_3=[1\quad \mathrm{i}\quad 1]^{\mathrm{T}}$。将 $\boldsymbol{x}_1,\boldsymbol{x}_2,\boldsymbol{x}_3$ 经过 Schmidt 正交化即得到标准正交向量组

$$\boldsymbol{u}_1=\frac{1}{\sqrt{6}}\begin{bmatrix}1\\ -2\mathrm{i}\\ 1\end{bmatrix},\quad \boldsymbol{u}_2=\frac{1}{\sqrt{2}}\begin{bmatrix}-1\\ 0\\ 1\end{bmatrix},\quad \boldsymbol{u}_3=\frac{1}{\sqrt{3}}\begin{bmatrix}1\\ \mathrm{i}\\ 1\end{bmatrix}$$

令 $\boldsymbol{U}=[\boldsymbol{u}_1\quad \boldsymbol{u}_2\quad \boldsymbol{u}_3]$，$\boldsymbol{\Lambda}=\mathrm{diag}(\lambda_1,\lambda_2,\lambda_3)$，即得到酉相似对角分解 $\boldsymbol{A}=\boldsymbol{U}\boldsymbol{\Lambda}\boldsymbol{U}^{\mathrm{H}}$。 □

性质 2.2(Schur 不等式) 设矩阵 $\boldsymbol{A}=[a_{ij}]\in\mathbb{C}^{n\times n}$，它的特征值为 $\lambda_1,\lambda_2,\cdots,\lambda_n$，则有

$$\sum_{i=1}^{n}\|\lambda_i\|^2\leqslant\sum_{i=1}^{n}\sum_{j=1}^{n}\|a_{ij}\|^2 \tag{2.45}$$

当且仅当 $\boldsymbol{A}$ 是正规矩阵时等号成立。

该性质说明:正规矩阵的特征值平方和与它所有元素的平方和相等。

2.5 奇异值分解

对于一般的长方形矩阵，无法再像方阵一样进行特征值分解或者 Jordan 分解而分析矩阵的结构，奇异值分解很好地弥补了这一不足。奇异值分解已经成为现代数值分析等领域的重要工具之一，并得到了广泛应用。

定义 2.10 设矩阵 $\boldsymbol{A}\in\mathbb{C}^{m\times n}$，且 $\boldsymbol{A}^{\mathrm{H}}\boldsymbol{A}$ 的 n 个特征值为 $\lambda_i(i=1,2,\cdots,n)$，则称 $\sigma_i=\sqrt{\lambda_i}$ 为 $\boldsymbol{A}$ 的奇异值。

由于 $\boldsymbol{A}^{\mathrm{H}}\boldsymbol{A}$ 是 Hermitian 矩阵，它与 $\boldsymbol{A}\boldsymbol{A}^{\mathrm{H}}$ 的秩相同，非零特征值也相同，所以也可用 $\boldsymbol{A}\boldsymbol{A}^{\mathrm{H}}$ 的特征值开正根号来定义 $\boldsymbol{A}$ 的奇异值。作为复对称的方阵，$\boldsymbol{A}^{\mathrm{H}}\boldsymbol{A}$ 和 $\boldsymbol{A}\boldsymbol{A}^{\mathrm{H}}$ 本身一定存在特征值分解。但 $\boldsymbol{A}$ 不是方阵，就必然无法讨论其特征值分解或者 Jordan 分解。因此，有如下奇异值分解定理，且用 $\boldsymbol{A}^{\mathrm{H}}\boldsymbol{A}$ 和 $\boldsymbol{A}\boldsymbol{A}^{\mathrm{H}}$ 计算 $\boldsymbol{A}$ 的奇异值分解是等效的。

定理 2.10(奇异值分解) 设矩阵 $\boldsymbol{A}\in\mathbb{C}_r^{m\times n}$，则必然存在酉矩阵 $\boldsymbol{U}\in\mathbb{C}^{m\times m}$ 和 $\boldsymbol{V}\in\mathbb{C}^{n\times n}$，使得

$$\boldsymbol{U}^{\mathrm{H}}\boldsymbol{A}\boldsymbol{V}=\begin{bmatrix}\boldsymbol{S} & \boldsymbol{O}\\ \boldsymbol{O} & \boldsymbol{O}\end{bmatrix}\triangleq\boldsymbol{\Sigma} \tag{2.46}$$

其中，$\boldsymbol{S}=\mathrm{diag}(\sigma_1,\sigma_2,\cdots,\sigma_r)$ 且 $\sigma_1\geqslant\sigma_2\geqslant\cdots\geqslant\sigma_r>0$。

证明 注意到 A^HA 是半正定的 Hermitian 矩阵，那么其特征值 $\lambda_i \geqslant 0(i=1,2,\cdots,n)$。因为 $\mathrm{rank}(A)=r$，故 $\mathrm{rank}(A^HA)=r$。又因为 $\lambda_i=\sigma_i^2$，从而有

$$\sigma_1^2 \geqslant \sigma_2^2 \geqslant \cdots \geqslant \sigma_r^2 > \sigma_{r+1} = \cdots = \sigma_n = 0 \tag{2.47}$$

由于 A^HA 为复对称矩阵，则一定存在 n 个线性无关的特征向量，记为 $\tilde{v}_1,\tilde{v}_2,\cdots,\tilde{v}_n$，对其进行正交化为

$$\underbrace{v_1,v_2,\cdots,v_r}_{V_1},\underbrace{v_{r+1},\cdots,v_n}_{V_2}$$

由此得到酉矩阵 $V=[V_1 \quad V_2]$。根据特征值与特征向量的定义，可得

$$A^HAV_1 = V_1\begin{bmatrix}\sigma_1^2 & & & \\ & \sigma_2^2 & & \\ & & \ddots & \\ & & & \sigma_r^2\end{bmatrix} = V_1S^2$$

两端分别同时左乘 V_1^H，有(注意到 $V_1^HV_1=E$)

$$V_1^HA^HAV_1 = V_1^HV_1S^2 = S^2$$

上式两端同时左乘与右乘 S^{-1}，可得

$$S^{-1}V_1^HA^HAV_1S^{-1} = E$$

令 $U_1=AV_1S^{-1}$，则显然有 $U_1^HU_1=E$。另一方面，同样根据特征值与特征向量的定义，可得 $A^HAV_2=V_2O$，通过左乘 V_2^H 不难发现 $AV_2=O$。下面利用 $n-r$ 个标准正交向量构成的矩阵 U_2 将 U_1 进行扩充，得到酉矩阵 $U=[U_1 \quad U_2]$。那么，综上有

$$U^HAV = \begin{bmatrix}U_1^H \\ U_2^H\end{bmatrix}A[V_1 \quad V_2] = \begin{bmatrix}U_1^HAV_1 & U_1^HAV_2 \\ U_2^HAV_1 & U_2^HAV_2\end{bmatrix}$$

$$= \begin{bmatrix}S^{-1}V_1^HA^HAV_1 & O \\ U_2^HU_1S & O\end{bmatrix} = \begin{bmatrix}S & O \\ O & O\end{bmatrix}$$

其中，第 3 个等式用到了 $AV_1=U_1S$。 □

记 $U=[u_1 \quad u_2 \quad \cdots \quad u_m]$，$V=[v_1 \quad v_2 \quad \cdots \quad v_n]$。因为 $U_1^HA=SV_1^H$ 和 $AV_1=U_1S$ 可得

$$u_i^HA = \sigma_iv_i^H,\quad Av_i = \sigma_iu_i,\quad i = 1,2,\cdots,r$$

基于上述关系，一般称 u_i 为矩阵 A 的左奇异向量，v_i 为矩阵 A 的右奇异向量。如何求矩阵的左、右奇异向量呢？根据奇异值分解式(2.46)，有

$$A = U\Sigma V^H,\quad A^H = V\Sigma U^H \tag{2.48}$$

进而可得

$$AA^HU = U\Sigma V^HV\Sigma U^HU = U\begin{bmatrix}S^2 & O \\ O & O\end{bmatrix} \tag{2.49}$$

$$A^HAV = V\Sigma U^HU\Sigma V^HV = V\begin{bmatrix}S^2 & O \\ O & O\end{bmatrix} \tag{2.50}$$

该式的非零奇异值部分等价于

$$AA^Hu_i = \lambda_iu_i$$

$$A^HAv_i = \lambda_iv_i$$

其中，$i=1,2,\cdots,r$。因 AA^H 和 A^HA 为 Hermitian 矩阵，故矩阵 A 的左奇异向量即为矩阵

$\boldsymbol{A}\boldsymbol{A}^{\mathrm{H}}$ 的标准正交特征向量,右奇异向量即为矩阵 $\boldsymbol{A}^{\mathrm{H}}\boldsymbol{A}$ 的标准正交特征向量。

基于此讨论以及定理 2.10 的证明过程,可以给出求奇异值分解的基本步骤。

(1) 求矩阵 $\boldsymbol{A}^{\mathrm{H}}\boldsymbol{A}$ 的特征值、标准正交特征向量($\boldsymbol{A}$ 的右奇异向量),获得 $\boldsymbol{\Sigma}$ 和 $\boldsymbol{V}$;

(2) 取出非零特征值对应的矩阵块,获得 $\boldsymbol{\Sigma}$ 和 $\boldsymbol{V}_1$;

(3) 计算 $\boldsymbol{U}_1=\boldsymbol{A}\boldsymbol{V}_1\boldsymbol{S}^{-1}$;

(4) 用标准正交基扩充 $\boldsymbol{U}_1$ 为 $\boldsymbol{U}$。

实际上,$\boldsymbol{U}_1$与 $\boldsymbol{V}_1$是可以相互确定的。上面用的是 $\boldsymbol{U}_1=\boldsymbol{A}\boldsymbol{V}_1\boldsymbol{S}^{-1}$,若对该式两端分别左乘 $\boldsymbol{A}^{\mathrm{H}}$ 与右乘 $\boldsymbol{S}^{-1}$,则有

$$\boldsymbol{A}^{\mathrm{H}}\boldsymbol{U}_1\boldsymbol{S}^{-1}=\boldsymbol{A}^{\mathrm{H}}\boldsymbol{A}\boldsymbol{V}_1\boldsymbol{S}^{-1}\boldsymbol{S}^{-1}=\boldsymbol{V}_1$$

其中第 2 个等式用到了由式(2.50)导出的 $\boldsymbol{A}^{\mathrm{H}}\boldsymbol{A}\boldsymbol{V}_1=\boldsymbol{V}_1\boldsymbol{S}^2$。由此,可以得到另一种求矩阵奇异值分解的基本步骤。

(1) 求矩阵 $\boldsymbol{A}\boldsymbol{A}^{H}$ 的特征值、标准正交特征向量($\boldsymbol{A}$ 的左奇异向量),获得 $\boldsymbol{\Sigma}$ 和 $\boldsymbol{U}$;

(2) 取出非零特征值对应的矩阵块,获得 $\boldsymbol{\Sigma}$ 和 $\boldsymbol{U}_1$;

(3) 计算 $\boldsymbol{V}_1=\boldsymbol{A}^{\mathrm{H}}\boldsymbol{U}_1\boldsymbol{S}^{-1}$;

(4) 用标准正交基扩充 $\boldsymbol{V}_1$ 为 $\boldsymbol{V}$。

上述两种计算方法都可以使用,因为 $\mathrm{rank}(\boldsymbol{A}^{\mathrm{H}}\boldsymbol{A})=\mathrm{rank}(\boldsymbol{A}\boldsymbol{A}^{\mathrm{H}})=\mathrm{rank}(\boldsymbol{A})=r$,故其区别在于零奇异值部分对应的矩阵块大小不同,而实际产生作用的仅仅是非零奇异值部分。那到底应该采用哪一种呢?从计算复杂度的角度来看,一般选择阶数较小的 Hermitian 矩阵求特征值和特征向量。换言之,若 $m>n$,则采用基于 $\boldsymbol{A}^{\mathrm{H}}\boldsymbol{A}\in\mathbb{R}^{n\times n}$ 的第 1 种方法,否则采用第 2 种。下面通过两个例子进行验证。

例 2.13 试求矩阵 $\boldsymbol{A}=\begin{bmatrix}1&0\\0&1\\1&-1\end{bmatrix}$ 的奇异值分解。

解 由于 $m=3,n=2$,即 $m>n$,采用 $\boldsymbol{A}^{\mathrm{H}}\boldsymbol{A}$ 进行计算。先计算

$$\boldsymbol{A}^{\mathrm{H}}\boldsymbol{A}=\begin{bmatrix}1&0&1\\0&1&-1\end{bmatrix}\begin{bmatrix}1&0\\0&1\\1&-1\end{bmatrix}=\begin{bmatrix}2&-1\\-1&2\end{bmatrix}$$

利用 $\det(\lambda\boldsymbol{E}-\boldsymbol{A}^{\mathrm{H}}\boldsymbol{A})=0$ 求出 $\boldsymbol{A}^{\mathrm{H}}\boldsymbol{A}$ 的特征值为 $\lambda_1=3,\lambda_2=1$,从而可得 $\boldsymbol{A}$ 的奇异值为 $\sigma_1=\sqrt{3},\sigma_2=1$。由于 $\mathrm{rank}(\boldsymbol{A})=\mathrm{rank}(\boldsymbol{A}^{\mathrm{H}}\boldsymbol{A})=2$,故没有零奇异值,且 $\boldsymbol{S}=\mathrm{diag}(\sqrt{3},1)$。下面先求 $\boldsymbol{A}$ 的右奇异向量,即 $\boldsymbol{A}^{\mathrm{H}}\boldsymbol{A}$ 的标准正交特征向量 $\boldsymbol{v}_1,\boldsymbol{v}_2$,得到酉矩阵 $\boldsymbol{V}=[\boldsymbol{v}_1\quad\boldsymbol{v}_2]$,再利用 $\boldsymbol{V}$ 计算 $\boldsymbol{U}_1$。

(1) 当 $\lambda_1=3$ 时,由 $(\lambda_1\boldsymbol{E}-\boldsymbol{A}^{\mathrm{H}}\boldsymbol{A})\boldsymbol{x}_1=\boldsymbol{0}$ 可得

$$\begin{bmatrix}1&1\\1&1\end{bmatrix}\boldsymbol{x}_1=\boldsymbol{0}\quad\Rightarrow\quad\boldsymbol{x}_1=\begin{bmatrix}1\\-1\end{bmatrix}$$

(2) 当 $\lambda_2=1$ 时,由 $(\lambda_1\boldsymbol{E}-\boldsymbol{A}^{\mathrm{H}}\boldsymbol{A})\boldsymbol{x}_2=\boldsymbol{0}$ 可得

$$\begin{bmatrix}-1&1\\1&-1\end{bmatrix}\boldsymbol{x}_2=\boldsymbol{0}\quad\Rightarrow\quad\boldsymbol{x}_2=\begin{bmatrix}1\\1\end{bmatrix}$$

显然,$\langle\boldsymbol{x}_1,\boldsymbol{x}_2\rangle=\boldsymbol{x}_1^{\mathrm{H}}\boldsymbol{x}_2=0$,即 $\boldsymbol{x}_1$ 与 $\boldsymbol{x}_2$ 相互正交。通过将 $\boldsymbol{x}_1$ 与 $\boldsymbol{x}_2$ 单位化,可取酉矩阵 $\boldsymbol{V}=\boldsymbol{V}_1=$

$[\boldsymbol{v}_1 \quad \boldsymbol{v}_2]$，其中

$$\boldsymbol{v}_1=\frac{1}{\sqrt{2}}\begin{bmatrix}1\\-1\end{bmatrix},\quad \boldsymbol{v}_2=\frac{1}{\sqrt{2}}\begin{bmatrix}1\\1\end{bmatrix}$$

根据 $\boldsymbol{U}_1=\boldsymbol{A}\boldsymbol{V}_1\boldsymbol{S}^{-1}$，可得

$$\boldsymbol{U}_1=\begin{bmatrix}1/\sqrt{6} & 1/\sqrt{2}\\-1/\sqrt{6} & 1/\sqrt{2}\\2/\sqrt{6} & 0\end{bmatrix}$$

用标准正交向量将 $\boldsymbol{U}_1=[\boldsymbol{u}_1 \quad \boldsymbol{u}_2]$扩充为酉矩阵 $\boldsymbol{U}=[\boldsymbol{u}_1 \quad \boldsymbol{u}_2 \quad \boldsymbol{u}_3]\in\mathbb{C}^{3\times3}$，且令

$$\boldsymbol{u}_1=\frac{1}{\sqrt{6}}\begin{bmatrix}1\\-1\\2\end{bmatrix},\quad \boldsymbol{u}_2=\frac{1}{\sqrt{2}}\begin{bmatrix}1\\1\\0\end{bmatrix},\quad \boldsymbol{u}_3=\begin{bmatrix}u_{31}\\u_{32}\\u_{33}\end{bmatrix}$$

利用 $\boldsymbol{u}_3$ 与 $\boldsymbol{u}_1,\boldsymbol{u}_2$ 正交（解 1 个齐次线性方程组），可以求出

$$\boldsymbol{u}_3=\frac{1}{\sqrt{3}}\begin{bmatrix}1\\-1\\-1\end{bmatrix}$$

综上

$$\boldsymbol{\Sigma}=\begin{bmatrix}\sqrt{3} & 0\\0 & 1\\0 & 0\end{bmatrix},\quad \boldsymbol{U}^{\mathrm{H}}=\begin{bmatrix}\sqrt{6}/6 & -\sqrt{6}/6 & \sqrt{6}/3\\\sqrt{2}/2 & \sqrt{2}/2 & 0\\\sqrt{3}/3 & -\sqrt{3}/3 & -\sqrt{3}/3\end{bmatrix},\quad \boldsymbol{V}=\begin{bmatrix}\sqrt{2}/2 & \sqrt{2}/2\\-\sqrt{2}/2 & \sqrt{2}/2\end{bmatrix}$$

从而求得 $\boldsymbol{A}$ 的奇异值分解 $\boldsymbol{U}^{\mathrm{H}}\boldsymbol{A}\boldsymbol{V}=\boldsymbol{\Sigma}$。 □

例 2.14 试求矩阵 $\boldsymbol{A}=\begin{bmatrix}\mathrm{i} & 0 & \mathrm{i} & -2\\0 & 1 & -1 & 2\mathrm{i}\end{bmatrix}$的奇异值分解。

解 由于 $m=2,n=4$，即 $m<n$，采用 $\boldsymbol{A}\boldsymbol{A}^{\mathrm{H}}$ 进行计算。先计算

$$\boldsymbol{A}\boldsymbol{A}^{\mathrm{H}}=\begin{bmatrix}\mathrm{i} & 0 & \mathrm{i} & -2\\0 & 1 & -1 & 2\mathrm{i}\end{bmatrix}\begin{bmatrix}-\mathrm{i} & 0\\0 & 1\\-\mathrm{i} & -1\\-2 & -2\mathrm{i}\end{bmatrix}=\begin{bmatrix}6 & 3\mathrm{i}\\-3\mathrm{i} & 6\end{bmatrix}$$

利用 $\det(\lambda\boldsymbol{E}-\boldsymbol{A}\boldsymbol{A}^{\mathrm{H}})=0$ 求出 $\boldsymbol{A}\boldsymbol{A}^{\mathrm{H}}$ 的特征值为 $\lambda_1=9,\lambda_2=3$，从而可得 $\boldsymbol{A}$ 的奇异值为 $\sigma_1=3$，$\sigma_2=\sqrt{3}$。由于 $\mathrm{rank}(\boldsymbol{A})=\mathrm{rank}(\boldsymbol{A}\boldsymbol{A}^{\mathrm{H}})=2$，故没有零奇异值，且有 $\boldsymbol{S}=\mathrm{diag}(3,\sqrt{3})$。下面先求 $\boldsymbol{A}$ 的左奇异向量，即 $\boldsymbol{A}\boldsymbol{A}^{\mathrm{H}}$ 的标准正交特征向量 $\boldsymbol{u}_1,\boldsymbol{u}_2$，得到酉矩阵 $\boldsymbol{U}=[\boldsymbol{u}_1 \quad \boldsymbol{u}_2]$，再利用 $\boldsymbol{U}$ 计算 $\boldsymbol{V}_1$。

（1）当 $\lambda_1=9$ 时，由 $(\lambda_1\boldsymbol{E}-\boldsymbol{A}\boldsymbol{A}^{\mathrm{H}})\boldsymbol{x}_1=\boldsymbol{0}$ 可得

$$\begin{bmatrix}3 & -3\mathrm{i}\\3\mathrm{i} & 3\end{bmatrix}\boldsymbol{x}_1=\boldsymbol{0}\quad\Rightarrow\quad \boldsymbol{x}_1=\begin{bmatrix}\mathrm{i}\\1\end{bmatrix}$$

（2）当 $\lambda_2=3$ 时，由 $(\lambda_1\boldsymbol{E}-\boldsymbol{A}\boldsymbol{A}^{\mathrm{H}})\boldsymbol{x}_2=\boldsymbol{0}$ 可得

$$\begin{bmatrix}-3 & -3\mathrm{i}\\3\mathrm{i} & -3\end{bmatrix}\boldsymbol{x}_2=\boldsymbol{0}\quad\Rightarrow\quad \boldsymbol{x}_2=\begin{bmatrix}-\mathrm{i}\\1\end{bmatrix}$$

显然，$\langle \boldsymbol{x}_1, \boldsymbol{x}_2 \rangle = \boldsymbol{x}_1^{\mathrm{H}} \boldsymbol{x}_2 = 0$，即 $\boldsymbol{x}_1$ 与 $\boldsymbol{x}_2$ 相互正交。通过将 $\boldsymbol{x}_1$ 与 $\boldsymbol{x}_2$ 单位化，可取酉矩阵 $\boldsymbol{U} = \boldsymbol{U}_1 = [\boldsymbol{u}_1, \boldsymbol{u}_2]$，其中

$$\boldsymbol{u}_1 = \frac{1}{\sqrt{2}}\begin{bmatrix} \mathrm{i} \\ 1 \end{bmatrix}, \quad \boldsymbol{u}_2 = \frac{1}{\sqrt{2}}\begin{bmatrix} -\mathrm{i} \\ 1 \end{bmatrix}$$

根据 $\boldsymbol{V}_1 = \boldsymbol{A}^{\mathrm{H}} \boldsymbol{U}_1 \boldsymbol{S}^{-1}$，可得

$$\boldsymbol{V}_1 = \begin{bmatrix} \sqrt{2}/6 & -\sqrt{6}/6 \\ \sqrt{2}/6 & \sqrt{6}/6 \\ 0 & -\sqrt{6}/3 \\ -2\sqrt{2}\mathrm{i}/3 & 0 \end{bmatrix}$$

用标准正交向量将 $\boldsymbol{V}_1 = [\boldsymbol{v}_1 \quad \boldsymbol{v}_2]$ 扩充为酉矩阵 $\boldsymbol{V} = [\boldsymbol{v}_1 \quad \boldsymbol{v}_2 \quad \boldsymbol{v}_3 \quad \boldsymbol{v}_4] \in \mathbb{C}^{4\times 4}$，且令

$$\boldsymbol{v}_1 = \frac{\sqrt{2}}{6}\begin{bmatrix} 1 \\ 1 \\ 0 \\ -4\mathrm{i} \end{bmatrix}, \quad \boldsymbol{v}_2 = \frac{1}{\sqrt{6}}\begin{bmatrix} -1 \\ 1 \\ -2 \\ 0 \end{bmatrix}, \quad \boldsymbol{v}_3 = \begin{bmatrix} v_{31} \\ v_{32} \\ v_{33} \\ v_{34} \end{bmatrix}, \quad \boldsymbol{v}_4 = \begin{bmatrix} v_{41} \\ v_{42} \\ v_{43} \\ v_{44} \end{bmatrix}$$

利用 $\boldsymbol{v}_3$ 与 $\boldsymbol{v}_1, \boldsymbol{v}_2$ 正交，$\boldsymbol{v}_4$ 与 $\boldsymbol{v}_1, \boldsymbol{v}_2, \boldsymbol{v}_3$ 正交（解 2 个齐次线性方程组），可以求出

$$\boldsymbol{v}_3 = \frac{1}{\sqrt{3}}\begin{bmatrix} -1 \\ 1 \\ 1 \\ 0 \end{bmatrix}, \quad \boldsymbol{v}_4 = \frac{1}{3}\begin{bmatrix} -2\mathrm{i} \\ -2\mathrm{i} \\ 0 \\ 1 \end{bmatrix}$$

综上

$$\boldsymbol{\Sigma} = \begin{bmatrix} 3 & 0 & 0 & 0 \\ 0 & \sqrt{3} & 0 & 0 \end{bmatrix}, \quad \boldsymbol{U}^{\mathrm{H}} = \begin{bmatrix} -\sqrt{2}\mathrm{i}/2 & \sqrt{2}/2 \\ \sqrt{2}\mathrm{i}/2 & \sqrt{2}/2 \end{bmatrix}$$

$$\boldsymbol{V} = \begin{bmatrix} \sqrt{2}/6 & -\sqrt{6}/6 & -\sqrt{3}/3 & -2\mathrm{i}/3 \\ \sqrt{2}/6 & \sqrt{6}/6 & \sqrt{3}/3 & -2\mathrm{i}/3 \\ 0 & -\sqrt{6}/3 & \sqrt{3}/3 & 0 \\ -2\sqrt{2}\mathrm{i}/3 & 0 & 0 & 1/3 \end{bmatrix}$$

从而求得 $\boldsymbol{A}$ 的奇异值分解 $\boldsymbol{U}^{\mathrm{H}}\boldsymbol{A}\boldsymbol{V} = \boldsymbol{\Sigma}$。 □

推论 2.9 设矩阵 $\boldsymbol{A} \in \mathbb{C}_n^{n\times n}$，则必然存在酉矩阵 $\boldsymbol{U} \in \mathbb{C}^{n\times n}$ 和 $\boldsymbol{V} \in \mathbb{C}^{n\times n}$，使得

$$\boldsymbol{U}^{\mathrm{H}}\boldsymbol{A}\boldsymbol{V} = \begin{bmatrix} \sigma_1 & & & \\ & \sigma_2 & & \\ & & \ddots & \\ & & & \sigma_r \end{bmatrix} \tag{2.51}$$

其中，$\sigma_1 \geqslant \sigma_2 \geqslant \cdots \geqslant \sigma_r > 0$。

若能获得矩阵 $\boldsymbol{A}$ 的奇异值分解，则有如下常用的结论成立。

(1) $\mathrm{rank}(\boldsymbol{A})$ 为 $\boldsymbol{A}$ 的非零奇异值个数；

(2) 若 $\boldsymbol{A}$ 为 Hermitian 矩阵，则 $\sigma_i = \lambda_i$，其中 λ_i 为 $\boldsymbol{A}$ 的特征值；

(3) 若 $\boldsymbol{A} \in \mathbb{C}^{n\times n}$，则 $|\det(\boldsymbol{A})| = \prod_{i=1}^{n} \sigma_i$；

(4) 若 $\boldsymbol{A}\in\mathbb{C}_r^{m\times n}$,则 $\boldsymbol{A}=\sum_{i=1}^{r}\sigma_i\boldsymbol{u}_i\boldsymbol{v}_i^{\mathrm{H}}$($r$ 个秩 1 矩阵之和)。

虽然从直观上来看,当矩阵的特征值分解不存在时,可以进一步讨论它的奇异值分解,但奇异值分解并不是特征值分解简单的拓展,二者是有本质区别的。即使对于存在特征值分解的方阵,它的奇异值分解和特征值分解也没有内在联系。例如,奇异值恒为非负而特征值并无限定;奇异值分解需要用到左、右奇异向量构成酉矩阵,而特征值分解只需要用到特征向量构成非奇异矩阵;矩阵 $\boldsymbol{A}$ 的奇异向量与特征向量没有关系,左(右)奇异向量定义为 $\boldsymbol{A}\boldsymbol{A}^{\mathrm{H}}$($\boldsymbol{A}^{\mathrm{H}}\boldsymbol{A}$)的标准正交特征向量。另外,奇异值本身也可以很好地刻画矩阵的奇异性,例如当矩阵存在非常小的奇异值时,矩阵也就接近于奇异矩阵。

2.6 应用案例

2.6.1 MIMO 通信系统的信号检测

MIMO(多输入多输出)技术可以有效地提高无线信道的容量和信号传输的可靠性,是现代通信领域发展的核心技术之一。其基本思想是在发送端和接收端均使用多组天线形成独立信道并同时进行通信,实现在不增加带宽的情况下提高通信性能。

一种比较典型的 MIMO 系统模型是由 Bell 实验室提出的 V-BLAST(垂直分层空间传输)系统,其结构如图 2.1 所示。

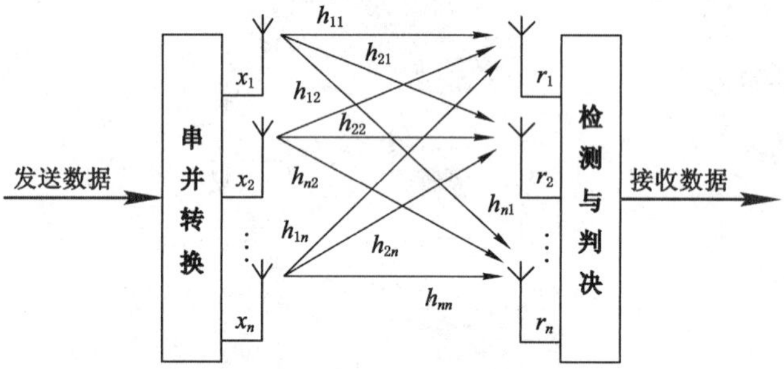

图 2.1 V-BLAST 系统模型

可以看到待发送的数据经过串并转换作为向量 $\boldsymbol{x}=[x_1\quad x_2\quad\cdots\quad x_n]^{\mathrm{T}}$ 由 n 个发送天线发送出去,在接收端通过 n 个天线接收得到 $\boldsymbol{r}=[r_1\quad r_2\quad\cdots\quad r_n]^{\mathrm{T}}$,再通过检测和判决恢复原始数据。注意在实际应用场景中发送端和接收端的天线数量一般不相等,即 $\boldsymbol{x}$ 和 $\boldsymbol{r}$ 的维数不等。本节以维数相等为例进行分析,维数不等时不难推广。由于发送端和接收端的天线可以构成多组信道,其链接关系可以表示为如下信道矩阵

$$\boldsymbol{H}=\begin{bmatrix} h_{11} & h_{12} & \cdots & h_{1n}\\ h_{21} & h_{22} & \cdots & h_{2n}\\ \vdots & \vdots & \ddots & \vdots\\ h_{n1} & h_{n2} & \cdots & h_{nn}\end{bmatrix} \tag{2.52}$$

矩阵分量 h_{ij} 描述了第 j 个发送天线到第 i 个接收天线的信道衰落特性。实际 MIMO 系统

不同信道的通信是独立的，所以 $\boldsymbol{H}$ 是(列)满秩矩阵，并且 $\boldsymbol{H}$ 对于接收端应是已知矩阵。

基于上述分析，MIMO 通信系统的输入输出关系建模为

$$\boldsymbol{r}=\boldsymbol{Hx}+\boldsymbol{\xi} \tag{2.53}$$

其中，$\boldsymbol{\xi}=[\xi_1\quad \xi_2\quad \cdots\quad \xi_n]^{\mathrm{T}}$ 为 Gaussian 白噪声向量，并且满足 $E(\boldsymbol{\xi\xi}^{\mathrm{H}})=\sigma^2\boldsymbol{E}$。这里的 σ^2 是 $\xi_i(i=1,2,\cdots,n)$ 的方差。信号检测的目的是利用接收的向量 $\boldsymbol{r}$ 估计出发送端的原始向量 $\boldsymbol{x}$，估计值记为 $\hat{\boldsymbol{x}}$。

例 2.15 试用 UR 分解给出信号检测的初步算法。

解 根据满秩矩阵的 UR 分解定理 2.2，对于信道矩阵 $\boldsymbol{H}$ 必然存在酉矩阵 $\boldsymbol{U}$ 和正线上三角矩阵 $\boldsymbol{R}$，使得 $\boldsymbol{H}=\boldsymbol{UR}$。对式(2.53)两端同时左乘 $\boldsymbol{U}^{\mathrm{H}}$，得

$$\boldsymbol{U}^{\mathrm{H}}\boldsymbol{r}=\boldsymbol{U}^{\mathrm{H}}\boldsymbol{Hx}+\boldsymbol{U}^{\mathrm{H}}\boldsymbol{\xi}=\boldsymbol{U}^{\mathrm{H}}\boldsymbol{URx}+\boldsymbol{U}^{\mathrm{H}}\boldsymbol{\xi}=\boldsymbol{Rx}+\boldsymbol{U}^{\mathrm{H}}\boldsymbol{\xi} \tag{2.54}$$

令 $\hat{\boldsymbol{r}}=\boldsymbol{U}^{\mathrm{H}}\boldsymbol{r},\hat{\boldsymbol{\xi}}=\boldsymbol{U}^{\mathrm{H}}\boldsymbol{\xi}$，则有

$$\hat{\boldsymbol{r}}=\boldsymbol{Rx}+\hat{\boldsymbol{\xi}} \tag{2.55}$$

由于 $\boldsymbol{U}$ 是酉矩阵，随机变量 $\hat{\boldsymbol{\xi}}$ 和 $\boldsymbol{\xi}$ 具有相同的统计特性，说明上述变换过程并没有对信道噪声进行放大，这也是采用 UR 分解的优点。将式(2.55)写成分量展开式

$$\begin{bmatrix}\hat{r}_1\\ \hat{r}_2\\ \vdots\\ \hat{r}_n\end{bmatrix}=\begin{bmatrix}R_{11} & R_{12} & \cdots & R_{1n}\\ & R_{22} & \cdots & R_{2n}\\ & & \ddots & \vdots\\ & & & R_{nn}\end{bmatrix}\begin{bmatrix}\hat{x}_1\\ \hat{x}_2\\ \vdots\\ \hat{x}_n\end{bmatrix}+\begin{bmatrix}\hat{\xi}_1\\ \hat{\xi}_2\\ \vdots\\ \hat{\xi}_n\end{bmatrix} \tag{2.56}$$

从而可以获得信号检测的初步算法公式为

$$\hat{x}_n=\mathrm{Dec}\left(\frac{\hat{r}_n}{R_{nn}}\right) \tag{2.57}$$

$$\hat{x}_i=\mathrm{Dec}\left[\frac{\hat{r}_i-\sum_{j=i+1}^{n}R_{ij}\hat{x}_j}{R_{ii}}\right],\quad i=n-1,n-2,\cdots,1 \tag{2.58}$$

其中，Dec(·)表示某种硬判决解调方式。 □

2.6.2 线性系统的能控性与能观性

能控性和能观性是控制系统中的两个基本概念，分别描述了控制输入对系统状态的控制能力和系统输出反映系统状态的能力。由于线性系统的能控性和能观性互为对偶问题，所以本节以能控性为例对矩阵的特征值分解和 Jordan 分解相关知识进行应用，能观性的分析读者可以根据对偶性自行得出。

设连续时间线性系统的状态空间方程为

$$\dot{\boldsymbol{x}}=\boldsymbol{Ax}+\boldsymbol{Bu} \tag{2.59}$$

其中，$\boldsymbol{x}\in\mathbb{R}^n$ 为系统状态，$\boldsymbol{u}\in\mathbb{R}^p$ 为控制输入，$\boldsymbol{A}\in\mathbb{R}^{n\times n}$ 为系统矩阵，$\boldsymbol{B}\in\mathbb{R}^{n\times p}$ 为控制矩阵。该系统的能控性定义为：对于任意初始状态 $\boldsymbol{x}(t_0)$，总能找到分段连续的控制输入 $\boldsymbol{u}(t)$，使得系统在有限时间 $[t_0,t_{\mathrm{f}}]$ 内从初始状态 $\boldsymbol{x}(t_0)$ 转移到任意终端状态 $\boldsymbol{x}(t_{\mathrm{f}})$。

最常用的两个能控性判据为：

(1) 能控性矩阵的秩为 n，即 $\mathrm{rank}([\boldsymbol{B}\quad \boldsymbol{AB}\quad \cdots\quad \boldsymbol{A}^{n-1}\boldsymbol{B}])=n$；

(2) 特征值分解或者 Jordan 分解。

下面是关于第二个判据的具体说明。根据定理 2.6，系统矩阵 $\boldsymbol{A}$ 必存在 Jordan 分解，

即存在非奇异矩阵 $\boldsymbol{V}$ 使得 $\boldsymbol{A}=\boldsymbol{VJV}^{-1}$。将其代入系统方程(2.59),并令

$$\hat{\boldsymbol{x}}=\boldsymbol{V}^{-1}\boldsymbol{x} \quad 和 \quad \hat{\boldsymbol{B}}=\boldsymbol{V}^{-1}\boldsymbol{B}$$

得

$$\dot{\hat{\boldsymbol{x}}}=\boldsymbol{J}\boldsymbol{x}+\hat{\boldsymbol{B}}\boldsymbol{u}=\begin{bmatrix}\boldsymbol{J}_1 & & & \\ & \boldsymbol{J}_2 & & \\ & & \ddots & \\ & & & \boldsymbol{J}_s\end{bmatrix}\boldsymbol{x}+\begin{bmatrix}\hat{\boldsymbol{B}}_1\\ \hat{\boldsymbol{B}}_2\\ \vdots\\ \hat{\boldsymbol{B}}_s\end{bmatrix}\boldsymbol{u}$$

如果 $\boldsymbol{A}$ 的不同特征值各自仅对应一个 Jordan 块,并且对于 $i=1,2,\cdots,s$,Jordan 块 $\boldsymbol{J}_i$ 对应分块矩阵 $\hat{\boldsymbol{B}}_i$ 的最后一行不全为零,则系统是能控的。

例 2.16 试判断如下系统的能控性

$$\dot{\boldsymbol{x}}=\underbrace{\begin{bmatrix}0 & 1 & 0 & 0\\ 1 & 2 & -1 & 0\\ 0 & 0 & -1 & 1\\ 0 & 0 & 3 & 0\end{bmatrix}}_{\boldsymbol{A}}\boldsymbol{x}+\underbrace{\begin{bmatrix}0 & 1\\ 1 & 0\\ 0 & 0\\ -1 & 1\end{bmatrix}}_{\boldsymbol{B}}\boldsymbol{u} \tag{2.60}$$

解 先对矩阵 $\boldsymbol{A}$ 进行 Jordan 分解有 $\boldsymbol{A}=\boldsymbol{VJV}^{-1}$,再令 $\hat{\boldsymbol{x}}=\boldsymbol{V}^{-1}\boldsymbol{x}$ 和 $\hat{\boldsymbol{B}}=\boldsymbol{V}^{-1}\boldsymbol{B}$ 获得

$$\dot{\hat{\boldsymbol{x}}}=\underbrace{\begin{bmatrix}-0.4142 & 0 & 0 & 0\\ 0 & 2.4142 & 0 & 0\\ 0 & 0 & -2.3028 & 0\\ 0 & 0 & 0 & 1.3028\end{bmatrix}}_{\boldsymbol{J}}\hat{\boldsymbol{x}}+\underbrace{\begin{bmatrix}0.2647 & -0.8059\\ -1.1001 & -0.2065\\ -0.4622 & 0.4622\\ 0.7361 & -0.7361\end{bmatrix}}_{\hat{\boldsymbol{B}}}\boldsymbol{u} \tag{2.61}$$

可以看到不同特征值各自仅对应一个 Jordan 块,每个 Jordan 块(这里 $\boldsymbol{J}$ 是对角矩阵,每个 Jordan 块就是对角元素)对应的 $\hat{\boldsymbol{B}}_i$ 的最后一行不全为零,从而可知系统是能控的。

利用 $\operatorname{rank}([\boldsymbol{B}\quad \boldsymbol{AB}\quad \boldsymbol{A}^2\boldsymbol{B}\quad \boldsymbol{A}^3\boldsymbol{B}])=4$ 同样可以验证系统是能控的。 □

例 2.17 试分析如图 2.2 所示的并联 RC 网络的能控性。

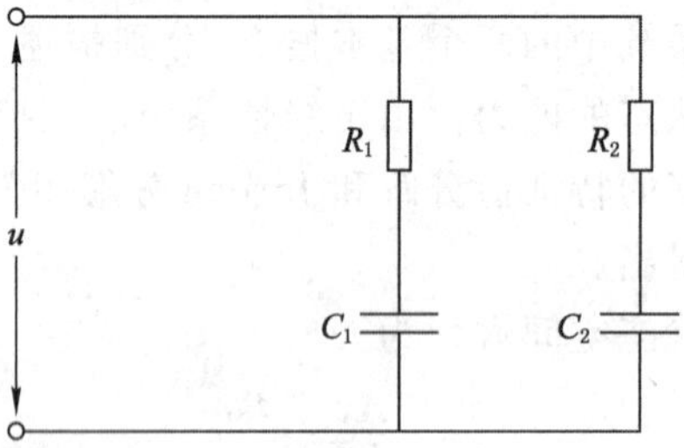

图 2.2 并联 RC 网络

解 选取电容器两端的电压为并联 RC 网络的状态变量,即 $x_1(t)=u_{c1}(t)$,$x_2(t)=u_{c2}(t)$,控制输入为 $u(t)$。不难得到该电路系统的状态空间方程为

$$\begin{bmatrix}\dot{x}_1\\ \dot{x}_2\end{bmatrix}=\begin{bmatrix}-\dfrac{1}{R_1C_1} & \\ & -\dfrac{1}{R_2C_2}\end{bmatrix}\begin{bmatrix}x_1\\ x_2\end{bmatrix}+\begin{bmatrix}\dfrac{1}{R_1C_1}\\ \dfrac{1}{R_2C_2}\end{bmatrix}u(t) \tag{2.62}$$

设时间常数

$$\frac{1}{R_1C_1}\triangleq\lambda_1>0,\quad \frac{1}{R_2C_2}\triangleq\lambda_2>0 \tag{2.63}$$

由于 x_1 与 x_2 是完全解耦的，仅通过输入 u 直接控制，则可以计算

$$x_1(t)=\mathrm{e}^{-\lambda_1 t}x_1(0)+\lambda_1\int_0^t \mathrm{e}^{-\lambda_1(t-\tau)}u(\tau)\mathrm{d}\tau \tag{2.64}$$

$$x_2(t)=\mathrm{e}^{-\lambda_2 t}x_2(0)+\lambda_2\int_0^t \mathrm{e}^{-\lambda_2(t-\tau)}u(\tau)\mathrm{d}\tau \tag{2.65}$$

显然，当 $\lambda_1\neq\lambda_2$ 时系统是能控的。下面讨论 $\lambda_1=\lambda_2\triangleq\lambda$。设 $\boldsymbol{x}_1(0)=\boldsymbol{x}_2(0)=0$，此时

$$x_1(t)=\lambda\int_0^t \mathrm{e}^{-\lambda(t-\tau)}u(\tau)\mathrm{d}\tau \tag{2.66}$$

$$x_2(t)=\lambda\int_0^t \mathrm{e}^{-\lambda(t-\tau)}u(\tau)\mathrm{d}\tau \tag{2.67}$$

即可发现 $x_1(t)\equiv x_2(t)$。这说明从零出发，系统的两个状态不能被控制转移到任意 $x_1(t)\neq x_2(t)$ 的终端状态。因此，并联 RC 网络在两个时间常数互异时是能控的，时间常数相同时则是不能控的。

另外，将方程(2.62)改写为

$$\begin{bmatrix}\dot{x}_1\\ \dot{x}_2\end{bmatrix}=\begin{bmatrix}-\lambda_1 & \\ & -\lambda_2\end{bmatrix}\begin{bmatrix}x_1\\ x_2\end{bmatrix}+\begin{bmatrix}\lambda_1\\ \lambda_2\end{bmatrix}u(t) \tag{2.68}$$

利用本节提到的两个能控性判据也能够判断当 $\lambda_1\neq\lambda_2$ 时系统能控，当 $\lambda_1=\lambda_2$ 时系统不能控。

□

2.6.3 数字图像压缩

数字图像压缩是图像处理领域中的一个重要内容，通过图像压缩可以在图像质量影响不大的前提下极大地节省传输和存储所占用的资源。本节以矩阵的奇异值分解为技术手段，介绍一种简单的图像压缩和重构方法。

数字图像在数字设备中都是以像素点进行存储和显示的，一幅 $m\times n$ 像素的灰度图像需要占用像素点的个数为 mn。若将图像表示成矩阵 $\boldsymbol{A}$，则 $\boldsymbol{A}$ 具有 m 行 n 列且元素个数为 mn。对 $\boldsymbol{A}$ 进行奇异值分解，根据定理 2.10 知必存在酉矩阵 $\boldsymbol{U}\in\mathbb{R}^{m\times m}$ 和 $\boldsymbol{V}\in\mathbb{R}^{n\times n}$，使得 $\boldsymbol{A}=\boldsymbol{U\Sigma V}^{\mathrm{H}}$，即有(注意 $\boldsymbol{A}$ 是实矩阵)

$$\boldsymbol{A}=\underbrace{\begin{bmatrix}u_{11} & u_{12} & \cdots & u_{1m}\\ u_{21} & u_{22} & \cdots & u_{2m}\\ \vdots & \vdots & \ddots & \vdots\\ u_{m1} & u_{m2} & \cdots & u_{mm}\end{bmatrix}}_{\boldsymbol{U}}\underbrace{\begin{bmatrix}\begin{bmatrix}\sigma_1 & & & \\ & \sigma_2 & & \\ & & \ddots & \\ & & & \sigma_r\end{bmatrix} & \boldsymbol{O}\\ \boldsymbol{O} & \boldsymbol{O}\end{bmatrix}}_{\boldsymbol{\Sigma}}\underbrace{\begin{bmatrix}v_{11} & v_{21} & \cdots & v_{n1}\\ v_{12} & v_{22} & \cdots & v_{n2}\\ \vdots & \vdots & \ddots & \vdots\\ v_{1n} & v_{2n} & \cdots & v_{nn}\end{bmatrix}}_{\boldsymbol{V}^{\mathrm{T}}}$$

记 $\boldsymbol{U}=[\boldsymbol{u}_1\quad \boldsymbol{u}_2\quad \cdots\quad \boldsymbol{u}_m]$，$\boldsymbol{V}=[\boldsymbol{v}_1\quad \boldsymbol{v}_2\quad \cdots\quad \boldsymbol{v}_n]$，其中

$$\boldsymbol{u}_i = \begin{bmatrix} u_{1i} \\ u_{2i} \\ \vdots \\ u_{mi} \end{bmatrix}, \quad i = 1,2,\cdots,m, \quad \boldsymbol{v}_j = \begin{bmatrix} v_{1j} \\ v_{2j} \\ \vdots \\ v_{nj} \end{bmatrix}, \quad j = 1,2,\cdots,n \tag{2.69}$$

那么 $\boldsymbol{A}$ 可以看作是由其前 r 个奇异值(非零)和其左、右奇异向量的前 r 列构成，即有

$$\boldsymbol{A} = \sum_{i=1}^{r} \sigma_i \boldsymbol{u}_i \boldsymbol{v}_i^{\mathrm{T}} \tag{2.70}$$

由于 $\mathrm{rank}(\boldsymbol{u}_i \boldsymbol{v}_i^{\mathrm{T}})=1$，说明图像 $\boldsymbol{A}$ 是由 r 个秩为 1 的矩阵(图层)加权叠加而成，而加权系数就是奇异值 σ_i。自然可以想到，大奇异值对应的图层对图像的贡献要比小奇异值对应的图层贡献要大。因此，可以定义第 i 个奇异值对图像的贡献率表达式为

$$\eta_i = \frac{\sigma_i^2}{\sum\limits_{j=1}^{r} \sigma_j^2} \tag{2.71}$$

显然，$\sum\limits_{i=1}^{r} \eta_i = 1$。取 $k < r$，如果 $\sum\limits_{i=1}^{k} \eta_i \to 1$，并记

$$\boldsymbol{A}_k = \sum_{i=1}^{k} \sigma_i \boldsymbol{u}_i \boldsymbol{v}_i^{\mathrm{T}} \tag{2.72}$$

则 $\boldsymbol{A}_k \approx \boldsymbol{A}$，即认为图像 $\boldsymbol{A}_k$ 包含了图像 $\boldsymbol{A}$ 的主要信息。用 $\boldsymbol{A}_k$ 代替 $\boldsymbol{A}$ 即实现了图像压缩，式(2.72)也是压缩后图像的重构表达式。

存储原始图像 $\boldsymbol{A}$ 需要 mn 个数据，而进行奇异值分解后图像由 r 个图层构成，每个图层存储 $m+n+1$ 个数据(1 个 m 维左奇异向量，1 个 n 维右奇异向量和 1 个奇异值)，总数据量为 $r(m+n+1)$。若取前 $k<r$ 层，则需要存储的数据量为 $k(m+n+1)$。

因此可以定义压缩比

$$c = \frac{mn}{k(m+n+1)} \tag{2.73}$$

只有 $c>1$ 时才有意义，即图像可以通过矩阵奇异值分解的方法进行压缩的条件是

$$k < \frac{mn}{m+n+1} \tag{2.74}$$

图像压缩的效果需要一定的评价指标衡量，压缩比的选择也需要遵循这些指标，这样才能保证压缩后的图像满足质量要求。第一种指标来自于主观评价，通过不同观测者对图像质量的打分的平均值来判定，这种方法操作起来比较烦琐且难以推广。另一种指标是从均方差(MSE)和信噪比(PSNR)的角度进行定义的，在实际应用中也可以结合一定的主观度量。记 $\boldsymbol{A}=[a_{ij}]$，$\boldsymbol{A}_k=[a_{ij}^k]$，则

$$\mathrm{MSE} = \frac{1}{mn} \sum_{i=0}^{m-1} \sum_{j=0}^{n-1} \mid a_{ij} - a_{ij}^k \mid^2 \tag{2.75}$$

$$\mathrm{PSNR} = 10 \cdot \lg\left(\frac{2^b - 1}{\mathrm{MSE}}\right) \tag{2.76}$$

其中 b 表示图像的位深。均方差越小、信噪比越大，表示压缩后图像质量越好。

利用矩阵奇异值分解进行数字图像压缩的步骤如下：

(1) 将图像表示成矩阵 $\boldsymbol{A}$；

(2) 对 $\mathbf{A}$ 进行奇异值分解；

(3) 利用评价指标确定合适的压缩比 c 或选取合适的奇异值个数 k；

(4) 利用奇异值及其左、右奇异向量重构图像 $\mathbf{A}_k$。

例 2.18 试利用矩阵奇异值分解的方法对图 2.3 进行压缩，并对压缩结果进行分析。

图 2.3 待压缩图像：像素为 512×500

解 将图像读入 MATLAB 表示成矩阵 $\mathbf{A}_{512\times500}$，利用 svd()函数进行奇异值分解，并用式(2.71)计算单个奇异值对图像的贡献率。500 个非零奇异值的分布和奇异值对图像的贡献率如图 2.4 所示，可以看到第 50 个之后的奇异值相对都很小，而且前 50 个奇异值对图像的总贡献率已经超过了 99%。

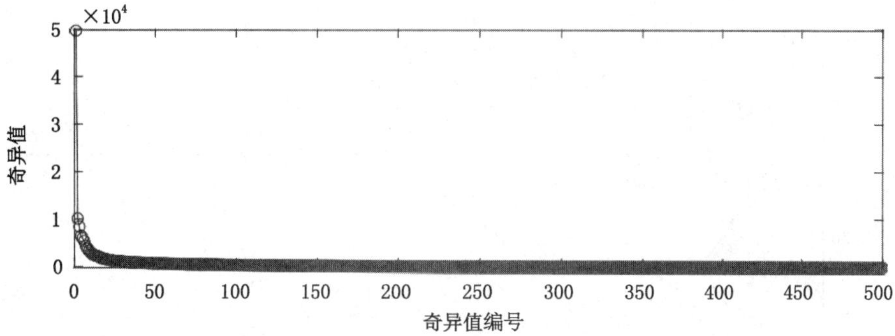

(a) 奇异值分布

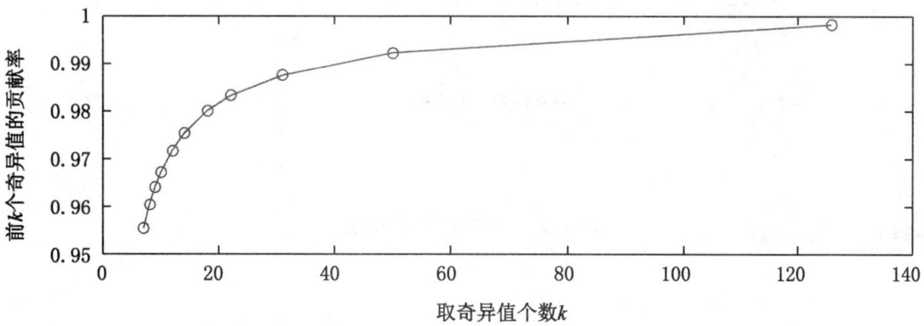

(b) 前若干个奇异值的贡献率

图 2.4 奇异值分布及贡献率

根据式(2.73)计算取奇异值个数(前 k 个)和压缩比近似关系如表 2.1 所示。可以看到压缩比为 5 时相当于取前 50 个奇异值。

表 2.1　压缩比 c 与取前 k 个奇异值的关系

c	35	32	29	26	23	20	17	14	11	8	5	2
k	7	7	8	9	10	12	14	18	22	31	50	126

从评价指标图 2.5 可以看到,均方差随压缩比基本呈线性关系,但是信噪比在压缩比为 5 时有明显的降低。综合判断压缩比在 5 左右时能保证较好的压缩效果(兼顾图像质量和占用的存储空间)。图 2.6 展示了不同压缩比下图像的压缩效果。 □

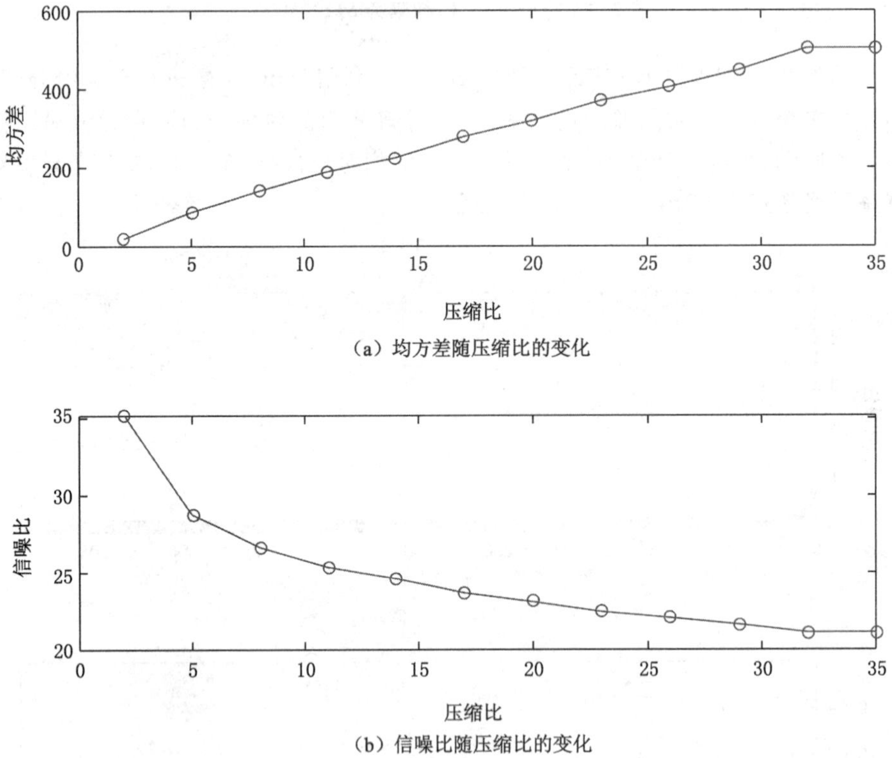

(a) 均方差随压缩比的变化

(b) 信噪比随压缩比的变化

图 2.5　均方差与信噪比

压缩比c=35 压缩比c=32 压缩比c=29 压缩比c=26

压缩比c=23 压缩比c=20 压缩比c=17 压缩比c=14

压缩比c=11 压缩比c=8 压缩比c=5 压缩比c=2

图 2.6 不同压缩比下的压缩效果

2.7 习题

2-1 试利用 LU 分解求解线性方程组：

$$\begin{cases} 2x_1-4x_2+3x_3-4x_4-11x_5=28 \\ -x_1+2x_2-x_3+2x_4+5x_5=-13 \\ -3x_3+2x_4+5x_5=-10 \\ 3x_1-5x_2+10x_3-7x_4+12x_5=31 \end{cases}$$

2-2 试利用 Doolittle 分解求矩阵 $\boldsymbol{A}=\begin{bmatrix} 2 & 1 & 1 & 0 \\ 4 & 3 & 3 & 1 \\ 8 & 7 & 9 & 5 \\ 6 & 7 & 9 & 8 \end{bmatrix}$ 的逆矩阵。

2-3 设矩阵 $\boldsymbol{A}=\begin{bmatrix} 2 & 4 & -2 \\ 1 & -1 & 5 \\ 4 & 1 & a \end{bmatrix}$，试完成：

(1) 利用紧凑格式法计算 $a=-2$ 时 $\boldsymbol{A}$ 的 Doolittle 分解和 LDU 分解；

(2) 第 1 问求得的分解是否唯一？给出矩阵 $\boldsymbol{A}$ 存在唯一 Doolittle 分解时 a 的取值范围。

2-4 试求矩阵 $\boldsymbol{A}=\begin{bmatrix}0 & 2\mathrm{i} & \mathrm{i}\\ -2\mathrm{i} & 1 & -\mathrm{i}\\ 0 & \mathrm{i} & 2\mathrm{i}\end{bmatrix}$ 的 UR 分解。

2-5 判断矩阵 $\boldsymbol{A}=\begin{bmatrix}0 & -3 & 1\\ 0 & 4 & -2\\ -2 & 0 & 1\\ 0 & -1 & 0\end{bmatrix}$ 是否为列满秩矩阵。若是，求出其正交分解。

2-6 利用 Cholesky 分解求线性方程组 $\boldsymbol{Ax}=\boldsymbol{b}$ 的解，其中

$$\boldsymbol{A}=\begin{bmatrix}1 & 2 & -3\\ 2 & -1 & 0\\ -3 & 0 & 4\end{bmatrix},\quad \boldsymbol{b}=\begin{bmatrix}2\\ 1\\ 1\end{bmatrix}$$

提示：利用关系 $\boldsymbol{R}^{\mathrm{T}}\boldsymbol{y}=\boldsymbol{b}$ 和 $\boldsymbol{Rx}=\boldsymbol{y}$，其中 $\boldsymbol{R}^{\mathrm{T}}\boldsymbol{R}=\boldsymbol{A}$。

2-7 求下列矩阵的满秩分解

$$\boldsymbol{A}_1=\begin{bmatrix}4 & -2 & 0 & -1\\ -1 & 1 & 2 & -3\\ -2 & 1 & 1 & -1\end{bmatrix},\quad \boldsymbol{A}_2=\begin{bmatrix}-3 & 0 & 4 & 1\\ 1 & -2 & 1 & 5\end{bmatrix}$$

2-8 满秩分解是否唯一？若唯一，说明理由；若不唯一，分别求出习题 2-7 中 $\boldsymbol{A}_1$ 和 $\boldsymbol{A}_2$ 的另一种满秩分解。

2-9 求下列矩阵的特征值、左特征向量和右特征向量：

$$\boldsymbol{A}_1=\begin{bmatrix}-5 & 3\\ -3 & -5\end{bmatrix},\quad \boldsymbol{A}_2=\begin{bmatrix}1 & -2\mathrm{i}\\ -3\mathrm{i} & -1\end{bmatrix}$$

2-10 判断

$$\boldsymbol{A}=\begin{bmatrix}1 & 0 & -1\\ -3 & 0 & 3\\ 0 & 2 & 2\end{bmatrix}$$

是半单矩阵还是亏损矩阵。若是半单矩阵，则求出其特征值分解。

2-11 已知矩阵

$$\boldsymbol{A}=\begin{bmatrix}4 & -1 & -1 & 0\\ 4 & 0 & -2 & 0\\ 0 & 0 & 2 & 0\\ 0 & 0 & 6 & a\end{bmatrix}$$

分别求 $a=1$ 和 $a=2$ 时的 Jordan 标准型。

2-12 求下列矩阵的 Jordan 分解

$$\boldsymbol{A}_1=\begin{bmatrix}4 & -1 & -1\\ 4 & 0 & 2\\ 0 & 0 & 2\end{bmatrix},\quad \boldsymbol{A}_2=\begin{bmatrix}1 & -2 & 0\\ 0 & 2 & 0\\ 0 & 6 & 2\end{bmatrix}$$

2-13 证明定理 2.6。

2-14 证明 Schur 不等式(2.45)。

2-15 判断下列矩阵中哪些是正规矩阵：

$$\boldsymbol{A}_1=\begin{bmatrix}-5 & -6\mathrm{i} & \mathrm{i}\\ 6\mathrm{i} & -5\mathrm{i} & -3\\ -\mathrm{i} & -3 & 6\end{bmatrix},\quad \boldsymbol{A}_2=\begin{bmatrix}0 & 6 & -6\\ -6 & 0 & 2\\ 6 & -2 & 0\end{bmatrix},\quad \boldsymbol{A}_3=\begin{bmatrix}7 & -5 & 8\\ -8 & 6 & -6\\ -2 & -1 & -4\end{bmatrix}$$

2-16 从习题 2-15 中任选一个正规矩阵进行酉相似对角分解。

2-17 设矩阵

$$\boldsymbol{A}=\begin{bmatrix}\mathrm{i} & \mathrm{i} & 2\\ -2 & 2 & 0\end{bmatrix}$$

求 $\boldsymbol{A}$ 和 $\boldsymbol{A}^{\mathrm{H}}$ 的奇异值,它们有何关系?试利用奇异值分解式(2.46)证明这种关系。

2-18 证明当 $\boldsymbol{A}$ 是正定矩阵时,它的奇异值和特征值相同。

2-19 求矩阵 $\boldsymbol{A}=\begin{bmatrix}1 & 0\\ 0 & 1\\ 1 & 1\end{bmatrix}$ 的奇异值分解。

2-20 求习题 2-7 中所列矩阵的奇异值分解。

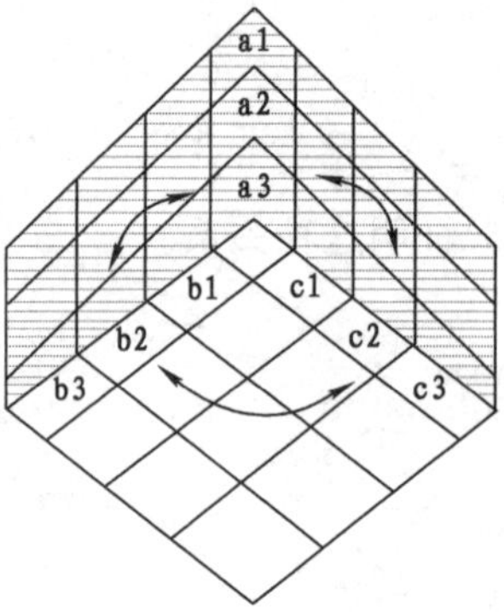

第3章 矩阵分析

3.1 范数

第1章利用内积定义了向量的长度，它是几何向量长度或者距离概念的自然推广。那么对于向量或者矩阵来说，如何衡量它们的大小？因此，人们总是希望把向量或者矩阵与一个非负实数联系起来，形成一种对向量或矩阵大小的合理度量，这个实数就是接下来要引入的范数。本节采用公理化方法引出向量范数与矩阵范数的概念，主要讨论其基本性质。

3.1.1 向量范数

定义 3.1 设 $\|\cdot\|$ 为 $\mathbb{C}^n$ 上的一个实值函数，如果对于任意的向量 $\boldsymbol{x},\boldsymbol{y}\in\mathbb{C}^n$ 及任意常数 $\alpha\in\mathbb{C}$，$\|\cdot\|$ 满足以下3个条件：

(1) $\|\boldsymbol{x}\|\geqslant 0$，且 $\boldsymbol{x}=0\Leftrightarrow\|\boldsymbol{x}\|=0$；

(2) $\|\alpha\boldsymbol{x}\|=|\alpha|\,\|\boldsymbol{x}\|$；

(3) $\|\boldsymbol{x}+\boldsymbol{y}\|\leqslant\|\boldsymbol{x}\|+\|\boldsymbol{y}\|$；

则称 $\|\cdot\|$ 为 $\mathbb{C}^n$ 中的一个向量范数。

定义中的3个条件分别称为正定性、齐次性与三角不等式。令齐次性中的 $\alpha=-1$ 可得

$$\|-\boldsymbol{x}\|=|-1|\,\|\boldsymbol{x}\|=\|\boldsymbol{x}\|,\ \forall\boldsymbol{x}\in\mathbb{C}^n \tag{3.1}$$

根据三角不等式，可以计算

$$\|\boldsymbol{y}\|=\|\boldsymbol{x}+\boldsymbol{y}-\boldsymbol{x}\|\leqslant\|\boldsymbol{x}\|+\|\boldsymbol{y}-\boldsymbol{x}\|=\|\boldsymbol{x}\|+\|\boldsymbol{x}-\boldsymbol{y}\|$$
$$\|\boldsymbol{x}\|=\|\boldsymbol{x}-\boldsymbol{y}+\boldsymbol{y}\|\leqslant\|\boldsymbol{x}-\boldsymbol{y}\|+\|\boldsymbol{y}\|$$

即有

$$-\|\boldsymbol{x}-\boldsymbol{y}\|\leqslant\|\boldsymbol{x}\|-\|\boldsymbol{y}\|\leqslant\|\boldsymbol{x}-\boldsymbol{y}\|$$

从而得到范数的一个重要性质

$$| \|\boldsymbol{x}\| - \|\boldsymbol{y}\| | \leqslant \|\boldsymbol{x}-\boldsymbol{y}\|, \forall \boldsymbol{x} \in \mathbb{C}^n \tag{3.2}$$

值得注意的是，第5章将介绍在一般线性空间中定义向量范数。作为线性空间的特例，也可以类似地定义矩阵、多项式、连续函数等的向量范数。

下面给出几种 $\mathbb{C}^n$ 中常用的向量范数。

定义 3.2 设任意向量 $\boldsymbol{x}=[x_1,x_2,\cdots,x_n]^{\mathrm{T}}\in\mathbb{C}^n$，则常用向量范数

$$1\text{-范数}: \|\boldsymbol{x}\|_1 = \sum_{i=1}^{n} |x_i| \tag{3.3}$$

$$2\text{-范数}: \|\boldsymbol{x}\|_2 = \left(\sum_{i=1}^{n} |x_i|^2\right)^{\frac{1}{2}} = \sqrt{\boldsymbol{x}^{\mathrm{H}}\boldsymbol{x}} = \sqrt{\langle \boldsymbol{x},\boldsymbol{x}\rangle} \tag{3.4}$$

$$\infty\text{-范数}: \|\boldsymbol{x}\|_\infty = \max_{1\leqslant i\leqslant n} |x_i| \tag{3.5}$$

很容易验证范数表达式(3.3)～(3.5)满足定义3.1中的正定性和齐次性。下面以2-范数为例验证三角不等式，即(利用 Cauchy-Schwarz 不等式 $|\langle \boldsymbol{x},\boldsymbol{y}\rangle| \leqslant \sqrt{\langle \boldsymbol{x},\boldsymbol{x}\rangle}\cdot\sqrt{(\boldsymbol{y},\boldsymbol{y})}$)

$$\begin{aligned}\|\boldsymbol{x}+\boldsymbol{y}\|_2^2 &= \langle \boldsymbol{x}+\boldsymbol{y},\boldsymbol{x}+\boldsymbol{y}\rangle \\ &= \langle \boldsymbol{x},\boldsymbol{x}\rangle + \langle \boldsymbol{x},\boldsymbol{y}\rangle + \langle \boldsymbol{y},\boldsymbol{x}\rangle + \langle \boldsymbol{y},\boldsymbol{y}\rangle \\ &\leqslant \|\boldsymbol{x}\|_2^2 + |\langle \boldsymbol{x},\boldsymbol{y}\rangle| + |\langle \boldsymbol{y},\boldsymbol{x}\rangle| + \|\boldsymbol{y}\|_2^2 \\ &\leqslant (\|\boldsymbol{x}\|_2 + \|\boldsymbol{y}\|_2)^2\end{aligned}$$

上式两端开根号即可得 $\|\boldsymbol{x}+\boldsymbol{y}\|_2 \leqslant \|\boldsymbol{x}\|_2 + \|\boldsymbol{y}\|_2$。不难发现2-范数与使用内积定义的向量长度一致，是一般 Euclid 空间中向量到原点的距离，因此2-范数也叫 Euclid 范数。

定义3.2中的3种范数都是 p-范数的特例，具体定义为

$$\|\boldsymbol{x}\|_p = \left(\sum_{i=1}^{n} |x_i|^p\right)^{\frac{1}{p}}, \quad 1 \leqslant p < \infty \tag{3.6}$$

显然，$p=1$ 和 $p=2$ 时 p-范数直接变为1-范数和2-范数。而 ∞-范数需要用 $p\to\infty$ 来定义。即有如下 p-范数的性质。

性质 3.1 对于任意向量 $\boldsymbol{x}\in\mathbb{C}^n$，有

$$\lim_{p\to\infty} \|x\|_p = \|x\|_\infty \tag{3.7}$$

证明 因为

$$\max_{1\leqslant i\leqslant n}|x_i| = \left(\max_{1\leqslant i\leqslant n} |x_i|^p\right)^{\frac{1}{p}} \leqslant \left(\sum_{i=1}^{n} |x_i|^p\right)^{\frac{1}{p}} \leqslant \left(n\cdot\max_{1\leqslant i\leqslant n} |x_i|^p\right)^{\frac{1}{p}}$$

所以

$$\|\boldsymbol{x}\|_\infty \leqslant \|\boldsymbol{x}\|_p \leqslant n^{\frac{1}{p}} \|\boldsymbol{x}\|_\infty$$

当 $p\to\infty$ 时，$n^{\frac{1}{p}}\to 1$，故有式(3.7)成立。 □

在 p-范数中，当 $0<p<1$ 时不满足范数的公理化定义，具体来说是三角不等式不再成立。例如，当 $p=1/2$ 时，

$$\|\boldsymbol{x}\|_p = \left(\sum_{i=1}^{n} |x_i|^p\right)^{\frac{1}{p}} = \left(\sum_{i=1}^{n}\sqrt{|x_i|}\right)^2$$

若取 $\boldsymbol{x}=[1\quad 0\quad 0]^{\mathrm{T}}$，$\boldsymbol{y}=[0\quad 1\quad 0]^{\mathrm{T}}$，则

$$\|\boldsymbol{x}+\boldsymbol{y}\|_{1/2} = 4, \quad \|\boldsymbol{x}\|_{1/2} = 1, \quad \|\boldsymbol{y}\|_{1/2} = 1$$

显然，$\|\boldsymbol{x}+\boldsymbol{y}\|_{1/2} > \|\boldsymbol{x}\|_{1/2} + \|\boldsymbol{y}\|_{1/2}$。

按照不同方式规定的范数，其值一般不相同，例如，取 $\boldsymbol{x}=[1\quad 1\quad -2]^{\mathrm{T}}$ 则 $\|\boldsymbol{x}\|_1=$

$|1|+|1|+|-2|=4$，$\|\boldsymbol{x}\|_2=\sqrt{1^2+1^2+(-2)^2}=\sqrt{6}$，$\|\boldsymbol{x}\|_\infty=\max(|1|,|1|,|-2|)=2$。但是在各种范数下考虑向量序列的收敛性时，却表现出明显的一致性，这就是向量范数的等价性。

定理 3.1(范数等价性) 设 $\|\cdot\|_\alpha$ 和 $\|\cdot\|_\beta$ 为定义在 $\mathbb{C}^n$ 上的任意两种向量范数，则对于任意的 $\boldsymbol{x}\in\mathbb{C}^n$ 都存在与 $\boldsymbol{x}$ 无关的常数 $c_2\geqslant c_1>0$，满足

$$c_1\|\boldsymbol{x}\|_\beta\leqslant\|\boldsymbol{x}\|_\alpha\leqslant c_2\|\boldsymbol{x}\|_\beta$$

并称范数 $\|\boldsymbol{x}\|_\alpha$ 与 $\|\boldsymbol{x}\|_\beta$ 等价。

该定理的完整证明不作展示，但是常见的任意两种 p-范数的等价性很容易得出。事实上，在性质 3.1 的证明中已有

$$\|\boldsymbol{x}\|_\infty\leqslant\|\boldsymbol{x}\|_p\leqslant n^{\frac{1}{p}}\|\boldsymbol{x}\|_\infty$$

则可知任意范数 $\|\boldsymbol{x}\|_p$ 均与 $\|\boldsymbol{x}\|_\infty$ 等价。特别地，3 种常用范数 $\|\boldsymbol{x}\|_1$，$\|\boldsymbol{x}\|_2$ 和 $\|\boldsymbol{x}\|_\infty$ 彼此等价，并且满足以下关系：

$$\|\boldsymbol{x}\|_\infty\leqslant\|\boldsymbol{x}\|_1\leqslant n\|\boldsymbol{x}\|_\infty \tag{3.8}$$

$$\frac{1}{\sqrt{n}}\|\boldsymbol{x}\|_1\leqslant\|\boldsymbol{x}\|_2\leqslant\|\boldsymbol{x}\|_1 \tag{3.9}$$

$$\frac{1}{\sqrt{n}}\|\boldsymbol{x}\|_2\leqslant\|\boldsymbol{x}\|_\infty\leqslant\|\boldsymbol{x}\|_2 \tag{3.10}$$

有时在定义范数时可以给向量的各个分量加上权值，得到加权的范数，即

$$\|\boldsymbol{x}\|^w=\|\boldsymbol{W}\boldsymbol{x}\| \tag{3.11}$$

其中 $\boldsymbol{W}=\mathrm{diag}(w_1,w_2,\cdots,w_n)$ 为权值矩阵。加权 p-范数定义为

$$\|\boldsymbol{x}\|_p^w=\left(\sum_{i=1}^{n}|w_ix_i|^p\right)^{\frac{1}{p}},\quad 1\leqslant p<\infty \tag{3.12}$$

例如，$\boldsymbol{x}=[1\quad 1\quad -2]^{\mathrm{T}}$，$\boldsymbol{W}=\mathrm{diag}(2,-3,4)$ 的加权 2-范数为

$$\|\boldsymbol{x}\|_2^w=\sqrt{4x_1^2+9x_2^2+16x_3^2}=\sqrt{77} \tag{3.13}$$

3.1.2 矩阵范数

将矩阵 $\boldsymbol{A}$ 看作是 $\mathbb{C}^{m\times n}$ 中的向量，则可以利用上一节的方法定义矩阵的向量范数 $\|\cdot\|_{\mathrm{V}}$，用下标 V 加以区别。由此产生与向量 $\boldsymbol{x}\in\mathbb{C}^n$ 相对应的范数。

定义 3.3 设任意矩阵 $\boldsymbol{A}=[a_{ij}]\in\mathbb{C}^{m\times n}$，其常用向量范数为

$$\|\boldsymbol{A}\|_{\mathrm{V}_1}=\sum_{i=1}^{m}\sum_{j=1}^{n}|a_{ij}| \tag{3.14}$$

$$\|\boldsymbol{A}\|_{\mathrm{V}_2}=\left(\sum_{i=1}^{m}\sum_{j=1}^{n}|a_{ij}|^2\right)^{\frac{1}{2}}=\sqrt{\mathrm{trace}(\boldsymbol{A}^{\mathrm{H}}\boldsymbol{A})}\triangleq\|\boldsymbol{A}\|_{\mathrm{F}} \tag{3.15}$$

$$\|\boldsymbol{A}\|_{\mathrm{V}_\infty}=\max_{i,j}|a_{ij}| \tag{3.16}$$

$$\|\boldsymbol{A}\|_{\mathrm{V}_p}=\left(\sum_{i=1}^{m}\sum_{j=1}^{n}|a_{ij}|^p\right)^{\frac{1}{p}},\quad 1\leqslant p<\infty \tag{3.17}$$

同样地，$\|\boldsymbol{A}\|_{\mathrm{V}_p}$ 在 $p=1,p=2,p\to\infty$ 时分别成为 $\|\boldsymbol{A}\|_{\mathrm{V}_1}$，$\|\boldsymbol{A}\|_{\mathrm{V}_2}$，$\|\boldsymbol{A}\|_{\mathrm{V}_\infty}$。$\|\boldsymbol{A}\|_{\mathrm{V}_\infty}$ 称为 Chebyshev 范数，$\|\boldsymbol{A}\|_{\mathrm{V}_2}$ 称为 Frobenius 范数或者 F-范数。F-范数是最常见的范数之一，它是 $\mathbb{C}^{m\times n}$ 中矩阵的内积诱导的范数。矩阵的内积定义为

$$\langle \boldsymbol{A},\boldsymbol{B}\rangle = \mathrm{trace}(\boldsymbol{B}^{\mathrm{H}}\boldsymbol{A}) = \sum_{i=1}^{m}\sum_{j=1}^{n}\bar{b}_{ij}a_{ij}$$

而当 $\boldsymbol{B}=\boldsymbol{A}$ 时，

$$\|\boldsymbol{A}\|_{\mathrm{F}}^{2} = \langle \boldsymbol{A},\boldsymbol{A}\rangle = \mathrm{trace}(\boldsymbol{A}^{\mathrm{H}}\boldsymbol{A}) = \sum_{i=1}^{m}\sum_{j=1}^{n}|a_{ij}|^{2}$$

F-范数具有酉不变性，即如下性质。

性质 3.2(F-范数的酉不变性) 设矩阵 $\boldsymbol{A}\in\mathbb{C}^{m\times n}$，对酉矩阵 $\boldsymbol{U}\in\mathbb{C}^{m\times m}$，$\boldsymbol{V}\in\mathbb{C}^{n\times n}$，恒有

$$\|\boldsymbol{A}\|_{\mathrm{F}} = \|\boldsymbol{UA}\|_{\mathrm{F}} = \|\boldsymbol{AV}\|_{\mathrm{F}} = \|\boldsymbol{UAF}\|_{\mathrm{F}}$$

证明 只需证明 $\|\boldsymbol{A}\|_{\mathrm{F}}^{2}=\|\boldsymbol{UAV}\|_{\mathrm{F}}^{2}$ 即可。由 $\|\boldsymbol{A}\|_{\mathrm{F}}^{2}=\mathrm{trace}(\boldsymbol{A}^{\mathrm{H}}\boldsymbol{A})=\mathrm{trace}(\boldsymbol{AA}^{\mathrm{H}})$ 可得

$$\begin{aligned}\|\boldsymbol{A}\|_{\mathrm{F}} &= \mathrm{trace}(\boldsymbol{A}^{\mathrm{H}}\boldsymbol{A}) = \mathrm{trace}(\boldsymbol{A}^{\mathrm{H}}\boldsymbol{U}^{\mathrm{H}}\boldsymbol{UA})\\ &= \mathrm{trace}((\boldsymbol{UA})^{\mathrm{H}}\boldsymbol{UA}) = \mathrm{trace}(\boldsymbol{UA}(\boldsymbol{UA})^{\mathrm{H}})\\ &= \mathrm{trace}(\boldsymbol{UAVV}^{\mathrm{H}}\boldsymbol{A}^{\mathrm{H}}\boldsymbol{U}^{\mathrm{H}}) = \|\boldsymbol{UAV}\|_{\mathrm{F}}\end{aligned}$$

由上式可以看出，$\|\boldsymbol{A}\|_{\mathrm{F}}=\|\boldsymbol{UA}\|_{\mathrm{F}}=\|\boldsymbol{AV}\|_{\mathrm{F}}$ 也显然成立。 □

矩阵不仅存在向量运算中的加法和数乘，还存在向量运算中没有的乘法运算。那么矩阵乘法的向量范数，如 $\|\boldsymbol{AB}\|_{\mathrm{v}_p}$ 和 $\|\boldsymbol{A}\|_{\mathrm{v}_p}\cdot\|\boldsymbol{B}\|_{\mathrm{v}_p}$ 有何关系？人们发现 F-范数有如下性质。

性质 3.3 设矩阵 $\boldsymbol{A}\in\mathbb{C}^{m\times n}$，$\boldsymbol{B}\in\mathbb{C}^{n\times p}$，则必然有

$$\|\boldsymbol{AB}\|_{\mathrm{F}} \leqslant \|\boldsymbol{A}\|_{\mathrm{F}}\cdot\|\boldsymbol{B}\|_{\mathrm{F}}$$

并称范数 $\|\boldsymbol{A}\|_{\mathrm{F}}$ 与 $\|\boldsymbol{B}\|_{\mathrm{F}}$ 是相容的。

例 3.1 已知矩阵 $\boldsymbol{A}=\begin{bmatrix}1 & 1/2\\ -1 & 1\end{bmatrix}$，$\boldsymbol{B}=\begin{bmatrix}1/2 & 1\\ -2 & 1\end{bmatrix}$，试验证 F-范数的相容性，并探讨 $\|\cdot\|_{\mathrm{v}_\infty}$ 是否有相容性。

解 首先计算

$$\boldsymbol{AB} = \begin{bmatrix}-1/2 & 3/2\\ -5/2 & 0\end{bmatrix}$$

根据 F-范数的定义，容易计算

$$\|\boldsymbol{A}\|_{\mathrm{F}} = \sqrt{\mathrm{trace}(\boldsymbol{A}^{\mathrm{H}}\boldsymbol{A})} = \sqrt{13}/2$$

$$\|\boldsymbol{B}\|_{\mathrm{F}} = \sqrt{\mathrm{trace}(\boldsymbol{B}^{\mathrm{H}}\boldsymbol{B})} = \sqrt{25}/2$$

$$\|\boldsymbol{AB}\|_{\mathrm{F}} = \sqrt{\mathrm{trace}(\boldsymbol{B}^{\mathrm{H}}\boldsymbol{A}^{\mathrm{H}}\boldsymbol{AB})} = \sqrt{35}/2$$

从而有 $\|\boldsymbol{AB}\|_{\mathrm{F}}\leqslant\|\boldsymbol{A}\|_{\mathrm{F}}\cdot\|\boldsymbol{B}\|_{\mathrm{F}}$，即验证了 F-范数的相容性。接着根据 $\|\cdot\|_{\mathrm{v}_\infty}$ 的定义计算

$$\|\boldsymbol{A}\|_{\mathrm{v}_\infty} = 1,\quad \|\boldsymbol{B}\|_{\mathrm{v}_\infty} = 2,\quad \|\boldsymbol{AB}\|_{\mathrm{v}_\infty} = 5/2$$

显然，$\|\boldsymbol{AB}\|_{\mathrm{v}_\infty}>\|\boldsymbol{A}\|_{\mathrm{v}_\infty}\cdot\|\boldsymbol{B}\|_{\mathrm{v}_\infty}$，即范数 $\|\cdot\|_{\mathrm{v}_\infty}$ 不满足相容性。 □

从例 3.1 可知，直接对矩阵利用向量范数进行定义不一定满足相容性。那么就有必要通过引入相容性对原有的向量范数进行完善。

定义 3.4 设 $\|\cdot\|$ 为 $\mathbb{C}^{m\times n}$ 上的一个实值函数，如果对于任意的矩阵 $\boldsymbol{A},\boldsymbol{B}\in\mathbb{C}^{m\times n}$ 及任意常数 $\alpha\in\mathbb{C}$，$\|\cdot\|$ 满足以下 4 个条件：

(1) $\|\boldsymbol{A}\|\geqslant 0$，且 $\boldsymbol{A}=0\Leftrightarrow\|\boldsymbol{A}\|=0$；

(2) $\|\alpha\boldsymbol{A}\|=|\alpha|\|\boldsymbol{A}\|$；

(3) $\| A+B \| \leqslant \| A \| + \| B \|$;

(4) $\| AB \| \leqslant \| A \| \cdot \| B \| (A \in \mathbb{C}^{m\times p}, B \in \mathbb{C}^{p\times n})$;

则称 $\| \cdot \|$ 为 $\mathbb{C}^{m\times n}$ 中的一个(相容的)矩阵范数。

不加说明的情况下,本书所讲的矩阵范数均指相容的矩阵范数。显然,F-范数是矩阵范数。所熟知的是,当向量满足一定的维数条件时,可以出现矩阵与向量的乘法,如 Ax,$A\in \mathbb{C}^{m\times n}$,$x\in \mathbb{C}^n$。因为向量也是特殊的矩阵,那么根据定义 3.4 中的相容性条件,有

$$\| Ax \| \leqslant \| A \| \cdot \| x \|$$

它们各自取不同的范数仍能使这个不等式成立吗?这就是矩阵范数与向量范数相容的概念。

定义 3.5 设任意一种矩阵范数 $\| \cdot \|_M$ 和向量范数 $\| \cdot \|_V$,如果对任意矩阵 $A\in \mathbb{C}^{m\times n}$和向量 $x\in \mathbb{C}^n$ 都满足

$$\| Ax \|_V \leqslant \| A \|_M \cdot \| x \|_V$$

则称矩阵范数 $\| \cdot \|_M$ 和向量范数 $\| \cdot \|_V$ 是相容的。

定理 3.2 设 $\| \cdot \|_M$ 是 $\mathbb{C}^{m\times n}$上的一种矩阵范数,则在 $\mathbb{C}^n$ 上必存在一个与 $\| \cdot \|_M$ 相容的向量范数。

证明 该证明只需要构造一个向量范数与矩阵范数相容即可。在 $\mathbb{C}^n$ 中取非零向量 a,并对任意的 $x\in \mathbb{C}^n$ 构造

$$\| x \|_V = \| xa^H \|_M$$

先证明 $\| x \|_V$ 是 $\mathbb{C}^n$ 中的向量范数。

(1) 当 $x\neq 0$ 时,$xa^H\neq O$,所以

$$\| x \|_V = \| xa^H \|_M \geqslant 0$$

并且 $x=0 \Leftrightarrow xa^H=O \Leftrightarrow \| x \|_V=0$。

(2) 对任意 $\beta\in \mathbb{C}$,有

$$\| \beta x \|_V = \| \beta xa^H \|_M = | \beta | \| xa^H \|_M = | \beta | \| x \|_V$$

(3) 对任何 $x,y\in \mathbb{C}^n$ 都有

$$\begin{aligned} \| x+y \|_V &= \| (x+y)a^H \|_M \\ &= \| xa^H + ya^H \|_M \\ &\leqslant \| xa^H \|_M + \| ya^H \|_M \\ &= \| x \|_V + \| y \|_V \end{aligned}$$

所以,$\| \cdot \|_V$ 是 $\mathbb{C}^n$ 中的向量范数。

再证明相容性。因为

$$\| Ax \|_V = \| Axa^H \|_M \leqslant \| A \|_M \cdot \| xa^H \|_M \leqslant \| A \|_M \cdot \| x \|_V$$

因此可以证明矩阵范数 $\| \cdot \|_M$ 和构造的向量范数 $\| \cdot \|_V$ 是相容的。 □

矩阵范数和向量范数的相容性,即 $\| Ax \| \leqslant \| A \| \cdot \| x \|$,体现了矩阵范数 $\| A \|$ 是向量 x 被矩阵变换后,即 Ax,拉伸的一个上界度量。由于上界可以有无穷多种可能,因此人们关心的是最小上界是多少?将最小上界定义为矩阵范数具有重要的现实意义,这样的矩阵范数称为算子范数。

定理 3.3(算子范数) 设矩阵 $A\in \mathbb{C}^{m\times n}$和向量 $x\in \mathbb{C}^n$,且在 $\mathbb{C}^n$ 中定义了向量范数 $\| \cdot \|_V$,则与 $\| \cdot \|_V$ 相容的矩阵范数 $\| \cdot \|_M$ 可以取为

$$\|A\|_M = \max_{x\neq 0}\frac{\|Ax\|_V}{\|x\|_V} = \max_{\|x\|_V=1}\|Ax\|_V \tag{3.18}$$

在$\mathbb{C}^n$中定义的任何向量范数$\|x\|$都是关于x的连续函数。定理 3.3 表明,求算子范数实际上是求连续函数$\|Ax\|$在单位超球面$\|x\|=1$上的极大值。然而,仅仅知道$\|Ax\|$连续无法轻易求出它的极值,所以一般的算子范数即使存在也难以求得。另外,从定理 3.3 可以看到,利用向量范数$\|x\|_p$可以诱导出相应的矩阵范数$\|A\|_p$,但是不一定能找到具体的计算(定义)方法求取$\|A\|_p$。以下是几个特例,也是最常用的几个算子范数。

定理 3.4 设矩阵$A=[a_{ij}]\in\mathbb{C}^{m\times n}$,当向量范数分别取$\|\cdot\|_1$,$\|\cdot\|_\infty$,$\|\cdot\|_2$时,其对应的算子范数也分别记为$\|A\|_1$,$\|A\|_\infty$,$\|A\|_2$,则有

$$\text{列范数:}\|A\|_1 = \max_{1\leqslant j\leqslant n}\sum_{i=1}^{m}|a_{ij}| \tag{3.19}$$

$$\text{行范数:}\|A\|_\infty = \max_{1\leqslant i\leqslant m}\sum_{j=1}^{n}|a_{ij}| \tag{3.20}$$

$$\text{谱范数:}\|A\|_2 = \sqrt{\lambda_{\max}(A^H A)} = \sigma_1 \tag{3.21}$$

其中,σ_1为A的最大奇异值。

证明 列范数和行范数的证明略为烦琐,有兴趣的读者可以参阅相关文献。下面利用前面学过的奇异值分解方法证明谱范数是一种(归属于向量 2-范数的)算子范数。根据向量 2-范数的定义,有

$$\|Ax\|_2 = \sqrt{(Ax)^H Ax} = \sqrt{x^H A^H Ax}$$

又根据算子范数的定义式(3.18)和奇异值分解式$A=U\Sigma V^H$,可得

$$\begin{aligned}\|A\|_2 &= \max_{\|x\|_2=1}\|Ax\|_2\\ &= \max_{\|x\|_2=1}\sqrt{x^H A^H Ax}\\ &= \max_{\|x\|_2=1}\sqrt{x^H V\Sigma U^H U\Sigma V^H x}\\ &= \max_{\|x\|_2=1}\sqrt{x^H VV^H x}\cdot\sigma_1 = \sigma_1\end{aligned}$$

上式中U和V为酉矩阵。 □

算子范数中的列范数、行范数和谱范数也可称为矩阵 1-范数、矩阵∞-范数和矩阵 2-范数。注意到矩阵AA^H和$A^H A$的非零奇异值相同,则它们的最大奇异值σ_1也相同,故在求矩阵 2-范数时,选取AA^H和$A^H A$中阶数较小者进行计算。由于矩阵特征值的模的最大值称为该矩阵的谱半径,记为$\rho(\cdot)$,因此式(3.21)也可写为$\|A\|_2=\rho(A^H A)=\sigma_1$,这也是称之为谱范数的由来。另外,需要注意$\|\cdot\|_F$经常用,但它并不是算子范数。

例 3.2 设矩阵$A=\begin{bmatrix}1 & -3 & -2\mathrm{i}\\ -3 & 0 & -2\mathrm{i}\end{bmatrix}$,试计算$\|A\|_1$,$\|A\|_\infty$,$\|A\|_2$,$\|A\|_F$。

解 根据定理 3.4 直接计算:

(1) $\|A\|_1=\max\{4,3,4\}=4$。

(2) $\|A\|_\infty=\max\{6,5\}=6$。

(3) 先计算

$$AA^{\mathrm{H}} = \begin{bmatrix} 1 & -3 & -2\mathrm{i} \\ -3 & 0 & -2\mathrm{i} \end{bmatrix} \begin{bmatrix} 1 & -3 \\ -3 & 0 \\ 2\mathrm{i} & 2\mathrm{i} \end{bmatrix} = \begin{bmatrix} 14 & 1 \\ 1 & 13 \end{bmatrix}$$

由 $\det(\lambda E - AA^{\mathrm{H}}) = \lambda_2 - 27\lambda + 181 = 0$，解得 $\lambda_1 = (27+\sqrt{5})/2, \lambda_2 = (27-\sqrt{5})/2$。

故 AA^{H} 的最大奇异值为

$$\sigma_1 = \sqrt{(27+\sqrt{5})/2} \approx 3.823\,4$$

从而有 $\|A\|_2 = \sigma_1$。

(4) $\|A\|_F = \sqrt{1^2 + |-3|^2 + |-2\mathrm{i}|^2 + |-3|^2 + |-2\mathrm{i}|^2} = \sqrt{27} \approx 5.196\,2$。 □

定理 3.5(矩阵范数的等价性) 任意两种矩阵范数是等价的，即对于任意的 $A \in \mathbb{C}^{m\times n}$ 都存在与 A 无关的常数 $c_2 \geqslant c_1 > 0$，满足

$$c_1 \|A\|_\beta \leqslant \|A\|_\alpha \leqslant c_2 \|A\|_\beta$$

其中，$\|\cdot\|_\alpha$ 和 $\|\cdot\|_\beta$ 为定义在 $\mathbb{C}^{m\times n}$ 上的任意两种矩阵范数。

例 3.3 试证

$$\frac{1}{\sqrt{n}} \|A\|_F \leqslant \|A\|_2 \leqslant \|A\|_F$$

证明 由于 $A^{\mathrm{H}}A$ 是半正定的 Hermitian 矩阵，故它的特征值为非负实数，并记为 $\lambda_1, \lambda_2, \cdots, \lambda_n$。根据 $\|A\|_2$ 的定义，可得

$$\|A\|_2^2 = \lambda_{\max}(A^{\mathrm{H}}A) = \max\{\lambda_1, \lambda_2, \cdots, \lambda_n\} \triangleq \sigma_1^2$$

从而有

$$\|A\|_2^2 = \sigma_1^2 \leqslant \lambda_1 + \lambda_2 + \cdots + \lambda_n = \mathrm{trace}(A^{\mathrm{H}}A) = \|A\|_F^2$$

$$n\|A\|_2^2 = n\sigma_1^2 \geqslant \lambda_1 + \lambda_2 + \cdots + \lambda_n = \mathrm{trace}(A^{\mathrm{H}}A) = \|A\|_F^2$$

上述两式两端开根号整理后即得证。 □

定理 3.6 设 $\|\cdot\|$ 为 $\mathbb{C}^{n\times n}$ 上矩阵的算子范数，$\rho(A)$ 为 A 的谱半径，则对任意的矩阵 $A \in \mathbb{C}^{n\times n}$ 均有

$$\rho(A) \leqslant \|A\| \tag{3.22}$$

特别地，当 A 为 Hermitian 矩阵时，满足

$$\rho(A) = \|A\|_2 \tag{3.23}$$

证明 任取矩阵 A 的特征值记为 λ，且 λ 对应的特征向量为 x，即有

$$Ax = \lambda x, \quad x \neq 0$$

设 $\|\cdot\|_V$ 是 $\mathbb{C}^n$ 上与矩阵范数 $\|\cdot\|$ 相容的向量范数，则有 $\|x\|_V > 0$，且

$$\|Ax\|_V = |\lambda| \cdot \|x\|_V$$

又根据相容性 $\|Ax\|_V \leqslant \|A\| \cdot \|x\|_V$，可得

$$|\lambda| \cdot \|x\|_V \leqslant \|A\| \cdot \|x\|_V$$

再由 $\|x\|_V > 0$，显然可得

$$|\lambda| \leqslant \|A\|$$

由 λ 的任意性，得证 $\rho(A) \leqslant \|A\|$。当 A 为 Hermitian 矩阵时，必有 $A^{\mathrm{H}} = A$，从而有 $\|A\|_2 = \sqrt{\lambda_{\max}(A^2)} = \lambda_{\max}(A) = \rho(A)$。 □

下面是几个与单位矩阵 $E \in \mathbb{R}^{n\times n}$ 的范数有关的常用结论：

(1) 单位矩阵的任意算子范数均为 1,例如 $\|E\|_1=\|E\|_\infty=\|E\|_2=1$。但是 $\|A\|_F=\sqrt{n}\neq 1$,因为 $\|\cdot\|_F$ 不是算子范数。

(2) 如果存在 $\mathbb{C}^{n\times n}$ 上的矩阵范数 $\|\cdot\|$ 使得 $\|A\|<1$,则必然有

① 矩阵 $E\pm A$ 非奇异;

② $\|(E\pm A)^{-1}\|\leqslant\|E\|/(1-\|A\|)$;

③ $\|A(E\pm A)^{-1}\|\leqslant\|A\|/(1-\|A\|)$。

范数的概念并不局限于向量或者矩阵,在一般的线性空间中也可以定义范数,定义了范数的线性空间称为赋范线性空间。关于线性空间的概念将在第 5 章学到。向量和矩阵都只是有限维线性空间的特例,例如,区间 $[a,b]$ 上连续函数的全体可以构成一个无限维线性空间,它的 p-范数可以定义为

$$\|f(t)\|_p=\left[\int_a^b|f(t)|^p\mathrm{d}t\right]^{\frac{1}{p}},\quad p\in[1,\infty)$$

当 $p=1$ 时,称

$$\|f(t)\|_1=\int_a^b|f(t)|\mathrm{d}t<\infty$$

为绝对可积;当 $p=2$ 时,称

$$\|f(t)\|_2^2=\int_a^b|f(t)|^2\mathrm{d}t<\infty$$

为平方可积。在信号空间中,$\|f(t)\|_2^2$ 为信号 $f(t)$ 的归一化能量,称平方可积信号为能量信号。

3.2 矩阵序列与矩阵级数

矩阵分析理论的建立和数学分析一样,也是以极限理论为基础而形成的,通过极限可以引入矩阵序列(级数)的收敛性,为后续的函数矩阵的微积分、幂级数等内容做准备。讨论收敛性时必然要讨论与极限值的逼近误差,误差的刻画就是基于上一节介绍的向量范数或者矩阵范数。同范数的介绍一样,本节先介绍向量序列的极限,再自然延伸到矩阵序列的极限,最后讨论矩阵级数。

3.2.1 向量序列的极限

与数列一样,将如下形式排列的向量

$$x_1,x_2,\cdots,x_k,\cdots,\quad k=1,2,\cdots$$

称为向量序列,记为 $\{x_k\}_{k=1}^{\infty}$,其中 x_k 为向量序列的通项。为了简洁,约定在不特别说明的情况下略去上下标,直接用 $\{x_k\}$ 表示向量序列,类似的简记法在下一节的矩阵序列中也适用。

定义 3.6 设 $\{x_k\}$ 和 x_0 分别为 $\mathbb{C}^n$ 中给定的向量序列和向量,记

$$x_k=\begin{bmatrix}\xi_1^{(k)}\\\xi_2^{(k)}\\\vdots\\\xi_n^{(k)}\end{bmatrix},\quad x_0=\begin{bmatrix}\xi_1\\\xi_2\\\vdots\\\xi_n\end{bmatrix}$$

若对于 $i=1,2,\cdots,n$ 均满足

$$\lim_{k\to\infty}\xi_i^{(k)}=\xi_i \tag{3.24}$$

则称向量序列 $\{\boldsymbol{x}_k\}$ 收敛于向量 $\boldsymbol{x}_0$，记为

$$\lim_{k\to\infty}\boldsymbol{x}_k=\boldsymbol{x}_0 \tag{3.25}$$

沿用数列极限的记法，向量序列的极限式(3.25)也可写为 $\boldsymbol{x}_k\to\boldsymbol{x}_0,k\to\infty$。从定义 3.6 可以看出，如果向量序列的极限存在，则称向量序列收敛到极限向量值；如果向量序列中存在一个分量数列的极限不存在，则称向量序列是发散的。

例 3.4 试判断下列向量序列的收敛性：

(1) $\boldsymbol{x}_k=\left[\frac{1}{2^k},\frac{\sin k}{2k}\right]^{\mathrm{T}},\quad k=1,2,\cdots$

(2) $\boldsymbol{y}_k=\left[\sum_{s=1}^{k}\frac{1}{2^s},\sum_{s=1}^{k}\frac{1}{s}\right],\quad k=1,2,\cdots$

解 (1)显然有如下数列极限存在

$$\lim_{k\to\infty}\frac{1}{2^k}=0,\quad \lim_{k\to\infty}\frac{\sin k}{2k}=0$$

由此可以计算向量序列极限为 $\lim\limits_{k\to\infty}\boldsymbol{x}_k=[0\quad 0]^{\mathrm{T}}=\boldsymbol{0}$。故向量序列 $\{x_k\}$ 收敛，且收敛于 $\boldsymbol{0}$。

(2) 取向量序列 $\{\boldsymbol{y}_k\}$ 中的第 2 个分量数列进行计算，有

$$\lim_{k\to\infty}\sum_{s=1}^{k}\frac{1}{s}=\sum_{s=1}^{\infty}\frac{1}{s}=1+\frac{1}{2}+\cdots+\frac{1}{s}+\cdots$$

这是调和级数，显然是发散的。故向量序列 $\{\boldsymbol{y}_k\}$ 发散。 □

例 3.5 设 $\mathbb{C}^n$ 中的一个向量序列为

$$\boldsymbol{x}_k=\left[1+\frac{1}{2^k}\quad 1+\frac{1}{3^k}\quad\cdots\quad 1+\frac{1}{(n+1)^k}\right]^{\mathrm{T}},\quad k=1,2,\cdots$$

试求该向量序列在 $k\to\infty$ 时的极限。

解 注意到该向量序列包括 n 个分量数列，并且这些数列可以表示为

$$a_i^{(k)}=1+\frac{1}{(i+1)^k},\quad i=1,2,\cdots,n$$

根据数列极限的性质，显然有

$$\lim_{k\to\infty}a_i^{(k)}=1,\quad i=1,2,\cdots,n$$

所以向量序列 $\{\boldsymbol{x}_k\}$ 的极限为 $\lim\limits_{k\to\infty}\boldsymbol{x}_k=[1\quad 1\quad\cdots\quad 1]^{\mathrm{T}}$。 □

向量序列收敛到其极限值的过程实际上就是与极限值的误差收敛到零，而范数可以很好地描述这种误差。下面给出通过向量范数构成的数列收敛来判定向量序列收敛的重要结论。

定理 3.7 设 $\{\boldsymbol{x}_k\}$ 为 $\mathbb{C}^n$ 中的向量序列，$\|\cdot\|$ 为 $\mathbb{C}^n$ 中的任意一种向量范数，则向量序列收敛于 $\boldsymbol{x}_0\in\mathbb{C}^n$ 的充分必要条件是

$$\lim_{k\to\infty}\|\boldsymbol{x}_k-\boldsymbol{x}_0\|=0 \tag{3.26}$$

证明 根据范数的等价性，下面采用 $\|\cdot\|=\|\cdot\|_\infty$ 进行证明。仍采用定义 3.6 中对 $\boldsymbol{x}_k$ 和 $\boldsymbol{x}_0$ 的记法。

(1) 充分性。根据 $\|\cdot\|_\infty$ 的定义，可得

$$\| \boldsymbol{x}_k - \boldsymbol{x}_0 \|_\infty = \max_{1 \leqslant i \leqslant n} |\xi_i^{(k)} - \xi_i| \geqslant |\xi_i^{(k)} - \xi_i| \geqslant 0$$

再根据条件(3.26)，有$\lim\limits_{k\to\infty}|\xi_i^{(k)} - \xi_i| = 0$，即

$$\lim_{k\to\infty} \xi_i^{(k)} = \xi_i, \quad i = 1,2,\cdots,n$$

从而由定义 3.6 得向量序列收敛于 $\boldsymbol{x}_0$。

(2) 必要性。如果$\lim\limits_{k\to\infty}\xi_i^{(k)} = \xi_i, i=1,2,\cdots,n$，则必有

$$\lim_{k\to\infty} \max_{1 \leqslant i \leqslant n} |\xi_i^{(k)} - \xi_i| = 0$$

按$\| \cdot \|_\infty$的定义即可得$\lim\limits_{k\to\infty} \| \boldsymbol{x}_k - \boldsymbol{x}_0 \| = 0$。 □

可以利用例 3.5 验证定理 3.7。事实上，可以直接计算

$$\lim_{k\to\infty} \| \boldsymbol{x}_k - \boldsymbol{x}_0 \| = \lim_{k\to\infty} \| \boldsymbol{x}_k - \boldsymbol{x}_0 \|_\infty = \lim_{k\to\infty} \frac{1}{2^k} = 0$$

即向量序列$\{\boldsymbol{x}_k\}$收敛到 $\boldsymbol{x}_0 = [1 \quad 1 \quad \cdots \quad 1]^{\mathrm{T}}$。

3.2.2 矩阵序列的极限

类似于向量序列，在$\mathbb{C}^{m\times n}$中可以定义矩阵序列

$$\boldsymbol{A}_1, \boldsymbol{A}_2, \cdots, \boldsymbol{A}_k, \cdots, \quad k = 1,2,\cdots$$

记为$\{\boldsymbol{A}_k\}$，矩阵序列的通项为

$$\boldsymbol{A} = \begin{bmatrix} a_{11}^{(k)} & a_{12}^{(k)} & \cdots & a_{1n}^{(k)} \\ a_{21}^{(k)} & a_{22}^{(k)} & \cdots & a_{2n}^{(k)} \\ \vdots & \vdots & & \vdots \\ a_{m1}^{(k)} & a_{m2}^{(k)} & \cdots & a_{mn}^{(k)} \end{bmatrix}$$

其中，$\{\boldsymbol{A}_k\}$中各矩阵的对应元素构成了 $m\times n$ 个数列$\{a_{ij}^{(k)}\}$。

定义 3.7　设$\{\boldsymbol{A}_k\}$和 $\boldsymbol{A}$ 分别为$\mathbb{C}^{m\times n}$中给定的矩阵序列和矩阵，记

$$\boldsymbol{A} = \begin{bmatrix} a_{11} & a_{12} & \cdots & a_{1n} \\ a_{21} & a_{22} & \cdots & a_{2n} \\ \vdots & \vdots & & \vdots \\ a_{m1} & a_{m2} & \cdots & a_{mn} \end{bmatrix}$$

若对于 $i=1,2,\cdots,m$ 和 $j=1,2,\cdots,n$ 均满足

$$\lim_{k\to\infty} a_{ij}^{(k)} = a_{ij} \tag{3.27}$$

则称矩阵序列$\{\boldsymbol{A}_k\}$收敛于矩阵 $\boldsymbol{A}$，记为

$$\lim_{k\to\infty} \boldsymbol{A}_k = \boldsymbol{A} \tag{3.28}$$

例 3.6　若已知

$$\boldsymbol{A}_k = \begin{bmatrix} 2 & \sqrt[k]{k} & \left(1 + \dfrac{1}{k}\right)^k \\ \dfrac{1}{k} & \cos\left(\dfrac{1}{k}\right) & \dfrac{1-3k^2}{3k^2+4} \end{bmatrix}$$

试判断矩阵序列$\{\boldsymbol{A}_k\}$是否收敛；若将 $\boldsymbol{A}_k$ 中的 $\cos(1/k)$替换为 $\cos(k)$呢？

解　因为

$$\lim_{k\to\infty} 2 = 2,\quad \lim_{k\to\infty}\sqrt[k]{k} = \lim_{k\to\infty} e^{\frac{\ln k}{k}} = 1,\quad \lim_{k\to\infty}\left(1+\frac{1}{k}\right)^k = e$$

$$\lim_{k\to\infty}\frac{1}{k} = 0,\quad \lim_{k\to\infty}\cos\left(\frac{1}{k}\right) = 1,\quad \lim_{k\to\infty}\frac{1-3k^2}{3k^2+4} = \lim_{k\to\infty}\frac{1/k^2-3}{3+4/k^2} = -1$$

所以，矩阵序列$\{\boldsymbol{A}_k\}$是收敛的，且收敛于

$$\lim_{k\to\infty}\boldsymbol{A}_k = \begin{bmatrix} 2 & 1 & e \\ 0 & 1 & -1 \end{bmatrix}$$

因为$\lim\limits_{k\to\infty}\cos(k)$不存在，故将$\boldsymbol{A}_k$中的$\cos\left(\frac{1}{k}\right)$替换为$\cos(k)$后$\{\boldsymbol{A}_k\}$是发散的。 □

与向量序列一样，矩阵序列的极限也可以借助矩阵范数进行讨论。

定理 3.8 设$\{\boldsymbol{A}_k\}$为$\mathbb{C}^{m\times n}$中的矩阵序列，$\|\cdot\|$为$\mathbb{C}^{m\times n}$中的任意一种矩阵范数，则矩阵序列收敛于$\boldsymbol{A}\in\mathbb{C}^{m\times n}$的充分必要条件是

$$\lim_{k\to\infty}\|\boldsymbol{A}_k-\boldsymbol{A}\| = 0 \tag{3.29}$$

结合定理 3.8 和矩阵谱半径等概念，可以获得关于收敛的矩阵序列$\{\boldsymbol{A}_k\}$，即$\lim\limits_{k\to\infty}\boldsymbol{A}_k=\boldsymbol{A}$的几个有用性质：

(1) $\{\boldsymbol{A}_k\}$必有界；

(2) $\lim\limits_{k\to\infty}\|\boldsymbol{A}_k\| = \|\boldsymbol{A}\|$；

(3) 若$\boldsymbol{A}_k=\boldsymbol{A}_k\in\mathbb{C}^{n\times n}$，则$\boldsymbol{A}=\boldsymbol{0}\Leftrightarrow\rho(\boldsymbol{A})<1$。

与数列极限一样，矩阵序列的极限同样满足四则运算法则。

性质 3.4 设$\{\boldsymbol{A}_k\}$和$\{\boldsymbol{B}_k\}$为矩阵序列，并且$\lim\limits_{k\to\infty}\boldsymbol{A}_k=\boldsymbol{A}$，$\lim\limits_{k\to\infty}\boldsymbol{B}_k=\boldsymbol{B}$，有：

(1) 若$\boldsymbol{A}_k\in\mathbb{C}^{m\times n}$，$\boldsymbol{B}_k\in\mathbb{C}^{m\times n}$，则

$$\lim_{k\to\infty}(\alpha\boldsymbol{A}_k+\beta\boldsymbol{B}_k) = \alpha\lim_{k\to\infty}\boldsymbol{A}_k+\beta\lim_{k\to\infty}\boldsymbol{B}_k = \alpha\boldsymbol{A}+\beta\boldsymbol{B},\quad \forall\,\alpha,\beta\in\mathbb{C}$$

(2) 若$\boldsymbol{A}_k\in\mathbb{C}^{m\times n}$，$\boldsymbol{B}_k\in\mathbb{C}^{n\times p}$，则

$$\lim_{k\to\infty}(\boldsymbol{A}_k\boldsymbol{B}_k) = \lim_{k\to\infty}\boldsymbol{A}_k\cdot\lim_{k\to\infty}\boldsymbol{B}_k = \boldsymbol{A}\boldsymbol{B}$$

(3) 若$\boldsymbol{A}_k\in\mathbb{C}^{n\times n}$，且$\boldsymbol{A}_k$，$\boldsymbol{A}$可逆，则

$$\lim_{k\to\infty}\boldsymbol{A}_k^{-1} = \boldsymbol{A}^{-1}$$

证明 只证明第(2)条，其他两条可以类似证明。根据范数定义中的三角不等式条件，有

$$\begin{aligned}\|\boldsymbol{A}_k\boldsymbol{B}_k-\boldsymbol{A}\boldsymbol{B}\| &= \|\boldsymbol{A}_k\boldsymbol{B}_k-\boldsymbol{A}_k\boldsymbol{B}+\boldsymbol{A}_k\boldsymbol{B}-\boldsymbol{A}\boldsymbol{B}\| \\ &\leqslant \|\boldsymbol{A}_k\|\cdot\|\boldsymbol{B}_k-\boldsymbol{B}\|+\|\boldsymbol{A}_k-\boldsymbol{A}\|\cdot\|\boldsymbol{B}\|\end{aligned}$$

利用性质 3.4 的第(1)条和性质$\lim\limits_{k\to\infty}\|\boldsymbol{A}_k\|=\|\boldsymbol{A}\|$，显然可得$\lim\limits_{k\to\infty}(\boldsymbol{A}_k\boldsymbol{B}_k)=\boldsymbol{A}\boldsymbol{B}$。 □

3.2.3 矩阵级数

利用矩阵序列求和可以引出矩阵分析中一个非常重要的概念——矩阵级数。

定义 3.8 设$\{\boldsymbol{A}_k\}$为$\mathbb{C}^{m\times n}$中的矩阵序列，则称

$$\sum_{k=1}^{\infty}\boldsymbol{A}_k = \boldsymbol{A}_1+\boldsymbol{A}_2+\cdots+\boldsymbol{A}_k+\cdots$$

为矩阵级数。

定义 3.9 称 $\boldsymbol{S}_r=\sum_{k=1}^{r}\boldsymbol{A}_k$ 为矩阵级数 $\sum_{k=1}^{\infty}\boldsymbol{A}_k$ 的前 r 项和。若矩阵序列 $\{\boldsymbol{S}_r\}$ 收敛，且 $\lim_{k\to\infty}\boldsymbol{S}_r=\boldsymbol{S}$，则称矩阵级数 $\sum_{k=1}^{\infty}\boldsymbol{A}_k$ 是收敛的，级数的和为 $\boldsymbol{S}$，记作

$$\boldsymbol{S}=\sum_{k=1}^{\infty}\boldsymbol{A}_k$$

不收敛的矩阵级数称为发散的矩阵级数。

显然，$\sum_{k=1}^{\infty}\boldsymbol{A}_k$ 收敛的充分必要条件是对应的 $m\times n$ 个数项级数都收敛，且级数和为

$$S_{ij}=\sum_{k=1}^{\infty}a_{ij}^{(k)},\quad i=1,2,\cdots,m,\quad j=1,2,\cdots,n$$

例 3.7 已知

$$\boldsymbol{A}_k=\begin{bmatrix}\dfrac{1}{2^k} & \dfrac{\pi}{4^k}\\ 0 & \dfrac{1}{(k+1)(k+2)}\end{bmatrix},\quad k=0,1,2,\cdots$$

试判断矩阵级数 $\sum_{k=0}^{\infty}\boldsymbol{A}_k$ 是否收敛？若收敛，求其和。

解 根据等比数列求和，容易计算

$$\sum_{k=0}^{\infty}\frac{1}{2^k}=\frac{1}{1-\dfrac{1}{2}}=2,\quad \sum_{k=0}^{\infty}\frac{\pi}{4^k}=\frac{\pi}{1-\dfrac{1}{4}}=\frac{4\pi}{3}$$

因为

$$S_k^{(22)}=\sum_{k=0}^{r}\frac{1}{(k+1)(k+2)}=1-\frac{1}{2}+\frac{1}{2}-\frac{1}{3}+\cdots+\frac{1}{r+1}-\frac{1}{r+2}=1-\frac{1}{r+2}$$

即有

$$\sum_{k=0}^{\infty}\frac{1}{(k+1)(k+2)}=\lim_{r\to\infty}S_r^{(22)}=\lim_{r\to\infty}\left(1-\frac{1}{r+2}\right)=1$$

所以矩阵级数 $\sum_{k=0}^{\infty}\boldsymbol{A}_k$ 收敛，且其和矩阵为 $\begin{bmatrix}2 & 4\pi/3\\ 0 & 1\end{bmatrix}$。 □

定理 3.9 在 $\mathbb{C}^{m\times n}$ 中的任意两个收敛级数，记为 $\sum_{k=1}^{\infty}\boldsymbol{A}_k=\boldsymbol{S}$ 和 $\sum_{k=1}^{\infty}\boldsymbol{B}_k=\boldsymbol{T}$，均满足

$$\sum_{k=1}^{\infty}(\boldsymbol{A}_k+\boldsymbol{B}_k)=\boldsymbol{S}+\boldsymbol{T}$$

$$\sum_{k=1}^{\infty}\alpha\boldsymbol{A}_k=\alpha\boldsymbol{S},\ \forall\alpha\in\mathbb{C}$$

$$\sum_{k=1}^{\infty}\boldsymbol{A}_k\boldsymbol{x}=\boldsymbol{S}\boldsymbol{x},\ \forall\boldsymbol{x}\in\mathbb{C}^n$$

定义 3.10 设 $\|\cdot\|$ 为 $\mathbb{C}^{m\times n}$ 中的某种范数，如果正项级数 $\sum_{k=1}^{\infty}\|\boldsymbol{A}_k\|$ 收敛，则称矩阵级数 $\sum_{k=1}^{\infty}\boldsymbol{A}_k$ 绝对收敛。

可以证明此处矩阵级数绝对收敛的定义等价于矩阵级数中矩阵对应的 $m\times n$ 个数项级数均绝对收敛。

定理 3.10 设矩阵 $\boldsymbol{P}\in\mathbb{C}^{p\times m}$，$\boldsymbol{Q}\in\mathbb{C}^{n\times q}$，若矩阵级数 $\sum\limits_{k=1}^{\infty}\boldsymbol{A}_k$（绝对）收敛，则矩阵级数 $\sum\limits_{k=1}^{\infty}\boldsymbol{P}\boldsymbol{A}_k\boldsymbol{Q}$ 也（绝对）收敛，且满足

$$\sum_{k=1}^{\infty}\boldsymbol{P}\boldsymbol{A}_k\boldsymbol{Q}=\boldsymbol{P}\cdot\sum_{k=1}^{\infty}\boldsymbol{A}_k\cdot\boldsymbol{Q} \tag{3.30}$$

定理 3.11 若矩阵级数 $\sum\limits_{k=1}^{\infty}\boldsymbol{A}_k$ 绝对收敛，则它也一定是收敛的；并且任意调换矩阵级数各项的顺序后仍是收敛的，级数和不变。

例 3.8 设矩阵 $\boldsymbol{A}=\begin{bmatrix}0.2 & 0.5 & 0.1\\ 0.1 & 0.5 & 0.3\\ 0.2 & 0.4 & 0.2\end{bmatrix}$，试证：矩阵级数 $\sum\limits_{k=0}^{\infty}\boldsymbol{A}^k$ 绝对收敛。

证明 取矩阵的范数为 $\|\cdot\|=\|\cdot\|_\infty$。因为

$$\|\boldsymbol{A}\|=\|\boldsymbol{A}\|_\infty=\max_{1\leqslant i\leqslant 3}\sum_{j=1}^{3}|a_{ij}|=0.9<1$$

又 $\boldsymbol{A}^0=\boldsymbol{E}$ 且 $\|\boldsymbol{E}\|=\|\boldsymbol{E}\|_\infty=1$，则 $\sum\limits_{k=0}^{\infty}\|\boldsymbol{A}\|^k$ 是公比为 $\|\boldsymbol{A}\|=0.9$ 的等比级数，故收敛。又根据矩阵范数的相容性有 $\|\boldsymbol{A}^k\|\leqslant\|\boldsymbol{A}\|^k$，从而由正项级数收敛的比较判别法知 $\sum\limits_{k=0}^{\infty}\|\boldsymbol{A}^k\|$ 收敛，故原级数绝对收敛。 □

例 3.9 设矩阵 $\boldsymbol{A}\in\mathbb{C}^{n\times n}$，试证：矩阵级数 $\boldsymbol{E}+\boldsymbol{A}+\dfrac{\boldsymbol{A}^2}{2!}+\cdots+\dfrac{\boldsymbol{A}^k}{k!}+\cdots$ 绝对收敛。

证明 根据矩阵范数的相容性，可得

$$\left\|\frac{\boldsymbol{A}^k}{k!}\right\|=\frac{\|\boldsymbol{A}\|^k}{k!}\leqslant\frac{\|\boldsymbol{A}\|^k}{k!}$$

并且由数项级数中的幂级数展开式有

$$\|\boldsymbol{E}\|+\|\boldsymbol{A}\|+\frac{\|\boldsymbol{A}\|^2}{2!}+\cdots+\frac{\|\boldsymbol{A}\|^k}{k!}+\cdots=\mathrm{e}^{\|\boldsymbol{A}\|}-1+\|\boldsymbol{E}\|$$

再由正项级数收敛的比较判别法知 $\sum\limits_{k=0}^{\infty}\left\|\dfrac{\boldsymbol{A}^k}{k!}\right\|$ 收敛，故矩阵级数 $\sum\limits_{k=0}^{\infty}\dfrac{\boldsymbol{A}^k}{k!}$ 绝对收敛。 □

例 3.8 和 3.9 实际上是两种特殊的矩阵级数——矩阵幂级数。收敛的矩阵幂级数将在下一节的矩阵函数概念中起到非常重要的作用。

3.3 矩阵函数

矩阵函数是以矩阵作为自变量的函数，这类函数形式简单，但实际结构和计算都非常复杂。一般讨论的矩阵函数是由收敛的矩阵幂级数的和矩阵进行定义，并且通常要用到矩阵多项式、Jordan 分解等工具。由于与矩阵幂级数展开有关，所以矩阵函数中的矩阵必须是方阵。

3.3.1 矩阵多项式

矩阵级数的前 r 项和一定是有限矩阵，因此可以利用矩阵多项式来定义最简单的矩阵函数。我们所熟知的是 $\mathbb{C}$ 中的多项式（函数），描述为

$$f(x) = a_0 + a_1x + a_2x^2 + \cdots + a_rx^r, \quad a_r \neq 0, x \in \mathbb{C}$$

其中，$a_0, a_1, \cdots, a_r$ 为多项式系数，r 为多项式的阶数。下面利用相同的结构定义矩阵多项式。

定义 3.11（矩阵多项式） 设矩阵 $\boldsymbol{A} \in \mathbb{C}^{n\times n}$，则称

$$f(\boldsymbol{A}) = a_0\boldsymbol{E} + a_1\boldsymbol{A} + a_2\boldsymbol{A}^2 + \cdots + a_r\boldsymbol{A}^r \tag{3.31}$$

为矩阵 $\boldsymbol{A}$ 的多项式，其中 r 为矩阵多项式的阶数。

定理 3.12 设 $f(\boldsymbol{A})$ 为矩阵多项式，且 $\boldsymbol{A} \in \mathbb{C}^{n\times n}$ 为块对角矩阵，即

$$\boldsymbol{A} = \mathrm{diag}(\boldsymbol{A}_1, \boldsymbol{A}_2, \cdots, \boldsymbol{A}_s)$$

则

$$f(\boldsymbol{A}) = \mathrm{diag}(f(\boldsymbol{A}_1), f(\boldsymbol{A}_2), \cdots, f(\boldsymbol{A}_s))$$

定理 3.13 设 $\boldsymbol{A} \in \mathbb{C}^{n\times n}$ 且 $f(\boldsymbol{A})$ 为矩阵多项式，则对于任意非奇异矩阵 $\boldsymbol{V} \in \mathbb{C}^{n\times n}$，满足

$$f(\boldsymbol{V}^{-1}\boldsymbol{A}\boldsymbol{V}) = \boldsymbol{V}^{-1}f(\boldsymbol{A})\boldsymbol{V}$$

证明 因为

$$(\boldsymbol{V}^{-1}\boldsymbol{A}\boldsymbol{V})^k = (\boldsymbol{V}^{-1}\boldsymbol{A}\boldsymbol{V})(\boldsymbol{V}^{-1}\boldsymbol{A}\boldsymbol{V})\cdots(\boldsymbol{V}^{-1}\boldsymbol{A}\boldsymbol{V}) = \boldsymbol{V}^{-1}\boldsymbol{A}^k\boldsymbol{V}$$

则有

$$\begin{aligned} f(\boldsymbol{V}^{-1}\boldsymbol{A}\boldsymbol{V}) &= \sum_{k=0}^{r} a_k(\boldsymbol{V}^{-1}\boldsymbol{A}\boldsymbol{V})^k = \sum_{k=0}^{r} a_k(\boldsymbol{V}^{-1}\boldsymbol{A}^k\boldsymbol{V}) \\ &= \boldsymbol{V}^{-1}\Big(\sum_{k=0}^{r} a_k\boldsymbol{A}^k\Big)\boldsymbol{V} = \boldsymbol{V}^{-1}f(\boldsymbol{A})\boldsymbol{V} \end{aligned}$$

其中，r 可为任意有限正整数。 □

可以看到，当矩阵多项式的阶数 r 很大时，求 $f(\boldsymbol{A})$ 的计算量也会很大。当多项式阶数不小于矩阵阶数，即 $r \geqslant n$ 时，可以通过零化多项式将原多项式的阶数 r 降到小于矩阵阶数 n，这要用到著名的 Cayley-Hamilton 定理。

定义 3.12 设矩阵 $\boldsymbol{A} \in \mathbb{C}^{n\times n}$，如果

$$\phi(\boldsymbol{A}) = a_0\boldsymbol{E} + a_1\boldsymbol{A} + a_2\boldsymbol{A}^2 + \cdots + a_n\boldsymbol{A}^n = \boldsymbol{O} \tag{3.32}$$

则称 $\phi(x) = a_0 + a_1x + a_2x^2 + \cdots + a_nx^n$ 是使矩阵 $\boldsymbol{A}$ 零化的多项式，简称零化多项式。

定理 3.14（Cayley-Hamilton 定理） 设矩阵 $\boldsymbol{A} \in \mathbb{C}^{n\times n}$，它的特征多项式为

$$\det(\lambda\boldsymbol{E} - \boldsymbol{A}) = a_0 + a_1\lambda + a_2\lambda^2 + \cdots + a_n\lambda^n \triangleq \phi(\lambda) \tag{3.33}$$

则 $\phi(\lambda)$ 是矩阵 $\boldsymbol{A}$ 的零化多项式，即满足

$$\phi(\boldsymbol{A}) = a_0\boldsymbol{E} + a_1\boldsymbol{A} + a_2\boldsymbol{A}^2 + \cdots + a_n\boldsymbol{A}^n = \boldsymbol{O} \tag{3.34}$$

根据多项式的带余除法，用零化多项式 $\phi(\lambda)$ 去除 $f(\lambda)$ 可得 $f(\lambda) = \phi(\lambda)g(\lambda) + h(\lambda)$，则矩阵多项式可以降阶为

$$\begin{aligned} f(\boldsymbol{A}) &= \phi(\boldsymbol{A})g(\boldsymbol{A}) + h(\boldsymbol{A}) \\ &= h(\boldsymbol{A}) \end{aligned}$$

其中，用到零化多项式定义中的 $\phi(\boldsymbol{A}) = \boldsymbol{O}$。因此，只需要计算阶数小于 n 的多项式 $h(\boldsymbol{A})$，即

可获得 $f(\mathbf{A})$。利用 Cayley-Hamilton 定理，零化多项式一般可取为矩阵的特征多项式。

例 3.10 已知矩阵

$$\mathbf{A}=\begin{bmatrix}2 & 0 & 3\\ 0 & 0 & 1\\ 0 & -2 & 2\end{bmatrix}$$

试求矩阵多项式 $f(\mathbf{A})=10\mathbf{E}-7\mathbf{A}-8\mathbf{A}^2-\mathbf{A}^3+9\mathbf{A}^4+6\mathbf{A}^5+10\mathbf{A}^6+3\mathbf{A}^7-10\mathbf{A}^8$。

解 矩阵 $\mathbf{A}$ 的特征多项式为

$$\phi(\lambda)=\det(\lambda\mathbf{E}-\mathbf{A})=\lambda^3-4\lambda^2+6\lambda-4$$

则 $f(\lambda)=\phi(\lambda)g(\lambda)+h(\lambda)$，其中

$$g(\lambda)=-10\lambda^5-37\lambda^4-78\lambda^3-124\lambda^2-167\lambda-237$$

$$h(\lambda)=-450\lambda^2+747\lambda-938$$

因为

$$h(\mathbf{A})=-450\mathbf{A}^2+747\mathbf{A}-938\mathbf{E}=\begin{bmatrix}-1\,244 & 2\,700 & -3\,159\\ 0 & -38 & -153\\ 0 & 306 & -344\end{bmatrix}$$

且 $\phi(\lambda)$ 为 $\mathbf{A}$ 的零化多项式，故有 $f(\mathbf{A})=h(\mathbf{A})$。 □

3.3.2 矩阵幂级数

矩阵多项式 $f(\mathbf{A})$ 在给定矩阵 $\mathbf{A}$ 时一定是可以计算的。当矩阵多项式的阶数 $r\to\infty$ 时，产生了一类非常重要的矩阵级数——矩阵幂级数。若直接记为

$$f(\mathbf{A})=\sum_{k=0}^{\infty}a_k\mathbf{A}^k \tag{3.35}$$

则 $f(\mathbf{A})$ 不一定有定义，因为矩阵幂级数发散时 $f(\mathbf{A})$ 不存在。与幂级数一样，讨论收敛的矩阵幂级数才有意义，而且需要借助幂级数收敛性的相关结论。

定理 3.15 设矩阵 $\mathbf{A}\in\mathbb{C}^{n\times n}$，幂级数 $\sum_{k=0}^{\infty}a_k\lambda^k$ 的收敛半径为 R，则

(1) 当 $\rho(\mathbf{A})<R$ 时，矩阵幂级数 $\sum_{k=0}^{\infty}a_k\mathbf{A}^k$ 收敛；

(2) 当 $\rho(\mathbf{A})>R$ 时，矩阵幂级数 $\sum_{k=0}^{\infty}a_k\mathbf{A}^k$ 发散。

证明 (1) 证明当 $\rho(\mathbf{A})<R$ 时，矩阵幂级数 $\sum_{k=0}^{\infty}a_k\mathbf{A}^k$ 收敛，具体由两部分组成。

(1-1) 对 $\mathbf{A}$ 进行 Jordan 分解，得 $\mathbf{A}=\mathbf{V}\mathbf{J}\mathbf{V}^{-1}$，其中 $\mathbf{V}$ 为非奇异矩阵，$\mathbf{J}$ 为 Jordan 矩阵且有

$$\mathbf{J}=\begin{bmatrix}\mathbf{J}_1 & & & \\ & \mathbf{J}_2 & & \\ & & \ddots & \\ & & & \mathbf{J}_s\end{bmatrix},\quad s\leqslant n$$

$\mathbf{J}_1,\mathbf{J}_2,\cdots,\mathbf{J}_s$ 分别为特征值 $\lambda_1,\lambda_2,\cdots,\lambda_s$ 对应的 Jordan 块。由此不难计算

$$\sum_{k=0}^{\infty} a_k \boldsymbol{A}^k = \sum_{k=0}^{\infty} a_k (\boldsymbol{VJV}^{-1})^k = \sum_{k=0}^{\infty} a_k \boldsymbol{VJ}^k \boldsymbol{V}^{-1} = \boldsymbol{V}\left(\sum_{k=0}^{\infty} a_k \boldsymbol{J}^k\right)\boldsymbol{V}^{-1}$$

$$= \boldsymbol{V}\begin{bmatrix} \sum_{k=0}^{\infty} a_k \boldsymbol{J}_1^k & & & \\ & \sum_{k=0}^{\infty} a_k \boldsymbol{J}_2^k & & \\ & & \ddots & \\ & & & \sum_{k=0}^{\infty} a_k \boldsymbol{J}_s^k \end{bmatrix}\boldsymbol{V}^{-1} \tag{3.36}$$

下面只需要证明式(3.36)中的每一个 Jordan 块对应的矩阵级数收敛,即可证明 $\sum_{k=0}^{\infty} a_k \boldsymbol{A}^k$ 收敛。

(1-2) 不失一般性,取式(3.36)中任意一个 Jordan 块对应的矩阵级数,记为 $\sum_{k=0}^{\infty} a_k \tilde{\boldsymbol{J}}^k$,并设 Jordan 块 $\tilde{\boldsymbol{J}}$ 的阶数为 r。令

$$\boldsymbol{N} = \tilde{\boldsymbol{J}} - \lambda \boldsymbol{E} = \begin{bmatrix} 0 & 1 & & \\ & \ddots & \ddots & \\ & & \ddots & 1 \\ & & & 0 \end{bmatrix}_{r\times r}$$

通过观察发现:$\boldsymbol{N}^1$ 中只有主对角元右上方第 1 斜排为 1,其余位置全为零;$\boldsymbol{N}^2$ 中只有主对角元右上方第 2 斜排为 1,其余位置全为零;$\boldsymbol{N}^3$ 中只有主对角元右上方第 3 斜排为 1,其余位置全为 0,依此下去,当 $k \geqslant r$ 时 $\boldsymbol{N}^k = \boldsymbol{O}$。基于该性质,可以通过二项式展开公式计算($k \geqslant r$ 时)

$$\tilde{\boldsymbol{J}}^k = (\lambda \boldsymbol{E} + \boldsymbol{N})^k = \lambda^k \boldsymbol{E} + \mathrm{C}_k^1 \lambda^{k-1} \boldsymbol{N} + \cdots + \mathrm{C}_k^{r-1} \lambda^{k-r+1} \boldsymbol{N}^{r-1} + \underbrace{\mathrm{C}_k^r \lambda^{k-r} \boldsymbol{N}^r + \cdots}_{\boldsymbol{O}}$$

$$= \begin{bmatrix} \lambda^k & \mathrm{C}_k^1 \lambda^{k-1} & \cdots & \mathrm{C}_k^{r-1} \lambda^{k-r+1} \\ & \ddots & \ddots & \vdots \\ & & \lambda^k & \mathrm{C}_k^1 \lambda^{k-1} \\ & & & \lambda^k \end{bmatrix}_{r\times r} \tag{3.37}$$

类似地推导可得:当 $k=r-1$ 时,式(3.37)仍成立;当 $k=r-2$ 时,式(3.37)中主对角元右上方第 r 斜排为 0;当 $k=r-3$ 时,式(3.37)中主对角元右上方第 $r-1$ 斜排以上全为 0;依次类推,可以导出

$$\sum_{k=0}^{\infty} a_k \tilde{\boldsymbol{J}}^k = \begin{bmatrix} \sum_{k=0}^{\infty} a_k \lambda^k & \sum_{k=1}^{\infty} a_k \mathrm{C}_k^1 \lambda^{k-1} & \cdots & \sum_{k=r-1}^{\infty} a_k \mathrm{C}_k^{r-1} \lambda^{k-r+1} \\ & \ddots & \ddots & \vdots \\ & & \sum_{k=0}^{\infty} a_k \lambda^k & \sum_{k=1}^{\infty} a_k \mathrm{C}_k^1 \lambda^{k-1} \\ & & & \sum_{k=0}^{\infty} a_k \lambda^k \end{bmatrix} \tag{3.38}$$

注意到

$$C_k^s a_k \lambda^{k-s} = \frac{k!}{s!(k-s)!} a_k \lambda^{k-s} = \frac{1}{s!} a_k \left. \frac{\mathrm{d}^s}{\mathrm{d}z^s} z^k \right|_{z=\lambda}$$

而且 $\rho(A) < R \Rightarrow |\lambda| < R$ 可以保证幂级数 $\sum_{k=0}^{\infty} a_k \lambda^k$ 收敛，即 $f(\lambda) = \sum_{k=0}^{\infty} a_k \lambda^k$，所以

$$\sum_{k=s}^{\infty} C_k^s a_k \lambda^{k-s} = \frac{1}{s!} \sum_{k=s}^{\infty} a_k \left. \frac{\mathrm{d}^s}{\mathrm{d}z^s} z^k \right|_{z=\lambda} = \frac{1}{s!} f^{(s)}(\lambda) \tag{3.39}$$

将 $s=0,1,\cdots,r-1$ 对应的式(3.39)代入式(3.38)，可得

$$\sum_{k=0}^{\infty} a_k \tilde{\boldsymbol{J}}^k = \begin{bmatrix} f(\lambda) & f'(\lambda) & \frac{1}{2!} f''(\lambda) & \cdots & \frac{1}{(r-1)!} f^{(r-1)}(\lambda) \\ & f(\lambda) & f'(\lambda) & \cdots & \frac{1}{(r-2)!} f^{(r-2)}(\lambda) \\ & & \ddots & \ddots & \vdots \\ & & & f(\lambda) & f'(\lambda) \\ & & & & f(\lambda) \end{bmatrix} \tag{3.40}$$

得证 Jordan 块对应的矩阵级数 $\sum_{k=0}^{\infty} a_k \tilde{\boldsymbol{J}}^k$ 收敛。回顾式(3.36) 即可知矩阵级数 $\sum_{k=0}^{\infty} a_k \boldsymbol{A}^k$ 收敛。

(2) 证明当 $\rho(\boldsymbol{A}) > R$ 时，矩阵幂级数 $\sum_{k=0}^{\infty} a_k \boldsymbol{A}^k$ 发散，使用反证法。

记 $\rho(\boldsymbol{A})$ 对应的特征值为 λ_0，即 $|\lambda_0| = \rho(\boldsymbol{A})$，并取 λ_0 对应的单位特征向量为 $\boldsymbol{x} \in \mathbb{C}^n$，则有 $\boldsymbol{A}\boldsymbol{x} = \lambda_0 \boldsymbol{x}$。假设当 $\rho(\boldsymbol{A}) > R$ 时，矩阵幂级数 $\sum_{k=0}^{\infty} a_k \boldsymbol{A}^k$ 收敛，则必然有级数(根据定理 3.10)

$$\boldsymbol{x}^{\mathrm{H}} \cdot \sum_{k=0}^{\infty} a_k \boldsymbol{A}^k \cdot \boldsymbol{x} = \sum_{k=0}^{\infty} a_k \boldsymbol{x}^{\mathrm{H}} \boldsymbol{A}^k \boldsymbol{x} = \sum_{k=0}^{\infty} a_k \boldsymbol{x}^{\mathrm{H}} \lambda_0^k \boldsymbol{x} = \sum_{k=0}^{\infty} a_k \lambda_0^k$$

也是收敛的。然而，$|\lambda_0| = \rho(\boldsymbol{A}) > R$ 时，幂级数 $\sum_{k=0}^{\infty} a_k \lambda_0^k$ 是发散的，矛盾。 □

定理 3.15 的第一个结论还可以进一步强化为矩阵幂级数绝对收敛，例 3.9 就是这样的例子。从定理 3.15 可以看出：矩阵谱半径满足一定条件时，可以利用数项幂级数的敛散性来确定矩阵幂级数的敛散性。下面借助收敛的矩阵幂级数的和矩阵来定义矩阵函数。

定义 3.13(矩阵函数) 设幂级数 $\sum_{k=0}^{\infty} a_k z^k$ 的收敛半径为 R，对任意 $|z| < R$，幂级数收敛于 $f(z)$，即

$$f(z) = \sum_{k=0}^{\infty} a_k z^k, \quad |z| < R$$

如果矩阵 $\boldsymbol{A} \in \mathbb{C}^{n\times n}$ 满足 $\rho(\boldsymbol{A}) < R$，则矩阵幂级数 $\sum_{k=0}^{\infty} a_k \boldsymbol{A}^k$ 的和为 $f(\boldsymbol{A})$，即

$$f(\boldsymbol{A}) = \sum_{k=0}^{\infty} a_k \boldsymbol{A}^k$$

称 $f(\boldsymbol{A})$为自变量 $\boldsymbol{A}$ 的矩阵函数。

定义 3.13 中的 $f(\boldsymbol{A})$也可称为矩阵 $\boldsymbol{A}$ 关于函数 $f(z)$的矩阵函数，这样可以更加明确地体现矩阵幂级数与数项幂级数的关系。表 3.1 给出一些常见的矩阵函数的例子。

表 3.1 常见矩阵函数举例

函数 & 幂级数	收敛半径	矩阵函数 & 矩阵幂级数	收敛条件
$e^z=\sum_{k=0}^{\infty}\frac{1}{k!}z^k$	$R=\infty$	$e^{\boldsymbol{A}}=\sum_{k=0}^{\infty}\frac{1}{k!}\boldsymbol{A}^k$	$\rho(\boldsymbol{A})<\infty$
$\sin z=\sum_{k=0}^{\infty}\frac{(-1)^k}{(2k+1)!}z^{2k+1}$	$R=\infty$	$\sin\boldsymbol{A}=\sum_{k=0}^{\infty}\frac{(-1)^k}{(2k+1)!}\boldsymbol{A}^{2k+1}$	$\rho(\boldsymbol{A})<\infty$
$\cos z=\sum_{k=0}^{\infty}\frac{(-1)^k}{(2k)!}z^{2k}$	$R=\infty$	$\cos\boldsymbol{A}=\sum_{k=0}^{\infty}\frac{(-1)^k}{(2k)!}\boldsymbol{A}^{2k}$	$\rho(\boldsymbol{A})<\infty$
$(1-z)^{-1}=\sum_{k=0}^{\infty}z^k$	$R=1$	$(\boldsymbol{E}-\boldsymbol{A})^{-1}=\sum_{k=0}^{\infty}\boldsymbol{A}^k$	$\rho(\boldsymbol{A})<1$
$\ln(1+z)=\sum_{k=0}^{\infty}\frac{(-1)^k}{k+1}z^{k+1}$	$R=1$	$\ln(\boldsymbol{E}+\boldsymbol{A})=\sum_{k=0}^{\infty}\frac{(-1)^k}{k+1}\boldsymbol{A}^{k+1}$	$\rho(\boldsymbol{A})<1$

定理 3.15 的证明过程给出了求 $f(\boldsymbol{A})$的一个方法，基本步骤总结如下：

(1) 对矩阵 $\boldsymbol{A}$ 进行 Jordan 分解，获得非奇异变换矩阵 $\boldsymbol{V}$ 与 Jordan 矩阵 $\boldsymbol{J}$；

(2) 计算 Jordan 矩阵中特征值 λ_i 对应的 Jordan 块的矩阵函数 $f(\boldsymbol{J}_i)$(阶数为 r_i)，

$$f(\boldsymbol{J}_i)=\sum_{k=0}^{\infty}a^k\boldsymbol{J}_i^k=\begin{bmatrix} f(\lambda_i) & f'(\lambda_i) & \frac{1}{2!}f''(\lambda_i) & \cdots & \frac{1}{(r_i-1)!}f^{(r_i-1)}(\lambda_i) \\ & f(\lambda_i) & f'(\lambda_i) & \cdots & \frac{1}{(r_i-2)!}f^{(r_i-2)}(\lambda_i) \\ & & \ddots & \ddots & \vdots \\ & & & f(\lambda_i) & f'(\lambda_i) \\ & & & & f(\lambda_i) \end{bmatrix}$$

(3) 计算 $f(\boldsymbol{A})=\boldsymbol{V}\begin{bmatrix} f(\boldsymbol{J}_1) & & & \\ & f(\boldsymbol{J}_2) & & \\ & & \ddots & \\ & & & f(\boldsymbol{J}_s) \end{bmatrix}\boldsymbol{V}^{-1}$

由于 Jordan 块的阶数与矩阵特征值的代数重数有关，而代数重数一般不会太大，并且代数重数仅表示同一特征值对应 Jordan 块的总阶数，其中可能包括几何重数分割的多个 Jordan 块。因此，实际计算时 Jordan 块的阶数一般不大，多为 1,2,3 阶，即分别为

$$\boldsymbol{J}_i=\lambda_i,\quad \boldsymbol{J}_i=\begin{bmatrix} \lambda_i & 1 \\ & \lambda_i \end{bmatrix},\quad \boldsymbol{J}_i=\begin{bmatrix} \lambda_i & 1 & 0 \\ & \lambda_i & 1 \\ & & \lambda_i \end{bmatrix}$$

此时对应地有

$$f(\boldsymbol{J}_i)=f(\lambda_i),\quad f(\boldsymbol{J}_i)=\begin{bmatrix} f(\lambda_i) & f'(\lambda_i) \\ & f(\lambda_i) \end{bmatrix},\quad \boldsymbol{J}_i=\begin{bmatrix} f(\lambda_i) & f'(\lambda_i) & \frac{1}{2!}f''(\lambda_i) \\ & f(\lambda_i) & f'(\lambda_i) \\ & & f(\lambda_i) \end{bmatrix}$$

例 3.11 设矩阵 $\boldsymbol{A}=\begin{bmatrix}2&1&0\\&2&1\\&&2\end{bmatrix}$,试求矩阵函数 $f(\boldsymbol{A})=\mathrm{e}^{\boldsymbol{A}}$。

解 显然,$\boldsymbol{A}$ 是仅包含一个 Jordan 块的 Jordan 矩阵,特征值为 $\lambda=2$,故可以直接计算

$$f(\boldsymbol{A})=\begin{bmatrix}f(\lambda)&f'(\lambda)&\dfrac{1}{2!}f''(\lambda)\\&f(\lambda)&f'(\lambda)\\&&f(\lambda)\end{bmatrix}=\begin{bmatrix}\mathrm{e}^2&\mathrm{e}^2&\dfrac{1}{2}\mathrm{e}^2\\&\mathrm{e}^2&\mathrm{e}^2\\&&\mathrm{e}^2\end{bmatrix}$$

其中,$f(\lambda)=\mathrm{e}^{\lambda}$,$f'(\lambda)=\mathrm{e}^{\lambda}$,$f''(\lambda)=\mathrm{e}^{\lambda}$。 □

例 3.12 设矩阵 $\boldsymbol{A}=\begin{bmatrix}2&0&0\\1&1&1\\1&-1&3\end{bmatrix}$,试求矩阵函数 $\boldsymbol{A}^{20}$,$\mathrm{e}^{\boldsymbol{A}}$ 和 $\sin\boldsymbol{A}$。

解 为了便于区分,将本例待求的 3 个矩阵函数分别记为:

$$f_1(\boldsymbol{A})=\boldsymbol{A}^{20},\quad f_2(\boldsymbol{A})=\mathrm{e}^{\boldsymbol{A}},\quad f_3(\boldsymbol{A})=\sin\boldsymbol{A}$$

(1) 先对矩阵 $\boldsymbol{A}$ 进行 Jordan 分解。计算

$$\det(\lambda\boldsymbol{E}-\boldsymbol{A})=\begin{vmatrix}\lambda-2&0&0\\-1&\lambda-1&-1\\-1&1&\lambda-3\end{vmatrix}=\begin{vmatrix}1&&\\&(\lambda-2)^2&\\&&\lambda-2\end{vmatrix}=(\lambda-2)^3$$

令之为零可得矩阵 $\boldsymbol{A}$ 的特征值为 $\lambda=2$,代数重数为 3。又因为

$$\operatorname{rank}(2\boldsymbol{E}-\boldsymbol{A})=\operatorname{rank}\left(\begin{bmatrix}0&0&0\\-1&1&-1\\-1&1&-1\end{bmatrix}\right)=1$$

可知 $\lambda=2$ 的几何重数为 $3-\operatorname{rank}(2\boldsymbol{E}-\boldsymbol{A})=2$。由此可知 $\boldsymbol{A}$ 的 Jordan 矩阵(3 阶)由两个 Jordan 块组成,即有

$$\boldsymbol{J}=\begin{bmatrix}2&0&0\\&2&1\\&&2\end{bmatrix}\triangleq\begin{bmatrix}\boldsymbol{J}_1&\\&\boldsymbol{J}_2\end{bmatrix},\quad \boldsymbol{J}_1=2,\quad \boldsymbol{J}_2=\begin{bmatrix}2&1\\&2\end{bmatrix}$$

根据 Jordan 分解式 $\boldsymbol{A}=\boldsymbol{VJV}^{-1}$,有 $\boldsymbol{AV}=\boldsymbol{VJ}$。设 $\boldsymbol{V}=[\boldsymbol{v}_1\quad\boldsymbol{v}_2\quad\boldsymbol{v}_3]$,则有

$$\begin{cases}\boldsymbol{Av}_1=2\boldsymbol{v}_1\\\boldsymbol{Av}_2=2\boldsymbol{v}_2\\\boldsymbol{Av}_3=\boldsymbol{v}_2+2\boldsymbol{v}_3\end{cases}\Rightarrow\begin{cases}(\boldsymbol{A}-2\boldsymbol{E})\boldsymbol{v}_1=\boldsymbol{0}\\(\boldsymbol{A}-2\boldsymbol{E})\boldsymbol{v}_2=\boldsymbol{0}\\(\boldsymbol{A}-2\boldsymbol{E})\boldsymbol{v}_3=\boldsymbol{v}_2\end{cases}$$

由于

$$\boldsymbol{A}-2\boldsymbol{E}=\begin{bmatrix}0&0&0\\1&-1&1\\1&-1&1\end{bmatrix}\sim\begin{bmatrix}1&-1&1\\0&0&0\\0&0&0\end{bmatrix}$$

则可得齐次线性方程组 $(\boldsymbol{A}-2\boldsymbol{E})\boldsymbol{x}=\boldsymbol{0}$ 的基础解系为

$$\boldsymbol{\alpha}_1=\begin{bmatrix}1\\1\\0\end{bmatrix},\quad \boldsymbol{\alpha}_2=\begin{bmatrix}-1\\0\\1\end{bmatrix}$$

取 $\boldsymbol{v}_1=\boldsymbol{\alpha}_1$，并设 $\boldsymbol{v}_2=k_1\boldsymbol{\alpha}_1+k_2\boldsymbol{\alpha}_2$。又因为

$$(\boldsymbol{A}-2\boldsymbol{E}\mid\boldsymbol{v}_2)=\left[\begin{array}{ccc:c}0&0&0&k_1-k_2\\1&-1&1&k_1\\1&-1&1&k_2\end{array}\right]\sim\left[\begin{array}{ccc:c}1&-1&1&k_1\\0&0&0&k_1-k_2\\0&0&0&k_1-k_2\end{array}\right]\tag{3.41}$$

可得非齐次线性方程组$(\boldsymbol{A}+\boldsymbol{E})\boldsymbol{x}=\boldsymbol{v}_2$ 有解的条件是 $k_1=k_2$。取 $k_1=k_2=1$，则有 $\boldsymbol{v}_2=[0\quad 1\quad 1]^{\mathrm{T}}$。将 k_1,k_2 代入式(3.41)，有

$$(\boldsymbol{A}-2\boldsymbol{E}\mid\boldsymbol{v}_2)\sim\left[\begin{array}{ccc:c}1&-1&1&1\\0&0&0&0\\0&0&0&0\end{array}\right]$$

根据非齐次线性方程组$(\boldsymbol{A}-2\boldsymbol{E})\boldsymbol{x}=\boldsymbol{v}_2$ 的解可取 $\boldsymbol{v}_3=[0\quad 0\quad 1]^{\mathrm{T}}$。从而得到了Jordan分解的非奇异矩阵变换矩阵 $\boldsymbol{V}$ 及其逆矩阵

$$\boldsymbol{V}=[\boldsymbol{v}_1\quad\boldsymbol{v}_2\quad\boldsymbol{v}_3]=\begin{bmatrix}1&0&0\\1&1&0\\0&1&1\end{bmatrix},\quad \boldsymbol{V}^{-1}=\begin{bmatrix}1&0&0\\-1&1&0\\1&-1&1\end{bmatrix}$$

(2) 计算矩阵函数。

(2-1) 因 $f_1(z)=z^{20}$，则 $f'_1(z)=20z^{19}$，且有

$$f_1(\boldsymbol{J}_1)=2^{20},\quad f_1(\boldsymbol{J}_2)=\begin{bmatrix}f(\lambda)&f'(\lambda)\\&f(\lambda)\end{bmatrix}=\begin{bmatrix}2^{20}&20\cdot 2^{19}\\&2^{20}\end{bmatrix}$$

所以由 $f_1(\boldsymbol{A})=\boldsymbol{V}\cdot\mathrm{diag}(f_1(\boldsymbol{J}_1),f_1(\boldsymbol{J}_2))\cdot\boldsymbol{V}^{-1}$可得

$$\boldsymbol{A}^{20}=\begin{bmatrix}1&0&0\\1&1&0\\0&1&1\end{bmatrix}\begin{bmatrix}2^{20}&0&0\\&2^{20}&20\cdot 2^{19}\\&&2^{20}\end{bmatrix}\begin{bmatrix}1&0&0\\-1&1&0\\1&-1&1\end{bmatrix}=2^{20}\begin{bmatrix}1&0&0\\10&-9&10\\10&-10&11\end{bmatrix}$$

(2-2) 因 $f_2(z)=\mathrm{e}^z$，则 $f'_2(z)=\mathrm{e}^z$，且有

$$f_2(\boldsymbol{J}_1)=\mathrm{e}^2,\quad f_2(\boldsymbol{J}_2)=\begin{bmatrix}f_2(\lambda)&f'_2(\lambda)\\&f_2(\lambda)\end{bmatrix}=\begin{bmatrix}\mathrm{e}^2&\mathrm{e}^2\\&\mathrm{e}^2\end{bmatrix}$$

所以由 $f_2(\boldsymbol{A})=\boldsymbol{V}\cdot\mathrm{diag}(f_2(\boldsymbol{J}_1),f_2(\boldsymbol{J}_2))\cdot\boldsymbol{V}^{-1}$可得

$$\mathrm{e}^{\boldsymbol{A}}=\begin{bmatrix}1&0&0\\1&1&0\\0&1&1\end{bmatrix}\begin{bmatrix}\mathrm{e}^2&0&0\\&\mathrm{e}^2&\mathrm{e}^2\\&&\mathrm{e}^2\end{bmatrix}\begin{bmatrix}1&0&0\\-1&1&0\\1&-1&1\end{bmatrix}=\mathrm{e}^2\begin{bmatrix}1&0&0\\1&0&1\\1&-1&2\end{bmatrix}$$

(2-3) 因 $f_3(z)=\sin z$，则 $f'_3(z)=\cos z$，且有

$$f_3(\boldsymbol{J}_1)=\sin 2,\quad f_3(\boldsymbol{J}_2)=\begin{bmatrix}f_3(\lambda)&f'_3(\lambda)\\&f_3(\lambda)\end{bmatrix}=\begin{bmatrix}\sin 2&\cos 2\\&\sin 2\end{bmatrix}$$

所以由 $f_3(\boldsymbol{A})=\boldsymbol{V}\cdot\mathrm{diag}(f_3(\boldsymbol{J}_1),f_3(\boldsymbol{J}_2))\cdot\boldsymbol{V}^{-1}$可得

$$\sin\boldsymbol{A}=\begin{bmatrix}1&0&0\\1&1&0\\0&1&1\end{bmatrix}\begin{bmatrix}\sin 2&0&0\\&\sin 2&\cos 2\\&&\sin 2\end{bmatrix}\begin{bmatrix}1&0&0\\-1&1&0\\1&-1&1\end{bmatrix}$$

$$=\begin{bmatrix}\sin 2&0&0\\\cos 2&\sin 2-\cos 2&\cos 2\\\cos 2&-\cos 2&\sin 2+\cos 2\end{bmatrix}$$

上述过程中 $\mathbf{V}$ 的取法不唯一,但是不影响最终计算的矩阵函数结果。 □

该例中 $\mathbf{A}^{20}$ 是一个矩阵多项式(虽然只有一项),可以利用 3.3.1 节的方法进行求解。事实上,对于一般收敛的矩阵幂级数,其矩阵函数(如 $e^{\mathbf{A}}$)也可以用沿着 3.3.1 节的思想导出有限待定系数法,感兴趣的读者可以查阅相关文献。本节的方法在进行 Jordan 分解时计算量较大,但在计算机中实现起来非常方便,是一种程序化方法。

例 3.13 设矩阵 $\mathbf{A}=\begin{bmatrix}2i & -i & 0 & i\\ 0 & i & 0 & i\\ -i & 0 & 2i & i\\ 0 & -i & 0 & 3i\end{bmatrix}$,且已知 $f(z)=\sum_{k=0}^{\infty}\left(\frac{z}{3}\right)^k$,试求 $f(\mathbf{A})$。

解 类似例 2.10 的计算过程(注意这里的 $\mathbf{A}$ 与例 2.10 有区别)得到 $\mathbf{A}$ 的特征值为 $\lambda=2i$,代数重数为 4,以及 Jordan 标准形为

$$\boldsymbol{J}=\begin{bmatrix}2i & 1 & & \\ & 2i & & \\ & & 2i & 1\\ & & & 2i\end{bmatrix}\triangleq\begin{bmatrix}\boldsymbol{J}_1 & \\ & \boldsymbol{J}_2\end{bmatrix},\quad \boldsymbol{J}_1=\boldsymbol{J}_2=\begin{bmatrix}2i & 1\\ & 2i\end{bmatrix}$$

利用 $\mathbf{AV}=\mathbf{V}\boldsymbol{J}$ 可以解出

$$\mathbf{V}=\begin{bmatrix}0 & 1 & -i & 0\\ 0 & 0 & -i & 1\\ -i & 0 & 0 & 0\\ 0 & 0 & -i & 0\end{bmatrix},\quad \mathbf{V}^{-1}=\begin{bmatrix}0 & 0 & i & 0\\ 1 & 0 & 0 & -1\\ 0 & 0 & 0 & i\\ 0 & 1 & 0 & -1\end{bmatrix}$$

因为幂级数 $f(z)=\sum_{k=0}^{\infty}\left(\frac{z}{3}\right)^k=\left(1-\frac{z}{3}\right)^{-1}$ 的收敛半径为 3,而 $\rho(\mathbf{A})=|\lambda|=2<3$,故矩阵幂级数 $f(\mathbf{A})=\sum_{k=0}^{\infty}\left(\frac{\mathbf{A}}{3}\right)^k$ 收敛,且

$$f(\boldsymbol{J}_1)=f(\boldsymbol{J}_2)=\begin{bmatrix}f(\lambda) & f'(\lambda)\\ & f(\lambda)\end{bmatrix}=\begin{bmatrix}f(2i) & f'(2i)\\ & f(2i)\end{bmatrix}$$

又因为

$$f(z)=\left(1-\frac{z}{3}\right)^{-1}=\frac{3}{3-z}$$

$$f'(z)=\frac{3}{(3-z)^2}$$

故有

$$f(2i)=\frac{9+6i}{13},\quad f'(2i)=\frac{15+36i}{169}$$

因此,可以计算

$$f(\mathbf{A})=\mathbf{V}\begin{bmatrix}f(\boldsymbol{J}_1) & \\ & f(\boldsymbol{J}_2)\end{bmatrix}\mathbf{V}^{-1}$$

$$
=\begin{bmatrix} 0 & 1 & -\mathrm{i} & 0 \\ 0 & 0 & -\mathrm{i} & 1 \\ -\mathrm{i} & 0 & 0 & 0 \\ 0 & 0 & -\mathrm{i} & 0 \end{bmatrix}\begin{bmatrix} \frac{9+6\mathrm{i}}{13} & \frac{15+36\mathrm{i}}{169} & & \\ & \frac{9+6\mathrm{i}}{13} & & \\ & & \frac{9+6\mathrm{i}}{13} & \frac{15+36\mathrm{i}}{169} \\ & & & \frac{9+6\mathrm{i}}{13} \end{bmatrix}\begin{bmatrix} 0 & 0 & \mathrm{i} & 0 \\ 1 & 0 & 0 & -1 \\ 0 & 0 & 0 & \mathrm{i} \\ 0 & 1 & 0 & -1 \end{bmatrix}
$$

$$
=\begin{bmatrix} \frac{9+6\mathrm{i}}{13} & \epsilon_2 & 0 & \epsilon_1 \\ 0 & \frac{153+63\mathrm{i}}{169} & 0 & \epsilon_1 \\ \epsilon_2 & 0 & \frac{9+6\mathrm{i}}{13} & \epsilon_1 \\ 0 & \epsilon_2 & 0 & \frac{81+93\mathrm{i}}{169} \end{bmatrix}
$$

其中，$\epsilon_1=\dfrac{-36+15\mathrm{i}}{169}$，$\epsilon_2=\dfrac{36-15\mathrm{i}}{169}$。

最后，不加证明地给出一些矩阵函数常用的性质：

性质 3.5 对于任意矩阵 $\boldsymbol{A}\in\mathbb{C}^{n\times n}$，均有

(1) $\sin(-\boldsymbol{A})=-\sin\boldsymbol{A}$，$\cos(-\boldsymbol{A})=\cos\boldsymbol{A}$；

(2) $\sin^2\boldsymbol{A}+\cos^2\boldsymbol{A}=\boldsymbol{E}$；

(3) $\mathrm{e}^{\mathrm{i}\boldsymbol{A}}=\cos\boldsymbol{A}+\mathrm{i}\sin\boldsymbol{A}$；

(4) $\mathrm{e}^{\boldsymbol{O}}=\boldsymbol{E}$；

(5) $\dfrac{\mathrm{d}(\mathrm{e}^{\boldsymbol{A}t})}{\mathrm{d}t}=\boldsymbol{A}\mathrm{e}^{\boldsymbol{A}t}=\mathrm{e}^{\boldsymbol{A}t}\boldsymbol{A}$；

(6) $\det(\mathrm{e}^{\boldsymbol{A}t})=\mathrm{e}^{\mathrm{trace}(\boldsymbol{A}t)}$；

(7) $\mathrm{e}^{\boldsymbol{A}}$ 可逆，且 $(\mathrm{e}^{\boldsymbol{A}})^{-1}=\mathrm{e}^{-\boldsymbol{A}}$。

该性质的第(3)条为矩阵函数下的欧拉公式，利用矩阵幂级数展开很容易证明。类似地还可由欧拉公式推出

$$
\cos\boldsymbol{A}=\frac{1}{2}(\mathrm{e}^{\mathrm{i}\boldsymbol{A}}+\mathrm{e}^{-\mathrm{i}\boldsymbol{A}})
$$

$$
\sin\boldsymbol{A}=\frac{1}{2\mathrm{i}}(\mathrm{e}^{\mathrm{i}\boldsymbol{A}}-\mathrm{e}^{-\mathrm{i}\boldsymbol{A}})
$$

性质 3.6 对于矩阵 $\boldsymbol{A},\boldsymbol{B}\in\mathbb{C}^{n\times n}$，若 $\boldsymbol{AB}=\boldsymbol{BA}$，则

(1) $\mathrm{e}^{\boldsymbol{A}}\mathrm{e}^{\boldsymbol{B}}=\mathrm{e}^{\boldsymbol{B}}\mathrm{e}^{\boldsymbol{A}}=\mathrm{e}^{\boldsymbol{A}+\boldsymbol{B}}$；

(2) $\sin(\boldsymbol{A}+\boldsymbol{B})=\sin\boldsymbol{A}\cos\boldsymbol{B}+\cos\boldsymbol{A}\sin\boldsymbol{B}$；

(3) $\cos(\boldsymbol{A}+\boldsymbol{B})=\cos\boldsymbol{A}\cos\boldsymbol{B}-\sin\boldsymbol{A}\sin\boldsymbol{B}$。

该性质说明常见函数的性质在矩阵函数中不一定成立，原因是一般情况下矩阵的乘法不满足可交换性。

3.4 矩阵的微积分

除了矩阵(幂)级数之外，矩阵分析中非常重要的内容是矩阵的微积分，确切地说是函数

矩阵的微积分。与收敛的矩阵幂级数表示的矩阵函数不同，函数矩阵是各元素均为(实变)函数的矩阵。

3.4.1 函数矩阵的极限

定义 3.14(函数矩阵) 设 $a_{ij}(t), i=1,2,\cdots,m, j=1,2,\cdots,n$，为 $\mathbb{D}_{ij}\subset\mathbb{R}$ 上关于变量 t 的函数，则称

$$\boldsymbol{A}(t)=\begin{bmatrix} a_{11}(t) & a_{12}(t) & \cdots & a_{1n}(t) \\ a_{21}(t) & a_{22}(t) & \cdots & a_{2n}(t) \\ \vdots & \vdots & & \vdots \\ a_{m1}(t) & a_{m2}(t) & \cdots & a_{mn}(t) \end{bmatrix}$$

为 $\mathbb{D}\subset\mathbb{R}$ 上关于 t 的函数矩阵，其中 $\mathbb{D}=\bigcap_{i=1}^{m}\bigcap_{j=1}^{n}\mathbb{D}_{ij}$。

注意函数矩阵的定义域 $\mathbb{D}$，如果函数矩阵中某个标量函数(元素)的定义域比 $\mathbb{D}$ 小，则该标量函数可能无定义，从而导致函数矩阵不存在。例如

$$\boldsymbol{A}(t)=\begin{bmatrix} \ln t & t^2 \\ 1/t & \sin t \end{bmatrix}$$

在 $t\in(0,\infty)$ 时才有定义。

与 3.2.2 节定义矩阵序列 $\{\boldsymbol{A}_k\}$ 的极限矩阵 $\boldsymbol{A}$ 一样，函数矩阵 $\boldsymbol{A}(t)$ 的极限矩阵 $\boldsymbol{A}$ 也是通过 $\boldsymbol{A}(t)$ 中每个元素的极限来定义的。区别是前者的每个元素为数列 $\{a_{ij}^{(k)}\}$，后者的每个元素为标量函数 $a_{ij}(t)$。

定义 3.15 设 $\boldsymbol{A}(t)$ 和 $\boldsymbol{A}$ 分别为 $\mathbb{R}^{m\times n}$ 中给定的函数矩阵和常量矩阵，记

$$\boldsymbol{A}=\begin{bmatrix} a_{11} & a_{12} & \cdots & a_{1n} \\ a_{21} & a_{22} & \cdots & a_{2n} \\ \vdots & \vdots & & \vdots \\ a_{m1} & a_{m2} & \cdots & a_{mn} \end{bmatrix}$$

若对于 $i=1,2,\cdots,m$ 和 $j=1,2,\cdots,n$ 均满足

$$\lim_{t\to t_0} a_{ij}(t)=a_{ij}$$

则称函数矩阵 $\boldsymbol{A}(t)$ 在 $t\to t_0$ 时的极限存在，记为

$$\lim_{t\to t_0}\boldsymbol{A}(t)=\boldsymbol{A}$$

例 3.14 设函数矩阵 $\boldsymbol{A}(t)=\begin{bmatrix} \ln(2+|t|) & \sin(2t) & \cos(2t) \\ (3+t)^2 & \mathrm{e}^{-t} & \mathrm{e}^{\cos t} \end{bmatrix}$，试判断 $\boldsymbol{A}(t)$ 在 $t\to 0$ 时的极限是否存在？若存在，请求出。

解 因为

$$\lim_{t\to 0}\ln(2+|t|)=\ln 2,\quad \lim_{t\to 0}\sin(2t)=0,\quad \lim_{t\to 0}\cos(2t)=1$$
$$\lim_{t\to 0}(3+t)^2=9,\quad \lim_{t\to 0}\mathrm{e}^{-t}=1,\quad \lim_{t\to 0}\mathrm{e}^{\cos t}=\mathrm{e}$$

所以 $\boldsymbol{A}(t)$ 的极限存在，且极限为 $\lim_{t\to 0}\boldsymbol{A}(t)=\begin{bmatrix} \ln 2 & 0 & 1 \\ 9 & 1 & \mathrm{e} \end{bmatrix}$。 □

有了极限之后，可以定义函数矩阵的连续性。函数矩阵的连续性也是通过矩阵内各标

量函数的连续性进行描述的。

定义 3.16 如果函数矩阵 $\boldsymbol{A}(t)$ 的每个元素 $a_{ij}(t)$ 在 $t=t_0$ 处均连续，即

$$\lim_{t\to t_0} a_{ij}(t) = a_{ij}(t_0)$$

则称 $\boldsymbol{A}(t)$ 在 $t=t_0$ 处连续，记为

$$\lim_{t\to t_0}\boldsymbol{A}(t) = \boldsymbol{A}(t_0) = \begin{bmatrix} a_{11}(t_0) & a_{12}(t_0) & \cdots & a_{1n}(t_0) \\ a_{21}(t_0) & a_{22}(t_0) & \cdots & a_{2n}(t_0) \\ \vdots & \vdots & & \vdots \\ a_{m1}(t_0) & a_{m2}(t_0) & \cdots & a_{mn}(t_0) \end{bmatrix}$$

如果 $\boldsymbol{A}(t)$ 在定义域内所有的点都是连续的，则称 $\boldsymbol{A}(t)$ 为连续函数矩阵。

显然，例 3.14 中的函数矩阵 $\boldsymbol{A}(t)$ 在 $t=0$ 处是连续的。事实上，可以验证例 3.14 中的 $\boldsymbol{A}(t)$ 是 $\mathbb{R}$ 上的连续函数矩阵。注意 $\boldsymbol{A}(t)$ 在 t_0 处的极限存在并不意味它在 t_0 处连续，例如取

$$a_{11}(t) = \begin{cases} 2t^2, & t>0 \\ -t^2, & t<0 \end{cases}$$

虽然 $\lim\limits_{t\to 0} a_{11}(t)=0$（极限存在），但是在 $t=0$ 处 $a_{11}(t)$ 无定义，所以在该点不连续，从而有 $\boldsymbol{A}(t)$ 不是其定义域上的连续函数矩阵。

与函数矩阵极限相关的如下性质是成立的。

性质 3.7 假设 $\lim\limits_{t\to t_0}\boldsymbol{A}(t)=\boldsymbol{A}$，$\lim\limits_{t\to t_0}\boldsymbol{B}(t)=\boldsymbol{B}$，有：

(1) 若 $\boldsymbol{A}(t)\in\mathbb{R}^{m\times n}$，$\boldsymbol{B}(t)\in\mathbb{R}^{m\times n}$，则

$$\lim_{t\to t_0}[\alpha\boldsymbol{A}(t)+\beta\boldsymbol{B}(t)] = \alpha\lim_{t\to t_0}\boldsymbol{A}(t)+\beta\lim_{t\to t_0}\boldsymbol{B}(t) = \alpha\boldsymbol{A}+\beta\boldsymbol{B}, \quad \forall\,\alpha,\beta\in\mathbb{R}$$

(2) 若 $\boldsymbol{A}(t)\in\mathbb{R}^{m\times n}$，$\boldsymbol{B}(t)\in\mathbb{R}^{n\times p}$，则

$$\lim_{t\to t_0}[\boldsymbol{A}(t)\cdot\boldsymbol{B}(t)] = \lim_{t\to t_0}\boldsymbol{A}(t)\cdot\lim_{t\to t_0}\boldsymbol{B}(t) = \boldsymbol{AB}$$

3.4.2 函数矩阵的微分与积分

与函数矩阵的连续性类似，可以定义函数矩阵在其定义域（不包括边界）上的可微性。

定义 3.17 如果函数矩阵 $\boldsymbol{A}(t)$ 的每个元素 $a_{ij}(t)$ 在 t_0 处均可微，则称函数矩阵 $\boldsymbol{A}(t)$ 在 t_0 处可微，记为

$$\boldsymbol{A}'(t_0) = \left.\frac{\mathrm{d}\boldsymbol{A}(t)}{\mathrm{d}t}\right|_{t=t_0} = \lim_{\Delta t\to 0}\frac{\boldsymbol{A}(t_0+\Delta t)-A(t_0)}{\Delta t}$$
$$= \begin{bmatrix} a'_{11}(t_0) & a'_{12}(t_0) & \cdots & a'_{1n}(t_0) \\ a'_{21}(t_0) & a'_{22}(t_0) & \cdots & a'_{2n}(t_0) \\ \vdots & \vdots & & \vdots \\ a'_{m1}(t_0) & a'_{m2}(t_0) & \cdots & a'_{mn}(t_0) \end{bmatrix}$$

如果 $\boldsymbol{A}(t)$ 在 $(a,b)\subset\mathbb{D}$[$\mathbb{D}$ 为 $\boldsymbol{A}(t)$ 的定义域]内的所有点都是可微的，则称 $\boldsymbol{A}(t)$ 是 (a,b) 上的可微函数矩阵。

由于 $\boldsymbol{A}(t)$ 中每个元素 $a_{ij}(t)$ 都是一元函数，则在定义 3.17 中：称 $\boldsymbol{A}'(t_0)$ 为 $\boldsymbol{A}(t)$ 在 t_0 处的导数矩阵；称 $\boldsymbol{A}'(t)$ 为 $\boldsymbol{A}(t)$ 在 (a,b) 内的导函数矩阵。

例 3.15 设函数矩阵 $\boldsymbol{A}(t)=\begin{bmatrix}\ln(2+t^2) & \sin(2t) & \cos(2t)\\ (3+t)^2 & \mathrm{e}^{-t} & \mathrm{e}^{\cos t}\end{bmatrix}$，试求导函数矩阵 $\boldsymbol{A}'(t)$。

解 因为

$$\frac{\mathrm{d}}{\mathrm{d}t}(\ln(2+t^2))=\frac{2t}{2+t^2},\quad \frac{\mathrm{d}}{\mathrm{d}t}(\sin(2t))=2\cos(2t),\quad \frac{\mathrm{d}}{\mathrm{d}t}(\cos(2t))=-2\sin(2t)$$

$$\frac{\mathrm{d}}{\mathrm{d}t}((3+t)^2)=6+2t,\quad \frac{\mathrm{d}}{\mathrm{d}t}(\mathrm{e}^{-t})=-\mathrm{e}^{-t},\quad \frac{\mathrm{d}}{\mathrm{d}t}(\mathrm{e}^{\cos t})=-\mathrm{e}^{\cos t}\sin t$$

所以导函数矩阵 $\boldsymbol{A}'(t)=\frac{\mathrm{d}}{\mathrm{d}t}\boldsymbol{A}(t)=\begin{bmatrix}\frac{2t}{2+t^2} & 2\cos(2t) & -2\sin(2t)\\ 6+2t & -\mathrm{e}^{-t} & -\mathrm{e}^{\cos t}\sin t\end{bmatrix}$。 □

下面的性质 3.8～3.11 是关于函数矩阵的求导法则，并对性质 3.11 进行证明。

性质 3.8（加法求导法则） 若 $\boldsymbol{A}(t)\in\mathbb{R}^{m\times n}$ 和 $\boldsymbol{B}(t)\in\mathbb{R}^{m\times n}$ 均为可微函数矩阵，则

$$\frac{\mathrm{d}}{\mathrm{d}t}[\boldsymbol{A}(t)+\boldsymbol{B}(t)]=\frac{\mathrm{d}}{\mathrm{d}t}\boldsymbol{A}(t)+\frac{\mathrm{d}}{\mathrm{d}t}\boldsymbol{B}(t)\tag{3.42}$$

性质 3.9（乘法求导法则） 若 $\boldsymbol{A}(t)\in\mathbb{R}^{m\times n}$ 和 $\boldsymbol{B}(t)\in\mathbb{R}^{n\times p}$ 均为可微函数矩阵，则

$$\frac{\mathrm{d}}{\mathrm{d}t}[\boldsymbol{A}(t)\cdot\boldsymbol{B}(t)]=\left[\frac{\mathrm{d}}{\mathrm{d}t}\boldsymbol{A}(t)\right]\cdot\boldsymbol{B}(t)+\boldsymbol{A}(t)\cdot\left[\frac{\mathrm{d}}{\mathrm{d}t}\boldsymbol{B}(t)\right]\tag{3.43}$$

由于矩阵乘法不满足交换律，在使用性质 3.9（乘法求导法则）时，不能直接写 $[\boldsymbol{A}^2(t)]'=2\boldsymbol{A}(t)\cdot\boldsymbol{A}'(t)$，而应该是

$$[\boldsymbol{A}^2(t)]'=\frac{\mathrm{d}}{\mathrm{d}t}[\boldsymbol{A}^2(t)]=\frac{\mathrm{d}}{\mathrm{d}t}[\boldsymbol{A}(t)\cdot\boldsymbol{A}(t)]=\boldsymbol{A}'(t)\cdot\boldsymbol{A}(t)+\boldsymbol{A}(t)\cdot\boldsymbol{A}'(t)$$

性质 3.10（复合函数矩阵求导法则） 若 $\boldsymbol{A}(t)\in\mathbb{R}^{m\times n}$ 为可微函数矩阵，且 $u=f(t)$ 关于 t 可微，则

$$\frac{\mathrm{d}}{\mathrm{d}t}\boldsymbol{A}(f(t))=f'(t)\frac{\mathrm{d}}{\mathrm{d}t}\boldsymbol{A}(u)\tag{3.44}$$

性质 3.11（可逆函数矩阵求导法则） 若 $\boldsymbol{A}(t)\in\mathbb{R}^{n\times n}$ 与 $\boldsymbol{A}^{-1}(t)\in\mathbb{R}^{n\times n}$ 均为可微函数矩阵，则

$$\frac{\mathrm{d}}{\mathrm{d}t}\boldsymbol{A}^{-1}(t)=-\boldsymbol{A}^{-1}(t)\left[\frac{\mathrm{d}}{\mathrm{d}t}\boldsymbol{A}(t)\right]\boldsymbol{A}^{-1}(t)\tag{3.45}$$

证明 因为 $\boldsymbol{A}(t)\cdot\boldsymbol{A}^{-1}(t)=\boldsymbol{E}$，根据性质 3.9 对该式两端关于 t 求导，可得

$$\left[\frac{\mathrm{d}}{\mathrm{d}t}\boldsymbol{A}(t)\right]\boldsymbol{A}^{-1}(t)+\boldsymbol{A}(t)\left[\frac{\mathrm{d}}{\mathrm{d}t}\boldsymbol{A}^{-1}(t)\right]=\boldsymbol{O}$$

即

$$\boldsymbol{A}(t)\left[\frac{\mathrm{d}}{\mathrm{d}t}\boldsymbol{A}^{-1}(t)\right]=-\left[\frac{\mathrm{d}}{\mathrm{d}t}\boldsymbol{A}(t)\right]\boldsymbol{A}^{-1}(t)$$

两端左乘 $\boldsymbol{A}^{-1}(t)$ 即可获得式(3.45)。 □

同样可以定义函数矩阵的积分。

定义 3.18 如果函数矩阵 $\boldsymbol{A}(t)$ 的每个元素 $a_{ij}(t)$ 在定义域 $\mathbb{D}$ 上可积，则称函数矩阵 $\boldsymbol{A}(t)$ 在 $\mathbb{D}$ 上可积，记为

$$\int_a^b\boldsymbol{A}(t)\mathrm{d}t=\left[\int_a^b a_{ij}(t)\mathrm{d}t\right]_{m\times n}$$

定理 3.16 若$\boldsymbol{A}(t)$在区间$[a,b]$上连续，则对任意$t\in(a,b)$，$\int_a^t \boldsymbol{A}(\tau)\mathrm{d}\tau$可微，且

$$\frac{\mathrm{d}}{\mathrm{d}t}\left[\int_a^t \boldsymbol{A}(\tau)\mathrm{d}\tau\right]=\boldsymbol{A}(t)$$

定理 3.17 若$\boldsymbol{A}(t)$在区间(a,b)上连续可微，则$\frac{\mathrm{d}}{\mathrm{d}t}\boldsymbol{A}(s)$可积，且

$$\int_a^t \left[\frac{\mathrm{d}}{\mathrm{d}t}\boldsymbol{A}(s)\right]\mathrm{d}s=\boldsymbol{A}(t)-\boldsymbol{A}(a),\quad \forall t\in[a,b]$$

3.4.3 数量函数关于矩阵变量的导数

在场论中，可对数量函数$f(x,y,z)$定义梯度为

$$\mathrm{grad}f=\left(\frac{\partial f}{\partial x},\frac{\partial f}{\partial y},\frac{\partial f}{\partial z}\right)$$

可以将其理解为数量函数$f(x,y,z)$对向量$[x\quad y\quad z]$的导数。下面将这一概念推广到一般情形。

定义 3.19 设$\boldsymbol{X}=[x_{ij}]\in\mathbb{R}^{m\times n}$为变量矩阵，$f(\boldsymbol{X})$为矩阵$\boldsymbol{X}$的数量函数($m\times n$元函数)，即

$$f(\boldsymbol{X})=f(x_{11},x_{12},\cdots,x_{1n},x_{21},x_{22},\cdots,x_{2n},\cdots,x_{m1},x_{m2},\cdots,x_{mn})$$

则定义数量函数$f(\boldsymbol{X})$关于矩阵$\boldsymbol{X}$的导数为

$$\frac{\mathrm{d}}{\mathrm{d}\boldsymbol{X}}f(\boldsymbol{X})=\left[\frac{\partial f}{\partial x_{ij}}\right]_{m\times n}=\begin{bmatrix}\frac{\partial f}{\partial x_{11}} & \frac{\partial f}{\partial x_{12}} & \cdots & \frac{\partial f}{\partial x_{1n}}\\ \frac{\partial f}{\partial x_{21}} & \frac{\partial f}{\partial x_{22}} & \cdots & \frac{\partial f}{\partial x_{2n}}\\ \vdots & \vdots & & \vdots\\ \frac{\partial f}{\partial x_{m1}} & \frac{\partial f}{\partial x_{m2}} & \cdots & \frac{\partial f}{\partial x_{mn}}\end{bmatrix}$$

例 3.16 已知$\boldsymbol{X}=\begin{bmatrix}x_1\\x_2\\x_3\end{bmatrix}$，$f(\boldsymbol{X})=x_1^2+5x_1x_2+3x_2^2+x_1x_2x_3+x_3^3$，试求$\frac{\mathrm{d}}{\mathrm{d}\boldsymbol{X}}f(\boldsymbol{X})$。

解 因为

$$\frac{\partial f}{\partial x_1}=2x_1+5x_2+x_2x_3$$

$$\frac{\partial f}{\partial x_2}=5x_1+6x_2+x_1x_3$$

$$\frac{\partial f}{\partial x_3}=x_1x_2+3x_3^2$$

所以

$$\frac{\mathrm{d}}{\mathrm{d}\boldsymbol{X}}f(\boldsymbol{X})=\begin{bmatrix}2x_1+5x_2+x_2x_3\\5x_1+6x_2+x_1x_3\\x_1x_2+3x_3^2\end{bmatrix}$$

□

3.5 应用案例

3.5.1 采样控制系统的实现

由于控制目标复杂度、快速性、准确性等客观需求的增加，现代控制系统越来越依赖于计算机控制(数字控制)。计算机只能处理数字信号，而真实的物理过程通常是连续时间演变的，因此人们希望找到一个与连续时间系统模型相对应的适用于计算机控制的离散时间系统模型。这种对应关系是通过对系统进行采样获得的，描述的是采样时刻系统内部变量的演化以及输入输出之间的关系。图 3.1 描述了一种典型的基于 D/A(数/模)与 A/D(模/数)转换的计算机控制系统结构，计算机处理的和产生的分别是离散时间向量序列$\{\boldsymbol{u}(t_k)\}$和$\{\boldsymbol{y}(t_k)\}$，t_k 为采样时刻。

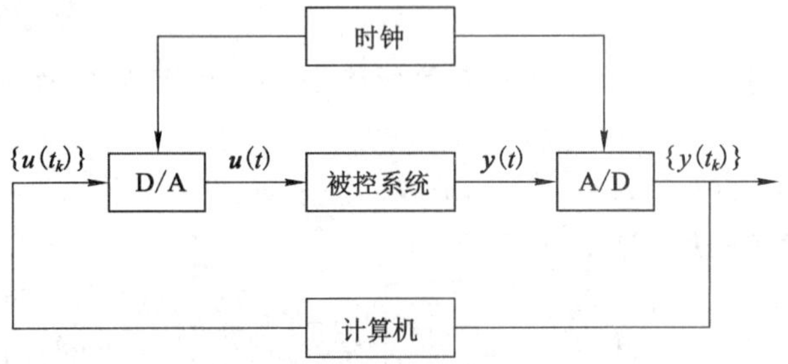

图 3.1　基于 A/D 与 D/A 转换的计算机控制系统

假设物理模型对应的连续时间状态空间方程为

$$\dot{\boldsymbol{x}}(t)=\boldsymbol{A}\boldsymbol{x}(t)+\boldsymbol{B}\boldsymbol{u}(t) \tag{3.46}$$

$$\boldsymbol{y}(t)=\boldsymbol{C}\boldsymbol{x}(t)+\boldsymbol{D}\boldsymbol{u}(t) \tag{3.47}$$

其中，$\boldsymbol{x}(t)\in\mathbb{R}^n$ 为系统状态，$\boldsymbol{u}(t)\in\mathbb{R}^p$ 为控制输入，$\boldsymbol{y}(t)\in\mathbb{R}^q$ 为系统输出，$\boldsymbol{A}\in\mathbb{R}^{n\times n}$为系统矩阵，$\boldsymbol{B}\in\mathbb{R}^{n\times p}$为控制矩阵，$\boldsymbol{C}\in\mathbb{R}^{q\times n}$为输出矩阵，$\boldsymbol{D}\in\mathbb{R}^{q\times p}$为直接传递矩阵。在计算机控制中，D/A 转换器最常用也最简单的是采用零阶保持器，将采样时刻的信号值保持在一个采样周期，填补两个采样时刻之间的空白，实现对连续时间物理对象的控制。显然，系统(3.46)在 $t\in[t_k,t_{k+1}]$的解为

$$\boldsymbol{x}(t)=\mathrm{e}^{\boldsymbol{A}(t-t_k)}\boldsymbol{x}(t_k)+\int_{t_k}^{t}\mathrm{e}^{\boldsymbol{A}(t-\bar{\tau})}\boldsymbol{B}\boldsymbol{u}(\bar{\tau})\mathrm{d}\bar{\tau} \tag{3.48}$$

由于在采样周期内，控制输入保持 t_k 时刻的值，即 $u(\bar{\tau})=u(t_k)$，$\forall\,\bar{\tau}\in[t_k,t_{k+1}]$，并设采样周期固定为 $h=t_{k+1}-t_k$，$\forall\,k\in\mathbb{N}$，那么基于式(3.48)可得

$$\begin{aligned}\boldsymbol{x}(t_{k+1})&=\mathrm{e}^{\boldsymbol{A}(t_{k+1}-t_k)}\boldsymbol{x}(t_k)+\int_{t_k}^{t_{k+1}}\mathrm{e}^{\boldsymbol{A}(t_{k+1}-\bar{\tau})}\mathrm{d}\bar{\tau}\cdot\boldsymbol{B}\boldsymbol{u}(t_k)\\&=\mathrm{e}^{\boldsymbol{A}h}\boldsymbol{x}(t_k)-\int_{t_{k+1}-t_k}^{0}\mathrm{e}^{\boldsymbol{A}\tau}\mathrm{d}\tau\cdot\boldsymbol{B}\boldsymbol{u}(t_k)\\&=\mathrm{e}^{\boldsymbol{A}h}\boldsymbol{x}(t_k)+\int_{0}^{h}\mathrm{e}^{\boldsymbol{A}\tau}\mathrm{d}\tau\cdot\boldsymbol{B}\boldsymbol{u}(t_k)\end{aligned}$$

固定采样周期 h 时，$t_k=kh$，并令

$$\boldsymbol{\Phi}(h)=\mathrm{e}^{\boldsymbol{A}h},\quad \boldsymbol{\Gamma}(h)=\int_0^h \boldsymbol{\Phi}(\tau)\mathrm{d}\tau\cdot\boldsymbol{B} \tag{3.49}$$

则有

$$\boldsymbol{x}((k+1)h)=\boldsymbol{\Phi}(h)\boldsymbol{x}(kh)+\boldsymbol{\Gamma}(h)\boldsymbol{u}(kh) \tag{3.50}$$

给定采样周期 h 后，即可利用式(3.49)计算 $\boldsymbol{\Phi}(h)$ 和 $\boldsymbol{\Gamma}(h)$。计算机只关心相邻两步之间是如何迭代的，即可略去式(3.50)括号中的 h。又因为输出方程(3.47)是一个代数方程，其采样表达式只需要将 t 换成 k。至此，可以得到连续时间系统(3.46)～(3.47)的离散化状态空间方程为

$$\boldsymbol{x}(k+1)=\boldsymbol{\Phi}\boldsymbol{x}(k)+\boldsymbol{\Gamma}\boldsymbol{u}(k) \tag{3.51}$$

$$\boldsymbol{y}(k)=\boldsymbol{C}\boldsymbol{x}(k)+\boldsymbol{D}\boldsymbol{u}(k) \tag{3.52}$$

这就是采样控制系统的一种实现。

可以看到，在上述过程中，难点是计算状态转移矩阵 $\boldsymbol{\Phi}(h)$ 及其积分 $\boldsymbol{\Gamma}(h)$。这需要用到3.3节矩阵函数的计算和3.4节矩阵的微积分相关知识。

例3.17 试求重积分系统的采样控制系统实现。

解 重积分系统是由两个积分器串联得到的二阶系统，一般形式为 $\ddot{x}=u$。它可以用来描述许多实际系统，例如运动物体的位移为 x，速度为 $\dot{x}$，则根据牛顿第二定律有加速度 $a=\ddot{x}=u$，其中 u 可以看作合外力等效之后的控制输入。令 $\boldsymbol{x}=[x_1\quad x_2]^{\mathrm{T}}=[x\quad \dot{x}]^{\mathrm{T}}$，可以得到状态空间模型

$$\dot{\boldsymbol{x}}(t)=\underbrace{\begin{bmatrix}0&1\\0&0\end{bmatrix}}_{\boldsymbol{A}}\boldsymbol{x}(t)+\underbrace{\begin{bmatrix}0\\1\end{bmatrix}}_{\boldsymbol{B}}u(t) \tag{3.53}$$

矩阵函数 $\mathrm{e}^{\boldsymbol{A}h}$ 的矩阵幂级数展开式为

$$\mathrm{e}^{\boldsymbol{A}h}=\boldsymbol{E}+\boldsymbol{A}h+\frac{1}{2}\boldsymbol{A}^2h^2+\cdots+\frac{1}{k!}\boldsymbol{A}^kh^k+\cdots \tag{3.54}$$

因为

$$\boldsymbol{A}h=\begin{bmatrix}0&h\\0&0\end{bmatrix},\quad \boldsymbol{A}^2h^2=\boldsymbol{O}$$

故式(3.54)只有两项，即有

$$\boldsymbol{\Phi}(h)=\mathrm{e}^{\boldsymbol{A}h}=\boldsymbol{E}+\boldsymbol{A}h=\begin{bmatrix}1&h\\0&1\end{bmatrix} \tag{3.55}$$

从而有

$$\boldsymbol{\Gamma}(h)=\int_0^h\boldsymbol{\Phi}(\tau)\cdot\boldsymbol{B}\mathrm{d}\tau=\int_0^h\begin{bmatrix}\tau\\1\end{bmatrix}\mathrm{d}\tau=\begin{bmatrix}h^2/2\\h\end{bmatrix}$$

所以，重积分系统的数字控制系统实现为

$$\boldsymbol{x}(k+1)=\begin{bmatrix}1&h\\0&1\end{bmatrix}\boldsymbol{x}(k)+\begin{bmatrix}h^2/2\\h\end{bmatrix}\boldsymbol{u}(k)$$

例3.18 已知某直流电机控制的倒立摆系统的小信号线性化模型描述为

$$\begin{cases}\ddot{\theta}(t)=9.8\theta(t)+i(t)\\0.01\dot{i}(t)=-\dot{\theta}(t)-0.5i(t)+u(t)\end{cases} \tag{3.56}$$

其中 $\theta(t)$ 为倒立摆偏离垂直位置的夹角，$i(t)$ 为经过直流电机的电流，$u(t)$ 为作用于电机回路的控制输入。若信号采样频率为 $f=100$ Hz，试求该系统的数字控制系统实现。

解 取状态变量 $x_1(t)=\theta(t)$，$x_2(t)=\dot{\theta}(t)$，$x_3(t)=i(t)$，并设 $\boldsymbol{x}=[x_1 \quad x_2 \quad x_3]^{\mathrm{T}}$ 则系统(3.56)的连续时间状态空间方程为

$$\dot{\boldsymbol{x}}(t)=\underbrace{\begin{bmatrix}0 & 1 & 0\\ 9.8 & 0 & 1\\ 0 & -100 & -50\end{bmatrix}}_{\boldsymbol{A}}\boldsymbol{x}(t)+\underbrace{\begin{bmatrix}0\\ 0\\ 100\end{bmatrix}}_{\boldsymbol{B}}u(t) \tag{3.57}$$

计算 $\boldsymbol{A}$ 的特征值为 $\lambda_1=2.3174$，$\lambda_2=-4.4139$，$\lambda_3=-47.9035$。由于特征值互异，矩阵 $\boldsymbol{A}$ 可以化为对角标准形。利用 MATLAB 中的特征值分解函数 eig()或者 Jordan 分解函数 jordan()可以获得满足 $\boldsymbol{A}=\boldsymbol{V}\boldsymbol{J}\boldsymbol{V}^{-1}$ 的

$$\boldsymbol{V}=\begin{bmatrix}0.1961 & -0.0936 & 0.0004\\ 0.4546 & 0.4130 & -0.0210\\ -0.8689 & -0.9059 & 0.9998\end{bmatrix},\boldsymbol{J}=\begin{bmatrix}2.3174 & & \\ & -4.4139 & \\ & & -47.9035\end{bmatrix} \tag{3.58}$$

又根据采样周期 $h=1/f=1/100$，可以计算

$$\boldsymbol{\Phi}(h)=\mathrm{e}^{\boldsymbol{A}h}=\boldsymbol{V}\mathrm{e}^{\boldsymbol{J}h}\boldsymbol{V}^{-1}=\begin{bmatrix}1.0475 & 0.0950 & 0.0015\\ 0.9308 & 0.8939 & 0.0182\\ -1.5057 & -1.8158 & -0.0291\end{bmatrix} \tag{3.59}$$

$$\boldsymbol{\Gamma}(h)=\int_0^h \mathrm{e}^{\boldsymbol{A}\tau}\mathrm{d}\tau\cdot\boldsymbol{B}=\boldsymbol{V}\int_0^h \mathrm{e}^{\boldsymbol{J}\tau}\mathrm{d}\tau\cdot\boldsymbol{V}^{-1}\boldsymbol{B}=\begin{bmatrix}0.0066\\ 0.1536\\ 1.7509\end{bmatrix} \tag{3.60}$$

从而得到数字控制系统实现为

$$\boldsymbol{x}(k+1)=\begin{bmatrix}1.0475 & 0.0950 & 0.0015\\ 0.9308 & 0.8939 & 0.0182\\ -1.5057 & -1.8158 & -0.0291\end{bmatrix}\boldsymbol{x}(k)+\begin{bmatrix}0.0066\\ 0.1536\\ 1.7509\end{bmatrix}u(k) \tag{3.61}$$

在求状态转移矩阵时，也可以直接用 MATLAB 中的矩阵指数函数 expm()。 □

上述计算过程主要体现前两节学习的矩阵知识。直接调用 MATLAB 控制工具箱中的离散化函数 c2d()也能得到同样的结果。

3.5.2 非线性系统的神经网络控制

现实中的控制系统大多是非线性的，若要利用成熟的线性系统技术进行分析与控制，局部线性化是一种常用的方法。然而，当系统中的非线性部分是未知函数时，还需要对未知部分进行辨识。神经网络兼具对任意非线性函数的学习能力和参数线性化功能。本节利用基于 RBF(径向基函数)神经网络的自适应控制器设计过程熟练对矩阵范数、矩阵微积分等知识的应用。

RBF 神经网络是一种三层神经网络，由输入层、隐含层和输出层组成，其中隐含层神经元采用径向基函数作为激活函数(本节采用最典型的高斯函数作为径向基函数)。图 3.2 所示的 RBF 神经网络有 p 个输入，即 $\bar{\boldsymbol{x}}=[\bar{x}_1 \quad \bar{x}_2 \quad \cdots \quad \bar{x}_p]^{\mathrm{T}}$；隐含层 q 个神经元的激活函数表示为

$$h_j(\bar{\boldsymbol{x}}) = \exp\left(-\frac{\|\bar{\boldsymbol{x}} - \boldsymbol{c}_j\|^2}{b_j^2}\right), \quad j = 1,2,\cdots,q \tag{3.62}$$

其中，$\boldsymbol{c}_j = [c_{1j} \quad c_{2j} \quad \cdots \quad c_{pj}]^{\mathrm{T}}$ 为第 j 个神经元高斯基函数的中心点坐标向量，b_j 为高斯基函数的宽度；输出层得到的是激活函数的加权和，记为

$$\bar{y} = w_1 h_1(\bar{\boldsymbol{x}}) + w_2 h_2(\bar{\boldsymbol{x}}) + \cdots + w_q h_q(\bar{\boldsymbol{x}}) \triangleq \boldsymbol{w}^{\mathrm{T}} \boldsymbol{h}(\bar{\boldsymbol{x}}) \tag{3.63}$$

其中，$\boldsymbol{w} = [w_1 \quad w_2 \quad \cdots \quad w_q]^{\mathrm{T}}$ 为权值向量。

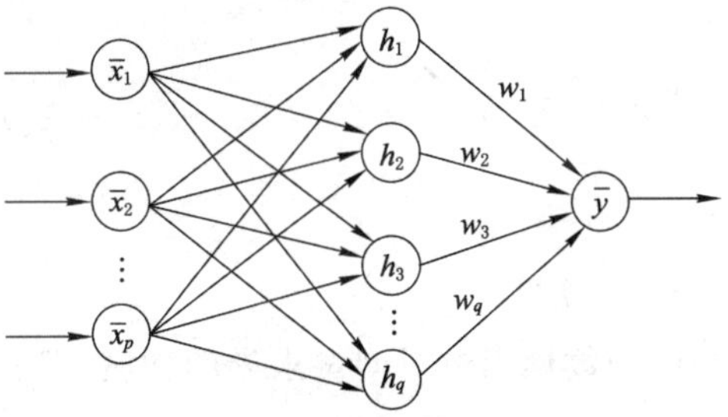

图 3.2 RBF 神经网络拓扑结构

考虑如下二阶非线性系统

$$\begin{aligned} \dot{x}_1 &= x_2 \\ \dot{x}_2 &= f(\boldsymbol{x}) + bu \\ y &= x_1 \end{aligned} \tag{3.64}$$

其中，$\boldsymbol{x} = [x_1 \quad x_2]^{\mathrm{T}} \in \mathbb{R}^2$ 为系统状态，$u \in \mathbb{R}$ 为控制输入，$b > 0$ 为控制增益，$f: \mathbb{R}^2 \to \mathbb{R}$ 为连续的未知非线性函数。控制目标是设计控制律 u 使得系统的输出 y 可以跟踪任意满足二阶导数连续且有界的参考信号 y_{r}。

由于 $f(\boldsymbol{x})$ 未知，下面利用 RBF 神经网络对其进行重构。当神经元数量足够多时，RBF 神经网络能够在紧集 Ω 内以任意重构误差逼近任意非线性函数，紧集意味着 $\boldsymbol{c}_j$ 和 b_j 的选取要在网络输入的映射范围内，即确保 RBF 神经网络有效，这可以根据实际情况进行选取，也可利用梯度下降法等工具进行调节。下面的分析总是假设神经网络有效，那么理想的权值 $\boldsymbol{w}^*$ 定义为

$$\boldsymbol{w}^* = \arg\min_{w \in \mathbb{R}^q} \left(\sup_{\bar{x} \in \Omega} : | f(\boldsymbol{x}) - \boldsymbol{w}^{\mathrm{T}} \boldsymbol{h}(\bar{\boldsymbol{x}}) | \right)$$

对应的重构误差

$$\varepsilon = f(\boldsymbol{x}) - \boldsymbol{w}^{*\mathrm{T}} \boldsymbol{h}(\bar{\boldsymbol{x}}) \tag{3.65}$$

满足 $\|\varepsilon\| \leqslant \bar{\varepsilon}$，其中 $\bar{\varepsilon} > 0$ 为未知常值。

下面设计神经网络控制器。引入坐标变换

$$z_1 = x_1 - y_{\mathrm{r}} \tag{3.66}$$

$$z_2 = x_2 - \alpha_1 - \dot{y}_{\mathrm{r}} \tag{3.67}$$

其中 α_1 为待设计的虚拟控制(可以看作控制 x_1 的中间量)。由于 $\boldsymbol{w}^*$ 是未知常值，设其估计为 $\hat{\boldsymbol{w}}$，则估计误差为 $\tilde{\boldsymbol{w}} = \boldsymbol{w}^* - \hat{\boldsymbol{w}}$。取 Lyapunov 函数($\gamma > 0$ 为设计参数)

$$V(z_1, z_2, \tilde{\boldsymbol{w}}) = \frac{1}{2} z_1^2 + \frac{1}{2} z_2^2 + \frac{1}{2\gamma} \|\tilde{\boldsymbol{w}}\|^2 \tag{3.68}$$

则根据式(3.65)～(3.67)可得

$$\begin{aligned}\dot{V} &= z_1\dot{z}_1 + z_2\dot{z}_2 - \frac{1}{\gamma}\tilde{\boldsymbol{w}}^{\mathrm{T}}\dot{\hat{\boldsymbol{w}}} \\ &= z_1(\dot{x}_1 - \dot{y}_{\mathrm{r}}) + z_2(\dot{x}_2 - \dot{\alpha}_1 - \ddot{y}_{\mathrm{r}}) - \frac{1}{\gamma}\tilde{\boldsymbol{w}}^{\mathrm{T}}\dot{\hat{\boldsymbol{w}}} \\ &= z_1(z_2 + \alpha_1) + z_2(\boldsymbol{w}^{*\mathrm{T}}\boldsymbol{h}(\bar{\boldsymbol{x}}) + \varepsilon + bu - \dot{\alpha}_1 - \ddot{y}_{\mathrm{r}}) - \frac{1}{\gamma}\tilde{\boldsymbol{w}}^{\mathrm{T}}\dot{\hat{\boldsymbol{w}}}\end{aligned} \tag{3.69}$$

设计神经网络自适应控制律

$$u = \frac{1}{b}(-\hat{\boldsymbol{w}}^{\mathrm{T}}\boldsymbol{h}(\bar{\boldsymbol{x}}) + \dot{\alpha}_1 + \ddot{y}_{\mathrm{r}} - c_2 z_2 - z_1) \tag{3.70}$$

$$\alpha_1 = -c_1 z_1 \tag{3.71}$$

$$\dot{\hat{\boldsymbol{w}}} = \gamma(z_2\boldsymbol{h}(\bar{\boldsymbol{x}}) - c_3\hat{\boldsymbol{w}}) \tag{3.72}$$

在式(3.70)中，计算 $\dot{\alpha}_1$ 需要用到数量函数对向量求导的性质，即有

$$\dot{\alpha}_1 = \frac{\partial \alpha_1}{\partial x_1}x_2 + \frac{\partial \alpha_1}{\partial y_{\mathrm{r}}}\dot{y}_{\mathrm{r}} = -c_1x_2 + c_1\dot{y}_{\mathrm{r}}$$

又根据范数的相容性和均值不等式可得

$$\tilde{\boldsymbol{w}}^{\mathrm{T}}\hat{\boldsymbol{w}} = \boldsymbol{w}^{*\mathrm{T}}\hat{\boldsymbol{w}} - \hat{\boldsymbol{w}}^{\mathrm{T}}\hat{\boldsymbol{w}} \leqslant \|\boldsymbol{w}^*\| \cdot \|\hat{\boldsymbol{w}}\| - \|\hat{\boldsymbol{w}}\|^2 \leqslant \frac{1}{2}\|\boldsymbol{w}^*\|^2 - \frac{1}{2}\|\hat{\boldsymbol{w}}\|^2 \tag{3.73}$$

则将式(3.70)～(3.73)代入式(3.69)，有

$$\begin{aligned}\dot{V} &\leqslant z_1z_2 - c_1z_1^2 + |z_2|\cdot|\varepsilon| + z_2(\boldsymbol{w}^{*\mathrm{T}}\boldsymbol{h}(\bar{\boldsymbol{x}}) - \hat{\boldsymbol{w}}^{\mathrm{T}}\boldsymbol{h}(\bar{\boldsymbol{x}}) - c_2z_2 - z_1) - \frac{1}{\gamma}\tilde{\boldsymbol{w}}^{\mathrm{T}}\dot{\hat{\boldsymbol{w}}} \\ &\leqslant -c_1z_1^2 - c_2z_2^2 + c_3\tilde{\boldsymbol{w}}^{\mathrm{T}}\hat{\boldsymbol{w}} + |z_2|\cdot|\varepsilon| \\ &\leqslant -c_1z_1^2 - c_2z_2^2 + \frac{c_3}{2}\|\boldsymbol{w}^*\|^2 - \frac{c_3}{2}\|\hat{\boldsymbol{w}}\|^2 + c_4z_2^2 + \frac{1}{4c_4}\bar{\varepsilon}^2 \\ &\leqslant -\lambda V + \Delta\end{aligned}$$

其中，$\lambda = \min\{2c_1, 2(c_2 - c_4), c_3\} > 0$，$\Delta = c_3\|\boldsymbol{w}^*\|^2/2 + \bar{\varepsilon}^2/(4c_4) > 0$。上面出现的 $c_1, c_2, c_3, c_4 > 0$ 均为设计参数，且 $c_2 > c_4$。对 $\dot{V} \leqslant -\lambda V + \Delta$ 两端同时积分得

$$V(t) \leqslant \mathrm{e}^{-\lambda t}V(0) + \frac{\Delta}{\lambda}(1 - \mathrm{e}^{-\lambda t}) \tag{3.74}$$

由式(3.74)不难证明系统所有闭环信号有界。又因 $\lim\limits_{t\to\infty}V(t) = \Delta/\lambda$ 且 $z_1^2/2 \leqslant V$，有

$$|z_1| \leqslant \sqrt{\frac{2\Delta}{\lambda}} \tag{3.75}$$

即跟踪误差 z_1 将收敛到零附近任意可调节的小范围内。

例 3.19 图 3.3 所示的是某简化的单连杆机械臂模型，其功能是通过电机产生的转矩控制负载按期望的轨迹转动。图中 u 为控制输入，q 为连杆转动角度，$\dot{q}$ 为转动角速度，J 为转动惯量，B 为转动阻尼系数，M 为负载质量，L 为连杆节点到质心的长度。已知其动力学方程为

$$J\ddot{q} + B\dot{q} + MgL\sin q = u \tag{3.76}$$

试以其跟踪控制问题为例验证本节设计的神经网络控制器。

解 取状态变量 $\boldsymbol{x} = [x_1 \quad x_2]^{\mathrm{T}} = [q \quad \dot{q}]^{\mathrm{T}}$，则系统(3.76)可以写为系统(3.64)的形

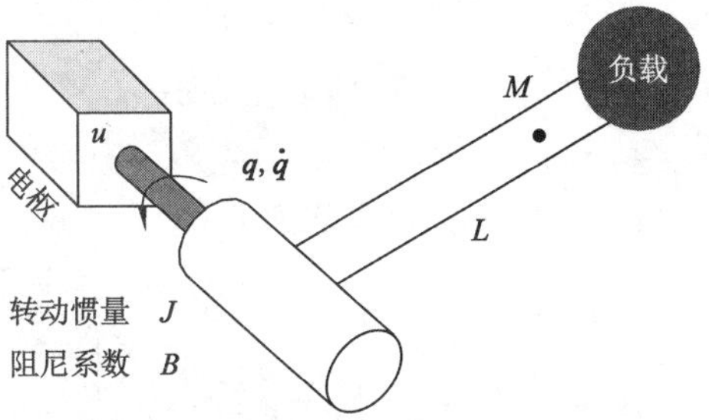

图 3.3 单连杆机械臂模型示意图

式，且

$$b = \frac{1}{J}, \quad f(\boldsymbol{x}) = -\frac{Mg}{J}L\sin(x_1) - \frac{1}{J}Bx_2 \tag{3.77}$$

令 $J=2\ \text{kg}\cdot\text{m}^2$，$B=1\ \text{kg}\cdot\text{m}^2\cdot\text{s}^{-1}$，$MgL=30\ \text{kg}\cdot\text{m}^2\cdot\text{s}^{-2}$。假设 $f(\boldsymbol{x})$为未知非线性，并取设计参数 $c_1=2$，$c_2=35$，$c_3=0.000\ 1$，$c_4=5$，$\gamma=500$。利用神经网络控制律(3.70)～(3.72)，其中神经网络的输入选为 $\bar{\boldsymbol{x}}=[z_1\quad z_2]^{\mathrm{T}}$，节点数为 9 个。以参考信号 $y_{\mathrm{r}}=\sin t$ 为跟踪目标的仿真结果如图 3.4 所示，从而验证了神经网络控制器有效。

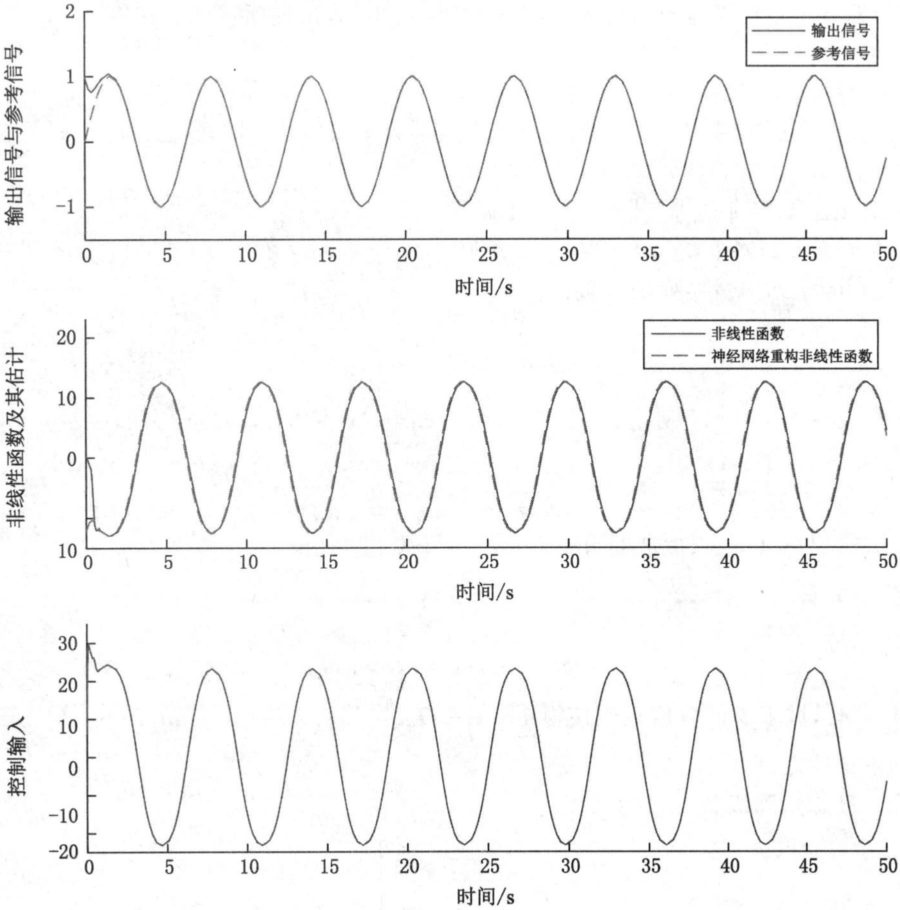

图 3.4 单连杆机械臂神经网络控制效果图

3.6 习题

3-1 求向量 $\boldsymbol{x}=[-3 \quad 2\mathrm{i} \quad -1]^{\mathrm{T}}$ 的向量范数 $\|\boldsymbol{x}\|_1$、$\|\boldsymbol{x}\|_2$ 和 $\|\boldsymbol{x}\|_\infty$。

3-2 设

$$\boldsymbol{W}=\begin{bmatrix}9 & & \\ & 8 & \\ & & 5\end{bmatrix}, \quad \boldsymbol{x}=\begin{bmatrix}-3\\2\\-1\end{bmatrix}$$

试求向量 $\boldsymbol{x}$ 关于矩阵 $\boldsymbol{W}$ 的加权范数 $\|\boldsymbol{x}\|_1^w$、$\|\boldsymbol{x}\|_2^w$ 和 $\|\boldsymbol{x}\|_\infty^w$。

3-3 证明如下范数等价性关系：

$$\frac{1}{\sqrt{n}}\|\boldsymbol{x}\|_1 \leqslant \|\boldsymbol{x}\|_2 \leqslant \|\boldsymbol{x}\|_1$$

$$\frac{1}{\sqrt{n}}\|\boldsymbol{x}\|_2 \leqslant \|\boldsymbol{x}\|_\infty \leqslant \|\boldsymbol{x}\|_2$$

3-4 求矩阵 $\boldsymbol{A}=\begin{bmatrix}-4 & -1\\ -2 & 2\end{bmatrix}$的 F-范数和矩阵 2-范数。

3-5 设 $\boldsymbol{A}\in\mathbb{C}^{n\times n}$为非奇异矩阵，$\boldsymbol{U}\in\mathbb{C}^{n\times n}$为酉矩阵，试证明：

(1) $\|\boldsymbol{U}\|_2=1$；

(2) $\|\boldsymbol{AU}\|_2=\|\boldsymbol{UA}\|_2=\|\boldsymbol{A}\|_2$。

3-6 设存在$\mathbb{C}^{n\times n}$上的矩阵范数 $\|\cdot\|$ 使得 $\|\boldsymbol{A}\|<1$，试证明：

(1) 矩阵 $\boldsymbol{E}\pm\boldsymbol{A}$ 非奇异；

(2) $\|(\boldsymbol{E}\pm\boldsymbol{A})^{-1}\|\leqslant\|\boldsymbol{E}\|/(1-\|\boldsymbol{A}\|)$；

(3) $\|\boldsymbol{A}(\boldsymbol{E}\pm\boldsymbol{A})^{-1}\|\leqslant\|\boldsymbol{A}\|/(1-\|\boldsymbol{A}\|)$。

3-7 判断下列向量序列的收敛性

$$\boldsymbol{x}_k=\begin{bmatrix}\dfrac{1}{k^2}\\[2mm] \dfrac{1}{2k}\\[2mm] \dfrac{1}{2^k}\end{bmatrix}, \quad \boldsymbol{y}_k=\begin{bmatrix}2+\dfrac{1}{\ln k}\\[2mm] \dfrac{1}{k}\\[2mm] \dfrac{\cos k}{\sin(2k)}\end{bmatrix}, \quad z_k=2\boldsymbol{x}_k+3\boldsymbol{y}_k, \quad k=1,2,\cdots$$

3-8 已知$\lim\limits_{k\to\infty}\boldsymbol{A}_k=\boldsymbol{A}$，试证明：$\lim\limits_{k\to\infty}\|\boldsymbol{A}\|_k=\|\boldsymbol{A}\|$。

3-9 设矩阵

$$\boldsymbol{A}=\begin{bmatrix}1/5 & -1\\ a & -1/5\end{bmatrix}$$

且已知 $\boldsymbol{A}_k=\boldsymbol{A}^k$，试求 a 的取值范围使得$\lim\limits_{k\to\infty}\boldsymbol{A}_k=\boldsymbol{O}$。

3-10 证明定理 3.10。

3-11 已知矩阵级数$\{\boldsymbol{A}_k\}$的通项为

$$\boldsymbol{A}_k=\begin{bmatrix}\dfrac{1}{k^2} & \dfrac{1}{k^3}\\[2mm] \dfrac{1}{2^k} & \dfrac{1}{3^k}\end{bmatrix}$$

证明矩阵级数$\{\boldsymbol{A}_k\}$和$\{\boldsymbol{A}_k^{\mathrm{T}}\}$均收敛，求出级数的和矩阵$\boldsymbol{S}$和$\boldsymbol{T}$，并计算$3\sum_{k=1}^{\infty}\boldsymbol{A}_k+5\sum_{k=1}^{\infty}\boldsymbol{A}_k^{\mathrm{T}}$。

3-12 设矩阵

$$\boldsymbol{A}=\begin{bmatrix}-1 & 0 & 2\\ 4 & -1 & -2\\ -4 & 0 & 3\end{bmatrix}$$

试求矩阵多项式$f(\boldsymbol{A})=5\boldsymbol{E}+3\boldsymbol{A}-3\boldsymbol{A}^2+6\boldsymbol{A}^3-6\boldsymbol{A}^4+4\boldsymbol{A}^5-\boldsymbol{A}$。

3-13 设矩阵

$$\boldsymbol{A}=\begin{bmatrix}3 & 1 & & & \\ & 3 & 1 & & \\ & & 3 & & \\ & & & -2 & 1\\ & & & & -2\end{bmatrix}$$

试求矩阵函数$f(\boldsymbol{A})=\cos\boldsymbol{A}$。

3-14 设矩阵

$$\boldsymbol{A}=\begin{bmatrix}3 & -3\\ -4 & -1\end{bmatrix}$$

试求矩阵函数$f(\boldsymbol{A})=\sin\boldsymbol{A}$和$f(\boldsymbol{A})=\mathrm{e}^{\boldsymbol{A}t}$，$t\in\mathbb{R}$。

3-15 证明下列两条重要性质：

$$\frac{\mathrm{d}}{\mathrm{d}t}(\mathrm{e}^{\boldsymbol{A}t})=\boldsymbol{A}\mathrm{e}^{\boldsymbol{A}t}=\mathrm{e}^{\boldsymbol{A}t}\boldsymbol{A},\quad \det(\mathrm{e}^{\boldsymbol{A}t})=\mathrm{e}^{\mathrm{trace}(\boldsymbol{A}t)}$$

3-16 证明：当且仅当$\boldsymbol{AB}=\boldsymbol{BA}$时，$\mathrm{e}^{\boldsymbol{A}}\mathrm{e}^{\boldsymbol{B}}=\mathrm{e}^{\boldsymbol{B}}\mathrm{e}^{\boldsymbol{A}}=\mathrm{e}^{\boldsymbol{A}+\boldsymbol{B}}$。

3-17 设函数矩阵$\boldsymbol{A}(t)=\boldsymbol{A}^2t$，其中

$$\boldsymbol{A}=\begin{bmatrix}1/5 & -1\\ a & -1/5\end{bmatrix}$$

试求a取何值时函数矩阵的极限$\lim\limits_{t\to\infty}\boldsymbol{A}(t)$存在？

3-18 设函数矩阵

$$\boldsymbol{A}(t)=\begin{bmatrix}\ln(2+t) & \sin(2t) & \cos(2t)\\ 2+t & 2t & \mathrm{e}^{-2t}\end{bmatrix},\quad t>0$$

试求$\dfrac{\mathrm{d}}{\mathrm{d}t}\boldsymbol{A}(t)$。

3-19 对于习题3-18中的$\boldsymbol{A}(t)$，试求：

$$\frac{\mathrm{d}}{\mathrm{d}t}\left(\int_0^{t^2}\boldsymbol{A}(\tau)\mathrm{d}\tau\right)\quad 和 \quad \frac{\mathrm{d}}{\mathrm{d}t}\left(\int_0^{t^2}t\boldsymbol{A}(\tau)\mathrm{d}\tau\right)$$

提示：对于数量函数

$$\left(\int_{\varphi_1(t)}^{\varphi_2(t)}f(t,\tau)\mathrm{d}t\right)'=f(t,\varphi_2(t))\cdot\varphi'_2(t)-f(t,\varphi_1(t))\cdot\varphi'_1(t)+\int_{\varphi_1(t)}^{\varphi_2(t)}\frac{\partial}{\partial t}f(t,\tau)\mathrm{d}t$$

3-20 求如下微分方程组的解

$$\begin{cases} \dot{x}_1 = x_2 \\ \dot{x}_2 = 2x_1 - x_2 + 2 \\ \dot{x}_3 = x_2 - 2x_3 + 1 \end{cases}$$

其中初始条件为 $x_1=1, x_2=0, x_3=2$。

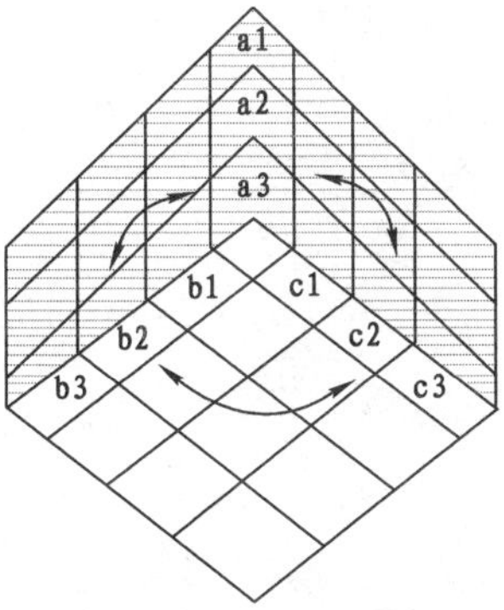

第 4 章 矩阵的广义逆

许多科学问题或者工程实际问题可以建模成线性方程组 $\boldsymbol{Ax}=\boldsymbol{b}$ 或者矩阵方程 $\boldsymbol{AX}=\boldsymbol{B}$ 的形式。因此为了解决原问题，需要求方程组或者矩阵方程的解。若 $\boldsymbol{A}$ 是方阵且可逆，方程组存在唯一解，且解可以表示为 $\boldsymbol{x}=\boldsymbol{A}^{-1}\boldsymbol{b}$ 或者 $\boldsymbol{X}=\boldsymbol{A}^{-1}\boldsymbol{B}$。但是，许多实际问题对应的矩阵 $\boldsymbol{A}$ 不一定是方阵或者非可逆矩阵。此时为了求方程组的解，需要将逆矩阵的概念进行推广，于是有了广义逆矩阵。

4.1 广义逆矩阵

设 $\boldsymbol{A}$ 是 $m\times n$ 矩阵，$\boldsymbol{b}$ 是一个 m 维向量，是否存在 $n\times m$ 矩阵 $\boldsymbol{G}$，使得方程 $\boldsymbol{Ax}=\boldsymbol{b}$ 有解，则解为

$$\boldsymbol{x}=\boldsymbol{Gb}$$

对于矩阵 $\boldsymbol{A}\in\mathbb{C}^{m\times n}$，根据秩的取值，可分为两种情况：

(1) $\boldsymbol{A}$ 是列满秩矩阵或者行满秩矩阵；

(2) $\boldsymbol{A}$ 既不是列满秩矩阵又不是行满秩矩阵，即 $\boldsymbol{A}$ 的秩满足 $\operatorname{rank}(\boldsymbol{A})=r<\min\{m,n\}$。

首先讨论列满秩或者行满秩矩阵的广义逆矩阵。

4.1.1 左逆和右逆

定义 4.1 对矩阵 $\boldsymbol{A}\in\mathbb{C}^{m\times n}$，若存在矩阵 $\boldsymbol{X}\in\mathbb{C}^{n\times m}$，

(1) 使得 $\boldsymbol{XA}=\boldsymbol{E}_n$，则称 $\boldsymbol{X}$ 为 $\boldsymbol{A}$ 的左逆矩阵，简称左逆，记为 $\boldsymbol{A}_{\mathrm{L}}^{-1}$；

(2) 使得 $\boldsymbol{AX}=\boldsymbol{E}_m$，则称 $\boldsymbol{X}$ 为 $\boldsymbol{A}$ 的右逆矩阵，简称右逆，记为 $\boldsymbol{A}_{\mathrm{R}}^{-1}$。

一般情况下，$\boldsymbol{A}_{\mathrm{L}}^{-1}\neq\boldsymbol{A}_{\mathrm{R}}^{-1}$。若 $\boldsymbol{A}_{\mathrm{L}}^{-1}=\boldsymbol{A}_{\mathrm{R}}^{-1}$，则 $\boldsymbol{A}^{-1}$ 存在，且

$$\boldsymbol{A}^{-1}=\boldsymbol{A}_{\mathrm{L}}^{-1}=\boldsymbol{A}_{\mathrm{R}}^{-1}$$

另外，矩阵的左逆、右逆一般不唯一。例如对任意复数 a,b，因

$$\begin{bmatrix}1 & 0 & a\\0 & 1 & b\end{bmatrix}\begin{bmatrix}1 & 0\\0 & 1\\0 & 0\end{bmatrix}=\begin{bmatrix}1 & 0\\0 & 1\end{bmatrix}$$

故矩阵

$$\begin{bmatrix}1 & 0 & a\\0 & 1 & b\end{bmatrix}$$

都是矩阵

$$\begin{bmatrix}1 & 0\\0 & 1\\0 & 0\end{bmatrix}$$

的左逆。

命题 4.1 若矩阵 $\boldsymbol{A}\in\mathbb{C}^{m\times n}$,

(1) 设 $\boldsymbol{A}\in\mathbb{C}_n^{m\times n}$,则 $\boldsymbol{A}$ 的左逆必存在,且

$$\boldsymbol{A}_{\mathrm{L}}^{-1}=(\boldsymbol{A}^{\mathrm{H}}\boldsymbol{A})^{-1}\boldsymbol{A}^{\mathrm{H}} \tag{4.1}$$

(2) 设 $\boldsymbol{A}\in\mathbb{C}_m^{m\times n}$,则 $\boldsymbol{A}$ 的右逆 $\boldsymbol{A}_{\mathrm{R}}^{-1}$ 必存在,且

$$\boldsymbol{A}_{\mathrm{R}}^{-1}=\boldsymbol{A}^{\mathrm{H}}(\boldsymbol{A}\boldsymbol{A}^{\mathrm{H}})^{-1} \tag{4.2}$$

命题 4.1 不仅说明当矩阵 $\boldsymbol{A}$ 是列(行)满秩时存在左(右)逆,并且给出了一种计算左(右)逆的公式。需要指出的是,虽然矩阵 $\boldsymbol{A}$ 不是方阵,但是 $\boldsymbol{A}^{\mathrm{H}}\boldsymbol{A}$ 和 $\boldsymbol{A}\boldsymbol{A}^{\mathrm{H}}$ 分别是 n 阶和 m 阶的方阵,而且均是可逆矩阵。对矩阵 $\boldsymbol{A}\in\mathbb{C}^{m\times n}$,$\boldsymbol{x}\in\mathbb{C}^n$,$N(\boldsymbol{A})=\{\boldsymbol{x}\mid\boldsymbol{A}\boldsymbol{x}=\boldsymbol{0}\}$,$R(\boldsymbol{A})=\{\boldsymbol{y}\in\mathbb{C}^m\mid\boldsymbol{y}=\boldsymbol{A}\boldsymbol{x}\}$为矩阵的核和值域。于是有更为一般的结论如下。

定理 4.1 若矩阵 $\boldsymbol{A}\in\mathbb{C}^{m\times n}$,则下列命题等价:

(1) $\boldsymbol{A}$ 存在左逆;

(2) 集合 $N(\boldsymbol{A})$只有零向量;

(3) $m\geqslant n$,且矩阵 $\boldsymbol{A}$ 是列满秩矩阵;

(4) 矩阵 $\boldsymbol{A}^{\mathrm{H}}\boldsymbol{A}$ 可逆。

定理 4.2 若矩阵 $\boldsymbol{A}\in\mathbb{C}^{m\times n}$,则下列命题等价:

(1) $\boldsymbol{A}$ 存在右逆;

(2) 集合 $R(\boldsymbol{A})=\mathbb{C}^m$;

(3) $m\leqslant n$,且矩阵 $\boldsymbol{A}$ 是行满秩矩阵;

(4) 矩阵 $\boldsymbol{A}\boldsymbol{A}^{\mathrm{H}}$ 可逆。

这里的 $N(\boldsymbol{A})$和 $R(\boldsymbol{A})$实际上是矩阵的零空间和值空间。这些概念将在第 5 章线性空间部分给出详细说明。下面考虑线性方程组求解问题。

对于任意矩阵 $\boldsymbol{A}\in\mathbb{C}^{m\times n}$,向量 $\boldsymbol{x}\in\mathbb{C}^n$ 和 $\boldsymbol{b}\in\mathbb{C}^m$,考虑方程 $\boldsymbol{A}\boldsymbol{x}=\boldsymbol{b}$,则有

(1) 若 $m=n$,此时方程称为适定方程;

(2) 若 $m>n$,此时方程称为超定方程;

(3) 若 $m<n$,此时方程称为欠定方程。

由于适定方程的求解,在线性代数中已经有了很详细的介绍,这里就不再重复说明了。下面重点介绍另外两种情况。

考虑超定方程,由于方程个数 m 超过未知量的个数 n,所以超定方程一般是不存在精确

解的。如在曲线拟合时，经常出现超定方程。如果方程对应的系数矩阵 $\boldsymbol{A}$ 是列满秩矩阵，可以求得方程的最小二乘解，即使方程两边误差平方和最小的近似解。利用公式(4.1)，可得到方程的最小二乘解为

$$\boldsymbol{x}_{\mathrm{LS}} = (\boldsymbol{A}^{\mathrm{H}}\boldsymbol{A})^{-1}\boldsymbol{A}^{\mathrm{H}}\boldsymbol{b} = \boldsymbol{A}_{\mathrm{L}}^{-1}\boldsymbol{b} \tag{4.3}$$

对于欠定方程，由于方程个数 m 小于未知量的个数 n，所以欠定方程有无穷多个解。人们希望找到具有最小范数的解，或者称为最短距离解。利用公式(4.2)，可得到方程的最小范数解为

$$\boldsymbol{x}_{\mathrm{MN}} = \boldsymbol{A}^{\mathrm{H}}(\boldsymbol{A}\boldsymbol{A}^{\mathrm{H}})^{-1}\boldsymbol{b} = \boldsymbol{A}_{\mathrm{R}}^{-1}\boldsymbol{b} \tag{4.4}$$

4.1.2　Moore-Penrose 广义逆矩阵

若方阵 $\boldsymbol{A}\in \mathbb{C}^{n\times n}$ 是满秩矩阵，则其存在逆矩阵；若矩阵 $\boldsymbol{A}\in \mathbb{C}^{m\times n}$ 是列满秩或者行满秩矩阵，则其存在左逆或右逆。因此，满秩矩阵存在逆矩阵。而在许多工程实际问题中，对应的矩阵存在既不是方阵，也不是满秩矩阵的情况。这种情况下，需要进一步推广逆矩阵的定义。于是就有了本节重点讨论的 Moore-Penrose 广义逆矩阵。

定义 4.2（Moore-Penrose 广义逆矩阵）　设矩阵 $\boldsymbol{A}\in \mathbb{C}^{m\times n}$，如果存在矩阵 $\boldsymbol{G}\in \mathbb{C}^{n\times m}$ 满足

(1) $\boldsymbol{AGA}=\boldsymbol{A}$，

(2) $\boldsymbol{GAG}=\boldsymbol{G}$，

(3) $(\boldsymbol{AG})^{\mathrm{H}}=\boldsymbol{AG}$，

(4) $(\boldsymbol{GA})^{\mathrm{H}}=\boldsymbol{GA}$，

则称矩阵 $\boldsymbol{G}$ 为矩阵 $\boldsymbol{A}$ 的 Moore-Penrose 广义逆矩阵，简称为 M-P 广义逆，记为 $\boldsymbol{A}^{+}$，或 $\boldsymbol{A}^{\dagger}$。

特别地，条件(1)是 $\boldsymbol{A}$ 的广义逆矩阵是 $\boldsymbol{G}$ 必须满足的条件；而条件(2)则是矩阵 $\boldsymbol{G}$ 的广义逆矩阵是 $\boldsymbol{A}$ 必须满足的条件。只有两个条件同时满足才能说明两者互为逆矩阵。另外，M-P 广义逆矩阵是唯一确定的。

需要说明的是，Moore 早在 1920 年就给出了任意矩阵的广义逆矩阵需要满足的两个条件，但是由于定义是基于投影算子的，因而不容易理解和应用，因此 Moore 给出的广义逆矩阵一直未被重视。直到 1955 年，Penrose 给出广义逆矩阵需要满足的四个条件，才推动了广义逆矩阵研究的发展。实际上后来学者已经证明了两个人给出的广义逆矩阵的条件是等价的。因此，后来就称这种广义逆矩阵为 Moore-Penrose 广义逆矩阵。

由定义 4.2 可知，矩阵的广义逆矩阵与矩阵自身阶数可能不同。另外，若矩阵 $\boldsymbol{G}$ 满足条件(1),(2),(3),(4)中的部分或全部，也称矩阵 $\boldsymbol{G}$ 为 $\boldsymbol{A}$ 的广义逆矩阵，简称为广义逆。为了表示方便，可令 $\boldsymbol{A}\{1\}$ 是满足条件(1)的矩阵全体，元素记为 $\boldsymbol{A}^{(1)}$。更为一般的，可以定义广义逆矩阵的集合为

$$\boldsymbol{A}\{i,j,\cdots\} = \{\boldsymbol{A}^{(i,j,\cdots)} \mid \boldsymbol{A}^{(i,j,\cdots)} \text{ 是满足条件}(i),(j),\cdots \text{ 矩阵的全体}\} \tag{4.5}$$

根据满足四个条件的多少，可以将广义逆矩阵进行分类。其中：$\boldsymbol{A}^{(1,2)}$ 称为矩阵 $\boldsymbol{A}$ 的自反广义逆矩阵；$\boldsymbol{A}^{(1,2,3)}$ 称为矩阵 $\boldsymbol{A}$ 的正规化广义逆矩阵；$\boldsymbol{A}^{(1,2,4)}$ 称为矩阵 $\boldsymbol{A}$ 的弱广义逆矩阵。只有同时满足四个条件的逆矩阵 $\boldsymbol{A}^{\dagger}$ 是唯一的，而其他的广义逆矩阵都不是唯一的。例如，矩阵

$$G=\begin{bmatrix}\frac{1}{2} & a\\ \frac{1}{2} & 0\end{bmatrix},\quad \forall a\in\mathbb{C}$$

是矩阵

$$A=\begin{bmatrix}1 & 1\\ 0 & 0\end{bmatrix}$$

的 $A\{1\}$逆。但由于 a 是任意数，显然 G 是不唯一的。实际上，可以验证

$$G=\begin{bmatrix}1 & a\\ 0 & 0\end{bmatrix}$$

也是矩阵 $A\{1\}$逆。但是矩阵 $A^{\dagger}$

$$A^{\dagger}=\begin{bmatrix}\frac{1}{2} & 0\\ \frac{1}{2} & 0\end{bmatrix}$$

是唯一的。

不难验证，非奇异方阵 $A\in\mathbb{C}^{n\times n}$的逆矩阵 A^{-1}，满秩矩阵的左逆 A_L^{-1} 和右逆 A_R^{-1} 均满足四个条件。可见，逆矩阵、左逆和右逆都是 M-P 广义逆矩阵的特例。另外，需要注意的是，一般情况下广义逆矩阵与原矩阵之间的行数和列数有所不同。如零矩阵 $O_{m\times n}$的广义逆矩阵是零矩阵 $O_{n\times m}$。但不能认为零矩阵的广义逆矩阵是其自身。

常用的广义逆有以下 5 类：

$$A\{1\},\quad A\{1,2\},\quad A\{1,3\},\quad A\{1,4\},\quad A^{\dagger}$$

下面将逐一介绍。

4.2 广义逆矩阵 $A^{(1)}$

4.2.1 $A^{(1)}$的定义与性质

定义 4.3 对任意矩阵 $A\in\mathbb{C}^{m\times n}$，如果存在矩阵 $G\in\mathbb{C}^{n\times m}$满足

$$AGA=A \tag{4.6}$$

则称 G 为 A 的$\{1\}$逆，也称为 A 的减号逆，记为 $A^{(1)}$ 或 A^{-}。矩阵 A 的$\{1\}$逆的全体记为 $A\{1\}$。

对非奇异矩阵 $A\in\mathbb{C}^{n\times n}$而言，逆矩阵具有很多的性质。如可逆与共轭转置之间可以交换，数乘矩阵的逆等。对于减号逆矩阵而言，对应的性质可由定理 4.3 描述。

定理 4.3 设 $A\in\mathbb{C}^{m\times n}$，$k\in\mathbb{C}$，则有

(1) $(A^{(1)})^{H}\in A^{H}\{1\}$；

(2) $k^{+}A^{(1)}\in(kA)\{1\}$，其中 $k^{+}=\begin{cases}k^{-1} & k\neq 0\\ 0 & k=0\end{cases}$；

(3) $\operatorname{rank}(A^{(1)})\geqslant\operatorname{rank}(A)$；

(4) $A^{(1)}A$ 与 $AA^{(1)}$ 都是幂等阵，且满足

$$\text{rank}(\boldsymbol{AA}^{(1)}) = \text{rank}(\boldsymbol{A}^{(1)}\boldsymbol{A}) = \text{rank}(\boldsymbol{A})$$

证明 (1) 由{1}逆的定义有 $\boldsymbol{AA}^{(1)}\boldsymbol{A}=\boldsymbol{A}$，等式两边都取共轭转置，有

$$\boldsymbol{A}^{\text{H}}(\boldsymbol{A}^{(1)})^{\text{H}}\boldsymbol{A}^{\text{H}} = \boldsymbol{A}^{\text{H}}$$

故 $(\boldsymbol{A}^{(1)})^{\text{H}}\in\boldsymbol{A}^{\text{H}}\{1\}$。

(2) 当 $k=0$ 时，因 $(0\boldsymbol{A})(0\boldsymbol{A}^{(1)})(0\boldsymbol{A})=0\boldsymbol{A}$，故 $0\boldsymbol{A}^{(1)}\in(0\boldsymbol{A})\{1\}$。

当 $k\neq0$ 时，因

$$(k\boldsymbol{A})(k^{-1}\boldsymbol{A}^{(1)})(k\boldsymbol{A}) = k\boldsymbol{AA}^{(1)}\boldsymbol{A} = k\boldsymbol{A}$$

所以 $k^{-1}\boldsymbol{A}^{(1)}\in(k\boldsymbol{A})\{1\}$。

综合得 $k^{+}\boldsymbol{A}^{(1)}\in(k\boldsymbol{A})\{1\}$。

(3) 由 $\boldsymbol{AA}^{(1)}\boldsymbol{A}=\boldsymbol{A}$，得

$$\text{rank}(\boldsymbol{A}) = \text{rank}(\boldsymbol{AA}^{(1)}\boldsymbol{A}) \leqslant \text{rank}(\boldsymbol{A}^{(1)}\boldsymbol{A}) \leqslant \text{rank}(\boldsymbol{A}^{(1)})$$

即证 $\text{rank}(\boldsymbol{A}^{(1)})\geqslant\text{rank}(\boldsymbol{A})$。

(4) 因

$$(\boldsymbol{AA}^{(1)})^2 = \boldsymbol{AA}^{(1)}\boldsymbol{AA}^{(1)} = \boldsymbol{AA}^{(1)}$$

从而 $\boldsymbol{AA}^{(1)}$ 是幂等阵。同理得 $\boldsymbol{A}^{(1)}\boldsymbol{A}$ 也是幂等阵。

由

$$\text{rank}(\boldsymbol{A}) = \text{rank}(\boldsymbol{AA}^{(1)}\boldsymbol{A}) \leqslant \text{rank}(\boldsymbol{A}^{(1)}\boldsymbol{A}) \leqslant \text{rank}(\boldsymbol{A})$$

得 $\text{rank}(\boldsymbol{A})=\text{rank}(\boldsymbol{A}^{(1)}\boldsymbol{A})$。同理得 $\text{rank}(\boldsymbol{A})=\text{rank}(\boldsymbol{AA}^{(1)})$。 □

实际上，若 $\boldsymbol{A}$ 是 n 阶非奇异方阵，则存在性质：(1) $(\boldsymbol{A}^{\text{H}})^{-1}=(\boldsymbol{A}^{-1})^{\text{H}}$；(2) $(k\boldsymbol{A})^{-1}=k^{-1}\boldsymbol{A}^{-1}$。这与定理 4.3 的性质中第(1)、(2)条是类似的。但是 $\text{rank}(\boldsymbol{A}^{-1})=\text{rank}(\boldsymbol{A})$，这与定理 4.3 的第(3)条性质有所不同。另外，利用定理 4.3 的第(4)条性质结合{1}逆的定义可以证明定理 4.4。

定理 4.4 设 $\boldsymbol{A}\in\mathbb{C}_r^{m\times n}$，则

(1) $\boldsymbol{A}^{(1)}\boldsymbol{A}=\boldsymbol{E}_n$ 当且仅当 $r=n$；

(2) $\boldsymbol{AA}^{(1)}=\boldsymbol{E}_m$ 当且仅当 $r=m$。

定理 4.4 说明矩阵 $\boldsymbol{A}$ 是列(行)满秩矩阵与 $\boldsymbol{A}^{(1)}$ 是矩阵 $\boldsymbol{A}$ 的左(右)逆是等价的。再特殊一些，若 $r=n=m$，则 $\boldsymbol{A}\{1\}$ 仅有唯一的元素 $\boldsymbol{A}^{-1}$。这也给出了一种特殊情况下求 $\boldsymbol{A}^{(1)}$ 的方法。至于一般情况下，求 $\boldsymbol{A}^{(1)}$ 的方法将在下一节介绍。

为了后面讨论的需要，这里给出矩阵的值域与核的性质。

定理 4.5 设 $\boldsymbol{A}\in\mathbb{C}^{m\times n}$，则

(1) $R(\boldsymbol{AA}^{(1)})=R(\boldsymbol{A})$；

(2) $N(\boldsymbol{A}^{(1)}\boldsymbol{A})=N(\boldsymbol{A})$；

(3) $R((\boldsymbol{A}^{(1)}\boldsymbol{A})^{\text{H}})=R(\boldsymbol{A}^{\text{H}})$。

定理 4.5 的证明比较简单，利用集合之间的包含关系就可以证明，这里就不再一一证明了。

4.2.2 $\boldsymbol{A}^{(1)}$ 的构造

引理 4.1 设矩阵 $\boldsymbol{A},\boldsymbol{B}\in\mathbb{C}^{m\times n}$，且矩阵 $\boldsymbol{P}$ 和 $\boldsymbol{Q}$ 分别为 m 阶和 n 阶非奇异方阵，满足 $\boldsymbol{PAQ}=\boldsymbol{B}$，则

$$A\{1\} = \{QB^{(1)}P \mid B^{(1)} \in B\{1\}\}$$

证明 由于 $PAQ=B$，故 $A=P^{-1}BQ^{-1}$，则任取矩阵 $B^{(1)}\in B\{1\}$，有

$$A(QB^{(1)}P)A = (P^{-1}BQ^{-1})(QB^{(1)}P)(P^{-1}BQ^{-1}) = P^{-1}BB^{(1)}BQ^{-1}$$

又因为 $B^{(1)}\in B\{1\}$，所以 $BB^{(1)}B=B$。故有

$$A(QB^{(1)}P)A = P^{-1}BQ^{-1} = A$$

因此，$QB^{(1)}P\in A\{1\}$。

任取 $A^{(1)}\in A\{1\}$，则有 $AA^{(1)}A=A$。又因为 $A=P^{-1}BQ^{-1}$，故有

$$(P^{-1}BQ^{-1})A^{(1)}(P^{-1}BQ^{-1}) = P^{-1}BQ^{-1}$$

等式两端左乘 P，右乘 Q，得

$$BQ^{-1}A^{(1)}P^{-1}B = B$$

故有

$$Q^{-1}A^{(1)}P^{-1} \in B\{1\}$$

表明存在 $B^{(1)}\in B\{1\}$，使得

$$Q^{-1}A^{(1)}P^{-1} = B^{(1)}$$

故 $A^{(1)}$ 可表示为 $A^{(1)}=QB^{(1)}P$。 □

引理 4.1 表明，两个等价矩阵对应的{1}逆之间也存在等价关系。利用第 1 章公式(1.11)可知，任意矩阵 $A\in \mathbb{C}_r^{m\times n}$ 都与标准形等价。因此，只要得到标准形的{1}逆，就可以获得矩阵 A 的{1}逆。

定理 4.6 设任一矩阵 $A\in \mathbb{C}_r^{m\times n}$，且 P,Q 分别为 m 阶和 n 阶非奇异方阵，满足

$$PAQ = \begin{bmatrix} E_r & O \\ O & O \end{bmatrix}$$

则有

$$A^{(1)} = Q\begin{bmatrix} E_r & G_{12} \\ G_{21} & G_{22} \end{bmatrix}P \tag{4.7}$$

其中 G_{12},G_{21},G_{22} 分别是 $r\times(m-r)$，$(n-r)\times r$，$(n-r)\times(m-r)$ 阶的任意矩阵。

证明 不妨令 $B=\begin{bmatrix} E_r & O \\ O & O \end{bmatrix}$，于是根据引理 4.1，只需证明矩阵 B 的{1}逆有且仅有形式 $\begin{bmatrix} E_r & G_{12} \\ G_{21} & G_{22} \end{bmatrix}$ 即可。设其对应的{1}逆为

$$G = \begin{bmatrix} G_{11} & G_{12} \\ G_{21} & G_{22} \end{bmatrix}$$

按照{1}逆的定义可知矩阵 G 需要满足公式(4.6)，即 $BGB=B$，故

$$\begin{bmatrix} E_r & O \\ O & O \end{bmatrix}\begin{bmatrix} G_{11} & G_{12} \\ G_{21} & G_{22} \end{bmatrix}\begin{bmatrix} E_r & O \\ O & O \end{bmatrix} = \begin{bmatrix} E_r & O \\ O & O \end{bmatrix}$$

从而，当且仅当 $G_{11}=E_r$，而 G_{12},G_{21},G_{22} 为任意矩阵时，$G\in B\{1\}$。 □

定理 4.6 表明，只要能得到将矩阵 A 化为标准形的可逆矩阵 P,Q，按照公式(4.7)即可得到广义逆 $A^{(1)}$。特别地，对任意非奇异方阵 $A\in \mathbb{C}_n^{n\times n}$，存在 n 阶可逆矩阵 P,Q，使 $PAQ=E_n$，从而有

$$A^{(1)} = QE_nP = QP = A^{-1}$$

故非奇异方阵的{1}逆是唯一的，且等于 $\boldsymbol{A}^{-1}$。但是可以验证，对于列(行)满秩矩阵 $\boldsymbol{A}$，对应的左(右)逆 $\boldsymbol{A}_L^{-1}(\boldsymbol{A}_R^{-1})$ 是其一个{1}逆。

例 4.1　设 $\boldsymbol{A}=\begin{bmatrix}1 & -1 & 2\\ 2 & 2 & 3\end{bmatrix}$，求 $\boldsymbol{A}\{1\}$。

解　首先利用初等变换将矩阵 $\boldsymbol{A}$ 化为标准形。为了同时得到可逆矩阵 $\boldsymbol{P}$ 和 $\boldsymbol{Q}$，利用第 2 章中的相关方法，只需要在矩阵 $\boldsymbol{A}$ 的右边放上单位矩阵 $\boldsymbol{E}_2$，在 $\boldsymbol{A}$ 的下方放上单位矩阵 $\boldsymbol{E}_3$，当 $\boldsymbol{A}$ 变成标准形时，则 $\boldsymbol{E}_2$ 就变成 $\boldsymbol{P}$，而 $\boldsymbol{E}_3$ 就变成 $\boldsymbol{Q}$。即

$$\begin{bmatrix}\boldsymbol{A} & \boldsymbol{E}_2\\ \boldsymbol{E}_3 & \boldsymbol{O}\end{bmatrix}=\left[\begin{array}{ccc:cc}1 & -1 & 2 & 1 & 0\\ 2 & 2 & 3 & 0 & 1\\ \hdashline 1 & 0 & 0 & 0 & 0\\ 0 & 1 & 0 & 0 & 0\\ 0 & 0 & 1 & 0 & 0\end{array}\right]\xrightarrow[c_3-2c_1]{c_2+c_1}\left[\begin{array}{ccc:cc}1 & 0 & 0 & 1 & 0\\ 2 & 4 & -1 & 0 & 1\\ \hdashline 1 & 1 & -2 & 0 & 0\\ 0 & 1 & 0 & 0 & 0\\ 0 & 0 & 1 & 0 & 0\end{array}\right]$$

$$\xrightarrow[c_2+4c_3]{c_1+2c_3}\left[\begin{array}{ccc:cc}1 & 0 & 0 & 1 & 0\\ 0 & 0 & -1 & 0 & 1\\ \hdashline -3 & -7 & -2 & 0 & 0\\ 0 & 1 & 0 & 0 & 0\\ 2 & 4 & 1 & 0 & 0\end{array}\right]\xrightarrow[c_2\leftrightarrow c_3]{r_1\times(-1)}\left[\begin{array}{ccc:cc}1 & 0 & 0 & 1 & 0\\ 0 & 1 & 0 & 0 & -1\\ \hdashline -3 & -2 & -7 & 0 & 0\\ 0 & 0 & 1 & 0 & 0\\ 2 & 1 & 4 & 0 & 0\end{array}\right]$$

令

$$\boldsymbol{P}=\begin{bmatrix}1 & 0\\ 0 & -1\end{bmatrix}\quad \boldsymbol{Q}=\begin{bmatrix}-3 & -2 & -7\\ 0 & 0 & 1\\ 2 & 1 & 4\end{bmatrix}$$

则有

$$\boldsymbol{PAQ}=[\boldsymbol{E}_2,\boldsymbol{O}]$$

于是

$$\boldsymbol{A}\{1\}=\left\{\boldsymbol{Q}\begin{bmatrix}1 & 0\\ 0 & 1\\ x_1 & x_2\end{bmatrix}\boldsymbol{P}\ \middle|\ \forall\, x_1,x_2\in\mathbb{C}\right\}$$

集合 $\boldsymbol{A}\{1\}$ 即为所求矩阵 $\boldsymbol{A}$ 的{1}逆全体。　□

如令 $x_1=-29/66$，$x_2=-18/66$，则有

$$\boldsymbol{A}^{(1)}=\frac{1}{66}\begin{bmatrix}5 & 6\\ -29 & 18\\ 16 & 6\end{bmatrix}$$

由于 $\text{rank}(\boldsymbol{A})=2$，故矩阵 $\boldsymbol{A}$ 是行满秩矩阵，对应的右逆 $\boldsymbol{A}_R^{-1}=\boldsymbol{A}^H(\boldsymbol{A}\boldsymbol{A}^H)^{-1}$ 也恰好是此矩阵，即 $\boldsymbol{A}^{(1)}=\boldsymbol{A}_R^{-1}$。这表明对于行满秩矩阵而言，右逆只是其中一个{1}逆。

如令 $x_1=1$，$x_2=0$，则有

$$\boldsymbol{A}^{(1)}=\begin{bmatrix}-10 & 2\\ 1 & 0\\ 6 & -1\end{bmatrix}$$

例 4.2 设矩阵 $A=\begin{bmatrix}0 & -1 & 3 & 0\\ 2 & -4 & 1 & 5\\ -4 & 5 & 7 & -10\end{bmatrix}$，求 $A\{1\}$。

解 将矩阵 A 化为标准形，即令

$$\begin{bmatrix}A & E_3\\ E_4 & O\end{bmatrix}=\left[\begin{array}{cccc:ccc}0 & -1 & 3 & 0 & 1 & 0 & 0\\ 2 & -4 & 1 & 5 & 0 & 1 & 0\\ -4 & 5 & 7 & -10 & 0 & 0 & 1\\ \hdashline 1 & 0 & 0 & 0 & 0 & 0 & 0\\ 0 & 1 & 0 & 0 & 0 & 0 & 0\\ 0 & 0 & 1 & 0 & 0 & 0 & 0\\ 0 & 0 & 0 & 1 & 0 & 0 & 0\end{array}\right]$$

$$\to\left[\begin{array}{cccc:ccc}1 & 0 & 0 & 0 & -2 & 1/2 & 0\\ 0 & 1 & 0 & 0 & -1 & 0 & 0\\ 0 & 0 & 0 & 0 & -3 & 2 & 1\\ \hdashline 1 & 0 & 11/2 & -5/2 & 0 & 0 & 0\\ 0 & 1 & 3 & 0 & 0 & 0 & 0\\ 0 & 0 & 1 & 0 & 0 & 0 & 0\\ 0 & 0 & 0 & 1 & 0 & 0 & 0\end{array}\right]$$

故取

$$P=\begin{bmatrix}-2 & 1/2 & 0\\ -1 & 0 & 0\\ -3 & 2 & 1\end{bmatrix},\quad Q=\begin{bmatrix}1 & 0 & 11/2 & -5/2\\ 0 & 1 & 3 & 0\\ 0 & 0 & 1 & 0\\ 0 & 0 & 0 & 1\end{bmatrix}$$

则有

$$PAQ=\begin{bmatrix}E_2 & O\\ O & O\end{bmatrix}$$

于是有

$$A\{1\}=\left\{Q\begin{bmatrix}E_2 & G_{12}\\ G_{21} & G_{22}\end{bmatrix}P\ \middle|\ \forall G_{12}\in\mathbb{C}^{2\times 1},G_{21}\,\mathbb{C}^{2\times 2},G_{22}\in\mathbb{C}^{2\times 1}\right\}$$

集合 $A\{1\}$ 即为所求矩阵 A 的 $\{1\}$ 逆全体。 □

定理 4.6 给出了构造矩阵 $A\in\mathbb{C}_r^{m\times n}$ 的减号逆矩阵 $A^{(1)}$ 的方法。如果已经知道矩阵的一个减号逆矩阵，可采用定理 4.7 得到所有减号逆的集合 $A\{1\}$。

定理 4.7 设 $A\in\mathbb{C}^{m\times n}$，$A^{(1)}\in A\{1\}$，则

(1) $A\{1\}=\{A^{(1)}+U-A^{(1)}AUAA^{(1)}\mid U\in\mathbb{C}^{n\times m}$ 为任意矩阵$\}$；

(2) $A\{1\}=\{A^{(1)}+V(E_m-AA^{(1)})+(E_n-A^{(1)}A)U\mid U,V\in\mathbb{C}^{n\times m}$ 为任意矩阵$\}$。

4.2.3 广义逆 $A^{(1)}$ 与线性方程组求解

对于矩阵 $A\in\mathbb{C}^{m\times n}$，向量 $x\in\mathbb{C}^n$ 和 $b\in\mathbb{C}^m$ 而言，若线性方程组 $Ax=b$ 有解，则称此方程组为相容方程组；若无解，则称之为不相容方程组或者矛盾方程组。在方程组有解的情况

下，才能继续判断方程组是存在唯一解还是无穷多解。因此判断相容性是求解方程组的第一步。在线性代数里，判断方程组的相容性问题实际上是判断系数矩阵的秩与增广矩阵的秩是否相等。而在学习过广义逆矩阵后，判断矩阵 $\boldsymbol{G}$ 是否为 $\boldsymbol{A}^{(1)}$ 与判断 $\boldsymbol{Gb}$ 是否为方程组 $\boldsymbol{Ax}=\boldsymbol{b}$ 的解是密切相关的。

定理 4.8(非齐次线性方程组的相容性) 非齐次线性方程组 $\boldsymbol{Ax}=\boldsymbol{b}$ 有解的充分必要条件是

$$\boldsymbol{AA}^{(1)}\boldsymbol{b}=\boldsymbol{b} \tag{4.8}$$

证明 若方程组 $\boldsymbol{Ax}=\boldsymbol{b}$ 有解，则说明存在向量 $\boldsymbol{y}\in\mathbb{C}^n$，使得 $\boldsymbol{Ay}=\boldsymbol{b}$。则有

$$\boldsymbol{AA}^{(1)}\boldsymbol{b}=\boldsymbol{AA}^{(1)}\boldsymbol{Ay}=\boldsymbol{Ay}=\boldsymbol{b}$$

若 $\boldsymbol{AA}^{(1)}\boldsymbol{b}=\boldsymbol{b}$，说明 $\boldsymbol{y}=\boldsymbol{A}^{(1)}\boldsymbol{b}$ 为方程组 $\boldsymbol{Ax}=\boldsymbol{b}$ 的解。 □

实际上，公式(4.8)表明 $b\in R(\boldsymbol{AA}^{(1)})$。又根据定理 4.5 中的结论 $R(\boldsymbol{AA}^{(1)})=R(\boldsymbol{A})$，有命题 $b\in R(\boldsymbol{AA}^{(1)})$ 等价于 $\boldsymbol{b}\in R(\boldsymbol{A})$，也等价于 $\boldsymbol{Ax}=\boldsymbol{b}$ 有解。在确定线性方程组的相容性后，下面给出解的表达形式。首先讨论齐次线性方程组的解的结构。

定理 4.9(齐次线性方程组的通解) n 元齐次线性方程组 $\boldsymbol{Ax}=\boldsymbol{0}$ 的通解为

$$\boldsymbol{x}=(\boldsymbol{E}_n-\boldsymbol{A}^{(1)}\boldsymbol{A})\boldsymbol{\xi} \tag{4.9}$$

其中，$\boldsymbol{\xi}$ 为 $\mathbb{C}^n$ 中的任意向量，$\boldsymbol{A}^{(1)}$ 为 $\boldsymbol{A}$ 的任意给定的一个{1}逆。

证明 首先，验证式(4.9)是方程组的解。

为此将其代入方程组 $\boldsymbol{Ax}=\boldsymbol{0}$，有

$$\boldsymbol{A}(\boldsymbol{E}_n-\boldsymbol{A}^{(1)}\boldsymbol{A})\boldsymbol{\xi}=(\boldsymbol{A}-\boldsymbol{AA}^{(1)}\boldsymbol{A})\boldsymbol{\xi}=(\boldsymbol{A}-\boldsymbol{A})\boldsymbol{\xi}=\boldsymbol{0}$$

故式(4.9)是 $\boldsymbol{Ax}=\boldsymbol{0}$ 的解。

其次，需要证明任意解都可以表示成式(4.9)的形式，即只要证明对方程组的任意解都可以找到向量一个 $\boldsymbol{\xi}\in\mathbb{C}^n$ 使得该解可以表示成式(4.9)的形式。

设 $\boldsymbol{\eta}$ 是 $\boldsymbol{Ax}=\boldsymbol{0}$ 的一个解，取 $\boldsymbol{\xi}=\boldsymbol{\eta}$，则有

$$(\boldsymbol{E}_n-\boldsymbol{A}^{(1)}\boldsymbol{A})\boldsymbol{\eta}=\boldsymbol{\eta}-\boldsymbol{A}^{(1)}\boldsymbol{A}\boldsymbol{\eta}=\boldsymbol{\eta}$$

综上，式(4.9)是 $\boldsymbol{Ax}=\boldsymbol{0}$ 的通解。 □

实际上，由于 $\boldsymbol{A}^{(1)}\boldsymbol{A}$ 是幂等矩阵，故有

$$N(\boldsymbol{A}^{(1)}\boldsymbol{A})=R(\boldsymbol{E}_n-\boldsymbol{A}^{(1)}\boldsymbol{A})$$

又根据定理 4.5 中的结论 $N(\boldsymbol{A})=N(\boldsymbol{A}^{(1)}\boldsymbol{A})$，有

$$N(\boldsymbol{A})=R(\boldsymbol{E}_n-\boldsymbol{A}^{(1)}\boldsymbol{A})$$

所以方程组 $\boldsymbol{Ax}=\boldsymbol{0}$ 的全部解为

$$\{(\boldsymbol{E}_n-\boldsymbol{A}^{(1)}\boldsymbol{A})\boldsymbol{\xi}\mid\boldsymbol{\xi}\in\mathbb{C}^n\}$$

定理 4.10(非齐次线性方程组的通解) 若 n 元非齐次线性方程组 $\boldsymbol{Ax}=\boldsymbol{b}$ 有解，则其通解为

$$\boldsymbol{x}=\boldsymbol{A}^{(1)}\boldsymbol{b}+(\boldsymbol{E}_n-\boldsymbol{A}^{(1)}\boldsymbol{A})\boldsymbol{\xi} \tag{4.10}$$

其中 $\boldsymbol{\xi}$ 为 $\mathbb{C}^n$ 中的任意向量，$\boldsymbol{A}^{(1)}$ 为 $\boldsymbol{A}$ 的任意给定的一个{1}逆。

实际上，非齐次线性方程组的通解可以看成由两部分组成。第一部分记为 $\boldsymbol{x}_0=\boldsymbol{A}^{(1)}\boldsymbol{b}$，是方程组 $\boldsymbol{Ax}=\boldsymbol{b}$ 的一个特解。第二部分记为 $\boldsymbol{z}=(\boldsymbol{E}_n-\boldsymbol{A}^{(1)}\boldsymbol{A})\boldsymbol{\xi}$，是方程组 $\boldsymbol{Ax}=\boldsymbol{0}$ 的通解。这样非齐次方程组的通解则可以表示成其特解 $\boldsymbol{x}_0$ 与对应的齐次方程组通解 $\boldsymbol{z}$ 的和的形式。这与线性代数里的结论是类似的。

例 4.3 已知

$$\boldsymbol{A}=\begin{bmatrix}1&1&2\\2&2&1\\3&3&3\end{bmatrix},\quad \boldsymbol{b}=\begin{bmatrix}b_1\\b_2\\b_3\end{bmatrix}$$

确定参数 b_1,b_2,b_3，使得方程组 $\boldsymbol{Ax}=\boldsymbol{b}$ 有解，并求通解。

解 用初等变换方法不难求出，当

$$\boldsymbol{P}=\begin{bmatrix}1&0&0\\2/3&-1/3&0\\-1&-1&1\end{bmatrix},\quad \boldsymbol{Q}=\begin{bmatrix}1&-2&-1\\0&0&1\\0&1&0\end{bmatrix}$$

有

$$\boldsymbol{PAQ}=\begin{bmatrix}\boldsymbol{E}_2&\boldsymbol{O}\\\boldsymbol{O}&\boldsymbol{O}\end{bmatrix}$$

因此，可以求出对任意的 $g_{13},g_{23},g_{31},g_{32},g_{33}\in\mathbb{C}$，有

$$\boldsymbol{A}^{(1)}=\boldsymbol{Q}\begin{bmatrix}1&0&g_{13}\\0&1&g_{23}\\g_{31}&g_{32}&g_{33}\end{bmatrix}\boldsymbol{P}$$

特别地，取 $g_{13}=g_{23}=g_{31}=g_{32}=g_{33}=0$，则有 $\boldsymbol{A}$ 的一个减号逆为

$$\boldsymbol{A}^{(1)}=\begin{bmatrix}-1/3&2/3&0\\0&0&0\\2/3&-1/3&0\end{bmatrix}$$

由 $\boldsymbol{AA}^{(1)}\boldsymbol{b}=\boldsymbol{b}$，可得

$$\begin{bmatrix}b_1\\b_2\\b_1+b_2\end{bmatrix}=\begin{bmatrix}b_1\\b_2\\b_3\end{bmatrix}$$

即当 $b_3=b_1+b_2$ 时，方程组有解，且通解为

$$\boldsymbol{x}=\boldsymbol{A}^{(1)}\boldsymbol{b}+(\boldsymbol{E}_n-\boldsymbol{A}^{(1)}\boldsymbol{A})\boldsymbol{\xi}$$

$$=\begin{bmatrix}\dfrac{-b_1+2b_2}{3}\\0\\\dfrac{2b_1-b_2}{3}\end{bmatrix}+\begin{bmatrix}\xi_1\\\xi_2\\\xi_3\end{bmatrix}$$

其中，ξ_1,ξ_2,ξ_3 是任意数。 □

总结：关于非齐次线性方程组 $\boldsymbol{Ax}=\boldsymbol{b}$ 的相容性，其中 $\boldsymbol{A}\in\mathbb{C}^{m\times n}$，向量 $\boldsymbol{x}\in\mathbb{C}^n$ 和 $\boldsymbol{b}\in\mathbb{C}^m$，可以有如下结论：

(1) 当 $m=n$ 时，若满足 $\mathrm{rank}(\boldsymbol{A},\boldsymbol{b})=\mathrm{rank}(\boldsymbol{A})$ 时，方程组是相容的。

(2) 当 $m\neq n$ 时，若满足 $\boldsymbol{AA}^{(1)}\boldsymbol{b}=\boldsymbol{b}$ 时，方程组是相容的。

这里借助{1}逆解决了一般情况下的非齐次线性方程组的相容性问题。进一步考虑：

(1) 当方程组相容时，其解可能有无穷多个，如何求出具有最小范数的解？

(2) 若方程组不相容，则不存在通常意义下的解。对于矛盾方程，为满足实际问题的需

求，如何求出方程组的最小二乘解？

(3) 一般矛盾方程的最小二乘解是不唯一的，但最小范数二乘解是唯一的，如何求？

由于广义逆矩阵与线性方程组的求解有着密切的关系，因此利用广义逆可以给出上述问题的解决方法。

4.3 广义逆矩阵 $\boldsymbol{A}^{(1,2)}$

4.3.1 $\boldsymbol{A}^{(1,2)}$ 的定义与性质

定义 4.4 设矩阵 $\boldsymbol{A}\in\mathbb{C}^{m\times n}$，如果存在矩阵 $\boldsymbol{G}\in\mathbb{C}^{n\times m}$ 满足

(1) $\boldsymbol{AGA}=\boldsymbol{A}$,

(2) $\boldsymbol{GAG}=\boldsymbol{G}$,

则称矩阵 $\boldsymbol{G}$ 为矩阵 $\boldsymbol{A}$ 的 $\{1,2\}$ 逆矩阵，记为 $\boldsymbol{A}^{(1,2)}$。矩阵 $\boldsymbol{A}$ 的 $\{1,2\}$ 逆矩阵的全体记为 $\boldsymbol{A}\{1,2\}$。

在定义 4.4 中，条件(1)和(2)说明矩阵 $\boldsymbol{A}$ 与 $\boldsymbol{G}$ 是互为 $\{1,2\}$ 逆的，因此又称 $\{1,2\}$ 逆为自反广义逆。即若 $\boldsymbol{G}\in\boldsymbol{A}\{1,2\}$，则 $\boldsymbol{A}\in\boldsymbol{G}\{1,2\}$。

对于逆矩阵 $\boldsymbol{A}^{-1}$ 有 $(\boldsymbol{A}^{-1})^{-1}=\boldsymbol{A}$，也就是矩阵 $\boldsymbol{A}$ 与其逆矩阵 $\boldsymbol{A}^{-1}$ 互为逆矩阵。但对 $\boldsymbol{A}^{(1)}$ 而言，一般情况下是不成立的。如矩阵

$$\boldsymbol{A}=\begin{bmatrix}1&0\\0&0\end{bmatrix},\quad \boldsymbol{G}=\begin{bmatrix}1&0\\0&1\end{bmatrix}$$

可以验证 $\boldsymbol{G}\in\boldsymbol{A}\{1\}$。但是 $\boldsymbol{GAG}\neq\boldsymbol{G}$，这说明 $\boldsymbol{A}\notin\boldsymbol{G}\{1\}$。由于 $\boldsymbol{G}$ 是单位矩阵，因此 $\boldsymbol{G}^{(1)}=\boldsymbol{G}$。

类似地，若矩阵 $\boldsymbol{G}$ 满足 $\boldsymbol{GAG}=\boldsymbol{G}$，则称 $\boldsymbol{G}$ 为 $\boldsymbol{A}$ 的 $\{2\}$ 逆，记为 $\boldsymbol{A}^{(2)}$，$\boldsymbol{A}$ 的 $\{2\}$ 逆矩阵的全体记为 $\boldsymbol{A}\{2\}$。

定理 4.11 设矩阵 $\boldsymbol{A}\in\mathbb{C}^{m\times n}$，若矩阵 $\boldsymbol{G}\in\boldsymbol{A}\{1\}$，则 $\boldsymbol{G}\in\boldsymbol{A}\{1,2\}$ 的充分必要条件是 $\mathrm{rank}(\boldsymbol{G})=\mathrm{rank}(\boldsymbol{A})$。

证明 (1) 充分性。根据已知条件 $\boldsymbol{G}\in\boldsymbol{A}\{1\}$ 可知，只需要证明 $\boldsymbol{G}\in\boldsymbol{A}\{2\}$，即可证明 $\boldsymbol{G}\in\boldsymbol{A}\{1,2\}$。

由于 $\boldsymbol{G}\in\boldsymbol{A}\{1\}$，则由定理 4.5 可知

$$R(\boldsymbol{GA})=R(\boldsymbol{A})$$

又因为 $\mathrm{rank}(\boldsymbol{G})=\mathrm{rank}(\boldsymbol{A})$，故有

$$\mathrm{rank}(\boldsymbol{GA})=\mathrm{rank}(\boldsymbol{A})=\mathrm{rank}(\boldsymbol{G})$$

因此，有

$$R(\boldsymbol{GA})=R(\boldsymbol{G})$$

所以，$\boldsymbol{G}$ 的列向量可以由 $\boldsymbol{GA}$ 的列向量线性表示，即存在矩阵 $\boldsymbol{Y}\in\mathbb{C}^{n\times m}$，使得

$$\boldsymbol{GAY}=\boldsymbol{G}$$

从而有

$$\boldsymbol{GAG}=\boldsymbol{GA}(\boldsymbol{GAY})=\boldsymbol{G}(\boldsymbol{AGA})\boldsymbol{Y}=\boldsymbol{GAY}=\boldsymbol{G}$$

故 $\boldsymbol{G}\in\boldsymbol{A}\{2\}$。从而 $\boldsymbol{G}\in\boldsymbol{A}\{1,2\}$。

(2) 必要性。若 $\boldsymbol{G}\in\boldsymbol{A}\{1,2\}$，根据定义有 $\boldsymbol{AGA}=\boldsymbol{A}$，$\boldsymbol{GAG}=\boldsymbol{G}$。故根据定理 4.4 第(3)

条性质可知

$$\mathrm{rank}(\boldsymbol{G}) \geqslant \mathrm{rank}(\boldsymbol{A})$$
$$\mathrm{rank}(\boldsymbol{A}) \geqslant \mathrm{rank}(\boldsymbol{G})$$

故 $\mathrm{rank}(\boldsymbol{G})=\mathrm{rank}(\boldsymbol{A})$。 □

定理 4.11 给出一个判断 $\boldsymbol{A}^{(1)}$ 是否为 $\boldsymbol{A}^{(1,2)}$ 的方法：只需要检查 $\mathrm{rank}(\boldsymbol{A})$ 与 $\mathrm{rank}(\boldsymbol{A}^{(1)})$ 是否相等。

式(4.7)已经给出了 $\boldsymbol{A}^{(1)}$ 的通式，即

$$\boldsymbol{A}^{(1)} = \boldsymbol{Q}\begin{bmatrix} \boldsymbol{E}_r & \boldsymbol{G}_{12} \\ \boldsymbol{G}_{21} & \boldsymbol{G}_{22} \end{bmatrix}\boldsymbol{P}$$

可以取

$$\boldsymbol{A}^{(1)} = \boldsymbol{Q}\begin{bmatrix} \boldsymbol{E}_r & \boldsymbol{O} \\ \boldsymbol{O} & \boldsymbol{O} \end{bmatrix}\boldsymbol{P}$$

则 $\boldsymbol{A}^{(1)}$ 是 $\boldsymbol{A}$ 的一个{1,2}逆。

更为一般化，可以给出求某个 $\boldsymbol{A}^{(1,2)}$ 的方法：将矩阵 $\boldsymbol{A}$ 化为标准形 $\boldsymbol{B}$，即有可逆矩阵 $\boldsymbol{P}$ 和 $\boldsymbol{Q}$，使得 $\boldsymbol{PAQ}=\boldsymbol{B}$，则 $\boldsymbol{QB}^{\mathrm{T}}\boldsymbol{P}$ 为矩阵的一个{1,2}逆。

上面的方法是已知一个 $\boldsymbol{A}^{(1)}$，求 $\boldsymbol{A}^{(1,2)}$ 的一个方法。如果已知两个 $\boldsymbol{A}^{(1)}$，则下述定理给出了一个得到{1,2}逆的方法。

定理 4.12 设 $\boldsymbol{X},\boldsymbol{Y}\in \boldsymbol{A}\{1\}$，且令 $\boldsymbol{G}=\boldsymbol{XAY}$，则 $\boldsymbol{G}\in \boldsymbol{A}\{1,2\}$。

综上，只要 $\boldsymbol{A}$ 的{1}逆存在，则{1,2}逆也存在。

定理 4.13 设矩阵 $\boldsymbol{A}\in \mathbb{C}^{m\times n}$，则

(1) 矩阵 $\boldsymbol{AA}(1,2)$ 和 $\boldsymbol{A}^{(1,2)}\boldsymbol{A}$ 都是幂等矩阵，且

$$\mathrm{rank}(\boldsymbol{AA}^{(1,2)}) = \mathrm{rank}(\boldsymbol{A}^{(1,2)}\boldsymbol{A}) = \mathrm{rank}(\boldsymbol{A}) \tag{4.11}$$

(2) $\mathrm{rank}(\boldsymbol{A}^{(1,2)})=\mathrm{rank}(\boldsymbol{A})$；

(3) $R(\boldsymbol{AA}^{(1,2)})=R(\boldsymbol{A})$；

(4) $N(\boldsymbol{A}^{(1,2)}\boldsymbol{A})=N(\boldsymbol{A})$。

4.3.2 $\boldsymbol{A}^{(1,2)}$ 的构造

在上一节中介绍了在满足条件 $\mathrm{rank}(\boldsymbol{A}^{(1)})=\mathrm{rank}(\boldsymbol{A})$ 下，由 $\boldsymbol{A}^{(1)}$ 构造出 $\boldsymbol{A}^{(1,2)}$ 的步骤。依据这一步骤，将有如下定理。

定理 4.14 设矩阵 $\boldsymbol{A}\in \mathbb{C}_r^{m\times n}$，$\boldsymbol{P}$ 和 $\boldsymbol{Q}$ 分别是 m 阶和 n 阶的非奇异方阵，且满足

$$\boldsymbol{PAQ} = \begin{bmatrix} \boldsymbol{E}_r & \boldsymbol{O} \\ \boldsymbol{O} & \boldsymbol{O} \end{bmatrix}$$

则有

$$\boldsymbol{A}^{(1,2)} = \boldsymbol{Q}\begin{bmatrix} \boldsymbol{E}_r & \boldsymbol{G}_{12} \\ \boldsymbol{G}_{21} & \boldsymbol{G}_{21}\boldsymbol{G}_{12} \end{bmatrix}\boldsymbol{P} \tag{4.12}$$

其中 $\boldsymbol{G}_{12}$ 与 $\boldsymbol{G}_{21}$ 分别是 $r\times(m-r)$ 与 $(n-r)\times r$ 的任意矩阵。

证明 由条件可知 $\boldsymbol{Q}\begin{bmatrix} \boldsymbol{E}_r & \boldsymbol{G}_{12} \\ \boldsymbol{G}_{21} & \boldsymbol{G}_{21}\boldsymbol{G}_{12} \end{bmatrix}\boldsymbol{P}$ 是矩阵 $\boldsymbol{A}$ 的{1}逆。又

$$\begin{bmatrix} E_r & G_{12} \\ G_{21} & G_{21}G_{12} \end{bmatrix} \xrightarrow{r_2 - G_{21}r_1} \begin{bmatrix} E_r & G_{12} \\ O & O \end{bmatrix} \xrightarrow{c_2 - c_1 G_{12}} \begin{bmatrix} E_r & O \\ O & O \end{bmatrix}$$

故矩阵 $Q\begin{bmatrix} E_r & G_{12} \\ G_{21} & G_{21}G_{12} \end{bmatrix}P$ 的秩为 r，与矩阵 A 的秩相同，从而是矩阵的一个$\{1,2\}$逆。 □

进一步根据矩阵的满秩分解式，可有如下结论。

定理 4.15　设矩阵 $A \in \mathbb{C}_r^{m\times n}$ 的满秩分解式为

$$A = BC$$

其中 $B \in \mathbb{C}_r^{m\times r}$，$C \in \mathbb{C}_r^{r\times n}$，则 A 的一个$\{1,2\}$逆为

$$A^{(1,2)} = C_R^{-1} B_L^{-1} \tag{4.13}$$

直接根据 $B_L^{-1}B = E$ 和 $CC_R^{-1} = E$ 以及$\{1,2\}$逆的定义就可证明该定理。这里需要注意的是，矩阵 A 任意的$\{1,2\}$逆都可以表示成式(4.13)的形式。进一步，如果矩阵 A 是满秩矩阵，则有如下结论：

(1) 如果矩阵 $A \in \mathbb{C}_m^{m\times n}$ 是行满秩矩阵，则 A_R^{-1} 是 A 的一个$\{1,2\}$逆；

(2) 如果矩阵 $A \in \mathbb{C}_n^{m\times n}$ 是列满秩矩阵，则 A_L^{-1} 是 A 的一个$\{1,2\}$逆。

例 4.4　设 $A = \begin{bmatrix} 1 & -1 & 2 \\ 2 & 2 & 3 \end{bmatrix}$，求 A 的一个$\{1,2\}$逆。

解　因为 $\text{rank}(A) = 2$，所以矩阵是行满秩矩阵。又

$$A_R^{-1} = A^H(AA^H)^{-1} = \frac{1}{66}\begin{bmatrix} 5 & 6 \\ -29 & 18 \\ 16 & 6 \end{bmatrix}$$

故 $A^{(1,2)} = A_R^{-1}$。 □

实际上，在矩阵行满秩时有 $A^{(1,2)} = A^{(1)} = A_R^{-1}$。

例 4.5　设 $A = \begin{bmatrix} 1 & 2 & 0 \\ 0 & 0 & 2 \\ 2 & 4 & 0 \end{bmatrix}$，求 A 的一个$\{1,2\}$逆。

解　因为 $\text{rank}(A) = 2 < 3$，所以矩阵不是行满秩矩阵。将矩阵进行初等行变换化为行最简形矩阵

$$A = \begin{bmatrix} 1 & 2 & 0 \\ 0 & 0 & 2 \\ 2 & 4 & 0 \end{bmatrix} \xrightarrow[r_2 \times \frac{1}{2}]{r_3 - 2r_1} \begin{bmatrix} 1 & 2 & 0 \\ 0 & 0 & 1 \\ 0 & 0 & 0 \end{bmatrix}$$

取矩阵的前两行构成矩阵 C，取矩阵的第 1、3 列构成矩阵 B，则有

$$B = \begin{bmatrix} 1 & 0 \\ 0 & 2 \\ 2 & 0 \end{bmatrix},\quad C = \begin{bmatrix} 1 & 2 & 0 \\ 0 & 0 & 1 \end{bmatrix}$$

则 A 的满秩分解为 $A = BC$。

于是

$$C_R^{-1} = C(CC^T)^{-1} = \begin{bmatrix} 1 & 0 \\ 2 & 0 \\ 0 & 1 \end{bmatrix}\left(\begin{bmatrix} 1 & 2 & 0 \\ 0 & 0 & 1 \end{bmatrix}\begin{bmatrix} 1 & 0 \\ 2 & 0 \\ 0 & 1 \end{bmatrix}\right)^{-1} = \frac{1}{5}\begin{bmatrix} 1 & 0 \\ 2 & 0 \\ 0 & 5 \end{bmatrix}$$

$$B_L^{-1}=(B^TB)^{-1}B^T=\left(\begin{bmatrix}1&0&2\\0&2&0\end{bmatrix}\begin{bmatrix}1&0\\0&2\\2&0\end{bmatrix}\right)^{-1}\begin{bmatrix}1&0&2\\0&2&0\end{bmatrix}=\frac{1}{10}\begin{bmatrix}2&0&4\\0&5&0\end{bmatrix}$$

故

$$C_R^{-1}B_L^{-1}=\frac{1}{50}\begin{bmatrix}2&0&4\\4&0&8\\0&25&0\end{bmatrix}$$

因此 $A^{(1,2)}=C_R^{-1}B_L^{-1}$ 即为所求的矩阵 A 的一个$\{1,2\}$逆。 □

这里需要注意的是，因为矩阵的满秩分解是不唯一的，所以采用满秩分解方法得到的 $A^{(1,2)}$ 也是不唯一的。如将例题中的矩阵经过初等变换化成标准形，即

$$\left[\begin{array}{ccc:ccc}1&2&0&1&0&0\\0&0&2&0&1&0\\2&4&0&0&0&1\\\hdashline 1&0&0&0&0&0\\0&1&0&0&0&0\\0&0&1&0&0&0\end{array}\right]\rightarrow\left[\begin{array}{ccc:ccc}1&0&0&1&0&0\\0&1&0&0&1/2&0\\0&0&0&-2&0&1\\\hdashline 1&0&-1&0&0&0\\0&0&1/2&0&0&0\\0&1&0&0&0&0\end{array}\right]$$

得

$$A^{(1,2)}=\begin{bmatrix}1&0&-1\\0&0&1/2\\0&1&0\end{bmatrix}\begin{bmatrix}1&0&0\\0&1&0\\0&0&0\end{bmatrix}\begin{bmatrix}1&0&0\\0&1/2&0\\-2&0&1\end{bmatrix}=\begin{bmatrix}1&0&0\\0&0&0\\0&1/2&0\end{bmatrix}$$

4.4 广义逆矩阵 $A^{(1,3)}$

4.4.1 $A^{(1,3)}$ 的定义与存在性

定义 4.5 设矩阵 $A\in\mathbb{C}^{m\times n}$，如果存在矩阵 $G\in\mathbb{C}^{n\times m}$ 满足

(1) $AGA=A$，

(3) $(AG)^H=AG$，

则称矩阵 G 为矩阵 A 的$\{1,3\}$逆，记为 $A^{(1,3)}$，A 的$\{1,3\}$逆的全体记为 $A\{1,3\}$。

这里要注意的是，为了保持与 M-P 广义逆定义条件中的一致性，定义 4.5 中第二个条件的标号写成了(3)，后面广义逆的定义也会作类似处理。

定义 4.6 设矩阵 $A\in\mathbb{C}^{m\times n}$，如果存在矩阵 $G\in\mathbb{C}^{n\times m}$ 满足

(1) $AGA=A$，

(2) $GAG=G$，

(3) $(AG)^H=AG$，

则称矩阵 G 为矩阵 A 的$\{1,2,3\}$逆，记为 $A^{(1,2,3)}$，A 的$\{1,2,3\}$逆的全体记为 $A\{1,2,3\}$。

定理 4.16 设矩阵 $A\in\mathbb{C}^{m\times n}$，则有

$$G=(A^HA)^{(1)}A^H\in A\{1,2,3\}\tag{4.14}$$

按照定义 4.6 可知，定理 4.16 的证明需要验证矩阵 G 满足$\{1,2,3\}$逆的三个条件。该

定理表明矩阵 $\boldsymbol{A}$ 的$\{1,2,3\}$逆是存在的，从而也表明矩阵 $\boldsymbol{A}$ 的$\{1,3\}$逆是存在的。

定理 4.17　设矩阵 $\boldsymbol{G}\in \boldsymbol{A}\{1,3\}$，则

$$\boldsymbol{A}\{1,3\} = \{\boldsymbol{G}+(\boldsymbol{E}-\boldsymbol{GA})\boldsymbol{Y} \mid \boldsymbol{Y}\ \text{是任意的}\ n\times m\ \text{矩阵}\}$$

证明　首先证明 $\boldsymbol{G}+(\boldsymbol{E}-\boldsymbol{GA})\boldsymbol{Y}$ 是矩阵 $\boldsymbol{A}$ 的$\{1,3\}$逆。

令 $\boldsymbol{X}=\boldsymbol{G}+(\boldsymbol{E}-\boldsymbol{GA})\boldsymbol{Y}$。由于 $\boldsymbol{G}\in \boldsymbol{A}\{1,3\}$，故 $\boldsymbol{G}\in \boldsymbol{A}\{1\}$。于是，有

$$\boldsymbol{A}(\boldsymbol{E}-\boldsymbol{GA}) = \boldsymbol{A}-\boldsymbol{AGA} = \boldsymbol{O}$$

从而有 $\boldsymbol{AX}=\boldsymbol{AG}+\boldsymbol{A}(\boldsymbol{E}-\boldsymbol{GA})\boldsymbol{Y}=\boldsymbol{AG}$。故有

$$\boldsymbol{AXA} = \boldsymbol{AGA} = \boldsymbol{A}$$

所以 $\boldsymbol{X}\in \boldsymbol{A}\{1\}$。

又因为 $\boldsymbol{G}\in \boldsymbol{A}\{1,3\}$，所以有$(\boldsymbol{AX})^{\mathrm{H}}=(\boldsymbol{AG})^{\mathrm{H}}=\boldsymbol{AG}=\boldsymbol{AX}$。故 $\boldsymbol{X}\in \boldsymbol{A}\{1,3\}$。

其次证明矩阵 $\boldsymbol{A}$ 的任意一个$\{1,3\}$逆都可以表示成 $\boldsymbol{G}+(\boldsymbol{E}-\boldsymbol{GA})\boldsymbol{Y}$。

任取 $\boldsymbol{Z}\in \boldsymbol{A}\{1,3\}$，令 $\boldsymbol{Y}=\boldsymbol{Z}-\boldsymbol{G}$，则有

$$\begin{aligned}\boldsymbol{G}+(\boldsymbol{E}-\boldsymbol{GA})\boldsymbol{Y} &= \boldsymbol{G}+(\boldsymbol{E}-\boldsymbol{GA})(\boldsymbol{Z}-\boldsymbol{G}) = \boldsymbol{G}+\boldsymbol{Z}-\boldsymbol{G}-\boldsymbol{GAZ}-\boldsymbol{GAG}\\ &= \boldsymbol{Z}-\boldsymbol{GAGAZ}-\boldsymbol{GAG} = \boldsymbol{Z}-\boldsymbol{G}(\boldsymbol{AG})^{\mathrm{H}}(\boldsymbol{AZ})^{\mathrm{H}}-\boldsymbol{GAG}\\ &= \boldsymbol{Z}-\boldsymbol{GG}^{\mathrm{H}}(\boldsymbol{A}^{\mathrm{H}}\boldsymbol{Z}^{\mathrm{H}}\boldsymbol{A}^{\mathrm{H}})-\boldsymbol{GAG} = \boldsymbol{Z}-\boldsymbol{GG}^{\mathrm{H}}\boldsymbol{A}^{\mathrm{H}}-\boldsymbol{GAG}\\ &= \boldsymbol{Z}-\boldsymbol{G}(\boldsymbol{AG})^{\mathrm{H}}-\boldsymbol{GAG} = \boldsymbol{Z}-\boldsymbol{GAG}-\boldsymbol{GAG} = \boldsymbol{Z}\end{aligned}$$

所以任意 $\boldsymbol{Z}\in \boldsymbol{A}\{1,3\}$都可以用 $\boldsymbol{G}+(\boldsymbol{E}-\boldsymbol{GA})\boldsymbol{Y}$ 表示。　□

4.4.2　$A^{(1,3)}$ 与最小二乘解

设 $\boldsymbol{Ax}=\boldsymbol{b}$ 是不相容方程组，其在通常意义下是无解的。但在工程实际中仍希望找到近似解 $\boldsymbol{x}_0$，使得

$$\| \boldsymbol{Ax}_0-\boldsymbol{b} \| = \min_{x\in \mathbb{C}^n} \| \boldsymbol{Ax}-\boldsymbol{b} \| \tag{4.15}$$

这样的近似解 $\boldsymbol{x}_0$ 称为矛盾方程组 $\boldsymbol{Ax}=\boldsymbol{b}$ 的最小二乘解，简称为 L-S 解。

由于矛盾方程组是无解的，故最小二乘解并不是矛盾方程组 $\boldsymbol{Ax}=\boldsymbol{b}$ 的解，只是其近似解。另外，是否存在矩阵 $\boldsymbol{G}$，使得对任意的 $\boldsymbol{b}\in \mathbb{C}^m$，都是方程组 $\boldsymbol{Ax}=\boldsymbol{b}$ 的最小二乘解？如果存在，$\boldsymbol{G}$ 具有什么特点？

定理 4.18　设 $\boldsymbol{A}\in \mathbb{C}^{m\times n}$，对任意的 $\boldsymbol{b}\in \mathbb{C}^m$，当 $\boldsymbol{G}\in \boldsymbol{A}\{1,3\}$时，$\boldsymbol{x}=\boldsymbol{Gb}$ 是方程组 $\boldsymbol{Ax}=\boldsymbol{b}$ 的最小二乘解。

证明

$$\| \boldsymbol{Ax}-\boldsymbol{b} \|^2 = \| \boldsymbol{AGb}-\boldsymbol{b}+\boldsymbol{Ax}-\boldsymbol{AGb} \|^2 = \| (\boldsymbol{AG}-\boldsymbol{E})\boldsymbol{b}+\boldsymbol{A}(\boldsymbol{x}-\boldsymbol{Gb}) \|^2 \tag{4.16}$$

因为

$$\begin{aligned}\langle \boldsymbol{A}(\boldsymbol{x}-\boldsymbol{Gb}),(\boldsymbol{AG}-\boldsymbol{E})\boldsymbol{b}\rangle &= \boldsymbol{b}^{\mathrm{H}}(\boldsymbol{AG}-\boldsymbol{E})^{\mathrm{H}}\boldsymbol{A}(\boldsymbol{x}-\boldsymbol{Gb})\\ &= \boldsymbol{b}^{\mathrm{H}}(\boldsymbol{AG}-\boldsymbol{E})\boldsymbol{A}(\boldsymbol{x}-\boldsymbol{Gb})\\ &= \boldsymbol{0}\end{aligned}$$

所以 $\boldsymbol{A}(\boldsymbol{x}-\boldsymbol{Gb})\perp(\boldsymbol{AG}-\boldsymbol{E})\boldsymbol{b}$。因而有

$$\| \boldsymbol{Ax}-b \|^2 = \| \boldsymbol{AGb}-\boldsymbol{b} \|^2 + \| \boldsymbol{Ax}-\boldsymbol{AGb} \|^2$$

故对任意 $\boldsymbol{x}\in \mathbb{C}^n$ 都有

$$\| \boldsymbol{AGb}-\boldsymbol{b} \| \leqslant \| \boldsymbol{Ax}-\boldsymbol{b} \|^2$$

所以 $\boldsymbol{x}=\boldsymbol{Gb}$ 是方程组 $\boldsymbol{Ax}=\boldsymbol{b}$ 的最小二乘解。　□

推论 4.1 设 $\boldsymbol{G}\in\boldsymbol{A}\{1,3\}$，则 $\boldsymbol{x}_0=\boldsymbol{G}\boldsymbol{b}\in\mathbb{C}^n$ 是方程组 $\boldsymbol{A}\boldsymbol{x}=\boldsymbol{b}$ 的最小二乘解的充分必要条件为：$\boldsymbol{x}_0$ 是方程组

$$\boldsymbol{A}\boldsymbol{x}=\boldsymbol{A}\boldsymbol{G}\boldsymbol{b}$$

的解。

推论 4.2 方程组 $\boldsymbol{A}\boldsymbol{x}=\boldsymbol{b}$ 的最小二乘解的通式为

$$\boldsymbol{x}=\boldsymbol{G}\boldsymbol{b}-(\boldsymbol{E}-\boldsymbol{G}\boldsymbol{A})\boldsymbol{y}$$

其中 $\boldsymbol{G}\in\boldsymbol{A}\{1,3\}$，$\boldsymbol{y}$ 是 $\mathbb{C}^n$ 中的任意向量。

因此，求方程组的最小二乘解只需要一个$\{1,3\}$逆即可。一般情况下，方程组的最小二乘解不是唯一的。但是当矩阵是列满秩矩阵时，由下面的结论可知方程组的最小二乘解是唯一的。

定理 4.19 若矩阵 $\boldsymbol{A}\in\mathbb{C}^{m\times n}$是列满秩矩阵，则 $\boldsymbol{A}$ 的$\{1,3\}$逆是唯一存在的，且 $\boldsymbol{A}^{(1,3)}=(\boldsymbol{A}^{\mathrm{H}}\boldsymbol{A})^{-1}\boldsymbol{A}^{\mathrm{H}}$。

推论 4.3 若矩阵 $\boldsymbol{A}\in\mathbb{C}^{m\times n}$是列满秩矩阵，则矛盾方程组 $\boldsymbol{A}\boldsymbol{x}=\boldsymbol{b}$ 的最小二乘解是唯一存在的，且为 $\boldsymbol{x}_0=(\boldsymbol{A}^{\mathrm{H}}\boldsymbol{A})^{-1}\boldsymbol{A}^{\mathrm{H}}\boldsymbol{b}$。

例 4.6 设矩阵 $\boldsymbol{A}=\begin{bmatrix}1&0&1\\0&1&1\\1&-1&0\\1&1&2\end{bmatrix}$，$\boldsymbol{b}=\begin{bmatrix}1\\2\\3\\4\end{bmatrix}$，求矛盾方程组 $\boldsymbol{A}\boldsymbol{x}=\boldsymbol{b}$ 的最小二乘解。

解 可以求出矩阵 $\boldsymbol{A}$ 的一个$\{1,3\}$逆为

$$\boldsymbol{A}^{(1,3)}=\frac{1}{3}\begin{bmatrix}1&0&1&1\\0&1&-1&1\\0&0&0&0\end{bmatrix}$$

则矛盾方程组的最小二乘解为

$$\begin{aligned}\boldsymbol{x}&=\boldsymbol{A}^{(1,3)}\boldsymbol{b}-(\boldsymbol{E}-\boldsymbol{A}^{(1,3)}\boldsymbol{A})\boldsymbol{y}\\&=\frac{1}{3}\begin{bmatrix}1&0&1&1\\0&1&-1&1\\0&0&0&0\end{bmatrix}\begin{bmatrix}1\\2\\3\\4\end{bmatrix}+\begin{bmatrix}0&0&-1\\0&0&-1\\0&0&1\end{bmatrix}\begin{bmatrix}y_1\\y_2\\y_3\end{bmatrix}\\&=\frac{1}{3}\begin{bmatrix}3\\8\\0\end{bmatrix}+k\begin{bmatrix}1\\1\\-1\end{bmatrix}\end{aligned}$$

其中 k 是任意常数。 □

例 4.7 已知矛盾方程组 $\boldsymbol{A}\boldsymbol{x}=\boldsymbol{b}$，其中

$$\boldsymbol{A}=\begin{bmatrix}1&2\\2&1\\1&1\end{bmatrix},\quad \boldsymbol{b}=\begin{bmatrix}1\\0\\0\end{bmatrix}$$

求其最小二乘解。

解 因为系数矩阵 $\mathrm{rank}(\boldsymbol{A})=2$，所以矩阵是列满秩矩阵，故

$$A^{(1,3)} = (A^{H}A)^{-1}A^{H} = \frac{1}{11}\begin{bmatrix} -4 & 7 & 1 \\ 7 & -4 & 1 \end{bmatrix}$$

则

$$x_0 = A^{(1,3)}b = \frac{1}{11}\begin{bmatrix} -4 \\ 7 \end{bmatrix}$$

为矛盾方程组的最小二乘解。 □

4.5　广义逆矩阵 $A^{(1,4)}$

4.5.1　$A^{(1,4)}$ 的定义与存在性

定义 4.7　设矩阵 $A\in \mathbb{C}^{m\times n}$，如果存在矩阵 $G\in \mathbb{C}^{n\times m}$ 满足

(1) $AGA=A$;

(4) $(GA)^{H}=GA$;

则称矩阵 G 为矩阵 A 的 $\{1,4\}$ 逆，记为 $A^{(1,4)}$，A 的 $\{1,4\}$ 逆的全体记为 $A\{1,4\}$。

定义 4.8　设矩阵 $A\in \mathbb{C}^{m\times n}$，如果存在矩阵 $G\in \mathbb{C}^{n\times m}$ 满足

(1) $AGA=A$,

(2) $GAG=G$,

(4) $(AG)^{H}=AG$,

则称矩阵 G 为矩阵 A 的 $\{1,2,4\}$ 逆，记为 $A^{(1,2,4)}$，A 的 $\{1,2,4\}$ 逆的全体记为 $A\{1,2,4\}$。

对 A 的 $\{1,2,4\}$ 逆存在性的讨论，与上一节对 A 的 $\{1,3\}$ 逆的讨论类似，只需要说明 A 的 $\{1,2,4\}$ 逆的存在即可说明 $\{1,4\}$ 逆的存在。

定理 4.20　设矩阵 $A\in \mathbb{C}^{m\times n}$，则有

$$G = A^{H}(AA^{H})^{(1)} \in A\{1,2,4\} \tag{4.17}$$

定理 4.21　设矩阵 $G\in A\{1,4\}$，则

$$A\{1,4\} = \{G+Z(E-AG) \mid Z \text{ 是任意的 } n\times m \text{ 矩阵}\}$$

实际上定理 4.21 不仅说明了 $\{1,4\}$ 逆的存在，同时也给出了构造 $\{1,4\}$ 逆的方法。

例 4.8　设 $A=\begin{bmatrix} 1 & 2 & -1 & 1 \\ 0 & -1 & 2 & 1 \\ 1 & 1 & 1 & 2 \end{bmatrix}$，求 $A^{(1,4)}$。

解　首先求 AA^{H} 的 $\{1\}$ 逆。因为

$$AA^{H} = \begin{bmatrix} 7 & -3 & 4 \\ -3 & 6 & 3 \\ 4 & 3 & 7 \end{bmatrix}$$

故

$$\left[\begin{array}{ccc:ccc} 7 & -3 & 4 & 1 & 0 & 0 \\ -3 & 6 & 3 & 0 & 1 & 0 \\ 4 & 3 & 7 & 0 & 0 & 1 \\ \hdashline 1 & 0 & 0 & 0 & 0 & 0 \\ 0 & 1 & 0 & 0 & 0 & 0 \\ 0 & 0 & 1 & 0 & 0 & 0 \end{array}\right] \sim \left[\begin{array}{ccc:ccc} 1 & 9 & 10 & 1 & 2 & 0 \\ -1 & 2 & 1 & 0 & 1/3 & 0 \\ 0 & 11 & 11 & 0 & 4/3 & 1 \\ \hdashline 1 & 0 & 0 & & & \\ 0 & 1 & 0 & & * & \\ 0 & 0 & 1 & & & \end{array}\right]$$

$$\sim \left[\begin{array}{ccc:ccc} 1 & 0 & 0 & 1 & 2 & 0 \\ 0 & 1 & 0 & 1/11 & 7/33 & 0 \\ 0 & 0 & 0 & -1 & -1 & 1 \\ \hdashline 1 & -9 & -1 & & & \\ 0 & 1 & -1 & & * & \\ 0 & 0 & 1 & & & \end{array}\right]$$

因此

$$\begin{bmatrix} 1 & -9 & -1 \\ 0 & 1 & -1 \\ 0 & 0 & 1 \end{bmatrix} \begin{bmatrix} 1 & 0 & 0 \\ 0 & 1 & 0 \\ 0 & 0 & 0 \end{bmatrix} \begin{bmatrix} 1 & 2 & 0 \\ 1/11 & 7/33 & 0 \\ -1 & -1 & 1 \end{bmatrix} = \begin{bmatrix} 2/11 & 1/11 & 0 \\ 3/11 & -1/33 & 0 \\ 0 & 0 & 0 \end{bmatrix}$$

是 $\boldsymbol{AA}^{\mathrm{H}}$ 的$\{1,2\}$逆，也是$\{1\}$逆。

故

$$\boldsymbol{G} = \begin{bmatrix} 1 & 2 & -1 & 1 \\ 0 & -1 & 2 & 1 \\ 1 & 1 & 1 & 2 \end{bmatrix}^{\mathrm{H}} \begin{bmatrix} 2/11 & 1/11 & 0 \\ 3/11 & -1/33 & 0 \\ 0 & 0 & 0 \end{bmatrix} = \begin{bmatrix} 2/11 & 1/11 & 0 \\ 3/11 & -1/33 & 0 \\ 0 & 1/3 & 0 \\ 3/11 & 10/33 & 0 \end{bmatrix}$$

是 $\boldsymbol{A}$ 的一个$\{1,4\}$逆。 □

4.5.2 $\boldsymbol{A}^{(1,4)}$ 与最小范数解

从前面的讨论中可知，当方程组 $\boldsymbol{Ax}=\boldsymbol{b}$ 相容时，方程组的解可能有无穷多个。这时需要在无穷多个解中找到具有最小范数的解 $\boldsymbol{x}$，即满足

$$\min_{\boldsymbol{Ax}=\boldsymbol{b}} \|\boldsymbol{x}\|_2 \tag{4.18}$$

这样的解 $\boldsymbol{x}$ 称为相容方程组的最小范数解，简称 M-N 解。

类似于最小二乘解的讨论，是否存在矩阵 $\boldsymbol{G}$，使得任意的 $\boldsymbol{b}\in R(\boldsymbol{A})$，$\boldsymbol{x}=\boldsymbol{Gb}$ 都是方程组 $\boldsymbol{Ax}=\boldsymbol{b}$ 的最小范数解？

定理 4.22 设矩阵 $\boldsymbol{A}\in \mathbb{C}^{m\times n}$，方程组 $\boldsymbol{Ax}=\boldsymbol{b}$ 有解，则 $\boldsymbol{x}_0$ 是其最小范数解的充分必要条件是 $\boldsymbol{x}_0=\boldsymbol{A}^{(1,4)}\boldsymbol{b}$。

定理 4.23 设矩阵 $\boldsymbol{A}\in \mathbb{C}^{m\times n}$，相容性方程组 $\boldsymbol{Ax}=\boldsymbol{b}$ 的最小范数解是唯一存在的。

上面的定理告诉我们相容性方程组存在唯一的最小范数解。

例 4.9 求方程组 $\boldsymbol{Ax}=\boldsymbol{b}$ 的最小范数解，其中

$$\boldsymbol{A} = \begin{bmatrix} 1 & 2 & -1 & 1 \\ 0 & -1 & 2 & 1 \\ 1 & 1 & 1 & 2 \end{bmatrix}, \quad \boldsymbol{b} = \begin{bmatrix} 3 \\ 2 \\ 5 \end{bmatrix}$$

解 由例题4.8可知 $\boldsymbol{A}$ 的一个{1,4}逆为

$$\boldsymbol{G}=\begin{bmatrix}2/11 & 1/11 & 0\\3/11 & -1/33 & 0\\0 & 1/3 & 0\\3/11 & 10/33 & 0\end{bmatrix}$$

因此 $\boldsymbol{Ax}=\boldsymbol{b}$ 有最小范数解。故

$$\boldsymbol{x}=\boldsymbol{Gb}=\frac{1}{33}\begin{bmatrix}6 & 3 & 0\\9 & -1 & 0\\0 & 11 & 0\\9 & 10 & 0\end{bmatrix}\begin{bmatrix}3\\2\\5\end{bmatrix}=\frac{1}{33}\begin{bmatrix}24\\25\\22\\47\end{bmatrix}$$

为 $\boldsymbol{Ax}=\boldsymbol{b}$ 的最小范数解。 □

4.6 广义逆矩阵 $\boldsymbol{A}^{\dagger}$

对于线性方程组 $\boldsymbol{Ax}=\boldsymbol{b}$ 而言,可以用矩阵 $\boldsymbol{A}$ 的{1}逆来刻画方程组的相容性。对于相容性方程,可以用{1,4}逆描述方程组的最小范数解,也称{1,4}逆为最小范数广义逆。对于矛盾方程,可以用{1,3}逆来刻画方程组的最小二乘解,但是要注意的是,最小二乘解是近似解,也称{1,3}逆为最小二乘逆。可见线性方程组的解与广义逆是紧密关联的。除了上述广义逆之外,我们还知道广义逆 $\boldsymbol{A}^{\dagger}$。由其定义可知,$\boldsymbol{A}^{\dagger}$逆满足四个条件,那么其存在性如何?由于最小二乘逆不是唯一的,那么哪个最小二乘逆是最有用的呢?与 $\boldsymbol{A}^{\dagger}$逆有什么联系呢?这是本节重点讨论的内容之一。

4.6.1 $\boldsymbol{A}^{\dagger}$的性质与求解

定理 4.24 对任意 $\boldsymbol{A}\in\mathbb{C}^{m\times n}$,$\boldsymbol{A}^{\dagger}$唯一存在。

定理4.24说明 $\boldsymbol{A}^{\dagger}$逆不仅存在,而且具有唯一性。下面的定理给出了 $\boldsymbol{A}^{\dagger}$逆具有的性质。

定理 4.25 设 $\boldsymbol{A}\in\mathbb{C}^{m\times n}$,则

(1) $\mathrm{rank}(\boldsymbol{A}^{\dagger})=\mathrm{rank}(\boldsymbol{A})$;

(2) $(\boldsymbol{A}^{\dagger})^{\dagger}=\boldsymbol{A}$;

(3) $(\boldsymbol{A}^{\mathrm{H}})^{\dagger}=(\boldsymbol{A}^{\dagger})^{\mathrm{H}}$,$(\boldsymbol{A}^{\mathrm{T}})^{\dagger}=(\boldsymbol{A}^{\dagger})^{\mathrm{T}}$;

(4) $(\boldsymbol{A}^{\mathrm{H}}\boldsymbol{A})^{\dagger}=\boldsymbol{A}^{\dagger}(\boldsymbol{A}^{\mathrm{H}})^{\dagger}$,$(\boldsymbol{A}\boldsymbol{A}^{\mathrm{H}})^{\dagger}=(\boldsymbol{A}^{\mathrm{H}})^{\dagger}\boldsymbol{A}^{\dagger}$;

(5) $\boldsymbol{A}^{\dagger}=(\boldsymbol{A}^{\mathrm{H}}\boldsymbol{A})^{\dagger}\boldsymbol{A}^{\mathrm{H}}=\boldsymbol{A}^{\mathrm{H}}(\boldsymbol{A}\boldsymbol{A}^{\mathrm{H}})^{\dagger}$;

(6) $\mathrm{rank}(\boldsymbol{A})=\mathrm{trace}(\boldsymbol{A}\boldsymbol{A}^{\dagger})=\mathrm{trace}(\boldsymbol{A}^{\dagger}\boldsymbol{A})$;

(7) $R(\boldsymbol{A}^{\dagger})=R(\boldsymbol{A}^{\mathrm{H}})$;

(8) $N(\boldsymbol{A}^{\dagger})=N(\boldsymbol{A}^{\mathrm{H}})$。

例 4.10 矩阵 $\boldsymbol{A}=\begin{bmatrix}1 & 0\\0 & 0\end{bmatrix}$的 M-P 广义逆为自身。矩阵 $\boldsymbol{B}=\begin{bmatrix}0 & 1 & 0\\0 & 0 & 0\end{bmatrix}$的 M-P 广义逆为 $\boldsymbol{B}^{\mathrm{H}}$。

由于非奇异矩阵的逆矩阵只是M-P广义逆矩阵的一种特例，故M-P广义逆矩阵具备的性质，逆矩阵肯定具有，但是逆矩阵具有的性质，M-P广义逆不一定具备。如对逆矩阵而言，$(\boldsymbol{AB})^{-1}=\boldsymbol{B}^{-1}\boldsymbol{A}^{-1}$，但是这条性质对于M-P广义逆则不一定不成立。

例 4.11 设 $\boldsymbol{A}=[1,0]$，$\boldsymbol{B}=\begin{bmatrix}1\\1\end{bmatrix}$，则 $(\boldsymbol{AB})^{\dagger}=1$，而 $\boldsymbol{B}^{\dagger}\boldsymbol{A}^{\dagger}=\dfrac{1}{2}$，因此

$$(\boldsymbol{AB})^{\dagger}\neq\boldsymbol{B}^{\dagger}\boldsymbol{A}^{\dagger}$$

由于 $\boldsymbol{A}^{\dagger}$逆是唯一存在的，下面不加证明地给出 $\boldsymbol{A}^{\dagger}$逆的几种显式表示。

定理 4.26（$\boldsymbol{A}^{\dagger}$的满秩算法） 设矩阵 $\boldsymbol{A}\in\mathbb{C}_r^{m\times n}$ 的满秩分解为 $\boldsymbol{A}=\boldsymbol{LR}$，其中 $\boldsymbol{L}$ 为列满秩矩阵，$\boldsymbol{R}$ 为行满秩矩阵，则

$$\boldsymbol{A}^{\dagger}=\boldsymbol{R}^{\dagger}\boldsymbol{L}^{\dagger}=\boldsymbol{R}^{\mathrm{H}}(\boldsymbol{RR}^{\mathrm{H}})^{-1}(\boldsymbol{L}^{\mathrm{H}}\boldsymbol{L})^{-1}\boldsymbol{L}^{\mathrm{H}}$$

特别地，

(1) 若 $\boldsymbol{A}$ 为列满秩矩阵，即 $r=n$，则 $\boldsymbol{A}^{\dagger}=(\boldsymbol{A}^{\mathrm{H}}\boldsymbol{A})^{-1}\boldsymbol{A}^{\mathrm{H}}$；

(2) 若 $\boldsymbol{A}$ 为行满秩矩阵，即 $r=m$，则 $\boldsymbol{A}^{\dagger}=\boldsymbol{A}^{\mathrm{H}}(\boldsymbol{AA}^{\mathrm{H}})^{-1}$；

(3) 若 $\boldsymbol{A}=\begin{bmatrix}\boldsymbol{A}_{11} & \boldsymbol{O}\\ \boldsymbol{O} & \boldsymbol{O}\end{bmatrix}$，且 $\boldsymbol{A}_{11}$ 非奇异，则 $\boldsymbol{A}^{\dagger}=\begin{bmatrix}\boldsymbol{A}_{11}^{-1} & \boldsymbol{O}\\ \boldsymbol{O} & \boldsymbol{O}\end{bmatrix}_{n\times m}$。

例 4.12 已知 $\boldsymbol{A}=\begin{bmatrix}1&0&1\\2&1&3\\0&0&1\end{bmatrix}$，用满秩分解求 $\boldsymbol{A}^{\dagger}$。

解 将 $\boldsymbol{A}$ 化为行最简形

$$\boldsymbol{A}=\begin{bmatrix}1&0&1\\2&1&3\\0&0&1\end{bmatrix}\xrightarrow{r_2-2r_1}\begin{bmatrix}1&0&1\\0&1&1\\0&1&1\end{bmatrix}\xrightarrow{r_3-r_2}\begin{bmatrix}1&0&1\\0&1&1\\0&0&0\end{bmatrix}$$

故 $\boldsymbol{A}$ 的满秩分解为

$$\boldsymbol{A}=\boldsymbol{LR}=\begin{bmatrix}1&0\\2&1\\0&1\end{bmatrix}\begin{bmatrix}1&0&1\\0&1&1\end{bmatrix}$$

则

$$\boldsymbol{RR}^{\mathrm{H}}=\begin{bmatrix}1&0&1\\0&1&1\end{bmatrix}\begin{bmatrix}1&0\\0&1\\1&1\end{bmatrix}=\begin{bmatrix}2&1\\1&2\end{bmatrix}$$

$$(\boldsymbol{RR}^{\mathrm{H}})^{-1}=\frac{1}{3}\begin{bmatrix}2&-1\\-1&2\end{bmatrix}$$

$$\boldsymbol{R}^{\dagger}=\boldsymbol{R}^{\mathrm{H}}(\boldsymbol{RR}^{\mathrm{H}})^{-1}=\frac{1}{3}\begin{bmatrix}1&0\\0&1\\1&1\end{bmatrix}\begin{bmatrix}2&-1\\-1&2\end{bmatrix}=\frac{1}{3}\begin{bmatrix}2&-1\\-1&2\\1&1\end{bmatrix}$$

则

$$\boldsymbol{L}^{\mathrm{H}}\boldsymbol{L}=\begin{bmatrix}1&2&0\\0&1&1\end{bmatrix}\begin{bmatrix}1&0\\2&1\\0&1\end{bmatrix}=\begin{bmatrix}5&2\\2&2\end{bmatrix}$$

$$(\boldsymbol{L}^{\mathrm{H}}\boldsymbol{L})^{-1}=\frac{1}{6}\begin{bmatrix}2 & -2\\ -2 & 5\end{bmatrix}$$

$$\boldsymbol{L}^{\dagger}=(\boldsymbol{L}^{\mathrm{H}}\boldsymbol{L})^{-1}\boldsymbol{L}^{\mathrm{H}}\begin{bmatrix}2 & -2\\ -2 & 5\end{bmatrix}\begin{bmatrix}1 & 2 & 0\\ 0 & 1 & 1\end{bmatrix}=\frac{1}{6}\begin{bmatrix}2 & 2 & -2\\ -2 & 1 & 5\end{bmatrix}$$

所以

$$\boldsymbol{A}^{\dagger}=\boldsymbol{R}^{\dagger}\boldsymbol{L}^{\dagger}=\frac{1}{18}\begin{bmatrix}2 & -1\\ -1 & 2\\ 1 & 1\end{bmatrix}\begin{bmatrix}2 & 2 & -2\\ -2 & 1 & 5\end{bmatrix}=\frac{1}{6}\begin{bmatrix}2 & 1 & -3\\ -2 & 0 & 4\\ 0 & 1 & 1\end{bmatrix}$$

即为 $\boldsymbol{A}$ 的 M-P 广义逆矩阵。 □

定理 4.27　设 $\boldsymbol{A}\in\mathbb{C}_r^{m\times n}$，$r>0$，且 $\boldsymbol{A}$ 的奇异值分解为

$$\boldsymbol{A}=\boldsymbol{U}\begin{bmatrix}\boldsymbol{S}_r & \\ & \boldsymbol{O}\end{bmatrix}\boldsymbol{V}^{\mathrm{H}}$$

其中 $\boldsymbol{U}\in\mathbb{C}^{m\times m}$，$\boldsymbol{V}\in\mathbb{C}^{n\times n}$ 为酉矩阵，且 $\boldsymbol{S}_r=\mathrm{diag}(\delta_1,\delta_2,\cdots,\delta_r)$，$\delta_1\geqslant\delta_2\geqslant\cdots\geqslant\delta_r>0$ 为 $\boldsymbol{A}$ 的正奇异值。则有

$$\boldsymbol{A}^{\dagger}=\boldsymbol{V}\begin{bmatrix}\boldsymbol{S}_r^{-1} & \\ & \boldsymbol{O}\end{bmatrix}\boldsymbol{U}^{\mathrm{H}}$$

注意：$\begin{bmatrix}\boldsymbol{S}_r & \\ & \boldsymbol{O}\end{bmatrix}$的阶数是 $m\times n$，而$\begin{bmatrix}\boldsymbol{S}_r^{-1} & \\ & \boldsymbol{O}\end{bmatrix}$的阶数是 $n\times m$。

例 4.13　设 $\boldsymbol{A}=\begin{bmatrix}1 & 0\\ 0 & 1\\ 1 & 0\end{bmatrix}$，用奇异值分解求 $\boldsymbol{A}^{\dagger}$。

解　因为

$$\boldsymbol{A}^{\mathrm{H}}\boldsymbol{A}=\begin{bmatrix}1 & 0 & 1\\ 0 & 1 & 0\end{bmatrix}\begin{bmatrix}1 & 0\\ 0 & 1\\ 1 & 0\end{bmatrix}=\begin{bmatrix}2 & 0\\ 0 & 1\end{bmatrix}$$

故 $\boldsymbol{A}^{\mathrm{H}}\boldsymbol{A}$ 的特征值为 $\lambda_1=2$，$\lambda_2=1$。对应的单位特征向量为

$$\boldsymbol{v}_1=\begin{bmatrix}1\\ 0\end{bmatrix},\quad \boldsymbol{v}_2=\begin{bmatrix}0\\ 1\end{bmatrix}$$

则 $\boldsymbol{A}\boldsymbol{A}^{\mathrm{H}}$ 的 3 个特征值为 $\lambda_1=2$，$\lambda_2=1$，$\lambda_3=0$。由 $\boldsymbol{S}=\mathrm{diag}(\delta_1,\delta_2)=\mathrm{diag}(\sqrt{\lambda_1},\sqrt{\lambda_2})=\mathrm{diag}(\sqrt{2},1)$，得

$$\boldsymbol{U}_1=\boldsymbol{A}\boldsymbol{V}_1\boldsymbol{S}=\begin{bmatrix}1 & 0\\ 0 & 1\\ 1 & 0\end{bmatrix}\begin{bmatrix}1 & 0\\ 0 & 1\end{bmatrix}\begin{bmatrix}\frac{1}{\sqrt{2}} & 0\\ 0 & 1\end{bmatrix}=\begin{bmatrix}\frac{1}{\sqrt{2}} & 0\\ 0 & 1\\ \frac{1}{\sqrt{2}} & 0\end{bmatrix}$$

故 $\boldsymbol{A}\boldsymbol{A}^{\mathrm{H}}$ 的 2 个非零特征值 $\lambda_1=2$，$\lambda_2=1$ 对应的特征向量分别为

$$\boldsymbol{u}_1=\begin{bmatrix}\frac{1}{\sqrt{2}}\\0\\\frac{1}{\sqrt{2}}\end{bmatrix},\quad \boldsymbol{u}_2=\begin{bmatrix}0\\1\\0\end{bmatrix}$$

因 $\lambda_3=0$ 对应的特征向量与 $\boldsymbol{u}_1$ 正交，故可设其为 $(1,y,-1)^{\mathrm{T}}$。又因为该特征向量需要和 $\boldsymbol{u}_2$ 正交，故 $y=0$。从而 $\lambda_3=0$ 对应的单位特征向量为

$$\boldsymbol{u}_3=\begin{bmatrix}\frac{1}{\sqrt{2}}\\0\\-\frac{1}{\sqrt{2}}\end{bmatrix}$$

记

$$\boldsymbol{U}=\begin{bmatrix}\frac{1}{\sqrt{2}}&0&\frac{1}{\sqrt{2}}\\0&1&0\\\frac{1}{\sqrt{2}}&0&-\frac{1}{\sqrt{2}}\end{bmatrix},\quad \boldsymbol{S}=\begin{bmatrix}\sqrt{2}&0\\0&1\end{bmatrix},\quad \boldsymbol{V}=\begin{bmatrix}1&0\\0&1\end{bmatrix}$$

得矩阵 $\boldsymbol{A}$ 的奇异值分解为

$$\boldsymbol{A}=\boldsymbol{U}\begin{bmatrix}\boldsymbol{S}\\\boldsymbol{O}\end{bmatrix}\boldsymbol{V}^{\mathrm{H}}$$

所以

$$\boldsymbol{A}^{\dagger}=\boldsymbol{V}[\boldsymbol{S},\boldsymbol{O}]\boldsymbol{U}^{\mathrm{H}}=\begin{bmatrix}1&0\\0&1\end{bmatrix}\begin{bmatrix}\frac{1}{\sqrt{2}}&0&0\\0&1&0\end{bmatrix}\begin{bmatrix}\frac{1}{\sqrt{2}}&0&\frac{1}{\sqrt{2}}\\0&1&0\\\frac{1}{\sqrt{2}}&0&-\frac{1}{\sqrt{2}}\end{bmatrix}$$

$$=\begin{bmatrix}\frac{1}{2}&0&\frac{1}{2}\\0&1&0\end{bmatrix}$$

即为 $\boldsymbol{A}$ 的 M-P 广义逆。 □

4.6.2 $\boldsymbol{A}^{\dagger}$与最小范数二乘解

一般来说，矛盾方程组 $\boldsymbol{Ax}=\boldsymbol{b}$ 的最小二乘解 $\boldsymbol{x}=\boldsymbol{A}^{(1,3)}\boldsymbol{b}-(\boldsymbol{E}-\boldsymbol{A}^{(1,3)}\boldsymbol{A})\boldsymbol{y}$ 是不唯一的。但在最小二乘解的集合中，方程组具有最小范数解，即

$$\min_{\|\boldsymbol{Ax}-\boldsymbol{b}\|}\|\boldsymbol{x}\|_2 \tag{4.19}$$

是唯一的，称之为最小范数二乘解，简记为 L-S-N 解。

定理 4.28 设 $\boldsymbol{A}\in\mathbb{C}^{m\times n}$，$\boldsymbol{b}\in\mathbb{C}^m$，则 $\boldsymbol{x}_0$ 是方程组 $\boldsymbol{Ax}=\boldsymbol{b}$ 的 L-S-N 解的充分必要条件是：

$$\boldsymbol{x}_0=\boldsymbol{A}^{\dagger}\boldsymbol{b} \tag{4.20}$$

例 4.14　已知方程组 $\boldsymbol{Ax}=\boldsymbol{b}$，其中

$$\boldsymbol{A}=\begin{bmatrix}1&2&0&1\\1&2&1&1\\2&4&1&2\end{bmatrix},\quad \boldsymbol{b}=\begin{bmatrix}1\\1\\a\end{bmatrix}$$

方程组是否有解？若有解，求最小范数解；若无解，求最小范数二乘解。

解　因为

$$[\boldsymbol{A},\boldsymbol{b}]=\left[\begin{array}{cccc:c}1&2&0&1&1\\1&2&1&1&1\\2&4&1&2&a\end{array}\right]\xrightarrow[r_2-r_1]{r_3-r_2-r_1}\left[\begin{array}{cccc:c}1&2&0&1&1\\0&0&1&0&0\\0&0&0&0&a-2\end{array}\right]$$

故 $\mathrm{rank}(\boldsymbol{A})=2$。

(1) 当 $a\neq 2$ 时，$\mathrm{rank}(\boldsymbol{A},\boldsymbol{b})=3$，所以方程组无解。

由

$$\boldsymbol{A}\xrightarrow[r_2-r_1]{r_3-r_2-r_1}\begin{bmatrix}1&2&0&1\\0&0&1&0\\0&0&0&0\end{bmatrix}$$

得满秩分解 $\boldsymbol{A}=\boldsymbol{LR}$，其中

$$\boldsymbol{L}=\begin{bmatrix}1&0\\1&1\\2&1\end{bmatrix},\boldsymbol{R}=\begin{bmatrix}1&2&0&1\\0&0&1&0\end{bmatrix}$$

则

$$\boldsymbol{RR}^{\mathrm{H}}=\begin{bmatrix}1&2&0&1\\0&0&1&0\end{bmatrix}\begin{bmatrix}1&0\\2&0\\0&1\\1&0\end{bmatrix}=\begin{bmatrix}6&0\\0&1\end{bmatrix}$$

$$(\boldsymbol{RR}^{\mathrm{H}})^{-1}=\begin{bmatrix}\frac{1}{6}&0\\0&1\end{bmatrix}$$

$$\boldsymbol{R}^{\dagger}=\boldsymbol{R}^{\mathrm{H}}(\boldsymbol{RR}^{\mathrm{H}})^{-1}=\begin{bmatrix}1&0\\2&0\\0&1\\1&0\end{bmatrix}\begin{bmatrix}\frac{1}{6}&0\\0&1\end{bmatrix}=\frac{1}{6}\begin{bmatrix}1&0\\2&0\\0&6\\1&0\end{bmatrix}$$

则

$$\boldsymbol{L}^{\mathrm{H}}\boldsymbol{L}=\begin{bmatrix}1&1&2\\0&1&1\end{bmatrix}\begin{bmatrix}1&0\\1&1\\2&1\end{bmatrix}=\begin{bmatrix}6&3\\3&2\end{bmatrix}$$

$$(\boldsymbol{L}^{\mathrm{H}}\boldsymbol{L})^{-1}=\frac{1}{3}\begin{bmatrix}2&-3\\-3&6\end{bmatrix}$$

$$\boldsymbol{L}^{\dagger}=(\boldsymbol{L}^{\mathrm{H}}\boldsymbol{L})^{-1}\boldsymbol{L}^{\mathrm{H}}=\frac{1}{3}\begin{bmatrix}2&-3\\-3&6\end{bmatrix}\begin{bmatrix}1&1&2\\0&1&1\end{bmatrix}=\frac{1}{3}\begin{bmatrix}2&-1&1\\-3&3&0\end{bmatrix}$$

所以

$$A^{\dagger}=R^{\dagger}L^{\dagger}=\frac{1}{6}\begin{bmatrix}1&0\\2&0\\0&6\\1&0\end{bmatrix}\frac{1}{3}\begin{bmatrix}2&-1&1\\-3&3&0\end{bmatrix}=\frac{1}{18}\begin{bmatrix}2&-1&1\\4&-2&2\\-18&18&0\\2&-1&1\end{bmatrix}$$

所以方程组的最小范数二乘解是 $x_0=A^{\dagger}b=\frac{1}{18}[1+a,2+2a,0,1+a]^{\mathrm{T}}$。

(2) 当 $a=2$ 时，$\mathrm{rank}(A,b)=2$，所以方程组有解，且有无穷多解。下面求其最小范数解。

因为

$$AA^{\mathrm{H}}=\begin{bmatrix}6&6&12\\6&7&13\\12&13&25\end{bmatrix}$$

故

$$\left[\begin{array}{ccc|ccc}6&6&12&1&0&0\\6&7&13&0&1&0\\12&13&25&0&0&1\\\hline 1&0&0&0&0&0\\0&1&0&0&0&0\\0&0&1&0&0&0\end{array}\right]\xrightarrow[r_2-r_1]{r_3-r_2-r_1}\left[\begin{array}{ccc|ccc}6&6&12&1&0&0\\0&1&1&-1&1&0\\0&0&0&-1&-1&1\\\hline 1&0&0&0&0&0\\0&1&0&0&0&0\\0&0&1&0&0&0\end{array}\right]$$

$$\xrightarrow[c_2-c_1]{\frac{1}{6}r_1}\left[\begin{array}{ccc|ccc}1&0&2&1/6&0&0\\0&1&1&-1&1&0\\0&0&0&-1&-1&1\\\hline 1&-1&0&&&\\0&1&1&&*&\\0&0&1&&&\end{array}\right]$$

$$\xrightarrow[c_3-c_2]{c_3-2c_1}\left[\begin{array}{ccc|ccc}1&0&0&1/6&0&0\\0&1&0&-1&1&0\\0&0&0&-1&-1&1\\\hline 1&-1&-1&&&\\0&1&-1&&*&\\0&0&1&&&\end{array}\right]$$

因此

$$\begin{bmatrix}1&-1&-1\\0&1&-1\\0&0&1\end{bmatrix}\begin{bmatrix}1&0&0\\0&1&0\\0&0&0\end{bmatrix}\begin{bmatrix}1/6&0&0\\-1&1&0\\-1&-1&1\end{bmatrix}=\begin{bmatrix}1/6&-1&0\\-1&1&0\\0&0&0\end{bmatrix}$$

是 AA^{H} 的{1,2}逆，也是{1}逆。

故

$$A^{(1,4)}=\begin{bmatrix}1&2&0&1\\1&2&1&1\\2&4&1&2\end{bmatrix}^{H}\begin{bmatrix}1/6&-1&0\\-1&1&0\\0&0&0\end{bmatrix}=\frac{1}{6}\begin{bmatrix}1&0&0\\2&0&0\\-6&6&0\\1&0&0\end{bmatrix}$$

所以方程组的最小范数解是 $\boldsymbol{x}_0=\boldsymbol{A}^{(1,4)}\boldsymbol{b}=\frac{1}{6}[1,2,0,1]^{T}$。 □

4.7　应用案例

现代工程设计中经常需要从测量的数据点中获取最合适的曲线或曲面表达，但是这些数据点往往由于各种因素的影响存在误差，所以待求的曲线或曲面不必严格地经过每一个数据点，可以用拟合的方法逼近数据点。由于 B 样条曲线具有较好的逼近能力以及局部修改等数学性质，可以灵活表示各类曲线及曲面的形状。因此，在测试数据处理、逆向工程和图像处理等工程领域中，B 样条曲线拟合技术得到了广泛的应用。B 样条曲线拟合的主要思想是最小二乘法。

一条 p 次 B 样条曲线可以定义为

$$C(u)\sum_{i=1}^{n}N_{i,p}(u)P_i \tag{4.21}$$

其中，u 是数据点的参数化值，取值范围一般取[0,1]。$P_i(i=0,\cdots,n)$称为控制点，由其构成的多边形称为控制多边形。$N_{i,p}(u)$称为 p 次 B 样条在节点向量 $\boldsymbol{U}$ 上的基函数，可由 de-Boor-Cox 递推定义给出，即

$$\begin{cases}N_{i,0}(u)=\begin{cases}1, u_i\leqslant u\leqslant u_{i+1}\\0,\text{其他}\end{cases}\\N_{i,p}(u)=\dfrac{u-u_i}{u_{i+p}-u_i}N_{i,p-1}(u)+\dfrac{u_{i+p-1}-u}{u_{i+p+1}-u_{i+1}}N_{i+1,p-1}(u)\end{cases} \tag{4.22}$$

其中，$u_i, i=0,1,\cdots,n+p+1$ 为节点向量 $\boldsymbol{U}\{u_i\}$中的元素，u_i 的取值区间为[0,1]，且 $\boldsymbol{U}$ 满足非递减序列的特性，规定$\frac{0}{0}=0$。

曲线 $C(u)$对应的一阶导矢为

$$C'(u)=p\sum_{i=1}^{n}\left(\frac{N_{i,p-1}(t_k)}{u_{i+p}-u_i}-\frac{N_{i+1,p-1}(t_k)}{u_{i+p+1}-u_{i+1}}\right)P_i \tag{4.23}$$

给定 $M+1$ 个数据点 $Q_0,Q_1,\cdots,Q_M$ 和法向约束条件 $l_0,l_1,\cdots,l_M$，找到一条曲线 $C(t)$来逼近数据点 Q_k 的同时要满足数据点处的法向约束条件 l_k，其中 $k=0,1,\cdots,M$。可将此类问题转化为等式约束的最小化问题。

$$\begin{cases}Q(P_0,\cdots,P_n,\boldsymbol{U})=\min\left(\sum\limits_{k=1}^{M}\|Q_k-C(t_k)\|^2\right)\\C'(t_k)\cdot l_k=\left(p\sum\limits_{i=1}^{n}\left(\dfrac{N_{i,p-1}(t_k)}{u_{i+p}-u_i}-\dfrac{N_{i+1,p-1}(t_k)}{u_{i+p+1}-u_{i+1}}\right)P_i\right)\cdot l_k=0\end{cases} \tag{4.24}$$

其中，t_k 为数据点 Q_k 所对应的参数值，$\|\cdot\|^2$ 为平方范数。

利用罚函数方法将模型(4.24)转化为无约束最优化问题，即

$$Q(P_0,\cdots,P_n,\boldsymbol{U},\lambda)=\sum_{i=0}^{M}\left\|Q_k-\sum_{i=1}^{n}N_{i,p}(t_k)P_i\right\|^2+\lambda\sum_{i=1}^{M}(C'(t_k)\cdot l_k)^2 \tag{4.25}$$

其中,λ 为惩罚系数。

求解曲线拟合问题时首先要将数据点进行参数化,不同的参数化方法会影响曲线最终的拟合效果。这里将以向心参数化为例给出参数 t_k 与数据点 Q_k 的关系,即

$$\begin{cases}t_0=0\\ t_k=t_{k-1}+\dfrac{\sqrt{\|Q_{k+1}-Q_k\|}}{\sum\limits_{i=1}^{M}\sqrt{\|Q_{i+1}-Q_i\|}}\end{cases} \tag{4.26}$$

假设逼近曲线必过首末两点,则需要满足以下条件 $Q_0=C(0)$,$Q_m=C(1)$。剩下的数据点 Q_k 在最小二乘意义下被逼近,即保证下式最小

$$\sum_{k=1}^{M-1}\|Q_k-C(t_k)\|^2 \tag{4.27}$$

这条曲线是所有离散点与其在曲线上对应的函数值点之间距离和最小的一条曲线。式(4.27)是最小二乘法曲线逼近的数学模型,这是曲线逼近的最基本模型。需要注意的是,这条曲线并不是精确地通过所有数据点。为了求解这条曲线,此时令

$$R_k=Q_k-N_{0,p}(t_k)Q_0-N_{n,p}(t_k)Q_m,\quad k=1,\cdots,M-1 \tag{4.28}$$

构造函数并推导如下,令

$$\begin{aligned}f&=\sum_{k=1}^{M-1}|Q_k-C(t_k)|^2\\&=\sum_{k=1}^{m-1}\left|R_k-\sum_{i=0}^{n-1}N_{i,p}(t_k)P_i\right|^2\\&=\sum_{k=1}^{M-1}\left[R_k\cdot R_k-2\sum_{i=1}^{n-1}N_{i,p}(t_k)(R_k\cdot P_i)+(\sum_{i=1}^{n-1}N_{i,p}(t_k)P_i)\cdot(\sum_{i=1}^{n-1}N_{i,p}(t_k)P_i)\right]\end{aligned} \tag{4.29}$$

欲求原函数最小值,由导数相关知识可知,必在其导数为零处取得,故令

$$-\sum_{k=1}^{M-1}N_{l,p}(t_k)R_k+\sum_{k=1}^{M-1}\sum_{i=1}^{n-1}N_{l,p}(t_k)P_k=0 \tag{4.30}$$

于是有

$$\sum_{k=1}^{M-1}N_{l,p}(t_k)R_k=\sum_{k=1}^{n-1}\left(\sum_{i=1}^{M-1}N_{l,p}(t_k)N_{i,p}(t_k)\right)P_i \tag{4.31}$$

式(4.8)在 $l=1,\cdots,n$ 时,上式成立,此式为一个以控制点 P_i 为未知量的线性方程组

$$(\boldsymbol{N}^{\mathrm{T}}\boldsymbol{N})\boldsymbol{P}=\boldsymbol{N}^{\mathrm{T}}\boldsymbol{R} \tag{4.32}$$

其中 $\boldsymbol{N}$ 是一个$(M-1)\times(n-1)$的一个标量矩阵,

$$\boldsymbol{N}=\begin{bmatrix}N_{1,p}(t_1)&\cdots&N_{n-1,p}(t_1)\\ \vdots&&\vdots\\ N_{1,p}(t_{M-1})&\cdots&N_{n-1,p}(t_{M-1})\end{bmatrix},\quad \boldsymbol{R}=\begin{bmatrix}R_1\\R_2\\ \vdots\\R_{M-1}\end{bmatrix},\quad \boldsymbol{P}=\begin{bmatrix}P_1\\P_2\\ \vdots\\P_{n-1}\end{bmatrix}$$

为了求解控制点向量 $\boldsymbol{P}$,需要矩阵 $\boldsymbol{N}^{\mathrm{T}}\boldsymbol{N}$ 可逆,这时 $\boldsymbol{P}=(\boldsymbol{N}^{\mathrm{T}}\boldsymbol{N})^{-1}\boldsymbol{N}^{\mathrm{T}}\boldsymbol{R}$。为了达到这个目的,需要构造合适的节点向量。但是在一般求解过程中,很难保证做到这一点。若采用

Moore-Penrose 广义逆，则无论节点向量如何变化，均可保证方程有且仅有唯一的最小范数二乘解。

对于一般情况下方程组 $\boldsymbol{AX}=\boldsymbol{b}$，将分情况讨论 $\boldsymbol{A}^{\dagger}$如下：

(1) 如果 $\boldsymbol{A}$ 是满秩矩阵，则 $\boldsymbol{A}^{\dagger}=\boldsymbol{A}^{-1}$；

(2) 如果 $\boldsymbol{A}$ 是行满秩矩阵，则 $\boldsymbol{A}^{\dagger}=\boldsymbol{A}^{\mathrm{T}}(\boldsymbol{AA}^{\mathrm{T}})^{-1}$；

(3) 如果 $\boldsymbol{A}$ 是列满秩矩阵，则 $\boldsymbol{A}^{\dagger}=(\boldsymbol{A}^{\mathrm{T}}\boldsymbol{A})^{-1}\boldsymbol{A}^{\mathrm{T}}$；

(4) 如果 $\mathrm{rank}(\boldsymbol{A})=r$，将矩阵 $\boldsymbol{A}$ 满秩分解 $\boldsymbol{A}=\boldsymbol{CD}$，然后分别求分解后矩阵的左逆和右逆，即 $\boldsymbol{C}_{\mathrm{L}}^{-1}=(\boldsymbol{C}^{\mathrm{T}}\boldsymbol{C})^{-1}\boldsymbol{C}^{\mathrm{T}}$，$\boldsymbol{D}_{\mathrm{R}}^{-1}=\boldsymbol{D}^{\mathrm{T}}(\boldsymbol{DD}^{\mathrm{T}})^{-1}$，则 $\boldsymbol{A}^{\dagger}=\boldsymbol{D}_{\mathrm{R}}^{-1}\boldsymbol{C}_{\mathrm{L}}^{-1}$。

由此可见，节点向量的选择对于曲线的拟合效果有着重要影响，并且合适的节点向量可以减小曲线拟合误差。对于节点向量优化不是本书讨论的重点，我们采用粒子群优化算法求解。我们取 $p=3$，$\lambda=1$，选择四种不同类型的曲线观察其拟合效果。每个曲线对应的表达式以及定义域如下：

(1) $y=\sin 2t+2\mathrm{e}^{-16t^2}+2$，定义域$[-2,2]$；

(2) $\begin{cases} x=r\cos 3t \\ y=r\sin 3t \end{cases}$，$r=10(1+t)$，定义域$[0,2\pi]$；

(3) $\begin{cases} x=2\times[5\cos t-\cos 6t] \\ y=2\times[3\sin t-\sin 4t] \end{cases}$，定义域$[0,2\pi]$；

(4) $\begin{cases} x=(a+b)\cos t-h\cos \dfrac{a+b}{b}t \\ y=(a+b)\sin t-h\sin \dfrac{a+b}{b}t \end{cases}$，定义域$[-\pi,\pi]$；

其中 $a=1$，$b=1/2$，$h=1$。每个曲线的取点间隔为 0.05，则曲线 1 的取点个数为 80，曲线 2 至曲线 4 的取点个数均为 126。对应的拟合效果分别如图 4.1 至 4.4 所示。不难看出拟合效果是令人满意的。

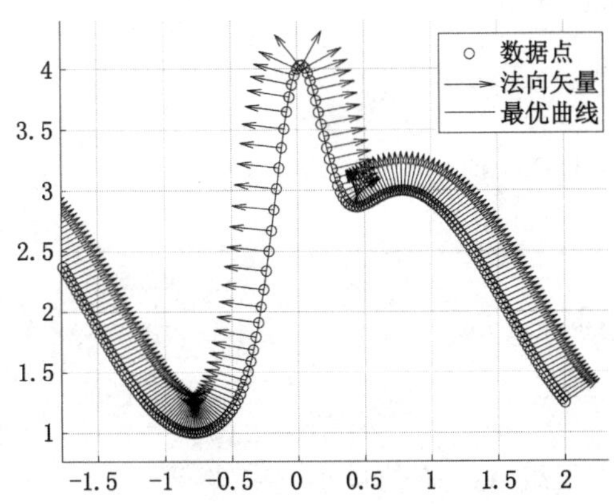

图 4.1　曲线 1 拟合效果图

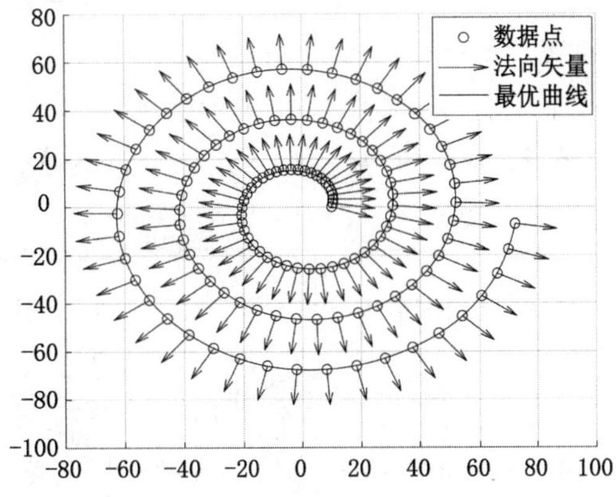

图 4.2　曲线 2 拟合效果图

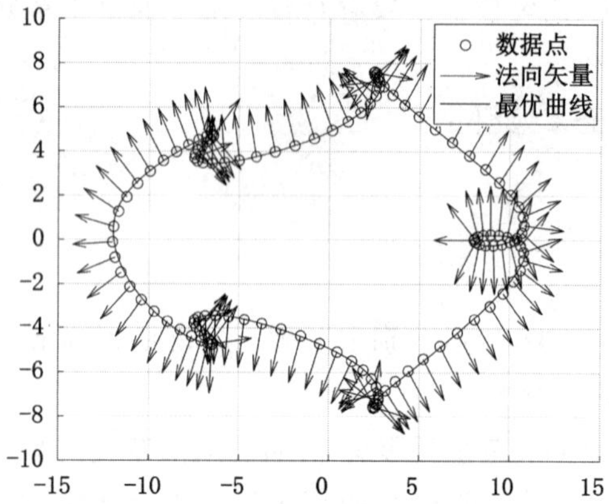

图 4.3 曲线 3 拟合效果图

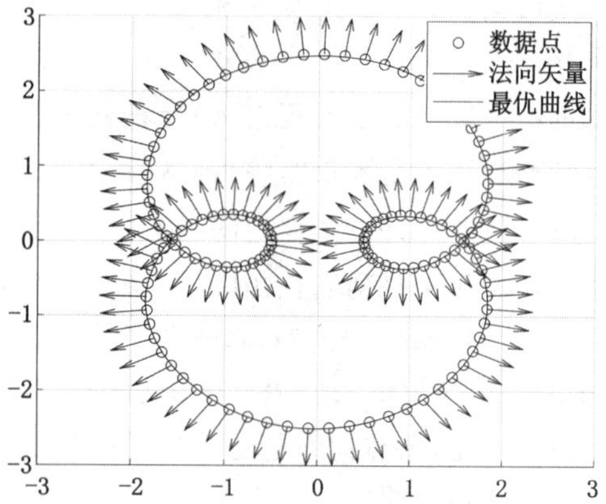

图 4.4 曲线 4 拟合效果图

4.8 习题

4-1 求矩阵 $\boldsymbol{A}=\begin{bmatrix}1&1&2\\2&2&1\\3&3&3\end{bmatrix}$ 的减号逆。

4-2 设 $\boldsymbol{A}\in\mathbb{C}^{m\times n}$，

(1) $\boldsymbol{A}^{(1)}$ 是 $\boldsymbol{A}$ 的右逆的充分必要条件是 $\operatorname{rank}(\boldsymbol{A})=m$；

(2) $\boldsymbol{A}^{(1)}$ 是 $\boldsymbol{A}$ 的左逆的充分必要条件是 $\operatorname{rank}(\boldsymbol{A})=n$。

4-3 求方程组

$$\begin{cases}x_1+x_2+2x_3=4\\2x_1+2x_2+x_3=5\\3x_1+3x_2+3x_3=9\end{cases}$$

的通解。

4-4 设矩阵 $\boldsymbol{A}=\begin{bmatrix}2&1&0&1\\1&0&1&1\\1&0&1&1\end{bmatrix}$，求 $\boldsymbol{A}\{1\}$ 及一个 $\boldsymbol{A}^{(1)}$。

4-5 设矩阵 $\boldsymbol{A}=\begin{bmatrix}2&3&1&-1\\5&8&0&1\\1&2&-2&3\end{bmatrix}$，求 $\boldsymbol{A}\{1,2\}$。

4-6 设矩阵 $\boldsymbol{A}=\begin{bmatrix}1&1\\2&0\\-1&3\end{bmatrix}$，$\boldsymbol{b}=\begin{bmatrix}1\\0\\2\end{bmatrix}$，求线性方程组 $\boldsymbol{Ax}=\boldsymbol{b}$ 的最小二乘解。

4-7 设 $\boldsymbol{A}\in\mathbb{C}^{m\times n}$，证明：

(1) 当 $\boldsymbol{A}$ 是行满秩矩阵时，有 $\boldsymbol{A}_{\mathrm{R}}^{-1}=\boldsymbol{A}^{\mathrm{H}}(\boldsymbol{A}\boldsymbol{A}^{\mathrm{H}})^{-1}\in\boldsymbol{A}\{1,3,4\}$；

(2) 当 $\boldsymbol{A}$ 是列满秩矩阵时，有 $\boldsymbol{A}_{\mathrm{L}}^{-1}=(\boldsymbol{A}^{\mathrm{H}}\boldsymbol{A})^{-1}\boldsymbol{A}^{\mathrm{H}}\in\boldsymbol{A}\{1,3,4\}$。

4-8　设矩阵 $\boldsymbol{A}=\begin{bmatrix}1 & 2\\0 & 0\\2 & 4\end{bmatrix}$，$\boldsymbol{b}=\begin{bmatrix}1\\0\\2\end{bmatrix}$求线性方程组 $\boldsymbol{Ax}=\boldsymbol{b}$ 的最小范数解。

4-9　设 $\boldsymbol{A}$ 是幂等 Hermitian 矩阵，证明 $\boldsymbol{A}^{\dagger}=\boldsymbol{A}$。

4-10　设矩阵 $\boldsymbol{A}=\begin{bmatrix}1 & 0 & 1\\0 & 1 & 1\\1 & 2 & 3\end{bmatrix}$，求 $\boldsymbol{A}^{\dagger}$。

4-11　设矩阵 $\boldsymbol{A}=\begin{bmatrix}-1 & 0 & 1 & 2\\1 & 2 & -1 & 1\\2 & 2 & -2 & -1\end{bmatrix}$，求 $\boldsymbol{A}^{\dagger}$。

4-12　设矩阵 $\boldsymbol{A}=\begin{bmatrix}1 & 1 & 1 & 1\\3 & 2 & 1 & -3\\0 & 1 & 2 & 6\end{bmatrix}$，$\boldsymbol{b}=\begin{bmatrix}1\\2\\3\end{bmatrix}$，求线性方程组 $\boldsymbol{Ax}=\boldsymbol{b}$ 的最小范数二乘解。

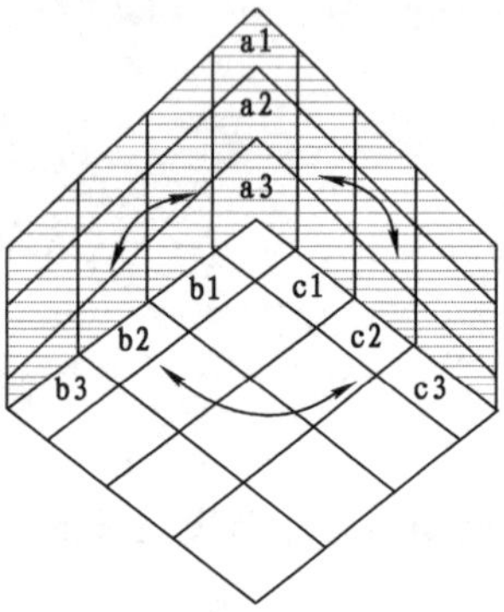

第 5 章 线性空间与线性变换

线性空间和线性变换是矩阵论中非常重要的两个概念。本章首先给出了线性空间、子空间的定义和例子，以及线性空间的元素表示方法；再次给出了内积、内积空间的定义，讨论了与之相关的概念；最后给出了线性变换的概念，讨论了有限维线性变换空间与矩阵空间同构问题，最后介绍了线性变换的最简矩阵表示的相关知识。

5.1 线性空间

5.1.1 集合

集合或集是数学中一个基本概念。在数学上由一个或多个确定的元素所构成的整体称为集合。元素 a 与集合 A 之间的关系为：

(1) 元素 a 属于 A，记作 $a\in A$；

(2) 元素 a 不属于 A，记作 $a\notin A$。

可以用特征函数表示元素与集合的关系：

$$I_A(a)=\begin{cases}1, & 如果\ a\in A\\ 0, & 如果\ a\notin A\end{cases} \tag{5.1}$$

按照构成集合的元素的个数是否有限，将集合分为有限集合和无限集合两类。不含有任何元素的集合称为空集合，记为$\varnothing$。

常用的集合表示方法有：

(1) 枚举法(列举法)，常用于表示有限集合，列出集合所含有的全部元素；

(2) 描述法，常用于表示无限集合，使用集合中元素所具备的共同特征表示集合。

例 5.1 集合 A 是由小于 5 的自然数组成的集合，则可以用枚举法表示集合为 $A=\{0,1,2,3,4\}$。也可以用描述法表示为 $A=\{x\mid x<5,且\ x\in\mathbb{N}\}$，这里$\mathbb{N}$表示自然数集合。

在数学上，经常用一些字母表示一些数的集合，如整数集合用$\mathbb{Z}$表示，有理数集合用$\mathbb{Q}$表示，实数集合用$\mathbb{R}$表示等等。对于某些数集，如果其中任意两个数的和、差、积、商仍在该数集中，即关于四则运算数集封闭，那么该数集就称为数域，如实数集$\mathbb{R}$是一个数域。另外，也经常采用子集、相等概念来描述集合之间的关系。

定义5.1(集合的关系) 设有两个集合A和B，

(1) 如果A的每一个元素都是B的元素，则称A是B的子集，记作$A\subseteq B$，或记作$B\supseteq A$；

(2) 如果$A\subseteq B$，并且$B\subseteq A$，则称这两个集合相等，记作$A=B$。

定义5.1的第二条是证明两个集合相等的一般方法，即证明两个集合相等等价于证明两个集合互为子集。集合之间有子集关系，还有交集、并集、补集等。这些关系也往往被用于描述集合之间的运算，这里采用这种方式。

定义5.2(集合的运算) 设有两个集合A和B，

(1) 由所有属于集合A且属于集合B的元素组成的集合称为A与B的交，记作$A\cap B$，即$A\cap B=\{x|x\in A \text{ 且 } x\in B\}$；

(2) 由所有属于集合A或属于集合B的元素组成的集合称为A与B的并，记作$A\cup B$，即$A\cup B=\{x|x\in A \text{ 或 } x\in B\}$；

(3) 由所有属于A但不属于B的元素组成的集合称为B在A的余集，或称为A与B的差，记作$A-B$，即$A-B=\{x|x\in A \text{ 且 } x\notin B\}$；特别地，若$A$是全集，则$A$与$B$的差称为$B$的补集，记作$\bar{B}$；

(4) 集合$A\times B=\{(a,b)|a\in A,b\in B\}$称为$A$与$B$的积。

类似地，可以将两个集合之间交、并运算推广到n个集合。设给定n个集合$A_1,A_2,\cdots,A_n$，由$A_1,A_2,\cdots,A_n$的所有元素组成的集合称为$A_1,A_2,\cdots,A_n$的并，记为$A_1\cup A_2\cup\cdots\cup A_n$；由$A_1,A_2,\cdots,A_n$的所有公共元素组成的集合称为$A_1,A_2,\cdots,A_n$的交，记为$A_1\cap A_2\cap\cdots\cap A_n$。

对于实数集合$\mathbb{R}$不难发现：(1) $\forall a,b\in\mathbb{R},a+b\in\mathbb{R}$；(2) $\forall k\in\mathbb{R},ka\in\mathbb{R}$。同样对于二维向量集合$\mathbb{R}^2$而言，针对数域$\mathbb{R}$也存在类似结论：(1) $\forall \boldsymbol{a},\boldsymbol{b}\in\mathbb{R}^2,\boldsymbol{a}+\boldsymbol{b}\in\mathbb{R}^2$；(2) $\forall k\in\mathbb{R}$，$k\boldsymbol{a}\in\mathbb{R}^2$。具有这样特点的集合，就是本章要重点介绍的线性空间。

5.1.2 线性空间

将$\mathbb{R}$和$\mathbb{R}^2$的特点一般化，可以引出线性空间的定义。

定义5.3(线性空间) 设V是一个非空集合，F是一个数域，集合中的元素称为向量。如果集合V满足：

1. 在集合V中定义了一种加法运算，即对$\forall \boldsymbol{x},\boldsymbol{y}\in V$，在$V$中都有唯一的元素$\boldsymbol{z}$与它们的和对应，记为$\boldsymbol{z}=\boldsymbol{x}+\boldsymbol{y}$。

2. 在集合V和数域F之间定义了一种数乘(数与向量的乘法)运算，即对$\forall\lambda\in F$和$\forall \boldsymbol{x}\in V$，在$V$中都有唯一的元素$\boldsymbol{y}$与它们的数量乘积对应，记为$\boldsymbol{y}=\lambda\boldsymbol{x}$。并且加法运算和数乘运算满足下面8条运算规则：

(1) 交换律$\boldsymbol{x}+\boldsymbol{y}=\boldsymbol{y}+\boldsymbol{x}$；

(2) 结合律$(\boldsymbol{x}+\boldsymbol{y})+\boldsymbol{z}=\boldsymbol{x}+(\boldsymbol{y}+\boldsymbol{z})$；

(3) 在V中存在一个零元素，记作$\boldsymbol{0}$，对于$\forall \boldsymbol{x}\in V$，都有$\boldsymbol{x}+\boldsymbol{0}=\boldsymbol{x}$；

(4) 对于 $\forall \boldsymbol{x}\in V$，$\exists \boldsymbol{y}\in V$，使得 $\boldsymbol{x}+\boldsymbol{y}=\boldsymbol{0}$，$\boldsymbol{y}$ 称为 $\boldsymbol{x}$ 的负元素，记为 $-\boldsymbol{x}$；

(5) 分配律 $(\lambda+\mu)\boldsymbol{x}=\lambda\boldsymbol{x}+\mu\boldsymbol{x}$；

(6) 数因子分配律 $\lambda(\boldsymbol{x}+\boldsymbol{y})=\lambda\boldsymbol{x}+\lambda\boldsymbol{y}$；

(7) 结合律 $\lambda(\mu\boldsymbol{x})=(\lambda\mu)\boldsymbol{x}$；

(8) $1\boldsymbol{x}=\boldsymbol{x}$。

则称 V 为数域 F 上的线性空间。

由定义 5.3 可以看出，线性空间实际上仍是集合。在集合上存在两种运算，不仅要满足封闭性，而且要满足 8 条运算规则。由于集合中的元素称为向量，为了更为直观，因此有时也将线性空间称为向量空间。后面在不引起混淆的情况下，不再加以区分。下面给出几个常见的线性空间的例子。

例 5.2(n 维向量空间) 设集合 $V=\{\boldsymbol{x}\,|\,\boldsymbol{x}=(\xi_1,\xi_2,\cdots,\xi_n)^{\mathrm{T}}\}$，数域为 F，定义运算：

(1) 向量的加法，

(2) 数与向量的数量乘法。

则有：

① 若 $\xi_i\in\mathbb{R}$，$i=1,2,\cdots,n$，数域 $F=\mathbb{R}$，则 V 构成 F 上的线性空间。对应的线性空间是 n 元实坐标向量空间，记为 $\mathbb{R}^n$。

② 若 $\xi_i\in\mathbb{C}$，$i=1,2,\cdots,n$，数域 $F=\mathbb{C}$，则 V 构成 F 上的线性空间。对应的线性空间是 n 元复坐标向量空间，记为 $\mathbb{C}^n$。

上面提到的 $\mathbb{R}$ 和 $\mathbb{R}^2$ 实际上是 $\mathbb{R}^n$ 的特例。这里需要注意的是，数域也是影响集合为线性空间的重要因素。如：

(1) 若 $\xi_i\in\mathbb{R}$，$i=1,2,\cdots,n$，$F=\mathbb{C}$，此时数量乘法不满足封闭性，故 V 不是线性空间；

(2) 若 $\xi_i\in\mathbb{C}$，$i=1,2,\cdots,n$，$F=\mathbb{R}$，则 V 是一个线性空间，记为 $\mathbb{C}_{\mathbb{R}}^n$。

线性空间 $\mathbb{C}_{\mathbb{R}}^n$ 与 $\mathbb{C}^n$ 的最大不同在于数域。

定义 5.4(零空间和值空间) 设 $\boldsymbol{A}\in\mathbb{C}^{m\times n}$，数域为 $F=\mathbb{C}$，并规定集合中的向量加法和数乘运算与 $\mathbb{C}^m$ 中相应的运算相同，则

(1) $N(\boldsymbol{A})=\{\boldsymbol{x}\in\mathbb{R}^n\,|\,\boldsymbol{A}\boldsymbol{x}=\boldsymbol{0}\}$ 是 $\mathbb{C}$ 上的线性空间，并称 $N(\boldsymbol{A})$ 为齐次线性方程组 $\boldsymbol{A}\boldsymbol{x}=\boldsymbol{0}$ 的解空间，也称为矩阵 $\boldsymbol{A}$ 的零空间或核空间；

(2) $R(\boldsymbol{A})=\{\boldsymbol{y}\in\mathbb{R}^m\,|\,\boldsymbol{A}\boldsymbol{x}=\boldsymbol{y},\forall\boldsymbol{x}\in\mathbb{R}^n\}$ 是 $\mathbb{C}$ 上的线性空间，并称 $R(\boldsymbol{A})$ 是矩阵 $\boldsymbol{A}$ 的值空间或列空间。

零空间和值空间就是前面介绍线性方程组时涉及的解集和值域。但是，非齐次线性方程组 $\boldsymbol{A}\boldsymbol{x}=\boldsymbol{b}$ 的解集合 W 不是 F^n 的一个子空间。若 $\boldsymbol{A}\boldsymbol{x}=\boldsymbol{b}$ 无解，则解集是空集，当然不是线性子空间。若解集非空，由于 $\boldsymbol{b}\neq\boldsymbol{0}$，对加法不封闭，因此 W 不是线性子空间。

由于向量可以看成特殊的矩阵，既然向量可以构成向量空间，那么矩阵也可以构成线性空间。

例 5.3 若数域为 F，集合 $V=\{\boldsymbol{A}_{m\times n}\,|\,\boldsymbol{A}\in F^{m\times n}\}$，定义运算：

(1) 矩阵的加法，

(2) 数与矩阵的数量乘法，

则 V 构成数域 F 上的一个线性空间，记为 $F^{m\times n}$。例如：

(1) $\mathbb{R}^{m\times n}$ 构成实数域上的线性空间；

(2) $\mathbb{C}^{m\times n}$构成复数域上的线性空间。

上面介绍的例子中,集合的元素一般是数、向量、矩阵,这也比较容易理解。实际上,构成集合的元素不仅仅是这些,还可以是函数,多项式等等。这样的集合只要符合定义 5.3 的要求,也是可以构成线性空间的。

例 5.4 所有系数在数域$\mathbb{R}$中的一元多项式的全体构成一个集合$\mathbb{R}[x]$。定义两种运算:

(1) 通常的多项式加法,

(2) 数与多项式的乘法,

则$\mathbb{R}[x]$构成一个数域$\mathbb{R}$上的线性空间。

如果只考虑其中次数不超过 n 的多项式,再加上零多项式,也构成一个数域$\mathbb{R}$上的线性空间,用$\mathbb{R}[x]_n$表示。

例 5.5 全体实函数,按

(1) 函数加法,

(2) 数与函数的数量乘法,

构成一个实数域上的线性空间。

特别地,区间$[a,b]$上所有连续函数的全体 $C[a,b]$也构成一个实数域上的线性空间。

由定义 5.3 可知,线性空间也与定义在其上的两种运算有关。即使是同一个集合,定义的运算不同,得到的线性空间也会不同。另外,在某种运算下无法构成线性空间的集合,有可能在另外一种运算下可以构成线性空间。如前面提到的$\mathbb{R}^+$,按照常规的加法和数乘运算,由于两种运算不封闭,所以$\mathbb{R}^+$是无法构成数域$\mathbb{R}$上的线性空间的。但是如果运算采用下面例题中的方式,则是可以构成线性空间的。

例 5.6 设$\mathbb{R}^+$是正实数集,$\mathbb{R}$是实数域。定义加法$\oplus$和数乘运算$\odot$如下:

$$\alpha\oplus\beta=\alpha\beta \quad (\text{即 } \alpha \text{ 与 } \beta \text{ 的乘积})$$
$$k\odot\alpha=\alpha^k \quad (\text{即 } \alpha \text{ 的 } k \text{ 次幂})$$

其中 $\alpha,\beta\in\mathbb{R}^+$,$k\in\mathbb{R}$。试证明$\mathbb{R}^+$对于加法$\oplus$和数乘$\odot$构成$\mathbb{R}$上的线性空间。

证明 只需要按照线性空间的定义验证即可。首先$\mathbb{R}^+$是非空的。其次,需要验证$\mathbb{R}^+$对两种运算封闭。即

(1) 由于$\forall\alpha,\beta\in\mathbb{R}^+$,$\alpha\oplus\beta=\alpha\beta\in\mathbb{R}^+$,所以加法$\oplus$封闭。

(2) 由于$\forall\alpha\in\mathbb{R}^+$,$k\in\mathbb{R}$,$k\odot\alpha=\alpha^k\in\mathbb{R}^+$,所以数乘$\odot$封闭。

下面验证以下 8 条规则成立。即

(1) $\alpha\oplus\beta=\alpha\beta=\beta\alpha=\beta\oplus\alpha$;

(2) $(\alpha\oplus\beta)\oplus\gamma=(\alpha\beta)\gamma=\alpha(\beta\gamma)=\alpha\oplus(\beta\oplus\gamma)$;

(3) 零元素为常数 1:记作 $1\oplus\alpha=\alpha$;

(4) $\forall\alpha\in\mathbb{R}^+$负元素为$\frac{1}{\alpha}$,使得$\frac{1}{\alpha}\oplus\alpha=1$;

(5) $1\odot\alpha=\alpha$;

(6) $(k_1k_2)\odot\alpha=\alpha^{k_1k_2}=(\alpha^{k_2})^{k_1}=k_1\odot(\alpha^{k_2})=k_1\odot(k_2\odot\alpha)$;

(7) $(k_1+k_2)\odot\alpha=\alpha^{k_1+k_2}=(\alpha^{k_1})(\alpha^{k_2})=\alpha^{k_1}\oplus\alpha^{k_2}=k_1\odot\alpha\oplus k_2\odot\alpha$;

(8) $k\odot(\alpha\oplus\beta)=k\odot(\alpha\beta)=(\alpha\beta)^k=\alpha^k\beta^k=\alpha^k\oplus\beta^k=(k\odot\alpha)\oplus(k\odot\beta)$;

所以，$\mathbb{R}^+$ 对于加法 $\oplus$ 和数乘 $\odot$ 构成 $\mathbb{R}$ 上的线性空间。 □

需要注意的是：例题中的零元素是1，并不是常规的0。可见，线性空间的零向量与该空间中向量加法和数量乘法的规定有关。实际上，线性空间中的零元素并不一定是形如0，$(0,0,\cdots,0)^{\mathrm{T}}$，$\begin{bmatrix}0 & 0\\0 & 0\end{bmatrix}$ 之类的元素，而是必须符合零元素定义的那个元素。

性质 5.1 线性空间的性质：

(1) 零元素是唯一的；

(2) 负元素是唯一的；

(3) $0\boldsymbol{x}=\boldsymbol{0}$；$k\boldsymbol{0}=\boldsymbol{0}$；$(-1)\boldsymbol{x}=-\boldsymbol{x}$；

(4) 如果 $k\boldsymbol{x}=\boldsymbol{0}$，那么 $k=0$，或者 $\boldsymbol{x}=\boldsymbol{0}$。

与直观的 n 维向量空间相比，线性空间的定义更为一般化。因为其涉及的向量不再局限于数组，而是扩展成广义的向量，如矩阵、函数等等。除此之外，加法、数量乘法、零元素的含义都得到了扩展。前面提到了 $\mathbb{R}^2$ 和 $\mathbb{R}^3$ 均是数域 $\mathbb{R}$ 上的线性空间，而 $\mathbb{R}^2$ 又是 $\mathbb{R}^3$ 的子集。那么由子集构成的线性空间与原线性空间有什么关系？这将是下一节要讨论的主要内容。

5.1.3 子空间

本节主要考虑一般情形：设非空集合 S 是线性空间 V 的子集，关于线性空间 V 的加法和数乘运算，S 是否构成一个线性空间？

定义 5.5(子空间) V 是数域 F 上的线性空间，S 是 V 的一个非空子集合，如果 S 对于 V 的两种运算也构成数域 F 上的线性空间，则称 S 为 V 的一个线性子空间，简称子空间。

例 5.7 线性空间 V 本身也是 V 的一个子空间。

例 5.8 在线性空间 V 中，由单个的零向量 $\boldsymbol{0}$ 所组成的子集合 $\{\boldsymbol{0}\}$ 也是 V 的一个子空间，称为零子空间。

每个线性空间 V 至少有两个子空间：零子空间和线性空间本身。这两个子空间通常称为 V 的平凡子空间，而其他的子空间称为非平凡子空间。

按照定义5.5验证线性空间 V 的子集 S 是否为子空间实际上就是验证子集是否为线性空间。而按照线性空间的定义需要验证两种运算是否封闭以及八条规则是否满足。实际上，由于集合 S 是线性空间 V 的子集，只需要验证两种运算是否封闭即可。

定理 5.1 如果线性空间 V 的一个非空子集 S 对于 V 的两种运算是封闭的，即

(1) $\forall\, \boldsymbol{x},\boldsymbol{y}\in S$，都有 $\boldsymbol{x}+\boldsymbol{y}\in S$；

(2) $\forall\, \boldsymbol{x}\in S, \forall\, \lambda\in F$，都有 $\lambda\boldsymbol{x}\in S$；

那么 S 就是一个子空间。

例 5.9 设 V 是数域 F 上的线性空间，在 V 中取 l 个向量 $\boldsymbol{x}_1,\boldsymbol{x}_2,\cdots,\boldsymbol{x}_l$，由其线性组合对应的向量构成 V 的子集的 S

$$S=\{\boldsymbol{y}\mid \boldsymbol{y}=\alpha_1\boldsymbol{x}_1+\alpha_2\boldsymbol{x}_2+\cdots+\alpha_l\boldsymbol{x}_l,\alpha_i\in F,\quad i=1,2,\cdots,l\}$$

则 S 是 V 的一个子空间。

证明 在 S 中任取两个向量 $\boldsymbol{y}$ 和 $\boldsymbol{z}$，不妨设 $\boldsymbol{y}=\alpha_1\boldsymbol{x}_1+\alpha_2\boldsymbol{x}_2+\cdots+\alpha_l\boldsymbol{x}_l\in S$，$\boldsymbol{z}=\beta_1\boldsymbol{x}_1+\beta_2\boldsymbol{x}_2+\cdots+\beta_l\boldsymbol{x}_l\in S$。则

(1) 因 $\boldsymbol{y}+\boldsymbol{z}=\sum_{i=1}^{l}(\alpha_i+\beta_i)\boldsymbol{x}_i\in S$，故加法封闭。

(2) 由于 $\forall\lambda\in F,\lambda\boldsymbol{y}=\sum_{i=1}^{l}(\lambda\alpha_i)\boldsymbol{x}_i\in S$，故数乘封闭。

所以 S 是 V 的一个子空间。 □

例题中的子空间常称为由向量 $\boldsymbol{x}_1,\boldsymbol{x}_2,\cdots,\boldsymbol{x}_l$ 张成的线性子空间，简称为张成子空间，记为 $S=\mathrm{Span}(\boldsymbol{x}_1,\boldsymbol{x}_2,\cdots,\boldsymbol{x}_l)$。

例如，若 $\boldsymbol{u}\neq\boldsymbol{0}$ 是 $\mathbb{R}^3$ 的一个向量，则 $\mathrm{Span}(\boldsymbol{u})$ 是一条通过原点和 $\boldsymbol{u}$ 的直线；若 $\boldsymbol{u},\boldsymbol{v}$ 是 $\mathbb{R}^3$ 的不在同一条直线上的两个非零向量，则 $S=\mathrm{Span}(\boldsymbol{u},\boldsymbol{v})$ 是一个通过原点和点 $\boldsymbol{u}$ 与点 $\boldsymbol{v}$ 的平面。这主要是因为 $\boldsymbol{u},\boldsymbol{v}$ 不在同一条直线上，所以 $\boldsymbol{u},\boldsymbol{v}$ 线性无关。因而通过原点和点 $\boldsymbol{u}$ 与点 $\boldsymbol{v}$ 的平面上的任一个向量均可以由 $\boldsymbol{u}$ 与点 $\boldsymbol{v}$ 线性表示。同理对于单个向量 $\boldsymbol{u}$，只要不是零向量，则由其组成的单个向量组线性无关，因而 $\boldsymbol{u}$ 可以张成一条通过原点和 u 的直线。这样的例子还有很多。

例 5.10　几个张成子空间的例子：

(1) $\mathrm{Span}\left(\begin{bmatrix}1\\1\\1\end{bmatrix},\begin{bmatrix}2\\2\\2\end{bmatrix}\right)$ 是一条 $\mathbb{R}^3$ 的直线；

(2) 单位向量张成子空间 $\mathrm{Span}\left(\boldsymbol{e}_1=\begin{bmatrix}1\\0\\0\end{bmatrix},\boldsymbol{e}_2=\begin{bmatrix}0\\1\\0\end{bmatrix},\boldsymbol{e}_3=\begin{bmatrix}0\\0\\1\end{bmatrix}\right)$ 是 $\mathbb{R}^3$；

(3) $\mathbb{R}^n$ 单位向量 $\{\boldsymbol{e}_1,\boldsymbol{e}_2,\cdots,\boldsymbol{e}_n\}$ 张成子空间 $\mathrm{Span}(\boldsymbol{e}_1,\boldsymbol{e}_2,\cdots,\boldsymbol{e}_n)=\mathbb{R}^n$；

(4) 有限集 $\{1,x,x^2,\cdots,x^n\}$ 可以张成次数不超过 n 的多项式空间 $F[x]_n$；无限集 $\{1,x,x^2,\cdots\}$ 可以张成整个多项式空间 $F[x]$。

由向量组张成的线性子空间，其主要特征取决于向量组对应的极大无关组。也就是说，向量组张成的线性子空间实际上就是其对应的极大无关组张成的子空间。例题中第一个情形，由于两个向量是成比例的，因而是线性相关的，所以极大无关组只含有一个向量，因此张成子空间是一条直线。而剩下的三个例子，向量组都是无关组。

例 5.11　设 $\boldsymbol{A}\in\mathbb{C}^{m\times n}$，证明 $R(\boldsymbol{A})=\{\boldsymbol{y}\in\mathbb{C}^m\mid\boldsymbol{y}=\boldsymbol{A}\boldsymbol{x},\boldsymbol{x}\in\mathbb{C}^n\}$ 是 $\boldsymbol{A}$ 的所有列向量张成的 $\mathbb{C}^m$ 的子空间。

证明　首先，$R(\boldsymbol{A})$ 是 $\mathbb{C}^m$ 的子集，且按 $\mathbb{C}^m$ 的向量加法和数量乘法构成线性空间，故 $R(\boldsymbol{A})$ 是 $\mathbb{C}^m$ 的子空间。

其次，证明 $\forall\boldsymbol{y}\in R(\boldsymbol{A})$ 都可以由 $\boldsymbol{A}$ 的列向量线性表示。故将矩阵 $\boldsymbol{A}$ 按其列向量进行分块，记做 $\boldsymbol{A}=[\boldsymbol{a}_1,\boldsymbol{a}_2,\cdots,\boldsymbol{a}_n]$，其中 $\boldsymbol{a}_i=(a_{1i},a_{2i},\cdots,a_{mi})^{\mathrm{T}},i=1,2,\cdots,n$，令 $\boldsymbol{x}=(x_1,x_2,\cdots,x_n)^{\mathrm{T}}$，则有

$$\begin{aligned}R(\boldsymbol{A})&=\{\boldsymbol{y}\in\mathbb{C}^m\mid\boldsymbol{y}=\boldsymbol{A}\boldsymbol{x},\boldsymbol{x}\in\mathbb{C}^n\}\\&=\{\boldsymbol{y}\in\mathbb{C}^m\mid\boldsymbol{y}=x_1\boldsymbol{a}_1+x_2\boldsymbol{a}_2+\cdots+x_n\boldsymbol{a}_n\}\end{aligned}$$

即 $R(\boldsymbol{A})$ 中任一向量都是 $\boldsymbol{A}$ 的列向量 $\boldsymbol{a}_1,\boldsymbol{a}_2,\cdots,\boldsymbol{a}_n$ 的线性组合，因此是它们的张成空间。 □

利用定理 5.1 证明线性子空间时，需要分别证明两种运算封闭，实际上利用线性组合的观点，这两种运算是可以合并在一起的。

定理 5.2 数域 F 上的线性空间 V 的一个非空子集合 S 称为 V 的一个线性子空间的充分必要条件是 $\forall \boldsymbol{x},\boldsymbol{y}\in S$，$\forall \lambda\in F$，都有

$$\lambda\boldsymbol{x}+\boldsymbol{y}\in S \tag{5.2}$$

证明 (1) 充分性。由于 $\forall \boldsymbol{x},\boldsymbol{y}\in S$，$\forall \lambda\in F$，$\lambda\boldsymbol{x}+\boldsymbol{y}\in S$。故

$$\boldsymbol{x}+\boldsymbol{y}=1\boldsymbol{x}+\boldsymbol{y}\in S$$

$$\lambda\boldsymbol{x}=\lambda\boldsymbol{x}+\boldsymbol{0}\in S$$

故 S 对于 V 的两种运算是封闭的，即 S 为 V 的一个线性子空间。

(2) 必要性。$\forall \boldsymbol{x},\boldsymbol{y}\in S$，$\forall \lambda\in F$，由数乘封闭性，有 $\lambda\boldsymbol{x}\in S$，又由加法封闭性，有

$$\lambda\boldsymbol{x}+\boldsymbol{y}\in S$$

故命题成立。 □

式(5.2)更为一般的形式是 $\lambda\boldsymbol{x}+\mu\boldsymbol{y}\in S$。

例 5.12 设 $\mathbb{R}^3$ 的子集合为

$$S_1=\{[a,0,0]^{\mathrm{T}}\mid a\in\mathbb{R}\}$$

$$S_2=\{[1,0,b]^{\mathrm{T}}\mid b\in\mathbb{R}\}$$

则 S_1 是 $\mathbb{R}^3$ 的子空间，而 S_2 不是 $\mathbb{R}^3$ 的子空间。

该例题利用定理 5.2 可以很容易证明。实际上，S_1 是 x 轴上的全体向量；S_2 是过点 $[1,0,0]^{\mathrm{T}}$ 与 z 轴平行的直线上的全体向量。显然，V_2 关于加法和数乘不封闭。

例 5.13 几个线性子空间的例子：

(1) $F[x]_n$ 是线性空间 $F[x]$ 的子空间；

(2) 设 $\boldsymbol{A}\in F^{m\times n}$，则 $N(\boldsymbol{A})$ 是 F^n 的一个子空间；

(3) 所有实系数多项式是全体实函数的一个子空间。

定理 5.3 设 V_1,V_2 是线性空间 V 的两个子空间，则它们的交 $V_1\cap V_2$ 也是 V 的子空间。

证明 因为 V_1,V_2 是线性空间 V 的两个子空间，所以 $\boldsymbol{0}\in V_1$，$\boldsymbol{0}\in V_2$，因此 $\boldsymbol{0}\in V_1\cap V_2$。所以 $V_1\cap V_2$ 非空。

又对 $\forall \boldsymbol{\alpha},\boldsymbol{\beta}\in V_1\cap V_2$，则 $\boldsymbol{\alpha},\boldsymbol{\beta}\in V_1$ 并且 $\boldsymbol{\alpha},\boldsymbol{\beta}\in V_2$。又因为 V_1,V_2 是子空间，根据定理 5.2，故有 $\lambda\boldsymbol{\alpha}+\boldsymbol{\beta}\in V_1$，并且 $\lambda\boldsymbol{\alpha}+\boldsymbol{\beta}\in V_2$。因此 $\lambda\boldsymbol{\alpha}+\boldsymbol{\beta}\in V_1\cap V_2$。

故 $V_1\cap V_2$ 是 V 的子空间。 □

实际上，由于集合的交具有交换律和结合律，故不仅两个子空间的交是子空间，而且多个子空间的交仍是子空间，即若 $V_i(i=1,2,\cdots,n)$ 是线性子空间，则

$$V_1\cap V_2\cap\cdots\cap V_n=\bigcap_{i=1}^{n}V_i$$

也是子空间。

定义 5.6 设 V_1,V_2 是线性空间 V 的两个子空间，称集合 $\{\boldsymbol{\alpha}_1+\boldsymbol{\alpha}_2\mid\forall\boldsymbol{\alpha}_1\in V_1,\boldsymbol{\alpha}_2\in V_2\}$ 为集合 V_1 与 V_2 的和，记作 V_1+V_2。

定理 5.4 设 V_1,V_2 是线性空间 V 的两个子空间，则它们的和 V_1+V_2 也是 V 的子空间。

证明 显然有 V_1+V_2 非空。

对任意的 $\boldsymbol{\alpha},\boldsymbol{\beta}\in V_1+V_2$，则有 $\boldsymbol{\alpha}=\boldsymbol{\alpha}_1+\boldsymbol{\alpha}_2$ 且 $\boldsymbol{\beta}=\boldsymbol{\beta}_1+\boldsymbol{\beta}_2$。

于是 $\lambda\boldsymbol{\alpha}+\boldsymbol{\beta}=\lambda(\boldsymbol{\alpha}_1+\boldsymbol{\alpha}_2)+\boldsymbol{\beta}_1+\boldsymbol{\beta}_2=(\lambda\boldsymbol{\alpha}_1+\boldsymbol{\beta}_1)+(\lambda\boldsymbol{\alpha}_2+\boldsymbol{\beta}_2)\in V_1+V_2$。

所以两个子空间的和仍是子空间。 □

类似子集的交，由定义 5.6 可知，子空间的和具有交换律、结合律等运算规律。所以多个子空间的和

$$V_1+V_2+\cdots+V_s=\sum_{i=1}^{s}V_1$$

也是子空间。

定义 5.7(直和) 设 V 是数域 F 上的线性空间，V_1，V_2 是 V 的两个子空间，S 为 V_1，V_2 的和，如果 S 中的每个向量的分解式 $\boldsymbol{\alpha}=\boldsymbol{\alpha}_1+\boldsymbol{\alpha}_2(\boldsymbol{\alpha}_1\in V_1,\boldsymbol{\alpha}_2\in V_2)$ 是唯一的，则称 S 为 V_1，V_2 的直和，并记为 $S=V_1\oplus V_2$。

定义 5.8(补空间) 若 V_1，V_2 是线性空间 V 的两个子空间，$S=V_1\oplus V_2$，则称 S 有直和分解。更进一步，如果 $V=V_1\oplus V_2$，则称 V_1 为 V_2 的(代数)补空间，也称 V_2 为 V_1 的代数补空间，或简单地称 V_1 与 V_2 为 V 的互补子空间。

定理 5.5 设 V_1，V_2 是线性空间 V 的两个子空间，则 V_1+V_2 是直和的充要条件是 $V_1\cap V_2=\{\mathbf{0}\}$。

证明 (1) 必要性。任取向量 $\boldsymbol{\alpha}\in V_1\cap V_2$，于是零向量 $\mathbf{0}$ 可以表示为 $\mathbf{0}=\boldsymbol{\alpha}+(-\boldsymbol{\alpha})$，其中 $\boldsymbol{\alpha}\in V_1$，$-\boldsymbol{\alpha}\in V_2$。而 $\mathbf{0}=\mathbf{0}+\mathbf{0}$，由于 $S=V_1+V_2$ 是直和，故表示法唯一，得 $\boldsymbol{\alpha}=-\boldsymbol{\alpha}=\mathbf{0}$。所以 $V_1\cap V_2=\{\mathbf{0}\}$。

(2) 充分性。由于 $V_1\cap V_2=\{\mathbf{0}\}$，对任意 $\alpha\in S$，假设其分解式不唯一，即有 $\boldsymbol{\alpha}_1,\boldsymbol{\beta}_1\in V_1$ 和 $\boldsymbol{\alpha}_2,\boldsymbol{\beta}_2\in V_2$，使得 $\boldsymbol{\alpha}=\boldsymbol{\alpha}_1+\boldsymbol{\alpha}_2=\boldsymbol{\beta}_1+\boldsymbol{\beta}_2$。于是有 $(\boldsymbol{\alpha}_1-\boldsymbol{\beta}_1)+(\boldsymbol{\alpha}_2-\boldsymbol{\beta}_2)=\mathbf{0}$，即 $(\boldsymbol{\alpha}_1-\boldsymbol{\beta}_1)=-(\boldsymbol{\alpha}_2-\boldsymbol{\beta}_2)$。又因为 $\boldsymbol{\alpha}_1-\boldsymbol{\beta}_1\in V_1$，$\boldsymbol{\alpha}_2-\boldsymbol{\beta}_2\in V_2$，所以 $\boldsymbol{\alpha}_1-\boldsymbol{\beta}_1\in V_1\cap V_2$，$\boldsymbol{\alpha}_2-\boldsymbol{\beta}_2\in V_1\cap V_2$。由于 $\boldsymbol{\alpha}_1\neq\boldsymbol{\beta}_1$，$\boldsymbol{\alpha}_2\neq\boldsymbol{\beta}_2$，所以 $\boldsymbol{\alpha}_1-\boldsymbol{\beta}_1\neq\mathbf{0}$，$\boldsymbol{\alpha}_2-\boldsymbol{\beta}_2\neq\mathbf{0}$。这与 $V_1\cap V_2=\{\mathbf{0}\}$ 矛盾。因此假设不成立，所以分解式是唯一的，故 S 是直和。 □

例 5.14 设 S_1，S_2 分别是齐次线性方程组

$$x_1+x_2+\cdots+x_n=0$$

和

$$x_1=x_2=\cdots=x_n$$

的解空间，则 $\mathbb{R}^n=S_1\oplus S_2$。

例 5.15 在三维几何空间 $\mathbb{R}^3$ 中，用 V_1 表示过坐标原点的直线，V_2 表示一个通过坐标原点而且与 V_1 垂直的平面，那么

$$V_1\cap V_2=\{\mathbf{0}\}$$

$$V_1+V_2=\mathbb{R}^3$$

故 $\mathbb{R}^3=V_1\oplus V_2$，且 V_1 与 V_2 为互补子空间。

“子空间的交”与“集合的交”的概念是一致的，但是“子空间的和”与“集合的并”的概念是不一致的。在上例中，$V_1+V_2=\mathbb{R}^3$，但是 $V_1\cup V_2$ 表示过原点的直线或垂直平面上的点的集合，$V_1\cup V_2$ 不构成子空间。一般情况下：当 $V_1\subseteq V_2$ 或 $V_2\subseteq V_1$ 时 $V_1\cup V_2$ 是 V 的子空间；否则 $V_1\cup V_2$ 不构成子空间。

例 5.16 若线性空间 $\mathbb{R}^{n\times n}$ 的两个子空间

$$S_1=\{\boldsymbol{A}\mid\boldsymbol{A}^{\mathrm{T}}=\boldsymbol{A},\boldsymbol{A}\in\mathbb{R}^{n\times n}\},\quad S_2=\{\boldsymbol{A}\mid\boldsymbol{A}^{\mathrm{T}}=-\boldsymbol{A},\boldsymbol{A}\in\mathbb{R}^{n\times n}\}$$

则 $\mathbb{R}^{n\times n}=S_1\oplus S_2$。

证明 对 $\boldsymbol{A}\in\mathbb{R}^{n\times n}$，有

$$\boldsymbol{A}=\frac{\boldsymbol{A}+\boldsymbol{A}^{\mathrm{T}}}{2}+\frac{\boldsymbol{A}-\boldsymbol{A}^{\mathrm{T}}}{2}$$

令

$$\boldsymbol{B}=\frac{\boldsymbol{A}+\boldsymbol{A}^{\mathrm{T}}}{2},\quad \boldsymbol{C}=\frac{\boldsymbol{A}-\boldsymbol{A}^{\mathrm{T}}}{2}$$

则有 $\boldsymbol{B}^{\mathrm{T}}=\boldsymbol{B},\boldsymbol{C}^{\mathrm{T}}=-\boldsymbol{C}$。从而 $\boldsymbol{B}\in S_1,\boldsymbol{C}\in S_2$，故 $\mathbb{R}^{n\times n}\subset S_1+S_2$。

另一方面，若 $\boldsymbol{A}\in S_1\cap S_2$，则有 $\boldsymbol{A}^{\mathrm{T}}=\boldsymbol{A}$ 且 $\boldsymbol{A}^{\mathrm{T}}=-\boldsymbol{A}$，故 $\boldsymbol{A}=\boldsymbol{O}$。即 $S_1\cap S_2=\{\boldsymbol{O}\}$。综上，有 $\mathbb{R}^{n\times n}=S_1\oplus S_2$。 □

5.1.4 线性空间的基、维数与坐标

由 n 维 $\mathbb{R}^n$ 线性空间中的单位向量 $\{\boldsymbol{e}_1,\boldsymbol{e}_2,\cdots,\boldsymbol{e}_n\}$ 张成子空间 $\mathrm{Span}(\boldsymbol{e}_1,\boldsymbol{e}_2,\cdots,\boldsymbol{e}_n)$ 是 $\mathbb{R}^n$。这表明 $\mathbb{R}^n$ 空间中任意向量 $\boldsymbol{a}$ 都可以由 n 个 $\{\boldsymbol{e}_1,\boldsymbol{e}_2,\cdots,\boldsymbol{e}_n\}$ 线性表示，即数域 F 存在 n 个数 $a_1,a_2,\cdots,a_n$，使得

$$\boldsymbol{a}=a_1\boldsymbol{e}_1+a_2\boldsymbol{e}_2+\cdots+a_n\boldsymbol{e}_n$$

而且 n 个向量 $\{\boldsymbol{e}_1,\boldsymbol{e}_2,\cdots,\boldsymbol{e}_n\}$ 是线性无关的。也就是 $\mathbb{R}^n$ 可以由这 n 个向量线性表征。这里涉及的运算只有加法和数乘，可以将这个概念一般化，就可以得到线性空间维数的定义。

定义 5.9(维数) 如果线性空间 V 中极大无关组所含向量的个数为 n，那么就称 V 是 n 维的，记为 $\dim(V)=n$。如果 n 是无穷大，即在 V 中可以找到任意多个线性无关的向量，那么就称 V 是无限维的。

例 5.17 下面给出几个常见线性空间维数。

(1) 零子空间的维数是 0；

(2) $F[x]_n$ 的维数是 $n+1$；

(3) $F[x]$ 是无限维的。

无限维线性空间的研究内容与有限维线性空间有较大的差异。本书主要讨论的是有限维线性空间，无限维线性空间的内容可以自行查阅相关资料。

定义 5.10(基和坐标) 在线性空间 V 中存在 n 个向量 $\boldsymbol{\varepsilon}_1,\boldsymbol{\varepsilon}_2,\cdots,\boldsymbol{\varepsilon}_n$，如果满足

(1) $\boldsymbol{\varepsilon}_1,\boldsymbol{\varepsilon}_2,\cdots,\boldsymbol{\varepsilon}_n$ 线性无关；

(2) V 中任意向量 x 都可由 $\boldsymbol{\varepsilon}_1,\boldsymbol{\varepsilon}_2,\cdots,\boldsymbol{\varepsilon}_n$ 线性表示，即

$$\boldsymbol{x}=x_1\boldsymbol{\varepsilon}_1+x_2\boldsymbol{\varepsilon}_2+\cdots+x_n\boldsymbol{\varepsilon}_n \tag{5.3}$$

则向量组 $\boldsymbol{\varepsilon}_1,\boldsymbol{\varepsilon}_2,\cdots,\boldsymbol{\varepsilon}_n$ 称为 V 的一组基，记为 $\mathscr{B}=\{\boldsymbol{\varepsilon}_1,\boldsymbol{\varepsilon}_2,\cdots,\boldsymbol{\varepsilon}_n\}$。其中系数 $x_1,x_2,\cdots,x_n$ 是被向量 $\boldsymbol{x}$ 和基 $\boldsymbol{\varepsilon}_1,\boldsymbol{\varepsilon}_2,\cdots,\boldsymbol{\varepsilon}_n$ 唯一确定的，这组数就称为 $\boldsymbol{x}$ 在基 $\boldsymbol{\varepsilon}_1,\boldsymbol{\varepsilon}_2,\cdots,\boldsymbol{\varepsilon}_n$ 下的坐标，记为 $[x_1,x_2,\cdots,x_n]^{\mathrm{T}}$。

由定义 5.10 可知，线性空间的基就是一个极大无关组，线性空间的维数是其基中含有向量的个数。

例 5.18 已知 $\boldsymbol{E}_{11}=\begin{bmatrix}1&0\\0&0\end{bmatrix},\boldsymbol{E}_{12}=\begin{bmatrix}0&1\\0&0\end{bmatrix},\boldsymbol{E}_{21}=\begin{bmatrix}0&0\\1&0\end{bmatrix},\boldsymbol{E}_{22}=\begin{bmatrix}0&0\\0&1\end{bmatrix}$ 是 $\mathbb{R}^{2\times2}$ 的标准基，求矩阵

$$A=\begin{bmatrix}2&3\\-4&5\end{bmatrix}$$

在这组基下的坐标。

解　由

$$\begin{aligned}A&=\begin{bmatrix}2&3\\-4&5\end{bmatrix}\\&=2\begin{bmatrix}1&0\\0&0\end{bmatrix}+3\begin{bmatrix}0&1\\0&0\end{bmatrix}-4\begin{bmatrix}0&0\\1&0\end{bmatrix}+5\begin{bmatrix}0&0\\0&1\end{bmatrix}\\&=2E_{11}+3E_{12}-4E_{21}+5E_{22}\end{aligned}$$

故矩阵 A 在该组基底下的坐标为$[2,3,-4,5]^T$。 □

一般情况下，矩阵 $A=\begin{bmatrix}a_{11}&a_{12}\\a_{21}&a_{22}\end{bmatrix}$在标准基 $E_{11},E_{12},E_{21},E_{22}$ 下的坐标为$[a_{11},a_{12},a_{21},a_{22}]^T$。

例 5.19　维数与所考虑的数域有关。

(1) 如果把复数域$\mathbb{C}$看作是自身上的线性空间，那么它是一维的，数 1 就是一组基。

(2) 如果把复数域$\mathbb{C}$看作是实数域$\mathbb{R}$上的线性空间，那么它是二维的，数 1 与数 i 就是一组基。

例 5.20　在线性空间$\mathbb{R}[x]_n$ 中，$1,x,x^2,\cdots,x^n$ 是 $n+1$ 个线性无关的向量，而且每一个次数不超过 n 的数域$\mathbb{R}$上的多项式都可以被它们线性表示，所以$\mathbb{R}[x]_n$ 是 $n+1$ 维的，而 $1,x,x^2,\cdots,x^n$ 就是它的一组基。在这组基下，多项式 $f(x)=a_0+a_1x+a_2x^2+\cdots+a_nx^n$ 的坐标就是其系数$[a_0,a_1,a_2,\cdots,a^n]^T$。

由于向量组的极大无关组不是唯一的，因而线性空间的基也不是唯一的。例如在例题 5.20 中，如果取$\mathbb{R}[x]_n$ 中的另外一组基 $1,(x-a),\cdots,(x-a)^n$，按泰勒展开公式

$$f(x)=f(a)+f'(a)(x-a)+\cdots+\frac{f^{(n)}(a)}{n!}(x-a)^n$$

则 $f(x)$在此组基下的坐标是

$$\left[f(a),f'(a),\cdots,\frac{f^{(n)}(a)}{n!}\right]^T$$

由极大无关组的性质可知，虽然极大无关组中的向量可能不一样，但是极大无关组所含向量的个数是相同的。而线性空间的基就是极大无关组，因而也具有类似性质。

定理 5.6　设 V 是 n 维线性空间，则

(1) V 的任意两组基所含向量的个数相等；

(2) V 中任意 n 个线性无关的向量 $x_1,x_2,\cdots,x_n$ 均可以作为 V 的基；

(3) V 中任意 $k(k<n)$个线性无关的向量 $y_1,y_2,\cdots,y_k$ 必可以扩充成 V 的一组基。

上述定理表明 n 维线性空间的基含有 n 个线性无关的向量，而且线性空间中任意一个无关组均可以扩充成线性空间的基。而向量对应的坐标又是与基紧密关联的。由于不同的基之间具有等价关系，下面将讨论同一向量在不同基下对应的坐标之间的关系是什么？

定理 5.7　设 V 是属于 F 上的 n 维线性空间，$\varepsilon_1,\varepsilon_2,\cdots,\varepsilon_n$ 是 V 的一组基，任取 V 的两个向量 a,b，它们关于基 $\varepsilon_1,\varepsilon_2,\cdots,\varepsilon_n$ 下的坐标为$[a_1,a_2,\cdots,a_n]^T$ 和$[b_1,b_2,\cdots,b_n]^T$，$\forall k\in F$，则

(1) $\boldsymbol{a}+\boldsymbol{b}$ 在基 $\boldsymbol{\varepsilon}_1,\boldsymbol{\varepsilon}_2,\cdots,\boldsymbol{\varepsilon}_n$ 下的坐标为$[a_1+b_1,a_2+b_2,\cdots,a_n+b_n]^{\mathrm{T}}$；

(2) $k\boldsymbol{a}$ 在基 $\boldsymbol{\varepsilon}_1,\boldsymbol{\varepsilon}_2,\cdots,\boldsymbol{\varepsilon}_n$ 下的坐标为$[ka_1,ka_2,\cdots,ka_n]^{\mathrm{T}}$。

下面将讨论同一向量在不同的基下的坐标之间的关系。设 V 是数域 F 上的线性空间，给定 V 的两组基底

$$\mathscr{B}_V^1=\{\boldsymbol{x}_1,\boldsymbol{x}_2,\cdots,\boldsymbol{x}_n\},\quad \mathscr{B}_V^2=\{\boldsymbol{y}_1,\boldsymbol{y}_2,\cdots,\boldsymbol{y}_n\}$$

设向量 $\boldsymbol{\alpha}\in V$ 在两组基底下的坐标分别为

$$\boldsymbol{a}=[a_1,a_2,\cdots,a_n]\quad 和\quad \boldsymbol{b}=[b_1,b_2,\cdots,b_n]^{\mathrm{T}}$$

由于 $\boldsymbol{x}_1,\boldsymbol{x}_2,\cdots,\boldsymbol{x}_n$ 是 V 的一组基底，故有

$$\begin{cases}\boldsymbol{y}_1=p_{11}\boldsymbol{x}_1+p_{21}\boldsymbol{x}_2+\cdots+p_{n1}\boldsymbol{x}_n\\ \boldsymbol{y}_2=p_{12}\boldsymbol{x}_1+p_{22}\boldsymbol{x}_2+\cdots+p_{n2}\boldsymbol{x}_n\\ \qquad\vdots\\ \boldsymbol{y}_n=p_{1n}\boldsymbol{x}_1+p_{2n}\boldsymbol{x}_2+\cdots+p_{mn}\boldsymbol{x}_n\end{cases}\tag{5.4}$$

则式(5.4)可以写成

$$[\boldsymbol{y}_1,\boldsymbol{y}_2,\cdots,\boldsymbol{y}_n]=[\boldsymbol{x}_1,\boldsymbol{x}_2,\cdots,\boldsymbol{x}_n]\begin{bmatrix}p_{11}&p_{12}&\cdots&p_{1n}\\p_{21}&p_{22}&\cdots&p_{2n}\\\vdots&\vdots&&\vdots\\p_{n1}&p_{n2}&\cdots&p_{m}\end{bmatrix}$$

记

$$\boldsymbol{P}=\begin{bmatrix}p_{11}&p_{12}&\cdots&p_{1n}\\p_{21}&p_{22}&\cdots&p_{2n}\\\vdots&\vdots&&\vdots\\p_{n1}&p_{n2}&\cdots&p_{m}\end{bmatrix}$$

则

$$[\boldsymbol{y}_1,\boldsymbol{y}_2,\cdots,\boldsymbol{y}_n]=[\boldsymbol{x}_1,\boldsymbol{x}_2,\cdots,\boldsymbol{x}_n]\boldsymbol{P}\tag{5.5}$$

其中矩阵 $\boldsymbol{P}$ 称为由基底 $\boldsymbol{x}_1,\boldsymbol{x}_2,\cdots,\boldsymbol{x}_n$ 到基底 $\boldsymbol{y}_1,\boldsymbol{y}_2,\cdots,\boldsymbol{y}_n$ 的过渡矩阵，而式(5.5)称为基变换公式。不难证明，过渡矩阵是可逆的。于是有下面结论。

定理 5.8 设 $\boldsymbol{x}_1,\boldsymbol{x}_2,\cdots,\boldsymbol{x}_n$ 是 V 的一组基底，且向量组 $\boldsymbol{y}_1,\boldsymbol{y}_2,\cdots,\boldsymbol{y}_n$ 满足

$$[\boldsymbol{y}_1,\boldsymbol{y}_2,\cdots,\boldsymbol{y}_n]=[\boldsymbol{x}_1,\boldsymbol{x}_2,\cdots,\boldsymbol{x}_n]\boldsymbol{P}$$

则向量组 $\boldsymbol{y}_1,\boldsymbol{y}_2,\cdots,\boldsymbol{y}_n$ 是 V 的一组基底当且仅当 $\boldsymbol{P}$ 是可逆矩阵。

定理 5.9 设向量 $\boldsymbol{\alpha}\in V$ 在两组基底 $\mathscr{B}_V^1=\{\boldsymbol{x}_1,\boldsymbol{x}_2,\cdots,\boldsymbol{x}_n\}$，$\mathscr{B}_V^2=\{\boldsymbol{y}_1,\boldsymbol{y}_2,\cdots,\boldsymbol{y}_n\}$下的坐标分别为 $\boldsymbol{a}=[a_1,a_2,\cdots,a_n]^{\mathrm{T}}$ 和 $\boldsymbol{b}=[b_1,b_2,\cdots,b_n]^{\mathrm{T}}$，基 $\mathscr{B}_V^1$ 到基 $\mathscr{B}_V^2$ 的过渡矩阵为 $\boldsymbol{P}$，则

$$\boldsymbol{P}\boldsymbol{b}=\boldsymbol{a}\quad 和\quad \boldsymbol{b}=\boldsymbol{P}^{-1}\boldsymbol{a}\tag{5.6}$$

证明 $\boldsymbol{\alpha}=[\boldsymbol{x}_1,\boldsymbol{x}_2,\cdots,\boldsymbol{x}_n]\begin{bmatrix}a_1\\a_2\\\vdots\\a_n\end{bmatrix}=[\boldsymbol{y}_1,\boldsymbol{y}_2,\cdots,\boldsymbol{y}_n]\begin{bmatrix}b_1\\b_2\\\vdots\\b_n\end{bmatrix}$

$$=[\boldsymbol{x}_1,\boldsymbol{x}_2,\cdots,\boldsymbol{x}_n]\boldsymbol{P}\begin{bmatrix}b_1\\b_2\\\vdots\\b_n\end{bmatrix}=[\boldsymbol{x}_1,\boldsymbol{x}_2,\cdots,\boldsymbol{x}_n]\left(\boldsymbol{P}\begin{bmatrix}b_1\\b_2\\\vdots\\b_n\end{bmatrix}\right)$$

由于 $\boldsymbol{a}$ 在基底$\{\boldsymbol{x}_1,\boldsymbol{x}_2,\cdots,\boldsymbol{x}_n\}$下的坐标是唯一的，故

$$\boldsymbol{P}\boldsymbol{b}=\boldsymbol{a} \quad 和 \quad \boldsymbol{b}=\boldsymbol{P}^{-1}\boldsymbol{a}$$

所以命题成立。 □

定理 5.9 给出同一个向量在不同基下的坐标之间的关系。公式(5.6)又称为坐标变换公式。

例 5.21　在$\mathbb{R}^3$中，向量

$$\boldsymbol{\alpha}_1=\begin{bmatrix}-3\\2\\-1\end{bmatrix},\quad \boldsymbol{\alpha}_2=\begin{bmatrix}0\\-1\\2\end{bmatrix},\quad \boldsymbol{\alpha}_3=\begin{bmatrix}-1\\2\\-1\end{bmatrix}$$

试证明向量组$\{\boldsymbol{\alpha}_1,\boldsymbol{\alpha}_2,\boldsymbol{\alpha}_3\}$是$\mathbb{R}^3$的一个基，并求出向量 $\boldsymbol{a}=[3,12,7]^{\mathrm{T}}$ 关于此基的坐标。

解　令

$$\boldsymbol{A}=[\boldsymbol{\alpha}_1,\boldsymbol{\alpha}_2,\boldsymbol{\alpha}_3]=\begin{bmatrix}-3&0&-1\\2&-1&2\\-1&2&-1\end{bmatrix}$$

则 $\det(\boldsymbol{A})=6\neq0$，故 $\boldsymbol{\alpha}_1,\boldsymbol{\alpha}_2,\boldsymbol{\alpha}_3$ 线性无关，因而$\{\boldsymbol{\alpha}_1,\boldsymbol{\alpha}_2,\boldsymbol{\alpha}_3\}$是$\mathbb{R}^3$的一个基。

取$\mathbb{R}^3$中的标准基 $\boldsymbol{e}_1=[1,0,0]^{\mathrm{T}}$，$\boldsymbol{e}_2=[0,1,0]^{\mathrm{T}}$，$\boldsymbol{e}_3=[0,0,1]^{\mathrm{T}}$，则

$$[\boldsymbol{\alpha}_1,\boldsymbol{\alpha}_2,\boldsymbol{\alpha}_3]=[\boldsymbol{e}_1,\boldsymbol{e}_2,\boldsymbol{e}_3]\boldsymbol{A}$$

又 $\boldsymbol{a}=[3,12,7]^{\mathrm{T}}$ 在标准基下的坐标为$[3,12,7]^{\mathrm{T}}$，在基$\{\boldsymbol{\alpha}_1,\boldsymbol{\alpha}_2,\boldsymbol{\alpha}_3\}$下的坐标为 $\boldsymbol{x}=[x_1,x_2,x_3]^{\mathrm{T}}$，则

$$\boldsymbol{x}=\begin{bmatrix}x_1\\x_2\\x_3\end{bmatrix}=\boldsymbol{A}^{-1}\begin{bmatrix}3\\12\\7\end{bmatrix}=\frac{1}{3}\begin{bmatrix}-20\\26\\51\end{bmatrix}$$

故所求的坐标为 $\boldsymbol{x}=(-20/3,26/3,17)^{\mathrm{T}}$。 □

例 5.22　证明：$\boldsymbol{G}_1=\begin{bmatrix}0&1\\1&1\end{bmatrix}$，$\boldsymbol{G}_2=\begin{bmatrix}1&0\\0&1\end{bmatrix}$，$\boldsymbol{G}_3=\begin{bmatrix}1&1\\0&1\end{bmatrix}$，$\boldsymbol{G}_4=\begin{bmatrix}1&1\\1&0\end{bmatrix}$是$\mathbb{R}^{2\times2}$的一个基，并求 $\boldsymbol{A}=\begin{bmatrix}0&1\\3&-3\end{bmatrix}$在此基下的坐标。

解　矩阵 $\boldsymbol{G}_1,\boldsymbol{G}_2,\boldsymbol{G}_3,\boldsymbol{G}_4$ 在标准基 $\boldsymbol{E}_{11},\boldsymbol{E}_{12},\boldsymbol{E}_{21},\boldsymbol{E}_{22}$下的坐标分别为

$$\boldsymbol{x}_1=\begin{bmatrix}0\\1\\1\\1\end{bmatrix},\quad \boldsymbol{x}_2=\begin{bmatrix}1\\0\\0\\1\end{bmatrix},\quad \boldsymbol{x}_3=\begin{bmatrix}1\\1\\0\\1\end{bmatrix},\quad \boldsymbol{x}_4=\begin{bmatrix}1\\1\\1\\0\end{bmatrix}$$

记 $\boldsymbol{P}=[\boldsymbol{x}_1,\boldsymbol{x}_2,\boldsymbol{x}_3,\boldsymbol{x}_4]$，则

$$[\boldsymbol{G}_1,\boldsymbol{G}_2,\boldsymbol{G}_3,\boldsymbol{G}_4]=[\boldsymbol{E}_{11},\boldsymbol{E}_{12},\boldsymbol{E}_{21},\boldsymbol{E}_{22}]\boldsymbol{P}$$

而

$$\det(\boldsymbol{P})=-2\neq0$$

即矩阵 $\boldsymbol{P}$ 可逆，因此向量组 $\boldsymbol{G}_1,\boldsymbol{G}_2,\boldsymbol{G}_3,\boldsymbol{G}_4$ 是$\mathbb{R}^{2\times2}$的一组基。矩阵 $\boldsymbol{A}$ 在标准基 $\boldsymbol{E}_{11},\boldsymbol{E}_{12},\boldsymbol{E}_{21},\boldsymbol{E}_{22}$下的坐标为 $\boldsymbol{a}=[0,1,3,-3]^{\mathrm{T}}$。

$\boldsymbol{A}$ 在基 $\boldsymbol{G}_1,\boldsymbol{G}_2,\boldsymbol{G}_3,\boldsymbol{G}_4$ 下的坐标为 $\boldsymbol{b}=\boldsymbol{P}^{-1}\boldsymbol{a}=[0,-1,-2,3]^{\mathrm{T}}$。 □

定理 5.10(维数定理) 设 S_1 和 S_2 均为数域 F 上的线性空间 V 的子空间，则有

$$\dim(S_1+S_2)=\dim(S_1)+\dim(S_2)-\dim(S_1\cap S_2) \tag{5.7}$$

或记为

$$\dim(S_1)+\dim(S_2)=\dim(S_1+S_2)+\dim(S_1\cap S_2)$$

由定理 5.10 可知，一般情况下，和的维数小于维数的和。例如在 $\mathbb{R}^3$ 空间中，两张通过原点的不同的平面之和是整个 $\mathbb{R}^3$ 空间，而其维数之和为 4。

例 5.23 设 $\mathbb{R}^{2\times2}$ 的两个子空间分别为

$$W_1=\left\{\boldsymbol{A}=\begin{bmatrix}x_1 & x_2\\ x_3 & x_4\end{bmatrix}\middle| x_1-x_2+x_3-x_4=0\right\}$$

$$W_2=\text{Span}(\boldsymbol{B}_1,\ \boldsymbol{B}_2),\quad \boldsymbol{B}_1=\begin{bmatrix}1 & 0\\ 2 & 3\end{bmatrix},\quad \boldsymbol{B}_2=\begin{bmatrix}1 & -1\\ 0 & 1\end{bmatrix}$$

求 $\dim(W_1+W_2)$，$\dim(W_1\cap W_2)$。

解 齐次线性方程组 $x_1-x_2+x_3-x_4=0$ 的通解为

$$x_1=t_1-t_2+t_3,\quad x_2=t_1,\quad x_3=t_2,\quad x_4=t_3\quad (t_1,t_2,t_3\in\mathbb{R})$$

于是 $\boldsymbol{A}\in W_1$ 可以表示为

$$\boldsymbol{A}=\begin{bmatrix}t_1-t_2+t_3 & t_1\\ t_2 & t_3\end{bmatrix}=t_1\boldsymbol{A}_1+t_2\boldsymbol{A}_2+t_3\boldsymbol{A}_3$$

其中

$$\boldsymbol{A}_1=\begin{bmatrix}1 & 1\\ 0 & 0\end{bmatrix},\quad \boldsymbol{A}_2=\begin{bmatrix}-1 & 0\\ 1 & 0\end{bmatrix},\quad \boldsymbol{A}_3=\begin{bmatrix}1 & 0\\ 0 & 1\end{bmatrix}$$

从而 $W_1=\text{Span}(\boldsymbol{A}_1,\boldsymbol{A}_2,\boldsymbol{A}_3)$，且 $W_1+W_2=\text{Span}(\boldsymbol{A}_1,\boldsymbol{A}_2,\boldsymbol{A}_3,\boldsymbol{B}_1,\boldsymbol{B}_2)$。

取 $\mathbb{R}^{2\times2}$ 的基

$$\boldsymbol{E}_{11}=\begin{bmatrix}1 & 0\\ 0 & 0\end{bmatrix},\quad \boldsymbol{E}_{12}=\begin{bmatrix}0 & 1\\ 0 & 0\end{bmatrix},\quad \boldsymbol{E}_{21}=\begin{bmatrix}0 & 0\\ 1 & 0\end{bmatrix},\quad \boldsymbol{E}_{22}=\begin{bmatrix}0 & 0\\ 0 & 1\end{bmatrix}$$

以 $\boldsymbol{A}_1,\boldsymbol{A}_2,\boldsymbol{A}_3,\boldsymbol{B}_1,\boldsymbol{B}_2$ 在该组基底下的坐标为列向量构造矩阵 $\boldsymbol{A}$，并对 $\boldsymbol{A}$ 作初等行变换

$$\boldsymbol{A}=\begin{bmatrix}1 & -1 & 1 & 1 & 1\\ 1 & 0 & 0 & 0 & -1\\ 0 & 1 & 0 & 2 & 0\\ 0 & 0 & 1 & 3 & 1\end{bmatrix}\xrightarrow[r_1-r_4]{\substack{r_1-r_2\\ r_1+r_3}}\begin{bmatrix}0 & 0 & 0 & 0 & 1\\ 0 & 1 & 0 & 2 & 0\\ 0 & 0 & 1 & 3 & 1\\ 0 & 0 & 0 & 0 & 1\end{bmatrix}\longrightarrow\begin{bmatrix}1 & 0 & 0 & 0 & -1\\ 0 & 1 & 0 & 2 & 0\\ 0 & 0 & 1 & 3 & 1\\ 0 & 0 & 0 & 0 & 1\end{bmatrix}$$

故 $\text{rank}(\boldsymbol{A})=4$，且 $\boldsymbol{A}$ 的第 1,2,3,5 列是 $\boldsymbol{A}$ 的列向量组的一个极大无关组，从而 $\dim(W_1+W_2)=4$，且 $\boldsymbol{A}_1,\boldsymbol{A}_2,\boldsymbol{A}_3,\boldsymbol{B}_2$ 是它的一组基。

又 $\dim(W_1)=3$ 且 $\dim(W_2)=2$，则根据维数定理有

$$\dim(W_1\cap W_2)=\dim(W_1)+\dim(W_2)-\dim(W_1+W_2)=1$$

可以求出 W_1W_2 的基为 $\boldsymbol{B}_2$。 □

推论 5.1 设 S_1 和 S_2 均为数域 F 上的线性空间 V 的子空间，则下列结论是等价的：

(1) $V=S_1\oplus S_2$；

(2) $\dim(S_1+S_2)=\dim S_1+\dim S_2$；

(3) S_1 的基底 $\mathscr{B}_{S_1}=\{\boldsymbol{\alpha}_1,\boldsymbol{\alpha}_2,\cdots,\boldsymbol{\alpha}_k\}$ 和 S_2 的基底 $\mathscr{B}_{S_2}=\{\boldsymbol{\beta}_1,\boldsymbol{\beta}_2,\cdots,\boldsymbol{\beta}_l\}$ 组成的集合 $\{\boldsymbol{\alpha}_1,\boldsymbol{\alpha}_2,\cdots,\boldsymbol{\alpha}_k,\boldsymbol{\beta}_1,\boldsymbol{\beta}_2,\cdots,\boldsymbol{\beta}_l\}$ 是和空间 S_1+S_2 的基底；

(4) $\forall \boldsymbol{x}\in V$ 有唯一的分解式，即

$$\boldsymbol{x}=\boldsymbol{x}_1+\boldsymbol{x}_2,\quad \boldsymbol{x}_1\in S_1,\quad \boldsymbol{x}_2\in S_2$$

(5) 零向量 $\mathbf{0}$ 的分解式是唯一的。

定理 5.11 设向量组 $\boldsymbol{x}_1,\boldsymbol{x}_2,\cdots,\boldsymbol{x}_s$ 的秩为 r，则 $\dim(\mathrm{Span}(\boldsymbol{x}_1,\boldsymbol{x}_2,\cdots,\boldsymbol{x}_s))=r$。

例 5.24 给定矩阵

$$\boldsymbol{A}=\begin{bmatrix}1&3&0&0\\2&1&5&1\\3&7&2&0\end{bmatrix}$$

试求 $\dim(R(\boldsymbol{A}))$，$\dim(N(\boldsymbol{A}))$。

解 由于 $\dim(R(\boldsymbol{A}))=\mathrm{rank}(\boldsymbol{A})$，且 $\dim(N(\boldsymbol{A}))=n-\mathrm{rank}(\boldsymbol{A})$，其中 n 为矩阵 $\boldsymbol{A}$ 的列数。

对矩阵 $\boldsymbol{A}$ 进行初等变换，化为行阶梯形，易知 $\mathrm{rank}(\boldsymbol{A})=3$，故 $\dim(R(\boldsymbol{A}))=3$，$\dim(N(\boldsymbol{A}))=1$。 □

5.2 内积空间

在线性空间中，定义了向量之间的运算包括加法运算和数乘运算。这些运算仅是基本的线性运算。而许多实际问题都涉及向量的度量，如三维向量空间中向量的长度和夹角等等，这些度量都与内积相关，但在线性空间中并没有得到体现。因此本节主要讨论的是如何在线性空间上引入内积，构成内积空间。

5.2.1 内积空间的定义

问题：向量的长度、夹角在线性空间中如何定义？

在解析几何中，通常 $\mathbb{R}^3$ 中的向量长度、夹角等度量性质，都可以通过向量的数量积（又称内积）表达。如设 $\boldsymbol{\alpha}=(x_1,y_1,z_1)^{\mathrm{T}}$，$\boldsymbol{\beta}=(x_2,y_2,z_2)^{\mathrm{T}}$，则它们的数量积为

$$\langle\boldsymbol{\alpha},\boldsymbol{\beta}\rangle=\boldsymbol{\alpha}\cdot\boldsymbol{\beta}=\|\boldsymbol{\alpha}\|\,\|\boldsymbol{\beta}\|\cos\theta \tag{5.8}$$

其中，θ 是 $\boldsymbol{\alpha}$ 与 $\boldsymbol{\beta}$ 的夹角。

有了数量积的概念，向量的长度和夹角就可以表示。可见，数量积的概念蕴含着长度和夹角的概念。在第1章中，内积的概念从 $\mathbb{R}^3$ 推广到 $\mathbb{R}^n$，并给出了实数空间的标准内积计算方法。现在我们在线性空间基础上将数量积（内积）的概念一般化，得到内积的公理化定义。

定义 5.11（内积和欧氏空间） 设 V 是实数域 $\mathbb{R}$ 上的线性空间，$\forall \boldsymbol{x},\boldsymbol{y}\in V$，如能给定某种规则使 $\boldsymbol{x}$ 与 $\boldsymbol{y}$ 对应于一个实数，记为 $\langle\boldsymbol{x},\boldsymbol{y}\rangle$，且满足下列条件：

(1) 对称性 $\langle\boldsymbol{x},\boldsymbol{y}\rangle=\langle\boldsymbol{y},\boldsymbol{x}\rangle$；

(2) 齐次性 $\langle\lambda\boldsymbol{x},\boldsymbol{y}\rangle=\lambda\langle\boldsymbol{x},\boldsymbol{y}\rangle$；

(3) 分配律 $\langle\boldsymbol{x}+\boldsymbol{y},\boldsymbol{z}\rangle=\langle\boldsymbol{x},\boldsymbol{z}\rangle+\langle\boldsymbol{y},\boldsymbol{z}\rangle$；

(4) 非负性 $\langle\boldsymbol{x},\boldsymbol{x}\rangle\geqslant 0$，当且仅当 $\boldsymbol{x}=\mathbf{0}$ 时，$\langle\boldsymbol{x},\boldsymbol{x}\rangle=0$。

则该实数 $\langle\boldsymbol{x},\boldsymbol{y}\rangle$ 称为向量 $\boldsymbol{x}$ 与 $\boldsymbol{y}$ 的内积。定义了内积的实线性空间 V 称为欧几里得空间，简称欧氏空间或实内积空间。

欧氏空间与实线性空间的差别在于，欧氏空间比实线性空间多定义了内积。或者说，欧

氏空间是一个特殊的实线性空间。

例 5.25 在 n 维向量空间$\mathbb{R}^n$中，不难验证标准内积如式(1.26)，确定的实数满足内积的 4 个条件，所以式(1.26)是$\mathbb{R}$中的内积，从而$\mathbb{R}^n$关于上述内积构成 n 维欧氏空间。

需要注意的是，在同一个实线性空间中，定义的内积不同，构成的欧氏空间也是不同的。

例 5.26 在空间$\mathbb{R}^n$中，规定

$$\langle \boldsymbol{a},\boldsymbol{b}\rangle = a_1b_1 + 2a_2b_2 + \cdots + na_nb_n = \sum_{k=1}^{n} ka_kb_k$$

这样确定的实数也满足内积的 4 个条件，从而$\mathbb{R}^n$关于上述内积也构成欧氏空间。

例 5.27 在线性空间$\mathbb{R}^2$中，对于向量 $\boldsymbol{a}=[a_1,a_2]^{\mathrm{T}}$，$\boldsymbol{b}=[b_1,b_2]^{\mathrm{T}}$，规定

(1) $\langle \boldsymbol{a},\boldsymbol{b}\rangle = a_1b_1 - a_2b_1 - a_1b_2 + 4a_2b_2$；

(2) $\langle \boldsymbol{a},\boldsymbol{b}\rangle = a_1 + b_1 + a_2 + b_2$。

试判断哪个条件能构成内积？

解 需要验证内积的 4 个条件，经验证

(1) 第一种条件下规定的实数满足内积的 4 个条件，所以是$\mathbb{R}^2$的内积。故$\mathbb{R}^2$在上述内积定义下构成了一个新的欧氏空间。

(2) 第二种条件下规定的实数不满足非负性，因而不是内积。

故条件(1)是内积，条件(2)不是内积。 □

例 5.28 考虑线性空间 $C[a,b]$，任取 $f(t),g(t)\in C[a,b]$，规定函数

$$\langle f(t),g(t)\rangle = \int_a^b f(t)g(t)dt$$

试证明函数为 $C[a,b]$上的内积。

证明 对于连续函数 $f(t),g(t)$，积分$\langle f(t),g(t)\rangle = \int_b^a f(t)g(t)\mathrm{d}t$ 是唯一确定的实数。并满足：

(1) $\langle f(t),g(t)\rangle = \int_b^a f(t)g(t)\mathrm{d}t = \int_b^a g(t)f(t)\mathrm{d}t = \langle g(t),f(t)\rangle$；

(2) $\langle \lambda f(t),g(t)\rangle = \int_a^b \lambda f(t)g(t)\mathrm{d}t = \lambda\int_a^b f(t)g(t)\mathrm{d}t = \lambda\langle f(t),g(t)\rangle$；

(3) $\langle f(t)+g(t),h(t)\rangle = \int_a^b (f(t)+g(t))h(t)\mathrm{d}t = \int_a^b f(t)h(t)\mathrm{d}t + \int_a^b g(t)h(t)\mathrm{d}t$
$= \langle f(t),h(t)\rangle + \langle g(t),h(t)\rangle$；

(4) $\langle f(t),f(t)\rangle = \int_a^b [f(t)]^2\mathrm{d}t \geqslant 0$，且$\langle f(t),f(t)\rangle = 0$ 当且仅当 $f(t)\equiv 0$。

所以函数$\langle f(t),g(t)\rangle = \int_a^b f(t)g(t)\mathrm{d}t$ 为 $C[a,b]$ 的内积。 □

前面讨论的主要是定义在数域$\mathbb{R}$上的实线性空间，即欧氏空间，将实向量内积进行了扩展。在第一章中也提到了复向量的标准(典范)内积，同样可以将其扩展，得到酉空间。

定义 5.12(酉空间) 设 V 是复数域$\mathbb{C}$上的线性空间，$\forall\, \boldsymbol{x},\boldsymbol{y}\in V$，若能给定某种规则使 $\boldsymbol{x}$ 与 $\boldsymbol{y}$ 对应于一个复数$\langle \boldsymbol{x},\boldsymbol{y}\rangle$，它满足下列条件：

(1) $\langle \boldsymbol{x},\boldsymbol{y}\rangle = \overline{\langle \boldsymbol{y},\boldsymbol{x}\rangle}$；

(2) $\langle \lambda\boldsymbol{x},\boldsymbol{y}\rangle = \lambda\langle \boldsymbol{x},\boldsymbol{y}\rangle$；

(3) $\langle \boldsymbol{x}+\boldsymbol{y},\boldsymbol{z}\rangle=\langle \boldsymbol{x},\boldsymbol{y}\rangle+\langle \boldsymbol{y},\boldsymbol{z}\rangle$；

(4) $\langle \boldsymbol{x},\boldsymbol{x}\rangle\geqslant 0$，当且仅当 $\boldsymbol{x}=\boldsymbol{0}$ 时，$\langle \boldsymbol{x},\boldsymbol{x}\rangle=0$。

称复数$\langle \boldsymbol{x},\boldsymbol{y}\rangle$为向量 $\boldsymbol{x}$ 和 $\boldsymbol{y}$ 的内积。定义了内积的复线性空间 V 叫作酉空间(或 U 空间，或复内积空间)。

5.2.2　内积诱导的相关概念

在第 1 章中，依据向量的内积给出了向量长度、夹角和正交等相关概念。这里将给出内积诱导的相关概念一般化描述。

定义 5.13(范数)　设 V 为内积空间，对应的内积为$\langle \cdot,\cdot\rangle$，$\boldsymbol{x}\in V$，则称

$$\|\boldsymbol{x}\| = \sqrt{\langle \boldsymbol{x},\boldsymbol{x}\rangle} \tag{5.9}$$

为 $\boldsymbol{x}$ 的由内积$\langle \cdot,\cdot\rangle$诱导的范数。又若 $\boldsymbol{x},\boldsymbol{y}\in V$，则称

$$\|\boldsymbol{x}-\boldsymbol{y}\| \tag{5.10}$$

为向量 $\boldsymbol{x}$ 与 $\boldsymbol{y}$ 距离。

定理 5.12　设 V 为内积空间，对应的内积为$\langle \cdot,\cdot\rangle$，$F$ 为 V 的数域，则对任意的 $\boldsymbol{x},\boldsymbol{y}\in V$ 及 $\lambda\in F$ 有

(1) $\|\lambda\boldsymbol{x}\|=|\lambda|\,\|\boldsymbol{x}\|$；

(2) $|\langle \boldsymbol{x},\boldsymbol{y}\rangle|\leqslant\|\boldsymbol{x}\|\,\|\boldsymbol{y}\|$(Cauchy-Bunyakovskii-Schwarz 不等式)；

(3) $\|\boldsymbol{x}+\boldsymbol{y}\|\leqslant\|\boldsymbol{x}\|+\|\boldsymbol{y}\|$(三角不等式)。

夹角、正交等定义与第 1 章中向量之间的夹角、正交的定义是类似的，这里就不再给出具体表达式了。只是夹角只能用于定义欧氏空间的向量交角，而对一般的酉空间，夹角的定义是没有意义的。

例 5.29　设 $V=C[-1,1]$，求 1 与 x^2 的夹角 θ(内积按通常的定义：$\forall f(x),g(x)\in C[a,b]$，$\langle f(x),g(x)\rangle=\int_a^b f(x)g(x)\mathrm{d}x$)。

解　由夹角计算公式，可知 1 与 x^2 的夹角为 $\theta=\arccos\dfrac{\langle 1,x^2\rangle}{\|1\|\,\|x^2\|}$，其中

$$\langle 1,x^2\rangle=\int_{-1}^{1}x^2\mathrm{d}x=\frac{2}{3}$$

$$\|1\|^2=\langle 1,1\rangle=\int_{-1}^{1}\mathrm{d}x=2$$

$$\|x^2\|^2=\langle x^2,x^2\rangle=\int_{-1}^{1}x^4\mathrm{d}x=\frac{2}{5}$$

故

$$\theta=\arccos\frac{\langle 1,x^2\rangle}{\|1\|\,\|x^2\|}=\arccos\frac{\sqrt{5}}{3}$$

为所求的夹角。□

根据定积分的特点，可知与 x^2 正交的向量可以是 $\boldsymbol{x}$。若内积空间中向量组中的向量两两互相正交，则称之为内积空间的一个正交向量组。这与第 1 章中给出向量组的正交性是类似的。尤其是当内积空间是欧氏空间，正交的定义是一样的。因此对欧氏空间 V 中任意向量 $\boldsymbol{\alpha}$ 与 $\boldsymbol{\beta}$，$\boldsymbol{\alpha}\perp\boldsymbol{\beta}$ 的充分必要条件为 $\|\boldsymbol{\alpha}+\boldsymbol{\beta}\|^2=\|\boldsymbol{\alpha}\|^2+\|\boldsymbol{\beta}\|^2$；而酉空间中，由 $\boldsymbol{\alpha}\perp\boldsymbol{\beta}$ 可

以推出 $\|\boldsymbol{\alpha}+\boldsymbol{\beta}\|^2=\|\boldsymbol{\alpha}\|^2+\|\boldsymbol{\beta}\|^2$，但反过来却未必成立。例如 $\boldsymbol{\alpha}=(0,\mathrm{i})^{\mathrm{T}}$，$\boldsymbol{\beta}=(0,1)^{\mathrm{T}}$，虽然可以推出 $\|\boldsymbol{\alpha}+\boldsymbol{\beta}\|^2=\|\boldsymbol{\alpha}\|^2+\|\boldsymbol{\beta}\|^2$，但由于 $(\boldsymbol{\alpha},\boldsymbol{\beta})=\mathrm{i}\neq0$，故 $\boldsymbol{\alpha}$ 与 $\boldsymbol{\beta}$ 并不正交。

5.2.3 Gram 矩阵与子空间正交

在线性空间中可以利用其基将空间中任意元素线性表示。若基底是标准正交基，将会为内积计算带来很大的便利。而任意线性无关向量组是可以经过 Gram-Schmidt 正交化过程化为标准正交向量组的。因此，可以使用该过程将内积空间的基底化为标准正交基。首先为了更好地表示两个向量的内积，引入 Gram 矩阵的定义。

定义 5.14(Gram 矩阵) 设 V 为内积空间，其内积为 $\langle\cdot,\cdot\rangle$，$\boldsymbol{x}_1,\boldsymbol{x}_2,\cdots,\boldsymbol{x}_k(0<k\leqslant\dim(V))$ 为 V 中一组向量，则称矩阵

$$\boldsymbol{G}(\boldsymbol{x}_1,\boldsymbol{x}_2,\cdots,\boldsymbol{x}_k)=\begin{bmatrix}\langle\boldsymbol{x}_1,\boldsymbol{x}_1\rangle & \langle\boldsymbol{x}_1,\boldsymbol{x}_2\rangle & \cdots & \langle\boldsymbol{x}_1,\boldsymbol{x}_k\rangle\\ \langle\boldsymbol{x}_2,\boldsymbol{x}_1\rangle & \langle\boldsymbol{x}_2,\boldsymbol{x}_2\rangle & \cdots & \langle\boldsymbol{x}_2,\boldsymbol{x}_k\rangle\\ \vdots & \vdots & \ddots & \vdots\\ \langle\boldsymbol{x}_k,\boldsymbol{x}_1\rangle & \langle\boldsymbol{x}_k,\boldsymbol{x}_2\rangle & \cdots & \langle\boldsymbol{x}_k,\boldsymbol{x}_k\rangle\end{bmatrix}$$

为向量组 $\boldsymbol{x}_1,\boldsymbol{x}_2,\cdots,\boldsymbol{x}_k$ 的 Gram 矩阵，而

$$g(\boldsymbol{x}_1,\boldsymbol{x}_2,\cdots,\boldsymbol{x}_k)=\det(\boldsymbol{G}(\boldsymbol{x}_1,\boldsymbol{x}_2,\cdots,\boldsymbol{x}_k))$$

称为 Gram 行列式。

Gram 矩阵为 Hermitian 矩阵，即 $\boldsymbol{G}^{\mathrm{H}}(\boldsymbol{x}_1,\boldsymbol{x}_2,\cdots,\boldsymbol{x}_k)=\boldsymbol{G}(\boldsymbol{x}_1,\boldsymbol{x}_2,\cdots,\boldsymbol{x}_k)$。使用 Gram 矩阵可以方便地表达两个向量的内积。设 V 为 n 维内积空间，$\boldsymbol{x}_1,\boldsymbol{x}_2,\cdots,\boldsymbol{x}_n$ 为 V 的一组基底。设向量 $\boldsymbol{x},\boldsymbol{y}$ 在该组基底下的坐标分别为

$$\boldsymbol{u}=[\xi_1,\xi_2,\cdots,\xi_n]^{\mathrm{T}},\quad \boldsymbol{v}=[\eta_1,\eta_2,\cdots,\eta_n]^{\mathrm{T}}$$

即 $\boldsymbol{x}=\xi_1\boldsymbol{x}_1+\xi_2\boldsymbol{x}_2+\cdots+\xi_n\boldsymbol{x}_n$，$\boldsymbol{y}=\eta_1\boldsymbol{x}_1+\eta_2\boldsymbol{x}_2+\cdots+\eta_n\boldsymbol{x}_n$。则

$$\begin{aligned}\langle\boldsymbol{x},\boldsymbol{y}\rangle&=\left\langle\sum_{i=1}^n\xi_i\boldsymbol{x}_i,\sum_{j=1}^n\eta_j\boldsymbol{x}_j\right\rangle=\sum_{i=1}^n\sum_{j=1}^n\xi_i\bar{\eta}_j\langle\boldsymbol{x}_i,\boldsymbol{x}_j\rangle\\&=[\xi_1,\xi_2,\cdots,\xi_n]\begin{bmatrix}\langle\boldsymbol{x}_1,\boldsymbol{x}_1\rangle & \langle\boldsymbol{x}_1,\boldsymbol{x}_2\rangle & \cdots & \langle\boldsymbol{x}_1,\boldsymbol{x}_n\rangle\\ \langle\boldsymbol{x}_2,\boldsymbol{x}_1\rangle & \langle\boldsymbol{x}_2,\boldsymbol{x}_2\rangle & \cdots & \langle\boldsymbol{x}_2,\boldsymbol{x}_n\rangle\\ \vdots & \vdots & \ddots & \vdots\\ \langle\boldsymbol{x}_n,\boldsymbol{x}_1\rangle & \langle\boldsymbol{x}_n,\boldsymbol{x}_2\rangle & \cdots & \langle\boldsymbol{x}_n,\boldsymbol{x}_n\rangle\end{bmatrix}\begin{bmatrix}\bar{\eta}_1\\ \bar{\eta}_2\\ \vdots\\ \bar{\eta}_n\end{bmatrix}\\&=\boldsymbol{u}^{\mathrm{T}}\boldsymbol{G}(\boldsymbol{x}_1,\boldsymbol{x}_2,\cdots,\boldsymbol{x}_n)\bar{\boldsymbol{v}}\\&=\boldsymbol{v}^{\mathrm{H}}\boldsymbol{G}^{\mathrm{H}}(\boldsymbol{x}_1,\boldsymbol{x}_2,\cdots,\boldsymbol{x}_n)\boldsymbol{u}\end{aligned}$$

即

$$\langle\boldsymbol{x},\boldsymbol{y}\rangle=\boldsymbol{v}^{\mathrm{H}}\boldsymbol{G}^{\mathrm{H}}(\boldsymbol{x}_1,\boldsymbol{x}_2,\cdots,\boldsymbol{x}_n)\boldsymbol{u}$$

上式表明，向量 $\boldsymbol{x}$ 与 $\boldsymbol{y}$ 的内积可以由 $\boldsymbol{x},\boldsymbol{y}$ 在某组基底下的坐标和 Gram 矩阵来表示。因而 Gram 矩阵完全确定了内积。

若 V 为实内积空间，则

$$\langle\boldsymbol{x},\boldsymbol{y}\rangle=\boldsymbol{v}^{\mathrm{T}}\boldsymbol{G}(\boldsymbol{x}_1,\boldsymbol{x}_2,\cdots,\boldsymbol{x}_n)\boldsymbol{u}$$

特别地，当 $\boldsymbol{x}_1,\boldsymbol{x}_2,\cdots,\boldsymbol{x}_n$ 为标准正交基时，$\boldsymbol{G}(\boldsymbol{x}_1,\boldsymbol{x}_2,\cdots,\boldsymbol{x}_n)=\boldsymbol{E}_n$，从而

$$\langle\boldsymbol{x},\boldsymbol{y}\rangle=\boldsymbol{v}^{\mathrm{H}}\boldsymbol{u}=\sum_{i=1}^n\xi_i\bar{\eta}_i$$

即当取内积空间的标准正交基底时，向量 $\boldsymbol{x}$ 与 $\boldsymbol{y}$ 的内积等于它们的坐标向量 $\boldsymbol{u},\boldsymbol{v}$ 的标准内积

$$\langle \boldsymbol{x},\boldsymbol{y}\rangle = \boldsymbol{v}^{\mathrm{H}}\boldsymbol{u}$$

前面讨论的更多是两个向量之间的正交关系，下面将讨论向量与子空间、子空间与子空间之间的正交关系。

定义 5.15　设 V 是一个内积空间，S 是 V 中向量集合。若对向量 $\boldsymbol{x}\in V$，使得 $\forall \boldsymbol{y}\in S$，都有

$$\langle \boldsymbol{x},\boldsymbol{y}\rangle = 0$$

则称 $\boldsymbol{x}$ 与 S 是正交的，记为 $\boldsymbol{x}\perp S$，或 $S\perp \boldsymbol{x}$。

定义 5.16　设 V 是一个内积空间，S_1 和 S 是 V 中向量集合，若 $\forall \boldsymbol{x}\in S_1$，$\forall \boldsymbol{y}\in S$，都有 $\langle \boldsymbol{x},\boldsymbol{y}\rangle=0$，则称 S_1 与 S 是正交的，记为 $S_1\perp S$，或 $S\perp S_1$。

特别地，若 S,S_1 是 V 的子空间，则上述转化为向量与子空间正交和子空间与子空间正交的定义。

定理 5.13　设 V 为内积空间，若 W 是 V 的任一子集，则集合

$$S = \{\boldsymbol{y} \mid \boldsymbol{y}\perp W, \boldsymbol{y}\in V\} \tag{5.11}$$

为 V 的子空间。进一步，若 W 是 V 的任一子空间，则有 $\dim(S)=\dim(V)-\dim(W)$。

定义 5.17(正交补空间)　设 V 为内积空间，若 W 是 V 的任一子空间，则称满足式(5.11)的子空间 S 为子空间 W 的正交补空间，记为 $W^{\perp}$。

推论 5.2　设 V 为内积空间，若 W 是 V 的任一子空间，则 W 在 V 中一定有正交补空间 $W^{\perp}$ 使

$$V = W\oplus W^{\perp} \tag{5.12}$$

$W^{\perp}$ 为 V 的子空间，并且 $\dim(W^{\perp})=\dim(V)-\dim(W)$。

推论 5.2 说明，子空间一定存在正交补空间，而且维数之和就是整个线性空间的维数。式(5.12)右端的表达式 $W\oplus W^{\perp}$ 称为空间 V 的正交直和分解式。

例 5.30　设 W 是内积空间 V 的子空间，$\forall \boldsymbol{x}\in V$，证明：$\exists \boldsymbol{g}\in W$，$\exists \boldsymbol{h}\in W^{\perp}$，使得 $\boldsymbol{x}=\boldsymbol{g}+\boldsymbol{h}$。

证明　由前述推论知 V 有正交直和分解 $V=W\oplus W^{\perp}$，因此，$\forall \boldsymbol{x}\in V$，$\exists \boldsymbol{g}\in W$，$\exists \boldsymbol{h}\in W^{\perp}$，使得 $\boldsymbol{x}=\boldsymbol{g}+\boldsymbol{h}$。 □

称 $\boldsymbol{g}$ 为 $\boldsymbol{x}$ 的沿 $W^{\perp}$ 向 W 的正交投影，$\|\boldsymbol{h}\|$ 为点 $\boldsymbol{x}$ 到空间 W 的距离；称 $\boldsymbol{h}$ 为 $\boldsymbol{x}$ 的沿 W 向 $W^{\perp}$ 的正交投影，$\|\boldsymbol{g}\|$ 为点 $\boldsymbol{x}$ 到空间 $W^{\perp}$ 的距离。

5.3　线性变换

线性空间中定义的加法和数乘运算，也可以看成一种映射(变换)，给出了线性空间中元素之间的关系。下面我们将重点讨论线性空间中一种特殊的映射——线性映射(变换)具有的特点，以及利用映射(变换)研究线性空间内部元素之间的关系。

5.3.1　线性变换的定义

定义 5.18(映射)　设 X、Y 是两个非空集合，X 到 Y 的一个映射是指一个法则 $f:X\to Y$，使得 X 中的每一个元素 x 都有 Y 中一个确定的元素 y 与之对应，记为 $x\mapsto y$ 或者 $f(x)=y$。

y 称为 x 在映射 f 下的象，而 x 称为 y 在映射 f 下的原象。

对于映射需要注意的是：

(1) X、Y 可以是相同的集合，也可以是不同的集合；若是相同的集合，就相当于是 X 到自身的一个映射，也称为变换。

(2) 对于 X 的每一个元素 x，Y 中必有一个唯一确定的元素 y 与之对应。

(3) 一般情况下，$f(X)=\{f(x)\mid x\in X\}\subset Y$。

(4) X 中的不同元素的象可能相同。

定义 5.19(一一映射) 设有映射 $f:X\rightarrow Y, x\mapsto y$，

(1) 若对 X 中任意两个不同的元素 $x_1\neq x_2$，都有 $f(x_1)\neq f(x_2)$，则称 f 为一对一的映射，或单射；

(2) 若对任意 $y\in Y$，都存在 $x\in X$，使得 $y=f(x)$，则称 f 为满映射，简称满射；

(3) 若 f 既是单射，又是满射，则称 f 是一一映射，或双射。

定义 5.20(映射的合成) 设 f 是 X 到 Y 的一个映射，g 是 Y 到 Z 的一个映射，若对于每一个元素 $x\in X$，在 Z 中都有唯一确定的元素与之对应，则称映射 $g(f(x))$ 为 X 到 Z 的一个映射，也称为映射 f 与 g 的合成或者映射的乘积。

映射的乘积满足结合律，但不满足交换律，即 $fg\neq gf$。

定义 5.21(线性变换) 设 X 和 Y 均为数域 F 上的线性空间，映射 $T:X\rightarrow Y, \boldsymbol{x}\mapsto \boldsymbol{y}$ 满足：

(1) 对 $\forall \boldsymbol{x}_1,\boldsymbol{x}_2\in X$，都有 $T(\boldsymbol{x}_1+\boldsymbol{x}_2)=T(\boldsymbol{x}_1)+T(\boldsymbol{x}_2)$；

(2) 对 $\forall \boldsymbol{x}\in X, \lambda\in F$，都有 $T(\lambda\boldsymbol{x})=\lambda T(\boldsymbol{x})$；

则称 T 为从 X 到 Y 的线性映射或线性算子。特殊地，若 $X=Y$，线性映射 T 称为线性变换。

这里需要注意的是，从定义 5.21 上看，线性映射和线性变换是有所区别的。线性映射描述的是两个线性空间元素之间的关系，而线性变换是线性空间到自身的映射，描述的是线性空间元素之间的关系。由于线性变换是特殊的线性映射，并且线性变换的概念在线性代数中已经出现过，因此为了更好地学习和理解，在后面不引起混淆的情况下，我们更多使用线性变换的表述。换言之，在本书中不再刻意区分线性映射与线性变换。

利用线性组合表达式，也可将上述两个条件等价地表示为：对 $\forall \boldsymbol{x}_1,\boldsymbol{x}_2\in X, \lambda\in F$，都有

$$T(\lambda\boldsymbol{x}_1+\boldsymbol{x}_2)=\lambda T(\boldsymbol{x}_1)+T(\boldsymbol{x}_2) \tag{5.13}$$

式(5.13)可以表述为线性组合的线性变换是线性变换的线性组合。线性变换不会改变向量之间加法与数乘关系，它与线性空间的运算相适应，能够反映线性空间中向量的内在联系，是线性空间的重要变换。

例 5.31 设 $\boldsymbol{A}\in \mathbb{C}^{m\times n}, \boldsymbol{x}\in \mathbb{C}^n$，求证 $T(\boldsymbol{x})=\boldsymbol{A}\boldsymbol{x}$ 是从空间 $\mathbb{C}^n$ 到空间 $\mathbb{C}^m$ 的线性变换。

证明 $\forall \boldsymbol{x}\in \mathbb{C}^n, T(\boldsymbol{x})=\boldsymbol{A}\boldsymbol{x}\in \mathbb{C}^m$，故 $T:\boldsymbol{x}\mapsto \boldsymbol{A}\boldsymbol{x}$ 是从 $\mathbb{C}^n$ 到 $\mathbb{C}^m$ 的一个映射。又对 $\forall \boldsymbol{x}_1,\boldsymbol{x}_2\in \mathbb{C}^n, \lambda\in \mathbb{C}$，

$$T(\lambda\boldsymbol{x}_1+\boldsymbol{x}_2)=\boldsymbol{A}(\lambda\boldsymbol{x}_1+\boldsymbol{x}_2)=\lambda\boldsymbol{A}\boldsymbol{x}_1+\boldsymbol{A}\boldsymbol{x}_2=\lambda T(\boldsymbol{x}_1)+T(\boldsymbol{x}_2)$$

故映射是 $T(x)=\boldsymbol{A}\boldsymbol{x}$ 是从空间 $\mathbb{C}^n$ 到空间 $\mathbb{C}^m$ 的线性变换。 □

例 5.32 设 $J:C[a,b]\mapsto C[a,b]$，且 J 定义为

$$J(f(x))=\int_a^x f(t)dt$$

则 J 是线性变换。

解　因 $\forall f(x),g(x)\in C[a,b],\lambda\in\mathbb{R}$，

$$J(\lambda f(x)+g(x))=\int_a^x(\lambda f(t)+g(t))\mathrm{d}t=\lambda\int_a^x f(t)\mathrm{d}t+\int_a^x g(t)\mathrm{d}t$$
$$=\lambda J(f(x))+J(g(x))$$

故 J 是 $C[a,b]$ 上的线性变换。 □

事实上，不仅仅积分运算是线性变换，微分运算也是线性变换。其证明过程与积分变换类似。另外，并不是所有常见的运算都是线性变换。如矩阵求行列式的运算，矩阵共轭转置运算都不是线性变换。后面在不引起歧义的情况下，在介绍线性变换的时候可以省略空间 Y。

定义 5.22　设 X 和 Y 均为数域 F 上的线性空间，$\alpha(\neq 0)\in F$ 为固定的数，

(1) 称映射 $T:X\to Y,\boldsymbol{x}\mapsto\boldsymbol{y}$ 为零变换，记为 0^*。即 $\forall\boldsymbol{x}\in X$，都有

$$0^*(\boldsymbol{x})=\boldsymbol{0} \tag{5.14}$$

(2) 称映射 $T:X\to X,\boldsymbol{x}\mapsto\boldsymbol{x}$ 为 X 上的恒等变换或单位变换，记为 E。即 $\forall\boldsymbol{x}\in X$，都有

$$E(\boldsymbol{x})=\boldsymbol{x} \tag{5.15}$$

(3) 称映射 $T:X\to X,\boldsymbol{x}\mapsto\alpha\boldsymbol{x}$ 为 X 上的相似映射或数乘变换，记为 α^*。即 $\forall\boldsymbol{x}\in X$，都有

$$\alpha^*(\boldsymbol{x})=\alpha\boldsymbol{x} \tag{5.16}$$

实际上，当 $\alpha=1$ 时，相似变换是恒等变换；当 $\alpha=0$ 时，相似变换便是零变换。不难验证，恒等变换 E，零变换 0^* 和相似变换 α^* 都是线性变换。

定理 5.14　设 T 为从空间 X 到空间 Y 的线性变换，则

(1) $T(\boldsymbol{0})=\boldsymbol{0}$，其中等式左边的 $\boldsymbol{0}\in X$，右边的 $\boldsymbol{0}\in Y$。

(2) 若 $\boldsymbol{x}=\sum\limits_{i=1}^{k}\alpha_i\boldsymbol{x}_i\in X$，则 $T(\boldsymbol{x})=\sum\limits_{i=1}^{k}\alpha_i T(\boldsymbol{x}_i)$。

(3) 若 $\boldsymbol{x}_1,\boldsymbol{x}_2,\cdots,\boldsymbol{x}_k$ 为 X 中线性相关的向量组，则 $T(\boldsymbol{x}_1),T(\boldsymbol{x}_2),\cdots,T(\boldsymbol{x}_k)$ 为 Y 中线性相关的向量组。

(4) 若 $T(\boldsymbol{x}_1),T(\boldsymbol{x}_2),\cdots,T(\boldsymbol{x}_k)$ 为 Y 中线性无关的向量组，则 $\boldsymbol{x}_1,\boldsymbol{x}_2,\cdots,\boldsymbol{x}_k$ 为 X 中线性无关的向量组。

命题(4)为命题为(3)的逆否命题。但要注意，(3)的逆命题是不对的，线性变换可以将线性无关的向量组也变成线性相关的向量组，比如零变换 0^*。定理 5.14 说明线性变换保持线性组合与线性关系式不变。这表明：只要知道了 X 的一组基 $\boldsymbol{x}_1,\boldsymbol{x}_2,\cdots,\boldsymbol{x}_n$ 在 T 下的象，那么 X 中任一向量在 T 下的象就确定了。即 n 维线性空间 X 到线性空间 Y 的线性变换，完全由它在 X 的一组基底上的作用所决定。

5.3.2　线性变换的运算

定义 5.23　设空间 X 和空间 Y 为数域 F 上的线性空间，T_1,T_2 都是从 X 到 Y 的映射，$\lambda\in F$，若

(1) 对任意 $\boldsymbol{x}\in X$ 均有 $T_1(\boldsymbol{x})=T_2(\boldsymbol{x})$，则称 T_1 与 T_2 相等，记为 $T_1=T_2$；

(2) 对任意 $\boldsymbol{x}\in X$ 均有 $T_1(\boldsymbol{x})+T_2(\boldsymbol{x})=T(\boldsymbol{x})$，则称 T 为 T_1 与 T_2 的和，记为 $T=T_1+T_2$；

(3)对任意 $\boldsymbol{x}\in X$ 均有 $T(\boldsymbol{x})=\lambda(T_1(\boldsymbol{x}))$，则称 T 为 T_1 与 λ 的标量乘积，记为 $T=\lambda T_1$。

若 T_1，T_2 为线性变换，则 T_1+T_2 仍是线性变换。另外，线性变换的数乘运算也是线性变换。换言之，线性变换对加法和数乘保持封闭，因此有下面的定理。

定理 5.15 设 $\mathscr{L}(X,Y)$ 为从 X 到 Y 的所有线性变换所构成的集合，则 $\mathscr{L}(X,Y)$ 按照定义 5.23 中的加法与标量乘法构成数域 F 上的一个线性空间，称为 X,Y 所诱导的变换空间。

定义 5.24(线性变换的乘积) 设 $T\in\mathscr{L}(X,Y)$，$S\in\mathscr{L}(Y,Z)$，若线性变换 $G\in\mathscr{L}(X,Z)$ 对任意 $\boldsymbol{x}\in X$ 都满足

$$G(\boldsymbol{x})=S(T(\boldsymbol{x}))$$

则称为 G 为 T 与 S 的积，并记为 ST，即 $G=ST$。

线性变换的乘积一般是不可交换的，即 $ST=TS$ 一般不成立。这一点与矩阵的乘法是一样的。另外，线性变换 T 与 S 也可以相同。

定义 5.25(线性变换的 k 次幂) 设 $T\in\mathscr{L}(X,X)$，以下述递推式来表示 T 的 $k(k\geqslant 0)$ 次幂：

$$\begin{cases}T^0=E\\ T^k=T(T^{k-1}) \qquad k=1,2,\cdots\end{cases} \tag{5.17}$$

特别地，当 $k=0$ 时，称 $T^0=E$ 为 T 的 0 次幂。

定义 5.26(线性变换的多项式) 设 X 为数域 F 上的线性空间，$T\in\mathscr{L}(X,X)$，$g(\lambda)$ 是关于 λ 的多项式，其系数属于 F，即

$$g(\lambda)=\alpha_0+\alpha_1\lambda+\cdots+\alpha_m\lambda^m$$

则表达式

$$g(T)=\alpha_0E+\alpha_1T+\cdots+\alpha_mT^m \tag{5.18}$$

称为线性变换 T 的多项式。

例 5.33 设 T,S 为线性空间 $\mathbb{R}[x]$ 的两个线性变换

$$T(p(x))=p'(x) \quad S(p(x))=xp(x)$$

试问 $TS=ST$ 是否成立？并证明 $TS-ST=E$。

解 (1) 因为

$$(TS)(p(x))=T(S(p(x)))=T(xp(x))=p(x)+xp'(x)$$
$$(ST)(p(x))=S(T(p(x)))=S(p'(x))=xp'(x)$$

可见，$p(x)\neq 0$ 时，$(TS)(p(x))\neq(ST)(p(x))$。故 $ST\neq TS$。

(2) 由上述讨论知，对任意 $p(x)\in\mathbb{R}[x]$，有

$$(TS)(p(x))=p(x)+(ST)(p(x))$$

即

$$(TS-ST)(p(x))=p(x)$$

故 $TS-ST=E$。 □

例 5.34 设 $T,S\in\mathscr{L}(X,X)$，并且 $TS-ST=E$，证明：$T^mS-ST^m=mT^{m-1}$，$m=1,2,\cdots$。

证明 对 m 用数学归纳法。

当 $m=1$ 时，即 $TS-ST=T^0=E$，由题设成立。

假定等式对 m 成立，即有 $T^mS-ST^m=mT^{m-1}$。下面证明等式对 $m+1$ 也成立。

$$\begin{aligned} T^{m+1}S - ST^{m+1} &= T^m(TS) - ST^{m+1} \\ &= T^m(E+ST) - ST^{m+1} = T^m + T^m(ST) - ST^{m+1} \\ &= T^m + (T^mS - ST^m)T = T^m + mT^{m-1}T = (m+1)T^m \end{aligned}$$

即等式对 $m+1$ 也成立。从而对任意正整数都成立。 □

定义 5.27(可逆变换)　T,S 为空间 X 上的变换,若

$$TS = ST = E \tag{5.19}$$

则称 S 为 T 的逆变换,记为 T^{-1}。

逆变换的意义在于把 $T(\boldsymbol{x})$ 还原成 $\boldsymbol{x}$。可以证明线性变换的逆变换仍是线性变换。若 T 是可逆变换,则式(5.17)中的 k 可以取任何整数,这样就可以出现线性变换的负整数次幂。比如可以取 $k=-2$,则 $T^{-2}=T(T^{-3})$。

5.3.3　与线性变换有关的子空间

线性变换构成的线性变换空间仍是线性空间,因此也具有与之对应的特殊子空间。这是本节将要重点讨论的内容。

定义 5.28(线性变换的值域与核)　给定线性变换 $T:X\to Y$,记

$$\begin{aligned} R(T) &= \{\boldsymbol{y}\in Y \mid \boldsymbol{y} = T(\boldsymbol{x}), \boldsymbol{x}\in X\} \\ N(T) &= \{\boldsymbol{x}\in X \mid T(\boldsymbol{x}) = \boldsymbol{0}\} \end{aligned} \tag{5.20}$$

则称 $R(T)$ 为 T 的值空间或值域,$N(T)$ 为 T 的零空间或核。

例 5.35　证明 $R(T)$ 是 Y 的一个子空间;$N(T)$ 是 X 的一个子空间。

证明　(1) $R(T)$ 是 Y 的一个非空子集。下证 $R(T)$ 对加法和数乘是封闭的。

$\forall\, \boldsymbol{y}_1=T(\boldsymbol{x}_1), \boldsymbol{y}_2=T(\boldsymbol{x}_2), \forall\, k\in F$,有

$$k\boldsymbol{y}_1 + \boldsymbol{y}_2 = kT(\boldsymbol{x}_1) + T(\boldsymbol{x}_2) = T(k\boldsymbol{x}_1 + \boldsymbol{x}_2) \in R(T)$$

(2) $N(T)$ 是 X 的一个非空子集。下证 $N(T)$ 对加法和数乘是封闭的。

$\forall\, \boldsymbol{x}_1,\boldsymbol{x}_2\in X, \forall\, k\in F$,有 $T(\boldsymbol{x}_1)=\boldsymbol{0}, T(\boldsymbol{x}_2)=\boldsymbol{0}$,则

$$T(k\boldsymbol{x}_1 + \boldsymbol{x}_2) = T(k\boldsymbol{x}_1) + T(\boldsymbol{x}_2) = k\boldsymbol{0} + \boldsymbol{0} = \boldsymbol{0}$$

得 $k\boldsymbol{x}_1+\boldsymbol{x}_2\in N(T)$,故 $N(T)$ 是 X 的一个子空间。 □

定义 5.29　给定线性变换 $T:X\to Y$,则称 $R(T)$ 的维数为 T 的秩,记为 $\mathrm{rank}(T)$。又称 $N(T)$ 的维数为 T 的零度,记为 $\mathrm{null}(T)$。

定义 5.30(不变子空间)　设 W 为空间 X 的子空间,T 为 X 上的线性变换。如果对任意 $\boldsymbol{w}\in W$ 均有 $T(\boldsymbol{w})\in W$,则称 W 为 T 的不变子空间,记为 $TW\subset W\subset X$。

例 5.36　整个空间 X 和零子空间 $\{\boldsymbol{0}\}$,对于每个线性变换 T 来说,都是 T 的不变子空间。

例 5.37　线性变换 $T:X\to Y$ 的值域 $R(T)$ 和核 $N(T)$,都是 T 的不变子空间。

例 5.38　设 $T,S\in \mathscr{L}(X,X)$,且 $TS=ST$,证明:$R(T)$ 和 $N(T)$ 都是 S 的不变子空间。

证明　$\forall\, \boldsymbol{\xi}\in N(T), T(S(\boldsymbol{\xi}))=TS(\boldsymbol{\xi})=ST(\boldsymbol{\xi})=S(T(\boldsymbol{\xi}))=S(\boldsymbol{0})=\boldsymbol{0}$,即 $S(\boldsymbol{\xi})\in N(T)$。

故 $N(T)$ 是 S 的不变子空间。在 T 的值域 $R(T)$ 中任取一向量 $T(\boldsymbol{\eta})$,则

$$S(T(\boldsymbol{\eta})) = T(S(\boldsymbol{\eta})) \in R(T)$$

因此 $R(T)$ 也是 S 的不变子空间。 □

若线性变换 T 与 S 是可交换的,则 T 的值域与核都是 S 的不变子空间。

定理 5.16 设 X 和 Y 均为数域 F 上的线性空间，$\dim(X)=n$，$\dim(Y)=m$，又设 $T\in\mathscr{L}(X,Y)$，则有

$$\dim(R(T))+\dim(N(T))=\dim(X) \tag{5.21}$$

证明 记 $\dim N(T)=k$，设 $N(T)$ 的基底为 $\{\boldsymbol{x}_1,\boldsymbol{x}_2,\cdots,\boldsymbol{x}_k\}$，则 $T(\boldsymbol{x}_1)=T(\boldsymbol{x}_2)=\cdots=T(\boldsymbol{x}_k)=\boldsymbol{0}$。将其扩充为 X 的基底 $\{\boldsymbol{x}_1,\boldsymbol{x}_2,\cdots,\boldsymbol{x}_k,\boldsymbol{x}_{k+1},\cdots,\boldsymbol{x}_n\}$。$\forall\,\boldsymbol{y}\in R(T)$，$\exists\,\boldsymbol{x}\in X$，满足 $\boldsymbol{y}=T(\boldsymbol{x})$。设 $\boldsymbol{x}=\sum\limits_{i=1}^{n}\alpha_i\boldsymbol{x}_i$，则

$$\begin{aligned}\boldsymbol{y}=T(\boldsymbol{x})&=T(\alpha_1\boldsymbol{x}_1+\cdots+\alpha_k\boldsymbol{x}_k+\alpha_{k+1}\boldsymbol{x}_{k+1}+\cdots+\alpha_n\boldsymbol{x}_n)\\&=\alpha_{k+1}T(\boldsymbol{x}_{k+1})+\cdots+\alpha_nT(\boldsymbol{x}_n)\end{aligned}$$

由 $\boldsymbol{x}$ 的任意性，下证 $T(\boldsymbol{x}_{k+1}),\cdots,T(\boldsymbol{x}_n)$ 线性无关，从而是 $R(T)$ 的一组基底，则 $\dim R(T)=n-k$，得到 $\dim R(T)+\dim N(T)=\dim X$。

设有 $\xi_{k+1}T(\boldsymbol{x}_{k+1})+\cdots+\xi_nT(\boldsymbol{x}_n)=\boldsymbol{0}$，即 $T(\xi_{k+1}\boldsymbol{x}_{k+1}+\cdots+\xi_n\boldsymbol{x}_n)=\boldsymbol{0}$。从而，$\xi_{k+1}\boldsymbol{x}_{k+1}+\cdots+\xi_n\boldsymbol{x}_n\in N(T)$。故可设

$$\xi_{k+1}\boldsymbol{x}_{k+1}+\cdots+\xi_n\boldsymbol{x}_n=\lambda_1\boldsymbol{x}_1+\cdots+\lambda_k\boldsymbol{x}_k$$

即

$$-\lambda_1\boldsymbol{x}_1-\cdots-\lambda_k\boldsymbol{x}_k+\xi_{k+1}\boldsymbol{x}_{k+1}+\cdots+\xi_n\boldsymbol{x}_n=\boldsymbol{0}$$

而 $\boldsymbol{x}_1,\cdots,\boldsymbol{x}_k,\boldsymbol{x}_{k+1},\cdots,\boldsymbol{x}_n$ 为 X 的基底，故

$$\lambda_1=\cdots=\lambda_k=\xi_{k+1}=\cdots=\xi_n=0$$

故 $T(\boldsymbol{x}_{k+1}),\cdots,T(\boldsymbol{x}_n)$ 线性无关。因此，结论成立。 □

公式(5.21)也可以表达为 $\operatorname{rank}(T)+\operatorname{null}(T)=\dim(X)$。

若矩阵 $\boldsymbol{A}\in\mathbb{R}^{n\times n}$，则对应的 n 元齐次线性方程组 $\boldsymbol{Ax}=\boldsymbol{0}$ 解空间的维数为 $n-\operatorname{rank}(\boldsymbol{A})$，即 $\dim(N(\boldsymbol{A}))=n-\operatorname{rank}(\boldsymbol{A})$。在线性代数里，常将矩阵的乘法运算看成是对应的线性变换，因此有“矩阵即变换”的说法。从这个角度看，n 元齐次线性方程组的解空间的维数公式，本质上是矩阵 $\boldsymbol{A}$ 对应的线性变换 T 的核与值域的维数公式。一般地，若矩阵 $\boldsymbol{A}\in\mathbb{C}^{n\times n}$，$\boldsymbol{x}\in\mathbb{C}^n$，对应的线性变换 $T:\boldsymbol{x}\mapsto\boldsymbol{Ax}$，是从空间 $\mathbb{C}^n$ 到空间 $\mathbb{C}^n$ 的线性变换，有 $\dim(N(T))+\dim(R(T))=n$。实际上，也可以直接用 $\boldsymbol{A}$ 来表示线性变换 T。这表明线性变换与矩阵之间存在对应关系，具体关系我们将在下一节展开讨论。

例 5.39 给定矩阵

$$\boldsymbol{A}=\begin{bmatrix}1&3&5\\2&1&7\\0&1&2\\8&4&3\end{bmatrix}$$

将 $\boldsymbol{A}$ 看作线性变换 $\boldsymbol{A}:\mathbb{C}^3\to\mathbb{C}^4$。求 $R(\boldsymbol{A})$，$N(\boldsymbol{A})$ 的维数。

解 由

$$\det(\boldsymbol{A})=\begin{vmatrix}1&3&5\\2&1&7\\0&1&2\end{vmatrix}=\begin{vmatrix}1&3&5\\0&-5&-3\\0&1&2\end{vmatrix}=-7\neq0$$

知 $\operatorname{rank}(\boldsymbol{A})=3$。故

$$\dim(R(\boldsymbol{A})) = \operatorname{rank}(\boldsymbol{A}) = 3$$
$$\dim(N(\boldsymbol{A})) = \dim(\mathbb{C}^3) - \operatorname{rank}(\boldsymbol{A}) = 0$$

因此，$R(\boldsymbol{A})$，$N(\boldsymbol{A})$的维数分别为 3 和 0。 □

5.3.4 线性变换的矩阵表示

要确定线性变换，需要确定线性变换的值域，即象的集合。而有限维线性空间的向量是可以用线性空间的基线性表示的，对应的系数是坐标。若能够将基向量在线性变换下的象确定，则就可以确定任意元素在线性变换下的象了。

设数域 F 上的线性空间 X 和 Y，对应的维数分别为 n 和 m，$T:X\to Y$ 是从 X 到 Y 的线性变换，任取 X 和 Y 的基底分别为 $\mathscr{B}_X=(\boldsymbol{x}_1,\boldsymbol{x}_2,\cdots,\boldsymbol{x}_n)$，$\mathscr{B}_Y=(\boldsymbol{y}_1,\boldsymbol{y}_2,\cdots,\boldsymbol{y}_m)$，则基底 $\mathscr{B}_X$ 的象 $T(\boldsymbol{x}_1)$，$T(\boldsymbol{x}_2)$，$\cdots$，$T(\boldsymbol{x}_n)$可以由基底 $\boldsymbol{B}_Y$ 线性表示，即

$$\begin{aligned} T(\boldsymbol{x}_1) &= a_{11}\boldsymbol{y}_1 + a_{21}\boldsymbol{y}_2 + \cdots + a_{m1}\boldsymbol{y}_1 \\ T(\boldsymbol{x}_2) &= a_{12}\boldsymbol{y}_1 + a_{22}\boldsymbol{y}_2 + \cdots + a_{m2}\boldsymbol{y}_2 \\ &\vdots \\ T(\boldsymbol{x}_n) &= a_{1n}\boldsymbol{y}_1 + a_{2n}\boldsymbol{y}_2 + \cdots + a_{mn}\boldsymbol{y}_m \end{aligned} \tag{5.22}$$

用矩阵表示则有

$$[T(\boldsymbol{x}_1),T(\boldsymbol{x}_2),\cdots,T(\boldsymbol{x}_n)] = [\boldsymbol{y}_1,\boldsymbol{y}_2,\cdots,\boldsymbol{y}_m]\boldsymbol{P} \tag{5.23}$$

其中

$$\boldsymbol{P} = \begin{bmatrix} a_{11} & a_{12} & \cdots & a_{1n} \\ a_{21} & a_{22} & \cdots & a_{2n} \\ \vdots & \vdots & & \vdots \\ a_{m1} & a_{m2} & \cdots & a_{mn} \end{bmatrix} \in F^{m\times n} \tag{5.24}$$

记

$$T[\boldsymbol{x}_1,\boldsymbol{x}_2,\cdots,\boldsymbol{x}_n] = [T(\boldsymbol{x}_1),T(\boldsymbol{x}_2),\cdots,T(\boldsymbol{x}_n)] \tag{5.25}$$

则式(5.23)还可以表达为

$$T[\boldsymbol{x}_1,\boldsymbol{x}_2,\cdots,\boldsymbol{x}_n] = [\boldsymbol{y}_1,\boldsymbol{y}_2,\cdots,\boldsymbol{y}_m]\boldsymbol{P} \tag{5.26}$$

或者

$$T\mathscr{B}_X = \mathscr{B}_Y\boldsymbol{P} \tag{5.27}$$

定义 5.31 表达式 $T\mathscr{B}_X=\mathscr{B}_Y\boldsymbol{P}$ 中的矩阵 $\boldsymbol{P}$ 称为线性变换 T 的关于基底 $\mathscr{B}_X$ 和基底 $\mathscr{B}_Y$ 的矩阵表示，记为

$$m_{\mathscr{B}_X,\mathscr{B}_Y}(T) \tag{5.28}$$

利用线性变换的矩阵可以直接计算一个向量的象。

定理 5.17 设线性变换 $T:X\to Y$ 的关于基底 $\mathscr{B}_X$ 和基底 $\mathscr{B}_Y$ 的矩阵表示为 $\boldsymbol{P}$，向量 $\boldsymbol{x}$ 在基底 $\mathscr{B}_X$ 下的坐标为 $\boldsymbol{\xi}=(a_1,a_2,\cdots,a_n)^{\mathrm{T}}$，且 $\boldsymbol{y}=T(\boldsymbol{x})$在基底 $\mathscr{B}_Y$ 下的坐标为 $\boldsymbol{\eta}=(b_1,b_2,\cdots,b_m)^{\mathrm{T}}$。则

$$\boldsymbol{\eta} = \boldsymbol{P}\boldsymbol{\xi} \tag{5.29}$$

定理 5.17 的证明可以直接利用线性变换的矩阵表示得到。定理表明不仅线性空间中的向量可以用坐标来表示，而且抽象的线性变换也能利用矩阵表示与具体的数(坐标)建立联系。另外，这种联系不仅仅针对同一基底，在不同基底下也有类似的联系。

定理 5.18 设 X 和 Y 为数域 F 上的线性空间，对给定的线性变换 $T:X\to Y$，其关于 X 和 Y 的两组不同基底 $\mathscr{B}_X,\mathscr{B}_Y$ 和 $\mathscr{B}_X^{(1)},\mathscr{B}_Y^{(1)}$ 的矩阵表示分别为 $\boldsymbol{P}$ 和 $\boldsymbol{P}_1$，即

$$T\mathscr{B}_X = \mathscr{B}_Y\boldsymbol{P} \quad T\mathscr{B}_X^{(1)} = \mathscr{B}_Y^{(1)}\boldsymbol{P}_1$$

设有过渡矩阵 $\boldsymbol{A},\boldsymbol{B}$ 使得 $\mathscr{B}_X=\boldsymbol{B}_X^{(1)}\boldsymbol{A},\mathscr{B}_Y=\mathscr{B}_Y^{(1)}\boldsymbol{B}$。则

$$\boldsymbol{P}_1 = \boldsymbol{BPA}^{-1} \tag{5.30}$$

例 5.40 已知$\mathbb{R}^3$中线性变换 T 在基底 $\mathscr{B}=\{\boldsymbol{\eta}_1,\boldsymbol{\eta}_2,\boldsymbol{\eta}_3\}$下的矩阵表示为

$$\boldsymbol{P} = \begin{bmatrix} 1 & 0 & 1 \\ 1 & 1 & 0 \\ -1 & 2 & 2 \end{bmatrix}$$

其中 $\boldsymbol{\eta}_1=[-1,1,1]^{\mathrm{T}},\boldsymbol{\eta}_2=[1,0,-1]^{\mathrm{T}},\boldsymbol{\eta}_3=[0,1,1]^{\mathrm{T}}$。求 T 在自然基底$\{\boldsymbol{e}_1,\boldsymbol{e}_2,\boldsymbol{e}_3\}$下的矩阵表示。

解 已知

$$T[\boldsymbol{\eta}_1,\boldsymbol{\eta}_2,\boldsymbol{\eta}_3] = [\boldsymbol{\eta}_1,\boldsymbol{\eta}_2,\boldsymbol{\eta}_3]\boldsymbol{P}$$

设所求矩阵为 $\boldsymbol{P}_1$，即满足

$$T[\boldsymbol{e}_1,\boldsymbol{e}_2,\boldsymbol{e}_3] = [\boldsymbol{e}_1,\boldsymbol{e}_2,\boldsymbol{e}_3]\boldsymbol{P}_1$$

由

$$[\boldsymbol{\eta}_1,\boldsymbol{\eta}_2,\boldsymbol{\eta}_2] = [\boldsymbol{e}_1,\boldsymbol{e}_2,\boldsymbol{e}_3]\begin{bmatrix} -1 & 1 & 0 \\ 1 & 0 & 1 \\ 1 & -1 & 1 \end{bmatrix} = [\boldsymbol{e}_1,\boldsymbol{e}_2,\boldsymbol{e}_3]\boldsymbol{A}$$

则

$$\begin{aligned} \boldsymbol{P}_1 &= \boldsymbol{APA}^{-1} \\ &= \begin{bmatrix} -1 & 1 & 0 \\ 1 & 0 & 1 \\ 1 & -1 & 1 \end{bmatrix}\begin{bmatrix} 1 & 0 & 1 \\ 1 & 1 & 0 \\ -1 & 2 & 2 \end{bmatrix}\begin{bmatrix} -1 & 1 & 0 \\ 1 & 0 & 1 \\ 1 & -1 & 1 \end{bmatrix}^{-1} \\ &= \begin{bmatrix} -1 & 1 & -2 \\ 2 & 2 & 0 \\ 3 & 0 & 2 \end{bmatrix} \end{aligned}$$

故 $\boldsymbol{P}_1$ 为所求的矩阵。 □

例 5.41 在$\mathbb{R}^3$中线性变换 T 定义如下：

$$T[-1,0,2]^{\mathrm{T}} = [-5,0,3]^{\mathrm{T}}$$
$$T[0,1,1]^{\mathrm{T}} = [0,-1,6]^{\mathrm{T}}$$
$$T[3,-1,0]^{\mathrm{T}} = [-5,-1,9]^{\mathrm{T}}$$

求 $\boldsymbol{T}$ 在自然基底$\{\boldsymbol{e}_1,\boldsymbol{e}_2,\boldsymbol{e}_3\}$下的矩阵表示，并求 $R(T)$及 $\dim(R(T))$。

解 记 $\boldsymbol{\eta}_1=[-1,0,2]^{\mathrm{T}},\boldsymbol{\eta}_2=[0,1,1]^{\mathrm{T}},\boldsymbol{\eta}_3=[3,-1,0]^{\mathrm{T}}$。由

$$\begin{vmatrix} -1 & 0 & 3 \\ 0 & 1 & -1 \\ 2 & 1 & 0 \end{vmatrix} = 5 \neq 0$$

知 $\boldsymbol{\eta}_1,\boldsymbol{\eta}_2,\boldsymbol{\eta}_3$ 是$\mathbb{R}^3$的一组基底。由题设

$$T[\boldsymbol{\eta}_1,\boldsymbol{\eta}_2,\boldsymbol{\eta}_3]=[\boldsymbol{e}_1,\boldsymbol{e}_2,\boldsymbol{e}_3]\begin{bmatrix}-5 & 0 & -5\\ 0 & -1 & -1\\ 3 & 6 & 9\end{bmatrix}$$

又

$$[\boldsymbol{\eta}_1,\boldsymbol{\eta}_2,\boldsymbol{\eta}_3]=[\boldsymbol{e}_1,\boldsymbol{e}_2,\boldsymbol{e}_3]\begin{bmatrix}-1 & 0 & 3\\ 0 & 1 & -1\\ 2 & 1 & 0\end{bmatrix}$$

故

$$\begin{aligned}T[\boldsymbol{e}_1,\boldsymbol{e}_2,\boldsymbol{e}_3]&=[\boldsymbol{e}_1,\boldsymbol{e}_2,\boldsymbol{e}_3]\begin{bmatrix}-5 & 0 & -5\\ 0 & -1 & -1\\ 3 & 6 & 9\end{bmatrix}\begin{bmatrix}-1 & 0 & 3\\ 0 & 1 & -1\\ 2 & 1 & 0\end{bmatrix}^{-1}\\ &=[\boldsymbol{e}_1,\boldsymbol{e}_2,\boldsymbol{e}_3]\cdot\frac{1}{7}\begin{bmatrix}-5 & 20 & -20\\ -4 & -5 & -2\\ 27 & 18 & 24\end{bmatrix}\end{aligned}$$

得 T 在基底$\{\boldsymbol{e}_1,\boldsymbol{e}_2,\boldsymbol{e}_3\}$下的矩阵表示为

$$\boldsymbol{A}=\frac{1}{7}\begin{bmatrix}-5 & 20 & -20\\ -4 & -5 & -2\\ 27 & 18 & 24\end{bmatrix}$$

由

$$\begin{vmatrix}-5 & 20 & -20\\ -4 & -5 & -2\\ 27 & 18 & 24\end{vmatrix}=0$$

知，矩阵不满秩，而列向量 $\boldsymbol{\alpha}_1=[-5,-4,27]^{\mathrm{T}}$，$\boldsymbol{\alpha}_2=[20,-5,18]^{\mathrm{T}}$ 不成比例，$\boldsymbol{A}$ 的列向量的一个极大无关组为 $\boldsymbol{\alpha}_1,\boldsymbol{\alpha}_2$，故

$$R(\boldsymbol{A})=\mathrm{Span}(\boldsymbol{\alpha}_1,\boldsymbol{\alpha}_2)$$

从而

$$R(T)=\mathrm{Span}(-5\boldsymbol{e}_1-4\boldsymbol{e}_2+27\boldsymbol{e}_3,20\boldsymbol{e}_1-5\boldsymbol{e}_2+18\boldsymbol{e}_3)$$

且 $\dim(R(T))=2$。 □

定理 5.19 设数域 F 上的线性空间 X 和 Y，对应的维数分别为 n 和 m，基底分别为 $\mathscr{B}_X$ 和 $\mathscr{B}_Y$，则所有从 X 到 Y 的线性变换的集合 $\mathscr{L}(X,Y)$ 与矩阵空间 $F^{m\times n}$ 之间存在一一映射。

5.3.5 线性空间的同构

由前面的讨论不难看出，有限维线性变换空间与同维的矩阵空间是有对应关系的。如果两个空间是同构关系，则所有关于有限维线性变换的讨论就可以转变为对矩阵的讨论。利用前面矩阵研究的结果，很容易得到一系列相应的结论。这种关系是否成立，或者成立的条件是什么，将是本节讨论的重点内容。

定义 5.32(同构映射) 设 X 和 Y 为数域 F 上的线性空间，如果存在从 X 到 Y 的映射 Γ 满足：

(1) Γ 是 X 到 Y 的双射；

(2) Γ 是 X 到 Y 的线性映射；

则称线性空间 X 与线性空间 Y 同构，记为 $X \simeq Y$，并称映射 Γ 是从 X 到 Y 上的同构映射。特别地，当 $Y=X$ 时，则称 X 是自同构的，并称 Γ 为 X 上的自同构映射，简称为 X 上的同构映射。

定理 5.20 给定数域 F 上的 n 维线性空间 X 和 m 维线性空间 Y，则线性空间 $\mathscr{L}(X,Y)$ 与矩阵空间 $F^{m\times n}$ 是同构的。

证明 在给定 X 与 Y 的基底 $\mathscr{B}_X$ 和 $\mathscr{B}_Y$ 之下，由定理 5.19 可知，$\mathscr{L}(X,Y)$ 与 $F^{m\times n}$ 之间存在一一的映射 Γ。下面只需要证明 Γ 是线性映射。

$\forall T_1, T_2 \in \mathscr{L}(X,Y)$，设它们关于基底 $\mathscr{B}_X$ 和 $\mathscr{B}_Y$ 的矩阵表示分别为 $\boldsymbol{A}_1, \boldsymbol{A}_2$，即 $T_1\mathscr{B}_X = \mathscr{B}_Y\boldsymbol{A}_1$，$T_2\mathscr{B}_X=\mathscr{B}_Y\boldsymbol{A}_2$。$\forall \lambda \in F$，有

$$(\lambda T_1 + T_2)\mathscr{B}_X = \mathscr{B}_Y(\lambda \boldsymbol{A}_1 + \boldsymbol{A}_2)$$

由 Γ 的定义可知 $\Gamma(T_1)=\boldsymbol{A}_1$，$\Gamma(T_2)=\boldsymbol{A}_2$，故

$$\Gamma(\lambda T_1 + T_2) = (\lambda \boldsymbol{A}_1 + \boldsymbol{A}_2) = \lambda\Gamma(T_1) + \Gamma(T_2)$$

则 Γ 是线性映射，从而是同构映射。故 $\mathscr{L}(X,Y)$ 与矩阵空间 $F^{m\times n}$ 是同构的。 □

例 5.42 设 X 和 Y 为数域 F 上的有限维线性空间，且 Γ 是从 X 到 Y 的同构映射。则 X 中的向量组 $\boldsymbol{x}_1, \boldsymbol{x}_2, \cdots, \boldsymbol{x}_t$ 线性无关当且仅当 $\Gamma(\boldsymbol{x}_1), \Gamma(\boldsymbol{x}_2), \cdots, \Gamma(\boldsymbol{x}_t)$ 线性无关。

证明 记 $\boldsymbol{0}_X, \boldsymbol{0}_Y$ 分别为 X 和 Y 的零向量，则 $\Gamma(\boldsymbol{0}_X)=\boldsymbol{0}_Y$。因为 Γ 是从 X 到 Y 的一个单射，所以若 $\Gamma(\boldsymbol{\alpha})=\Gamma(\boldsymbol{\beta})$，则 $\boldsymbol{\alpha}=\boldsymbol{\beta}$。

于是有

$$k_1\boldsymbol{x}_1 + k_2\boldsymbol{x}_2 + \cdots + k_t\boldsymbol{x}_t = \boldsymbol{0}_X$$

等价于

$$\Gamma(k_1\boldsymbol{x}_1 + k_2\boldsymbol{x}_2 + \cdots + k_t\boldsymbol{x}_t) = \Gamma(\boldsymbol{0}_X)$$

等价于

$$k_1\Gamma(\boldsymbol{x}_1) + k_2\Gamma(\boldsymbol{x}_2) + \cdots + k_t\Gamma(\boldsymbol{x}_t) = \boldsymbol{0}_Y$$

从而 $\boldsymbol{x}_1, \boldsymbol{x}_2, \cdots, \boldsymbol{x}_t$ 线性无关当且仅当 $\Gamma(\boldsymbol{x}_1), \Gamma(\boldsymbol{x}_2), \cdots, \Gamma(\boldsymbol{x}_t)$ 线性无关。 □

对于一般的线性变换，只能保证“如果 $\Gamma(\boldsymbol{x}_1), \Gamma(\boldsymbol{x}_2), \cdots, \Gamma(\boldsymbol{x}_t)$ 线性无关，那么 $\boldsymbol{x}_1, \boldsymbol{x}_2, \cdots, \boldsymbol{x}_t$ 线性无关”，反之不成立。另外，如果 $\boldsymbol{x}_1, \boldsymbol{x}_2, \cdots, \boldsymbol{x}_n$ 是 X 的一组基底，那么 $\Gamma(\boldsymbol{x}_1), \Gamma(\boldsymbol{x}_2), \cdots, \Gamma(\boldsymbol{x}_n)$ 是 Y 的一组基底。若 $\dim(X)=n$，且 $X\simeq Y$，则 $\dim(Y)=n$ 线性无关。换言之，同构的有限维线性空间，其对应的维数相等。

定理 5.21 数域 F 上的两个有限维线性空间 X 和 Y 同构的充分必要条件是它们的维数相等。

推论 5.3 设数域 F 上的线性空间 X 和 Y 的维数分别为 n 和 m，则空间 $\mathscr{L}(X,Y)$ 的维数为 nm。

定理 5.22 数域 F 上任意 n 维线性空间都与空间 F^n 同构。特别地，复数域 $\mathbb{C}$ 上任意 n 维线性空间都与空间 $\mathbb{C}^n$ 同构；实数域 $\mathbb{R}$ 上任意 n 维线性空间都与空间 $\mathbb{R}^n$ 同构。

数域 F 上任意 n 维线性空间 V 都与空间 F^n 同构，并且可以如下建立 V 到 F^n 的一个同构映射。取 V 的一个基底 $\boldsymbol{\alpha}_1, \boldsymbol{\alpha}_2, \cdots, \boldsymbol{\alpha}_n$，取 F^n 的标准基底 $\boldsymbol{\varepsilon}_1, \boldsymbol{\varepsilon}_2, \cdots, \boldsymbol{\varepsilon}_n$。令

$$\Gamma: \boldsymbol{\alpha} = \sum_{i=1}^{n} a_i\boldsymbol{\alpha}_i \rightarrow \sum_{i=1}^{n} a_i\boldsymbol{\varepsilon}_i = [a_1, a_2, \cdots, a_n]^{\mathrm{T}} \tag{5.31}$$

即把 V 中每一个向量 $\boldsymbol{\alpha}$ 对应到它在 V 的一个基底下的坐标，这就是 V 到 F^n 的一个同构映射。

由于数域 F 上任意 n 维线性空间 V 都与空间 F^n 同构，因此可以利用 F^n 的性质来研究 V 的性质，这也是研究数域 F 上有限维线性空间的重要途径。

推论 5.4　设 $T\in\mathscr{L}(X,Y)$，X 和 Y 均为数域 F 上的线性空间，且 X 和 Y 的维数分别为 n 和 m。又设 $\mathscr{B}_X$ 和 $\mathscr{B}_Y$ 分别为 X 和 Y 的基底，T 关于 $\mathscr{B}_X$ 和 $\mathscr{B}_Y$ 的矩阵表示为 $M_{\mathscr{B}_X,\mathscr{B}_Y}(T)=\boldsymbol{A}$，则有

$$R(T)\simeq R(\boldsymbol{A}) \tag{5.32}$$

$$N(T)\simeq N(\boldsymbol{A}) \tag{5.33}$$

例 5.43　设 $\boldsymbol{\xi}_1,\boldsymbol{\xi}_2,\boldsymbol{\xi}_3,\boldsymbol{\xi}_4$ 是 4 维线性空间 V 的一组基，已知线性变换 T 在这组基底之下的矩阵表示为

$$\boldsymbol{A}=\begin{bmatrix}1&0&2&1\\-1&2&1&3\\1&2&5&5\\2&-2&1&-2\end{bmatrix}$$

(1) 求 T 在基 $\boldsymbol{\eta}_1=\boldsymbol{\xi}_1-2\boldsymbol{\xi}_2+\boldsymbol{\xi}_4$，$\boldsymbol{\eta}_2=3\boldsymbol{\xi}_2-\boldsymbol{\xi}_3-\boldsymbol{\xi}_4$，$\boldsymbol{\eta}_3=\boldsymbol{\xi}_3+\boldsymbol{\xi}_4$，$\boldsymbol{\eta}_4=2\boldsymbol{\xi}_4$ 下的矩阵表示；

(2) 求 $N(T)$和 $R(T)$；

(3) 在 $N(T)$中选一组基底，把它扩充成 V 的一组基底，并求 T 在这组基底下的矩阵表示；

(4) 在 $R(T)$中选一组基底，把它扩充成 V 的一组基底，并求 T 在这组基底下的矩阵表示。

解　(1) 由于$[\boldsymbol{\eta}_1,\boldsymbol{\eta}_2,\boldsymbol{\eta}_3,\boldsymbol{\eta}_4]=[\boldsymbol{\xi}_1,\boldsymbol{\xi}_2,\boldsymbol{\xi}_3,\boldsymbol{\xi}_4]\boldsymbol{B}$，其中

$$\boldsymbol{B}=\begin{bmatrix}1&0&0&0\\-2&3&0&0\\0&-1&1&0\\1&-1&1&2\end{bmatrix}$$

则 T 在基底 $\boldsymbol{\eta}_1,\boldsymbol{\eta}_2,\boldsymbol{\eta}_3,\boldsymbol{\eta}_4$ 下的矩阵表示为

$$\boldsymbol{Q}=\boldsymbol{B}^{-1}\boldsymbol{A}\boldsymbol{B}=\begin{bmatrix}2&-3&3&2\\ \frac{2}{3}&-\frac{4}{3}&\frac{10}{3}&\frac{10}{3}\\ \frac{8}{3}&-\frac{16}{3}&\frac{40}{3}&\frac{40}{3}\\0&1&-7&-8\end{bmatrix}$$

(2) 把矩阵 $\boldsymbol{A}$ 经过初等行变换化成行阶梯形矩阵

$$\boldsymbol{A}=\begin{bmatrix}1&0&2&1\\-1&2&1&3\\1&2&5&5\\2&-2&1&-2\end{bmatrix}\rightarrow\begin{bmatrix}1&0&2&1\\0&1&\frac{3}{2}&2\\0&0&0&0\\0&0&0&0\end{bmatrix}$$

于是 $\boldsymbol{Ax}=\boldsymbol{0}$ 的基础解系为 $\boldsymbol{x}_1=[4,3,-2,0]^{\mathrm{T}}$，$\boldsymbol{x}_2=[1,2,0,-1]^{\mathrm{T}}$，从而 $N(\boldsymbol{A})=\mathrm{Span}(\boldsymbol{x}_1,\boldsymbol{x}_2)$。

于是 $N(T)=\mathrm{Span}(4\xi_1+3\xi_2-2\xi_3,\xi_1+2\xi_2-\xi_4)$，$\boldsymbol{A}$ 的列向量的一个极大无关组是

$$\boldsymbol{\alpha}_1=[1,-1,1,2]^{\mathrm{T}},\quad \boldsymbol{\alpha}_2=[0,2,2,-2]^{\mathrm{T}}$$

从而 $R(\boldsymbol{A})=\mathrm{Span}(\boldsymbol{\alpha}_1,\boldsymbol{\alpha}_2)$。故

$$R(T)=\mathrm{Span}(\xi_1-\xi_2+\xi_3+2\xi_4,2\xi_2+2\xi_3+2\xi_4)$$

(3) 先把 $N(\boldsymbol{A})$ 的基底 $\boldsymbol{x}_1,\boldsymbol{x}_2$ 扩充成 $\mathbb{R}^4$ 的一组基底

$$\boldsymbol{x}_1=[4,3,-2,0]^{\mathrm{T}},\boldsymbol{x}_2=[1,2,0,1]^{\mathrm{T}},\boldsymbol{x}_3=[0,1,0,0]^{\mathrm{T}},\boldsymbol{x}_4=[1,0,0,0]^{\mathrm{T}}$$

于是 $N(T)$ 的基底扩充为 V 的一个基底为

$$\xi_1-\xi_2+\xi_3+2\xi_4,\quad 2\xi_2+2\xi_3+2\xi_4,\quad \xi_2,\quad \xi_1$$

V 的基底 ξ_1,ξ_2,ξ_3,ξ_4 到上述基底的过渡矩阵为

$$\boldsymbol{Q}=\begin{bmatrix}1&0&0&1\\-1&2&1&0\\1&2&0&0\\2&-2&0&0\end{bmatrix}$$

从而 T 在基底 $\xi_1-\xi_2+\xi_3+2\xi_4,2\xi_2+2\xi_3+2\xi_4,\xi_2,\xi_1$ 下的矩阵表示为

$$\boldsymbol{C}=\boldsymbol{Q}^{-1}\boldsymbol{A}\boldsymbol{Q}=\begin{bmatrix}5&2&0&1\\\frac{9}{2}&1&1&0\\0&0&0&0\\0&0&0&0\end{bmatrix}$$

(4) 先把 $R(\boldsymbol{A})$ 的基底扩充成 $\mathbb{R}^4$ 的一个基底

$$\boldsymbol{\alpha}_1=[1,-1,1,2],\quad \boldsymbol{\alpha}_2=[0,2,2,-1],\quad \boldsymbol{\alpha}_3=[0,1,0,0],\quad \boldsymbol{\alpha}_4=[1,0,0,0]$$

于是 $R(T)$ 的基底扩充为 V 的一个基底为

$$4\xi_1+3\xi_2-2\xi_3,\quad \xi_1+2\xi_2-\xi_4,\quad \xi_2,\quad \xi_1$$

V 的基底 ξ_1,ξ_2,ξ_3,ξ_4 到上述基底的过渡矩阵为

$$\boldsymbol{P}=\begin{bmatrix}4&1&0&1\\3&2&1&0\\-2&0&0&0\\0&-1&0&0\end{bmatrix}$$

从而矩阵 $\boldsymbol{C}$ 为

$$\boldsymbol{C}=\boldsymbol{P}^{-1}\boldsymbol{A}\boldsymbol{P}=\begin{bmatrix}0&0&-1&-\frac{1}{2}\\0&0&2&-2\\0&0&1&-\frac{9}{2}\\0&0&2&5\end{bmatrix}$$

为 T 在基底 $4\xi_1+3\xi_2-2\xi_3,\xi_1+2\xi_2-\xi_4,\xi_2,\xi_1$ 下的矩阵。 □

有限维线性变换空间与矩阵空间一一对应。而中间的转化主要是找到线性空间的一组基底，然后建立与矩阵的联系。由前面的知识可知，不同基底对应的矩阵是不同的。而这些不同的矩阵之间是等价的。下面将会研究如何找出 X 的一组适当的基底，使得 T 在这个基底下的矩阵为对角矩阵或者具有最简单的形式。

5.4 线性变换的最简矩阵表示

由前面矩阵对角化的知识可知，矩阵在一定条件下可以利用特征向量化为对角矩阵。而对角矩阵不仅形式简单，而且方便进行运算。由于线性空间与矩阵空间同构，类似于矩阵特征值和特征向量的概念，下面将给出线性变换的特征值和特征向量定义，并以此为基础研究线性变换的最简矩阵表示。

5.4.1 线性变换的特征值与特征向量

定义 5.33（特征值） 设 X 为数域 F 上的 n 维线性空间，$T\in\mathscr{L}(X,X)$，如果存在 $\lambda\in F$，非零向量 $\boldsymbol{x}\in X$，满足

$$T(\boldsymbol{x})=\lambda\boldsymbol{x} \tag{5.34}$$

则称 λ 为 T 的一个特征值，而 $\boldsymbol{x}$ 称为 T 的属于 λ 的特征向量。所有满足方程 $T(\boldsymbol{x})=\lambda\boldsymbol{x}$ 的向量（包括零向量）的集合，构成 X 的一个子空间，称为 T 关于 λ 的特征子空间，记为 $E_T(\lambda)$。

由定义 5.33 可知，零向量一定不是特征向量。

设 X 为数域 F 上的 n 维线性空间，$T\in\mathscr{L}(X,X)$，T 在 X 的某一基底 $\mathscr{B}_X$ 下的矩阵表示为 $\boldsymbol{A}$。向量 $\boldsymbol{x}\in X$ 在基底 $\mathscr{B}_X$ 下的坐标为 $\boldsymbol{\xi}$，$\boldsymbol{y}=T(\boldsymbol{x})$ 在基底 $\mathscr{B}_X$ 下的坐标为 $\boldsymbol{\eta}$。则 $T(\boldsymbol{x})=\boldsymbol{y}$ 等价于 $\boldsymbol{A\xi}=\boldsymbol{\eta}$。因为 $\lambda\boldsymbol{x}$ 在基底 $\mathscr{B}_X$ 下的坐标为 $\lambda\boldsymbol{\xi}$，而根据线性变换特征值的定义，$T(\boldsymbol{x})=\lambda\boldsymbol{x}$ 等价于 $\boldsymbol{A\xi}=\lambda\boldsymbol{\xi}$。由此得出下述结论：

(1) λ 为 T 的特征值的充分必要条件是 λ 为 $\boldsymbol{A}$ 的特征值；

(2) $\boldsymbol{x}$ 为 T 的属于特征值 λ 的特征向量的充分必要条件是 $\boldsymbol{\xi}$ 为 $\boldsymbol{A}$ 的属于特征值 λ 的特征向量。

故线性变换的特征值、特征向量与其对应的矩阵特征值、特征向量是相同的。于是有下面的结论。

定理 5.23 设数域 F 上的 n 维线性空间 X，$T\in\mathscr{L}(X,X)$，则 λ 为 T 的特征值的充分必要条件是：λ 为 T 的任一矩阵表示 $\boldsymbol{A}$ 的特征值。

定理 5.24 设数域 F 上的 n 维线性空间 X，$T\in\mathscr{L}(X,X)$，T 关于基底 $\mathscr{B}_X$ 的矩阵表示为 $\boldsymbol{A}$，又非零向量 $\boldsymbol{x}\in X$ 关于基底 $\mathscr{B}_X$ 的坐标为 $\boldsymbol{\xi}\in F^n$。则 $\boldsymbol{\xi}$ 为 $\boldsymbol{A}$ 的属于特征值 λ 的特征向量的充分必要条件是：$\boldsymbol{x}$ 为 T 的属于特征值 λ 的特征向量。

于是，确定一个线性变换 T 的特征值与特征向量的方法可以分成以下几步：

(1) 在线性空间 V 中取一组基 $\boldsymbol{x}_1,\boldsymbol{x}_2,\cdots,\boldsymbol{x}_n$，写出 T 在这组基下的矩阵表示 $\boldsymbol{A}$。

(2) 求出 $\boldsymbol{A}$ 的全部特征值和特征向量。

(3) 矩阵 $\boldsymbol{A}$ 的全部特征值就是线性变换 T 的全部特征值；矩阵 $\boldsymbol{A}$ 的特征向量是线性变换 T 的特征向量在基底 $\boldsymbol{x}_1,\boldsymbol{x}_2,\cdots,\boldsymbol{x}_n$ 下的坐标。

如果 $\boldsymbol{A}$ 关于特征值 λ_i 的特征向量为 $\boldsymbol{\xi}_{i_1},\cdots,\boldsymbol{\xi}_{i_k}$，则 T 关于特征值 λ_i 的特征向量为

$$[\boldsymbol{x}_1,\boldsymbol{x}_2,\cdots,\boldsymbol{x}_n]\boldsymbol{\xi}_{i_1},\cdots,[\boldsymbol{x}_1,\boldsymbol{x}_2,\cdots,\boldsymbol{x}_n]\boldsymbol{\xi}_{i_k} \tag{5.35}$$

例 5.44 设线性变换 T 在基 $\boldsymbol{x}_1,\boldsymbol{x}_2,\boldsymbol{x}_3$ 下的矩阵表示为

$$A=\begin{bmatrix}1&2&2\\2&1&2\\2&2&1\end{bmatrix}$$

求 T 的特征值与特征向量。

解 因为特征多项式为

$$|\lambda E-A|=\begin{vmatrix}\lambda-1&-2&-2\\-2&\lambda-1&-2\\-2&-2&\lambda-1\end{vmatrix}=(\lambda+1)^2(\lambda-5)$$

所以特征值是 $\lambda_1=\lambda_2=-1,\lambda_3=5$。

将 -1 代入方程 $(\lambda E-A)x=0$,得基础解系为

$$\begin{bmatrix}1\\0\\-1\end{bmatrix},\quad\begin{bmatrix}0\\1\\-1\end{bmatrix}$$

因此,T 的属于 -1 的两个线性无关的特征向量就是 $\eta_1=x_1-x_3$,$\eta_2=x_2-x_3$。而 T 的属于 -1 的全部特征向量就是 $k_1\eta_1+k_2\eta_2$,$k_1,k_2\in F$ 且不同时为零。

再用特征值 5 代入 $(\lambda E-A)x=0$,得基础解系为 $[1,1,1]^{\mathrm{T}}$。

因此,T 的属于 5 的特征向量就是 $\eta_3=x_1+x_2+x_3$。而 T 的属于 5 的全部特征向量是 $k_3\eta_3$,$k_3(\neq 0)\in F$。 □

推论 5.5 设 T 的关于某一特征值 λ 的特征子空间为 $E_T(\lambda)$,则 $E_T(\lambda)$ 中所有向量关于基底 $\mathscr{B}_X$ 的坐标向量的全体,构成 A 的关于 λ 的特征子空间 $E_A(\lambda)$;反之亦然。

求线性变换 T 的特征值、特征向量及特征子空间的问题,转换为其对应矩阵 A 的相应问题。可以证明:对于一个固定的特征值 λ,空间 $E_A(\lambda)$ 与空间 $E_T(\lambda)$ 是同构的。类似于矩阵可以对角化的过程和步骤,可以同样给出线性变换对应的结论。实际上,一个命题如果关于线性变换 $T\in\mathscr{L}(X,X)$ 成立,则它关于 T 的任一矩阵表示也必然成立,只是在叙述时把空间 X 换成它的同构空间 $\mathbb{C}^n$(如果 $\dim(X)=n$),并把 X 中的向量 x 换成 $\mathbb{C}^n$ 中的向量 ξ,其中 ξ 是 x 的关于 X 的基底 $\mathscr{B}_X$ 的坐标向量。反之亦然。

下面假设 X 是复数域 $\mathbb{C}$ 上的线性空间,$T\in\mathscr{L}(X,X)$,$A=M_{\mathscr{B}_X}(T)$,$\dim(X)=n$。于是 A 为 n 阶复矩阵,并且其特征多项式为

$$f(\lambda)=\det|\lambda E-A|=\lambda^n+\sum_{i=1}^{n-1}\alpha_i\lambda^{n-i},\alpha_i\in\mathbb{C} \tag{5.36}$$

$f(\lambda)$ 的全部根就是 A 的特征值,因而也是 T 的特征值。因此也把 A 的特征多项式称为 T 的特征多项式。如果特征多项式 $f(\lambda)$ 恰有 k 个互异的根,则线性变换 T 恰有 k 个互异的特征子空间。相应地,其矩阵表示 A 也恰有 k 个互异的特征子空间。

定义 5.34 设 $f(\lambda)$ 为线性变换 T 的特征多项式,$\lambda_i(i=1,2,\cdots,k)$ 为 $f(\lambda)$ 的 k 个互异的根,其重数为 $d_i(i=1,2,\cdots,k)$,

$$f(\lambda)=(\lambda-\lambda_1)^{d_1}(\lambda-\lambda_2)^{d_2}\cdots(\lambda-\lambda_k)^{d_k} \tag{5.37}$$

则称 d_i 为 λ_i 的代数重数,而称 $t_i=\dim E_T(\lambda_i)$ 为 λ_i 的几何重数。

定理 5.25 设数域 F 上的线性空间 X,$T\in\mathscr{L}(X,X)$ 为其线性变换,$\lambda_1,\lambda_2,\cdots,\lambda_k$ 是线性变换 T 的 k 个互异的特征值,则其任一特征值 $\lambda_i(i=1,2,\cdots,k)$ 的几何重数 t_i 不大于其代

数重数 d_i，即 $t_i \leqslant d_i$。

定理 5.26　设数域 F 上的线性空间 X，$T \in \mathscr{L}(X,X)$ 为其线性变换，则 T 的属于不同特征值的特征向量必线性无关。

推论 5.6　设数域 F 上的线性空间 X，$T \in \mathscr{L}(X,X)$ 为其线性变换，则 T 的矩阵表示 $\boldsymbol{A}$ 的属于不同特征值的特征向量必线性无关。

推论 5.7　设数域 F 上的线性空间 X，$T \in \mathscr{L}(X,X)$ 为其线性变换，$\lambda_1,\lambda_2,\cdots,\lambda_k$ 为线性变换所有互异的特征值，则 T 的矩阵表示 $\boldsymbol{A}$ 相似于对角矩阵的充分必要条件是 T 的各个特征值的几何重数均等于其代数重数。

推论 5.8　设数域 F 上的 n 维线性空间 X，线性变换 $T \in \mathscr{L}(X,X)$，则 T 的矩阵表示 $\boldsymbol{A}$ 相似于对角矩阵的充分必要条件为 T 有 n 个线性无关的特征向量。

定义 5.35　设数域 F 上的线性空间 X，$T \in \mathscr{L}(X,X)$ 为其线性变换，且 T 的矩阵表示 $\boldsymbol{A}$ 与对角矩阵相似，则称 T 为 X 上可对角化的线性变换。

例 5.45　设 T 是数域 F 上的 4 维线性空间 X 上的一个线性变换，它在 X 的一个基底基 $\boldsymbol{x}_1,\boldsymbol{x}_2,\boldsymbol{x}_3,\boldsymbol{x}_4$ 下的矩阵表示为

$$\boldsymbol{A}=\begin{bmatrix}1&0&0&0\\0&0&0&0\\1&0&0&0\\0&0&0&1\end{bmatrix}$$

求 X 的一个基底，使得 T 在这个基底下的矩阵为对角矩阵，并且写出这个矩阵。

解　(1) 先求 T 的特征值和特征向量：

$$|\lambda\boldsymbol{E}-\boldsymbol{A}|=\begin{bmatrix}\lambda-1&0&0&0\\0&\lambda&0&0\\-1&0&\lambda&0\\0&0&0&\lambda-1\end{bmatrix}=\lambda^2(\lambda-1)^2$$

所以 $\boldsymbol{A}$ 的全部特征值为 $\lambda_1=\lambda_2=0,\lambda_3=\lambda_4=1$，这也就是线性变换 T 的全部特征值。对于特征值 $\lambda_1=\lambda_2=0$，解方程组 $(-\boldsymbol{A})\boldsymbol{x}=\boldsymbol{0}$，求出一个基础解系为 $[0,1,0,0]^{\mathrm{T}},[0,0,1,0]^{\mathrm{T}}$。于是得到 T 的属于特征值 $\lambda_1=\lambda_2=0$ 的两个线性无关的特征向量为

$$[\boldsymbol{x}_1,\boldsymbol{x}_2,\boldsymbol{x}_3,\boldsymbol{x}_4][0,1,0,0]^{\mathrm{T}}=\boldsymbol{x}_2$$
$$[\boldsymbol{x}_1,\boldsymbol{x}_2,\boldsymbol{x}_3,\boldsymbol{x}_4][0,0,1,0]^{\mathrm{T}}=\boldsymbol{x}_3$$

对于特征值 $\lambda_1=\lambda_2=1$，解方程组 $(\boldsymbol{E}-\boldsymbol{A})\boldsymbol{x}=\boldsymbol{0}$，求出一个基础解系

$$[1,0,1,0]^{\mathrm{T}},\quad [0,0,0,1]^{\mathrm{T}}$$

从而得到 T 的属于特征值 $\lambda_1=\lambda_2=1$ 的两个线性无关的特征向量为

$$[\boldsymbol{x}_1,\boldsymbol{x}_2,\boldsymbol{x}_3,\boldsymbol{x}_4][1,0,1,0]^{\mathrm{T}}=\boldsymbol{x}_1+\boldsymbol{x}_3$$
$$[\boldsymbol{x}_1,\boldsymbol{x}_2,\boldsymbol{x}_3,\boldsymbol{x}_4][0,0,0,1]^{\mathrm{T}}=\boldsymbol{x}_4$$

(2) 故线性变换 T 在 X 的一组基底 $\mathscr{B}_X=\{\boldsymbol{x}_2,\boldsymbol{x}_3,\boldsymbol{x}_1+\boldsymbol{x}_3,\boldsymbol{x}_4\}$ 下的矩阵表示为对角阵 $\boldsymbol{\Lambda}=\mathrm{diag}(0,0,1,1)$。□

关于对角化更多的知识可以参见矩阵对角化相关内容。

5.4.2　线性变换的零化多项式及最小多项式

定义 5.36(零化多项式)　设 X 是数域 F 上的线性空间，T 是 X 上的一个线性变换。

如果 F 上的一元多项式 $g(x)$ 使得 $g(T)=\mathbf{0}^*$，那么称 $g(x)$ 是 T 的一个零化多项式。

定义 5.37 设 $\boldsymbol{A}$ 是数域 F 上的 n 阶矩阵，如果 $F[x]$ 中的一个多项式 $g(x)$ 使得 $g(\boldsymbol{A})=\boldsymbol{O}$，则称 $g(x)$ 是 $\boldsymbol{A}$ 的一个零化多项式。

定理 5.27 设 $T\in\mathscr{L}(X,X)$，$\boldsymbol{A}$ 为 T 的一个矩阵表示，则多项式 $g(\lambda)$ 为 T 的零化多项式的充分必要条件是存在 $g(x)$ 使得 $g(\lambda)$ 为 $\boldsymbol{A}$ 的零化多项式。

定理 5.28 设 T 为 n 维空间 X 上的线性变换，则 T 必有零化多项式。

由 Cayley-Hamilton 定理 3.14 可知，若 $\boldsymbol{A}$ 是数域 F 上一个 $n\times n$ 矩阵，$f(\lambda)=|\lambda\boldsymbol{E}-\boldsymbol{A}|$ 是 $\boldsymbol{A}$ 的特征多项式，则

$$f(\boldsymbol{A})=\boldsymbol{A}^n-(a_{11}+a_{22}+\cdots+a_{nn})\boldsymbol{A}^{n-1}+\cdots+(-1)^n\,|\,\boldsymbol{A}\,|\,\boldsymbol{E}=\boldsymbol{O} \tag{5.38}$$

定理 5.29 设 T 为 n 维线性空间 X 上的线性变换，则 T 的特征多项式是 T 的一个零化多项式。

定义 5.38(最小多项式) 设 T 为 n 维线性空间 X 上的一个线性变换，$\varphi(\lambda)$ 是 T 的所有零化多项式中次数最低且首项系数为 1 的多项式，则称 $\varphi(\lambda)$ 为 T 的最小多项式。记为 $m_T(\lambda)$，即 $m_T(\lambda)=\varphi(\lambda)$。

定理 5.30 设 T 为 n 维线性空间 X 上的一个线性变换，则 T 的最小多项式 $m_T(\lambda)$ 存在且唯一。

定理 5.31 设 T 为 n 维线性空间 X 上的线性变换，则 T 的最小多项式必整除 T 的任一零化多项式。

推论 5.9 n 维线性空间 X 上的线性变换 T 的最小多项式 $m_T(\lambda)$，与 T 的特征多项式 $f(\lambda)$ 有相同的根。

例 5.46 设 T 为 $\mathbb{R}^3$ 上的线性变换，T 关于自然基底 $\mathscr{B}=\{\boldsymbol{e}_1,\boldsymbol{e}_2,\boldsymbol{e}_3\}$ 的矩阵表示为

$$\boldsymbol{A}=\begin{bmatrix}3&-3&-2\\-1&5&-2\\-1&3&0\end{bmatrix}$$

试求 T 的最小多项式。

解 T 的特征多项式为

$$f(\lambda)=\det(\lambda\boldsymbol{E}-\boldsymbol{A})=(\lambda-4)(\lambda-2)^2$$

设 $m_T(\lambda)$ 为 T 的最小多项式，则 $m_T(\lambda)$ 只能是下列形式之一：

$$(\lambda-4)(\lambda-2)\ \text{或}\ (\lambda-4)(\lambda-2)^2$$

由于

$$(\boldsymbol{A}-4\boldsymbol{E})(\boldsymbol{A}-2\boldsymbol{E})=\boldsymbol{O}$$

故 $(\lambda-4)(\lambda-2)$ 为 T 的最小多项式。 □

5.5 应用案例

子空间方法在数据挖掘、机器学习、图像分析和计算机视觉等领域有着广泛的应用，通过将样本投影到某个最优子空间来达到降低维数和寻找特征的目的，是克服维数灾难的一种有效方法。其基本出发点是把高维空间中松散分布的样本，通过线性或非线性变换压缩

到一个低维的子空间中,使样本在该低维子空间中分布更紧凑,更利于分类,同时使计算复杂度减小。子空间方法有线性和非线性之分外,线性方法中比较典型的代表是主成分分析方法。

主成分分析(PCA)方法的主要思想是将 n 维特征映射到 $m(m\leqslant n)$ 维上,通过线性变换寻找一组最优的标准正交向量基,也被称为主成分。利用主成分的线性组合可以实现原样本的重建,并使重建后的样本和原样本在均方意义下的重构误差最小。由于主成分分析是在尽可能多地保留原有信息的基础上用较少的新变量替换原来较多的变量,因而其是数据降维算法的一种。降维是将高维度数据(指标太多)中最重要的一些特征保留下来,去除噪声和不重要的特征,从而实现提升数据处理速度的目的。

假设有 n 维(个)数据,每个数据的维度是 p 维的列向量,利用矩阵 $\boldsymbol{X}_{n\times p}$ 表示数据,其中每一列表示一条数据,即

$$\boldsymbol{X}=\begin{bmatrix} x_{11} & x_{12} & x_{13} & \cdots & x_{1p} \\ x_{21} & x_{22} & x_{23} & \cdots & x_{2p} \\ x_{31} & x_{32} & x_{33} & \cdots & x_{3p} \\ \vdots & \vdots & \vdots & & \vdots \\ x_{n1} & x_{n2} & x_{n3} & \cdots & x_{np} \end{bmatrix}$$

表示成行向量形式为 $\boldsymbol{X}=[\boldsymbol{x}_1,\boldsymbol{x}_2,\boldsymbol{x}_3,\cdots,\boldsymbol{x}_p]$。由于 n 的值很大,因此需要将数据降维,即从 n 维降到 m 维。也就是将矩阵 $\boldsymbol{X}$ 从 $n\times p$ 维降到 $m\times p$ 维。这时就需要一个线性变换 T 做到这一点。由于有限维的线性变换空间与同维的矩阵空间同构,因此也就是存在与线性变换 T 对应的矩阵 $\boldsymbol{W}$ 能够实现上述过程。

设矩阵 $\boldsymbol{W}$ 将 $\boldsymbol{X}_{n\times p}$ 映射到 $\boldsymbol{Z}_{m\times p}$,即

$$\boldsymbol{Z}=\boldsymbol{W}^{\mathrm{T}}\boldsymbol{X}$$

矩阵写成行向量的形式为 $\boldsymbol{Z}=[\boldsymbol{z}_1,\boldsymbol{z}_2,\boldsymbol{z}_3,\cdots,\boldsymbol{z}_m]$,矩阵 $\boldsymbol{W}$ 相当于投影矩阵。为了保证投影前后单条数据的信息不会发生变化,所以矩阵 $\boldsymbol{W}$ 应该是一个标准正交基矩阵,即 $\boldsymbol{W}^{\mathrm{T}}\boldsymbol{W}=\boldsymbol{E}$。另外要求矩阵 $\boldsymbol{W}$ 能够做到:

(1) $\boldsymbol{z}_i$ 和 $\boldsymbol{z}_j$ 相互无关;

(2) $\boldsymbol{z}_1$ 是 $\boldsymbol{x}_1,\boldsymbol{x}_2,\boldsymbol{x}_3,\cdots,\boldsymbol{x}_m$ 一切线性组合中方差最大者,称为第一个主成分,剩下的以此类推。

PCA 的主要步骤:

第一步:将 n 个数据汇总成矩阵 $\boldsymbol{X}_{n\times p}=[\boldsymbol{x}_1,\boldsymbol{x}_2,\boldsymbol{x}_3,\cdots,\boldsymbol{x}_p]$的形式,按列计算每一个特征的平均值 $\bar{\boldsymbol{x}}_j=\dfrac{1}{n}\sum\limits_{i=1}^{n}x_{ij},j=1,2,\cdots,p$,每一个特征都减去自身的均值,经过去均值处理之后原始特征的值就变成了新的值,其中标准差为

$$\boldsymbol{S}_j=\sqrt{\frac{\sum\limits_{i=1}^{n}(x_{ij}-\bar{x}_j)^2}{n-1}}$$

标准化后得到矩阵仍记为 $\boldsymbol{X}$。在这个新的矩阵的基础上,进行下面的操作。

第二步:求协方差矩阵 $\boldsymbol{C}$,协方差绝对值越大,两者对彼此的影响越大,反之越小。

第三步:求协方差矩阵 $\boldsymbol{C}$ 的特征值和相对应的特征向量。

第四步：将原始特征投影到选取的特征向量上，得到降维后的新 m 维特征。

首先，我们以两组二维数据点为例，维度分别是 a 和 b，从图 5.1 和 5.2 中我们可以看到两个维度是相关的。我们在这些数据点中间画一条直线，然后将这些数据点投影到这条直线上，即通过数据点画一条垂直于这条直线的线，交点即是这个数据点在新的维度上的位置。新维度可以用 $w_1 a+w_2 b$ 表示，也就意味着我们是在原有特征的基础上重建新特征。

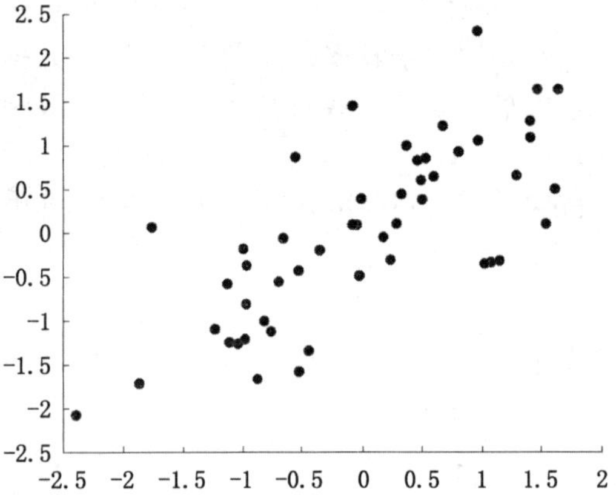

图 5.1 数据 1 的分布

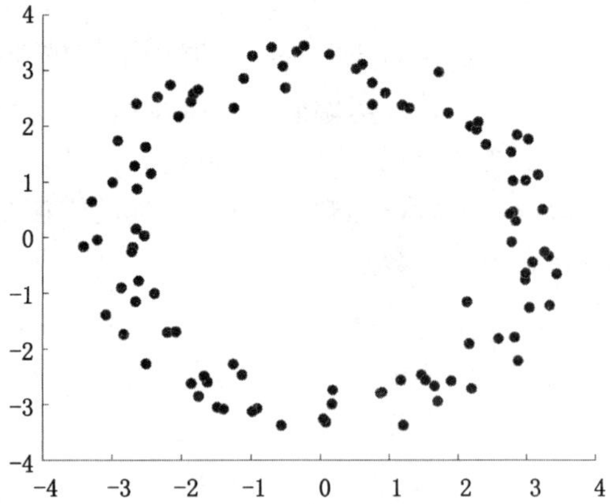

图 5.2 数据 2 的分布

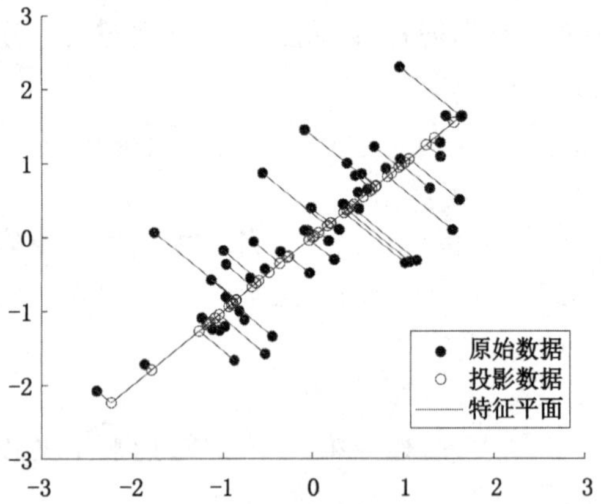

图 5.3 数据 1 的降维结果

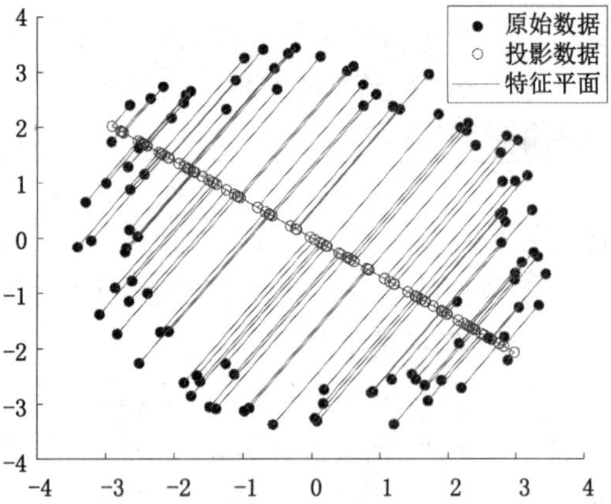

图 5.4 数据 2 的降维结果

图 5.3 和 5.4 对应的是主成分分析的结果。数学上，实心点的分布是用每个点到中心点的平均平方距离度量的，即新维度上的变异或方差。而重建误差则是用相应红线的平均平方长度度量的，它其实就是与变异最大的维度独立的另一新维度上的变异或方差；重建误差越小，我们在降维后所能保留的信息越多。

主成分分析也可以用于图像压缩，我们以 Lenna 图像为例，给出压缩效果如图 5.5 所示。从图 5.5 中不难看出只使用 1 个主成分的图像虽然压缩率很大，但是效果不是很好。但是当使用 10 个主成分时，已经可以得到图像较为清晰的结构了。随着主成分的不断增加，图像清晰度也在增加，但是压缩效果却在降低。

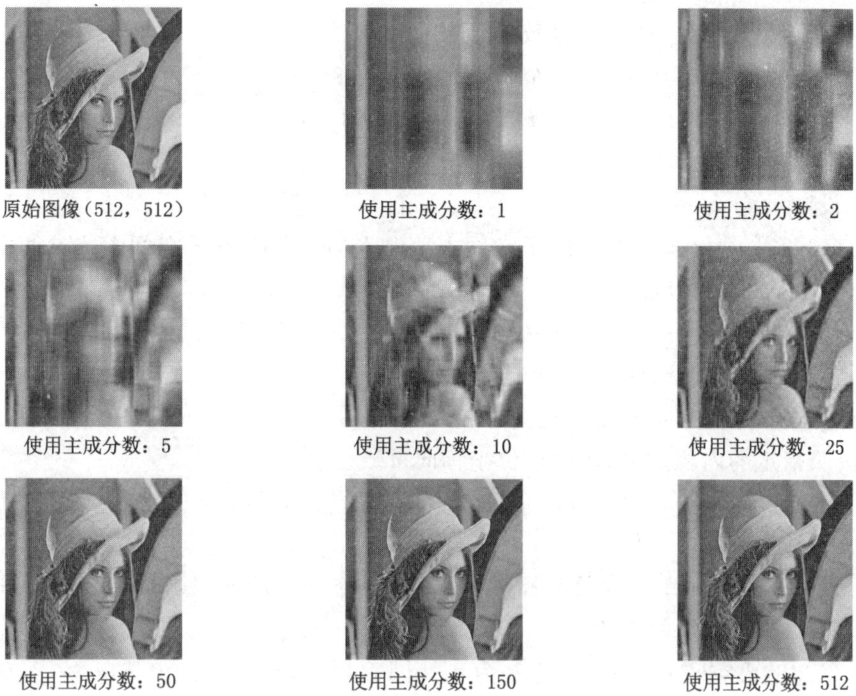

图 5.5　压缩效果

5.6　习题

5-1　判别下列集合对所指定的运算是否构成 $\mathbb{R}$ 上的线性空间：

(1) 次数等于 $m(m\geqslant 1)$ 的实系数多项式的集合，对多项式的加法和数与多项式的乘法；

(2) 实对称矩阵的集合，对矩阵的加法和数与矩阵的乘法；

(3) 平面上的全体向量的集合，对于常规的加法和如下的数乘运算 $k\cdot \boldsymbol{x}=0$。

5-2　线性空间 $\mathbb{R}^{2\times 2}$ 中下列的子集是否构成子空间？为什么？

(1) $\boldsymbol{V}_1=\{\boldsymbol{A}\mid |\boldsymbol{A}|=0,\boldsymbol{A}\in\mathbb{R}^{2\times 2}\}$；

(2) $\boldsymbol{V}_1=\left\{\begin{bmatrix}a_{11} & a_{12}\\ a_{21} & a_{22}\end{bmatrix}\middle| a_{11}+a_{12}+a_{21}+a_{22}=0\right\}$。

5-3　已知 $\boldsymbol{a}_1,\boldsymbol{a}_2,\boldsymbol{a}_3$ 是 3 维线性空间 V 的一组基，向量组 $\boldsymbol{b}_1,\boldsymbol{b}_2,\boldsymbol{b}_3$ 满足

$$\boldsymbol{b}_1+\boldsymbol{b}_3=\boldsymbol{a}_1+\boldsymbol{a}_2+\boldsymbol{a}_3,\quad \boldsymbol{b}_1+\boldsymbol{b}_2=\boldsymbol{a}_2+\boldsymbol{a}_3,\quad \boldsymbol{b}_2+\boldsymbol{b}_3=\boldsymbol{a}_1+\boldsymbol{a}_3$$

(1) 证明：$\boldsymbol{b}_1,\boldsymbol{b}_2,\boldsymbol{b}_3$ 也是 V 的一组基；

(2) 求由基 $\boldsymbol{b}_1,\boldsymbol{b}_2,\boldsymbol{b}_3$ 到基 $\boldsymbol{a}_1,\boldsymbol{a}_2,\boldsymbol{a}_3$ 的过渡矩阵；

(3) 求向量 $\boldsymbol{a}=\boldsymbol{a}_1+2\boldsymbol{a}_2-\boldsymbol{a}_3$ 在基 $\boldsymbol{b}_1,\boldsymbol{b}_2,\boldsymbol{b}_3$ 下的坐标。

5-4　设有 $\mathbb{R}^3$ 的两个子空间分别为

$$V_1=\{[x_1,x_2,x_3]^{\mathrm{T}}\mid 2x_1+x_2-x_3=0\}$$

$$V_2=\{[x_1,x_2,x_3]^{\mathrm{T}}\mid x_1+x_2=0,3x_1+2x_2-x_3=0\}$$

求子空间 $V_1+V_2,V_1\cap V_2$ 的基与维数。

5-5 已知 $\boldsymbol{a}_1,\boldsymbol{a}_2,\boldsymbol{a}_3$ 是 $\mathbb{R}^3$ 的一个基,求由

$$\boldsymbol{b}_1=\boldsymbol{a}_1-2\boldsymbol{a}_2+3\boldsymbol{a}_3,\quad \boldsymbol{b}_2=2\boldsymbol{a}_1+3\boldsymbol{a}_2+2\boldsymbol{a}_3,\quad \boldsymbol{b}_3=4\boldsymbol{a}_1+13\boldsymbol{a}_2$$

张成子空间 Span($\boldsymbol{b}_1,\boldsymbol{b}_2,\boldsymbol{b}_3$)的一个基。

5-6 设向量组 $\boldsymbol{a}_1=[1,2,1,0]^{\mathrm{T}},\boldsymbol{a}_2=[-1,1,1,1]^{\mathrm{T}}$ 和向量组 $\boldsymbol{b}_1=[2,-1,0,1]^{\mathrm{T}}$,$\boldsymbol{b}_2=[1,-1,3,7]^{\mathrm{T}}$,由 $\boldsymbol{a}_1,\boldsymbol{a}_2$ 张成的子空间 V_1,由 $\boldsymbol{b}_1,\boldsymbol{b}_2$ 张成的子空间 V_2,求两个子空间 $V_1+V_2,V_1\cap V_2$ 的基与维数。

5-7 设 $\boldsymbol{x}=[x_1,x_2,\cdots,x_n]^{\mathrm{T}},\boldsymbol{y}=[y_1,y_2,\cdots,y_n]^{\mathrm{T}}$ 是 $\mathbb{R}^n$ 的任意两个向量,$\boldsymbol{A}\in\mathbb{R}^{n\times n}$ 是正定矩阵,定义实数 $\langle\boldsymbol{x},\boldsymbol{y}\rangle=\boldsymbol{x}\boldsymbol{A}\boldsymbol{y}^{\mathrm{T}}$,则

(1) 证明在该定义下形成欧氏空间;

(2) 按照指定的内积定义,求由单位坐标向量

$$\boldsymbol{e}_1=[1,0,\cdots,0]^{\mathrm{T}},\quad \boldsymbol{e}_2=[0,1,\cdots,0]^{\mathrm{T}},\quad \cdots,\quad \boldsymbol{e}_n=[0,0,\cdots,1]^{\mathrm{T}}$$

构成基的 Gram 矩阵。

5-8 设 $\boldsymbol{x}=[1,1,1,1]^{\mathrm{T}}$ 为具有标准内积的 $\mathbb{R}^4$ 空间中的向量,试求 $\boldsymbol{x}$ 与 $\mathbb{R}^4$ 的自然基底$\{\boldsymbol{e}_1,\boldsymbol{e}_2,\boldsymbol{e}_3,\boldsymbol{e}_4\}$中各向量的夹角。

5-9 已知欧氏空间 $\mathbb{R}^3$ 中的一组基为 $\boldsymbol{a}_1=[1,1,1]^{\mathrm{T}},\boldsymbol{a}_2=[1,1,0]^{\mathrm{T}},\boldsymbol{a}_3=[1,0,0]^{\mathrm{T}}$,求其一个标准正交基。

5-10 在实多项式线性空间 $\mathbb{R}[x]_3$ 中定义内积为 $\langle f(t),g(t)\rangle=\int_{-1}^{1}f(t)g(t)\mathrm{d}t$,其中 $f(t),g(t)\in\mathbb{R}[x]_3$,求 $\mathbb{R}[x]_3$ 的一组标准正交基。

5-11 若 X 是欧氏空间,证明:$\|\boldsymbol{x}\|=\|\boldsymbol{y}\|$ 的充要条件是 $\langle\boldsymbol{x}+\boldsymbol{y},\boldsymbol{x}-\boldsymbol{y}\rangle=0$。若 $X=\mathbb{R}^2$,它的几何意义是什么?

5-12 已知 $\mathbb{R}^{2\times2}$ 的线性变换 $T(\boldsymbol{X})=\boldsymbol{M}\boldsymbol{X}-\boldsymbol{X}\boldsymbol{M}$($\forall\boldsymbol{X}\in\mathbb{R}^{2\times2},\boldsymbol{M}=\begin{bmatrix}1&2\\0&3\end{bmatrix}$),求 $R(T)$ 和 $N(T)$ 的基与维数。

5-13 在线性空间 $\mathbb{R}^{2\times2}$ 中,给定矩阵 $\boldsymbol{M}=\begin{bmatrix}0&2\\5&0\end{bmatrix}$,定义线性变换为 $T(\boldsymbol{X})=\boldsymbol{X}\boldsymbol{M}$,其中 $\forall\boldsymbol{X}\in\mathbb{R}^{2\times2}$,$\mathbb{R}^{2\times2}$ 的两个基为

(1) $\boldsymbol{E}_{11},\boldsymbol{E}_{12},\boldsymbol{E}_{21},\boldsymbol{E}_{22}$;

(2) $\boldsymbol{B}_{11}=\begin{bmatrix}1&1\\1&1\end{bmatrix},\boldsymbol{B}_{12}=\begin{bmatrix}1&1\\1&0\end{bmatrix},\boldsymbol{B}_{21}=\begin{bmatrix}1&1\\0&0\end{bmatrix},\boldsymbol{B}_{22}=\begin{bmatrix}1&0\\0&0\end{bmatrix}$,分别求 T 在这两个基下的矩阵。

5-14 设 $T\in\mathscr{L}(X,X)$,$TS=ST$,证明 $R(T)$ 与 $N(T)$ 均为 S 的不变子空间。

5-15 若 W 关于线性变换 T 和 S 均为不变子空间,则 W 关于 T 和 S 的和与积也是不变子空间。

5-16 已知线性空间的两个线性变换

$$T(\boldsymbol{X})=\boldsymbol{X}\boldsymbol{N},S(\boldsymbol{X})=\boldsymbol{M}\boldsymbol{X},\boldsymbol{M}=\begin{bmatrix}1&0\\-2&0\end{bmatrix},\boldsymbol{N}=\begin{bmatrix}1&1\\1&-1\end{bmatrix}$$

求：$T+S$，TS 在基 $\boldsymbol{E}_{11}$，$\boldsymbol{E}_{12}$，$\boldsymbol{E}_{21}$，$\boldsymbol{E}_{22}$ 下的矩阵。

5-17　设 $\boldsymbol{B}=\begin{bmatrix}1 & 1\\ 0 & 1\end{bmatrix}$，线性空间 $V=\{\boldsymbol{A}=[a_{ij}]_{2\times 2}\mid a_{11}+a_{22}=0, a_{ij}\in\mathbb{R}\}$ 中的线性变换 $T(\boldsymbol{A})=\boldsymbol{B}^{\mathrm{T}}\boldsymbol{A}-\boldsymbol{A}^{\mathrm{T}}\boldsymbol{B}$，求 T 的特征值与特征向量。

5-18　在欧氏空间 $\mathbb{R}^{2\times 2}$ 中，矩阵 $\boldsymbol{A}$ 和 $\boldsymbol{B}$ 的内积定义为 $\langle\boldsymbol{A},\boldsymbol{B}\rangle=\mathrm{trace}(\boldsymbol{A}^{\mathrm{T}}\boldsymbol{B})$，子空间

$$V=\left\{\boldsymbol{X}=\begin{bmatrix}x_1 & x_2\\ x_3 & x_4\end{bmatrix}\middle| x_3-x_4=0\right\}$$

V 中的线性变换为

$$T(\boldsymbol{X})=\boldsymbol{X}\boldsymbol{B}_0(\forall\boldsymbol{X}\in V),\quad \boldsymbol{B}_0=\begin{bmatrix}1 & 2\\ 2 & 1\end{bmatrix}$$

(1) 求 V 的一个标准正交基；

(2) 验证 T 是 V 中的对称变换；

(3) 求 V 的一个标准正交基，使 T 在该基下的矩阵为对角矩阵。

5-19　求矩阵 $\boldsymbol{A}=\begin{bmatrix}3 & -3 & 2\\ -1 & 5 & -2\\ -1 & 3 & 0\end{bmatrix}$ 的最小多项式。

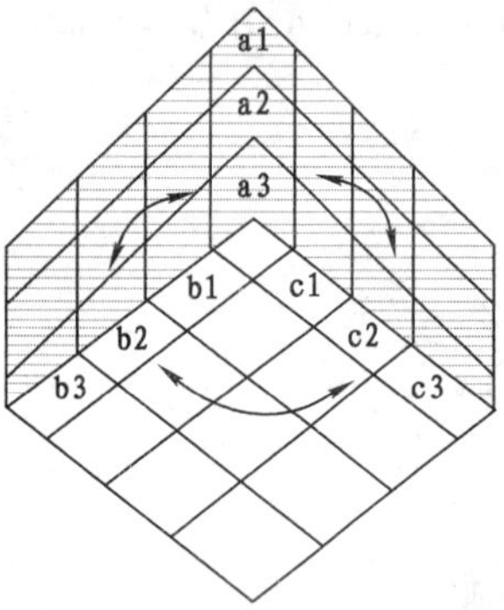

第 6 章 Kronecker 积与矩阵不等式

6.1 矩阵的 Kronecker 积

前面学过，对两个矩阵作乘积运算时，需要满足维数匹配条件。例如，设 $\boldsymbol{A}\in\mathbb{C}^{m\times n}$，$\boldsymbol{B}\in\mathbb{C}^{p\times q}$，只有当 $n=p$ 时才能计算 $\boldsymbol{C}=\boldsymbol{AB}$，且 $\boldsymbol{C}\in\mathbb{C}^{m\times q}$。当 $\boldsymbol{A}$ 和 $\boldsymbol{B}$ 的维数完全相同时，可以定义两个矩阵对应元素的乘积，称为 Hadamard 积。实际上，当两个矩阵的维数没有任何关系时，也是可以定义特殊的乘积的，并且具有很好的应用，这就是本节要介绍的 Kronecker 积，有的文献中也称为直积或者张量积。

6.1.1 Kronecker 积及其性质

定义 6.1（Kronecker 积） 设矩阵 $\boldsymbol{A}=[a_{ij}]\in\mathbb{C}^{m\times n}$，$\boldsymbol{B}=[b_{ij}]\in\mathbb{C}^{p\times q}$，则 $\boldsymbol{A}$ 与 $\boldsymbol{B}$ 的 Kronecker 积定义为

$$\boldsymbol{A}\otimes\boldsymbol{B}=\begin{bmatrix} a_{11}\boldsymbol{B} & a_{12}\boldsymbol{B} & \cdots & a_{1n}\boldsymbol{B} \\ a_{21}\boldsymbol{B} & a_{22}\boldsymbol{B} & \cdots & a_{2n}\boldsymbol{B} \\ \vdots & \vdots & & \vdots \\ a_{m1}\boldsymbol{B} & a_{m2}\boldsymbol{B} & \cdots & a_{mn}\boldsymbol{B} \end{bmatrix}\in\mathbb{C}^{mp\times nq} \tag{6.1}$$

由定义 6.1 可知，$\boldsymbol{A}\otimes\boldsymbol{B}$ 是 $\boldsymbol{A}$ 中的每个元素 a_{ij} 与 $\boldsymbol{B}$ 相乘，构成以 $a_{ij}\boldsymbol{B}$ 为子块的分块矩阵。这种定义方式实际上指的是右 Kronecker 积，如果用 $\boldsymbol{A}$ 与 $\boldsymbol{B}$ 中的每个元素 b_{ij} 相乘，即

$$[\boldsymbol{A}\otimes\boldsymbol{B}]_{左}=\begin{bmatrix} \boldsymbol{A}b_{11} & \boldsymbol{A}b_{12} & \cdots & \boldsymbol{A}b_{1q} \\ \boldsymbol{A}b_{21} & \boldsymbol{A}b_{22} & \cdots & \boldsymbol{A}b_{2q} \\ \vdots & \vdots & & \vdots \\ \boldsymbol{A}b_{p1} & \boldsymbol{A}b_{p2} & \cdots & \boldsymbol{A}b_{pq} \end{bmatrix}\in\mathbb{C}^{mp\times nq} \tag{6.2}$$

则得到左 Kronecker 积。不难发现，$\boldsymbol{A}\otimes\boldsymbol{B}=[\boldsymbol{B}\otimes\boldsymbol{A}]_{左}$，可见二者在本质上是可以相互转换的，习惯上将右 Kronecker 积作为 Kronecker 积的定义。注意 $\boldsymbol{A}\otimes\boldsymbol{B}$ 与 $\boldsymbol{B}\otimes\boldsymbol{A}$ 的阶数相同，

但是一般情况下 $A\otimes B\neq B\otimes A$，这一点与前面学的矩阵的乘积一致，即不满足交换律。

例 6.1 设矩阵 $A=\begin{bmatrix}5 & -7\\ 8 & 1\end{bmatrix}$，$B=\begin{bmatrix}5 & 8 & 9\\ -1 & -7 & -8\\ -8 & 6 & -1\\ -5 & 1 & -7\end{bmatrix}$，试计算 $A\otimes B$ 和 $B\otimes A$。

解 显然，$A\in\mathbb{R}^{2\times 2}$，$B\in\mathbb{R}^{4\times 3}$，故二者的 Kronecker 积应为 8×6 的矩阵，即

$$A\otimes B=\begin{bmatrix}5B & -7B\\ 8B & B\end{bmatrix}=\begin{bmatrix}25 & 40 & 45 & -35 & -56 & -63\\ -5 & -35 & -40 & 7 & 49 & 56\\ -40 & 30 & -5 & 56 & -42 & 7\\ -25 & 5 & -35 & 35 & -7 & 49\\ 40 & 64 & 72 & 5 & 8 & 9\\ -8 & -56 & -64 & -1 & -7 & -8\\ -64 & 48 & -8 & -8 & 6 & -1\\ -40 & 8 & -56 & -5 & 1 & -7\end{bmatrix}$$

$$B\otimes A=\begin{bmatrix}5A & 8A & 9A\\ -A & -7A & -8A\\ -8A & 6A & -A\\ -5A & A & -7A\end{bmatrix}=\begin{bmatrix}25 & -35 & 40 & -56 & 45 & -63\\ 40 & 5 & 64 & 8 & 72 & 9\\ -5 & 7 & -35 & 49 & -40 & 56\\ -8 & -1 & -56 & -7 & -64 & -8\\ -40 & 56 & 30 & -42 & -5 & 7\\ -64 & -8 & 48 & 6 & -8 & -1\\ -25 & 35 & 5 & -7 & -35 & 49\\ -40 & -5 & 8 & 1 & -56 & -7\end{bmatrix}$$

可以看到 $A\otimes B\neq B\otimes A$。 □

下面是关于矩阵 Kronecker 积的一些常用的性质。

性质 6.1(混合运算) 设矩阵 $A\in\mathbb{C}^{m\times n}$，$B\in\mathbb{C}^{p\times q}$，有：

(1) 若 $O\in\mathbb{C}^{p\times q}$，则 $O\otimes A=A\otimes O=O$。

(2) 若 $\alpha,\beta\in\mathbb{C}$，则 $(\alpha A)\otimes(\beta B)=\alpha\beta(A\otimes B)$。

(3) 若 $C\in\mathbb{C}^{r\times s}$，则 $(A\otimes B)\otimes C=A\otimes(B\otimes C)$。

(4) 若 $C\in\mathbb{C}^{m\times n}$，$D\in\mathbb{C}^{p\times q}$，则 $(A+C)\otimes(B+D)=A\otimes B+A\otimes D+C\otimes B+C\otimes D$。

(5) 若 $C\in\mathbb{C}^{n\times s}$，$D\in\mathbb{C}^{q\times l}$，$P\in\mathbb{C}^{k\times m}$，$Q\in\mathbb{C}^{r\times p}$，则 $(A\otimes B)(C\otimes D)=(AC)\otimes(BD)$；$(P\otimes Q)(A\otimes B)(C\otimes D)=(PAC)\otimes(QBD)$。特别地，取 $C=E_n$ 且 $D=E_p$ 时，$A\otimes B=(AE_n)\otimes(E_pB)=(A\otimes E_n)(E_p\otimes B)$。

性质 6.2(特殊运算) 设矩阵 $A\in\mathbb{C}^{m\times n}$，$B\in\mathbb{C}^{p\times q}$，有：

(1) $(A\otimes B)^{\mathrm{T}}=A^{\mathrm{T}}\otimes B^{\mathrm{T}}$；$(A\otimes B)^{\mathrm{H}}=A^{\mathrm{H}}\otimes B^{\mathrm{H}}$。

(2) $(A\otimes B)^{\dagger}=A^{\dagger}\otimes B^{\dagger}$；若 $A,B\in\mathbb{C}_n^{n\times n}$，则 $(A\otimes B)^{-1}=A^{-1}\otimes B^{-1}$。

(3) $\mathrm{rank}(A\otimes B)=\mathrm{rank}(A)\cdot\mathrm{rank}(B)$。

(4) 若 $m=n$ 且 $p=q$，则 $\mathrm{trace}(A\otimes B)=\mathrm{trace}(A)\cdot\mathrm{trace}(B)$。

(5) 若 $m=n$ 且 $p=q$，则 $\det(A\otimes B)=\det(A)^n\cdot\det(B)^q$。

(6) 若 A 和 B 为上(下)三角矩阵，则 $A\otimes B$ 为上(下)三角矩阵。

(7) 若 $\boldsymbol{A}$ 和 $\boldsymbol{B}$ 为酉矩阵，则 $\boldsymbol{A}\otimes\boldsymbol{B}$ 为酉矩阵。

关于矩阵 Kronecker 积的特征值与特征向量有如下重要结论。

定理 6.1 设矩阵 $\boldsymbol{A}\in\mathbb{C}^{m\times m}$ 关于特征值 λ 的一个特征向量为 $\boldsymbol{x}\in\mathbb{C}^m$，矩阵 $\boldsymbol{B}\in\mathbb{C}^{n\times n}$ 关于特征值 μ 的一个特征向量为 $\boldsymbol{y}\in\mathbb{C}^n$，则 $\lambda\mu$ 是 $\boldsymbol{A}\otimes\boldsymbol{B}$ 的特征值，并且对应的一个特征向量为 $\boldsymbol{x}\otimes\boldsymbol{y}$。

证明 由特征向量 $\boldsymbol{x}\neq\boldsymbol{0}$ 且 $\boldsymbol{y}\neq\boldsymbol{0}$，得 $\boldsymbol{x}\otimes\boldsymbol{y}\neq\boldsymbol{0}$。依次利用性质 6.1 的第(5)条和第(2)条，可以计算

$$\begin{aligned}(\boldsymbol{A}\otimes\boldsymbol{B})(\boldsymbol{x}\otimes\boldsymbol{y}) &= (\boldsymbol{A}\boldsymbol{x})\otimes(\boldsymbol{B}\boldsymbol{y})\\ &= (\lambda\boldsymbol{x})\otimes(\mu\boldsymbol{y})\\ &= \lambda\mu(\boldsymbol{x}\otimes\boldsymbol{y})\end{aligned}$$

从而可知，$\lambda\mu$ 是 $\boldsymbol{A}\otimes\boldsymbol{B}$ 的特征值，$\boldsymbol{x}\otimes\boldsymbol{y}$ 为相应的一个特征向量。 □

定理 6.2 设矩阵 $\boldsymbol{A}\in\mathbb{C}^{m\times m}$ 关于特征值 λ 的一个特征向量为 $\boldsymbol{x}\in\mathbb{C}^m$，矩阵 $\boldsymbol{B}^{\mathrm{T}}\in\mathbb{C}^{n\times n}$ 关于特征值 μ 的一个特征向量为 $\boldsymbol{y}\in\mathbb{C}^n$，则 $\lambda+\mu$ 是 $\boldsymbol{E}_n\otimes\boldsymbol{A}+\boldsymbol{B}^{\mathrm{T}}\otimes\boldsymbol{E}_m$ 的特征值，并且对应的一个特征向量为 $\boldsymbol{y}\otimes\boldsymbol{x}$。

证明 由特征向量 $\boldsymbol{x}\neq\boldsymbol{0}$ 且 $\boldsymbol{y}\neq\boldsymbol{0}$，得 $\boldsymbol{y}\otimes\boldsymbol{x}\neq\boldsymbol{0}$。利用性质 6.1 的第(5)条和第(2)条，可以计算

$$\begin{aligned}(\boldsymbol{E}_n\otimes\boldsymbol{A}+\boldsymbol{B}^{\mathrm{T}}\otimes\boldsymbol{E}_m)(\boldsymbol{y}\otimes\boldsymbol{x}) &= (\boldsymbol{E}_n\otimes\boldsymbol{A})(\boldsymbol{y}\otimes\boldsymbol{x})+(\boldsymbol{B}^{\mathrm{T}}\otimes\boldsymbol{E}_m)(\boldsymbol{y}\otimes\boldsymbol{x})\\ &= (\boldsymbol{E}_n\boldsymbol{y})\otimes(\boldsymbol{A}\boldsymbol{x})+(\boldsymbol{B}^{\mathrm{T}}\boldsymbol{y})\otimes(\boldsymbol{E}_m\boldsymbol{x})\\ &= \boldsymbol{y}\otimes(\lambda\boldsymbol{x})+(\mu\boldsymbol{y})\otimes\boldsymbol{x}\\ &= \lambda(\boldsymbol{y}\otimes\boldsymbol{x})+\mu(\boldsymbol{y}\otimes\boldsymbol{x})\\ &= (\lambda+\mu)(\boldsymbol{y}\otimes\boldsymbol{x})\end{aligned}$$

从而可知 $\lambda+\mu$ 是 $\boldsymbol{E}_n\otimes\boldsymbol{A}+\boldsymbol{B}^{\mathrm{T}}\otimes\boldsymbol{E}_m$ 的特征值，$\boldsymbol{y}\otimes\boldsymbol{x}$ 为相应的一个特征向量。 □

从定理 6.2 的证明过程可以看到，$\boldsymbol{B}^{\mathrm{T}}$ 换成 $\boldsymbol{B}$ 也成立，即任意 n 阶方阵皆可，与矩阵的转置无关。定理中写 $\boldsymbol{B}^{\mathrm{T}}$ 是因为 $\boldsymbol{E}_n\otimes\boldsymbol{A}+\boldsymbol{B}^{\mathrm{T}}\otimes\boldsymbol{E}_m$ 在求解矩阵方程组等应用中经常使用。

6.1.2 矩阵的向量化

从第 3 章范数的知识我们知道，$m\times n$ 的矩阵可以看作是 mn 维向量，并且由此定义矩阵的向量范数。事实上，矩阵的向量化还有更多的用途。对矩阵进行向量化的过程是对矩阵按行或者按列进行展开(堆栈)，分别称为行向量化和列向量化。向量化本质上也是一种线性变换。

定义 6.2 设矩阵 $\boldsymbol{A}=[a_{ij}]\in\mathbb{C}^{m\times n}$，将 $\boldsymbol{A}$ 按行进行堆栈得到的 mn 维行向量 $\mathrm{rvec}(\boldsymbol{A})$ 称为 $\boldsymbol{A}$ 的行向量化，其中

$$\mathrm{rvec}(\boldsymbol{A}) = [a_{11}\cdots a_{1n},\ a_{21}\cdots a_{2n},\ \cdots,\ a_{m1}\cdots a_{mn}] \tag{6.3}$$

定义 6.3 设矩阵 $\boldsymbol{A}=[a_{ij}]\in\mathbb{C}^{m\times n}$，将 $\boldsymbol{A}$ 按列进行堆栈得到的 mn 维列向量 $\mathrm{cvec}(\boldsymbol{A})$ 称为 $\boldsymbol{A}$ 的列向量化，其中

$$\mathrm{cvec}(\boldsymbol{A}) = [a_{11}\cdots a_{m1},\ a_{12}\cdots a_{m2},\ \cdots,\ a_{1n}\cdots a_{mn}]^{\mathrm{T}} \tag{6.4}$$

例 6.2 矩阵 $\boldsymbol{A}=\begin{bmatrix}9 & 6 & -1\\ 0 & -7 & 8\end{bmatrix}$，写出 $\mathrm{rvec}(\boldsymbol{A})$ 和 $\mathrm{cvec}(\boldsymbol{A})$。

解 根据定义，直接写出

$$\mathrm{rvec}(\boldsymbol{A}) = [9 \quad 6 \quad -1 \quad 0 \quad -7 \quad 8], \quad \mathrm{cvec}(\boldsymbol{A}) = \begin{bmatrix} 9 \\ 0 \\ 6 \\ -7 \\ -1 \\ 8 \end{bmatrix}$$

向量空间中的 n 维向量一般指 n 维列向量，这里也沿用此习惯，不做特别说明时矩阵向量化即指矩阵的列向量化，改用 $\mathrm{vec}(\boldsymbol{A})$ 代替 $\mathrm{cvec}(\boldsymbol{A})$。不难发现，矩阵的向量化和行向量化之间满足如下关系：

$$\mathrm{vec}(\boldsymbol{A}) = (\mathrm{rvec}(\boldsymbol{A}^{\mathrm{T}}))^{\mathrm{T}}$$

$$\mathrm{vec}(\boldsymbol{A}^{\mathrm{T}}) = (\mathrm{rvec}(\boldsymbol{A}))^{\mathrm{T}}$$

对于维数完全相同的矩阵 $\boldsymbol{A}$ 和 $\boldsymbol{B}$，可以非常直观地得出

$$\mathrm{vec}(\boldsymbol{A}+\boldsymbol{B}) = \mathrm{vec}(\boldsymbol{A}) + \mathrm{vec}(\boldsymbol{B}) \tag{6.5}$$

另外，矩阵的向量化和 Kronecker 积之间的关系有如下重要定理，结合其推论对求解矩阵方程非常实用。

定理 6.3 设矩阵 $\boldsymbol{A}\in \mathbb{C}^{m\times p}$，$\boldsymbol{X}\in \mathbb{C}^{p\times q}$，$\boldsymbol{B}\in \mathbb{C}^{q\times n}$，则必然有

$$\mathrm{vec}(\boldsymbol{AXB}) = (\boldsymbol{B}^{\mathrm{T}} \otimes \boldsymbol{A}) \cdot \mathrm{vec}(\boldsymbol{X}) \tag{6.6}$$

$$= (\boldsymbol{E}_q \otimes \boldsymbol{AX}) \cdot \mathrm{vec}(\boldsymbol{B}) \tag{6.7}$$

$$= (\boldsymbol{B}^{\mathrm{T}}\boldsymbol{A}^{\mathrm{T}} \otimes \boldsymbol{E}_m) \cdot \mathrm{vec}(\boldsymbol{A}) \tag{6.8}$$

推论 6.1 设矩阵 $\boldsymbol{A}\in \mathbb{C}^{m\times m}$，$\boldsymbol{X}\in \mathbb{C}^{m\times n}$，$\boldsymbol{B}\in \mathbb{C}^{n\times n}$，则必然有

(1) $\mathrm{vec}(\boldsymbol{AX})=(\boldsymbol{E}_n\otimes\boldsymbol{A})\cdot\mathrm{vec}(\boldsymbol{X})$

(2) $\mathrm{vec}(\boldsymbol{XB})=(\boldsymbol{B}^{\mathrm{T}}\otimes\boldsymbol{E}_m)\cdot\mathrm{vec}(\boldsymbol{X})$

(3) $\mathrm{vec}(\boldsymbol{AX}+\boldsymbol{XB})=(\boldsymbol{E}_n\otimes\boldsymbol{A}+\boldsymbol{B}^{\mathrm{T}}\otimes\boldsymbol{E}_m)\cdot\mathrm{vec}(\boldsymbol{X})$

注意当 $p=m$ 和 $q=n$ 时定理 6.3 也成立，此时令 $\boldsymbol{B}=\boldsymbol{E}_n$ 和 $\boldsymbol{A}=\boldsymbol{E}_m$ 分别可以得到推论 6.1 的第(1)条和第(2)条，进一步利用式(6.5)又可得到第(3)条。

例 6.3 设矩阵 $\boldsymbol{A}=\begin{bmatrix} 1 & 1 \\ -2 & 0 \end{bmatrix}$，$\boldsymbol{B}=\begin{bmatrix} -2 & 0 \\ -1 & -1 \end{bmatrix}$，$C=\begin{bmatrix} -1 & -2 \\ 2 & 1 \end{bmatrix}$，求矩阵方程组 $\boldsymbol{AXB}=\boldsymbol{C}$ 的解。

解 设 $\boldsymbol{X}=\begin{bmatrix} x_{11} & x_{12} \\ x_{21} & x_{22} \end{bmatrix}$，利用定理 6.3 对 $\boldsymbol{AXB}=\boldsymbol{C}$ 两边同时进行向量化，得

$$\mathrm{vec}(\boldsymbol{AXB}) = \underbrace{(\boldsymbol{B}^{\mathrm{T}} \otimes \boldsymbol{A})}_{\boldsymbol{M}} \cdot \underbrace{\mathrm{vec}(\boldsymbol{X})}_{\boldsymbol{y}} = \underbrace{\mathrm{vec}(\boldsymbol{C})}_{\boldsymbol{b}}$$

其中

$$\boldsymbol{M} = \begin{bmatrix} -2 & -2 & -1 & -1 \\ 4 & 0 & 2 & 0 \\ 0 & 0 & -1 & -1 \\ 0 & 0 & 2 & 0 \end{bmatrix}, \quad \boldsymbol{y} = \begin{bmatrix} x_{11} \\ x_{21} \\ x_{12} \\ x_{22} \end{bmatrix}, \quad \boldsymbol{b} = \begin{bmatrix} -1 \\ 2 \\ -2 \\ 1 \end{bmatrix}$$

通过求解线性方程组 $\boldsymbol{My}=\boldsymbol{b}$ 得

$$\boldsymbol{y} = [1/4 \quad -3/4 \quad 1/2 \quad 3/2]^{\mathrm{T}}$$

从而可得 $\boldsymbol{X}=\begin{bmatrix} 1/4 & 1/2 \\ -3/4 & 3/2 \end{bmatrix}$为矩阵方程 $\boldsymbol{AXB}=\boldsymbol{C}$ 的解。 □

在例 6.3 中,不难发现 $\boldsymbol{M}$ 是非奇异矩阵,从而可知 $\boldsymbol{X}=\begin{bmatrix} 1/4 & 1/2 \\ -3/4 & 3/2 \end{bmatrix}$为矩阵方程 $\boldsymbol{AXB}=\boldsymbol{C}$ 的唯一解。一般来说,$\boldsymbol{M}$ 的阶数要远大于 $\boldsymbol{A}$ 和 $\boldsymbol{B}$ 的阶数,直接判断 $\boldsymbol{M}$ 非奇异比较困难。根据定理 6.1,如果 $\boldsymbol{B}^{\mathrm{T}}$ 和 $\boldsymbol{A}$ 的特征值分别为 λ 和 μ,则 $\lambda\mu$ 是矩阵 $\boldsymbol{M}=\boldsymbol{B}^{\mathrm{T}}\otimes\boldsymbol{A}$ 的特征值。因此,只要 λ 和 μ 均不为零(即判断 $\boldsymbol{A}$ 和 $\boldsymbol{B}$ 非奇异)则可知 $\boldsymbol{M}$ 不含零特征值,即 $\boldsymbol{M}$ 非奇异,矩阵方程有唯一解。类似地,对形如 $\boldsymbol{AX}+\boldsymbol{XB}=\boldsymbol{C}$ 的矩阵方程,可以根据定理 6.2 得出其存在唯一解的充分必要条件是 $\lambda+\mu\neq 0$,即矩阵 $\boldsymbol{A}$ 和 $\boldsymbol{B}$ 没有公共的特征值。

6.2 线性矩阵不等式

6.2.1 线性矩阵不等式问题

第 1 章介绍了通过二次型引出的矩阵(半)正定和(半)负定的概念。基于此,可用矩阵变量的线性组合表出线性矩阵不等式的基本结构,即

$$F(\boldsymbol{X}_1,\boldsymbol{X}_2,\cdots,\boldsymbol{X}_r)\triangleq \boldsymbol{F}_0+\sum_{i=1}^{r}\boldsymbol{G}_i\boldsymbol{X}_i\boldsymbol{H}_i<\boldsymbol{O} \tag{6.9}$$

其中,$\boldsymbol{X}_i$ 为矩阵变量,$\boldsymbol{F}_0,\boldsymbol{G}_i,\boldsymbol{H}_i$ 为常值矩阵,$i=1,2,\cdots,r$。线性矩阵不等式考虑的首要问题是其可行性问题,即是否能够找到可行解 $\boldsymbol{X}_i$ 满足式(6.9),当然这里的可行解不唯一,而且由可行解构成的解集是凸集,可以方便地对某些指标进行(凸)优化。注意到式(6.9)可以看作是 $F(\boldsymbol{X}_1,\boldsymbol{X}_2,\cdots,\boldsymbol{X}_r)$负定,也可以看作是 $-F(\boldsymbol{X}_1,\boldsymbol{X}_2,\cdots,\boldsymbol{X}_r)$正定;而当 $F(\boldsymbol{X}_1,\boldsymbol{X}_2,\cdots,\boldsymbol{X}_r)=\boldsymbol{O}$ 时变为了矩阵方程,可以用上一节介绍的方法转化为线性方程组进行求解。因此,本节采用式(6.9)作为线性矩阵不等式的一般形式。另外需要注意,当常值矩阵 $\boldsymbol{F}_0\neq\boldsymbol{O}$ 时,线性矩阵不等式(6.9)描述的不等式关于矩阵变量 $\boldsymbol{X}_i$ 并不是线性而是仿射的,但是线性和仿射关系都能保证式(6.9)的解集是凸集,而且通过仿射变换可以将仿射关系映射成线性关系。

以下几个都是线性矩阵不等式的例子:

$$\boldsymbol{X}>\boldsymbol{O} \tag{6.10}$$

$$\boldsymbol{AX}+\boldsymbol{XB}<\boldsymbol{C} \tag{6.11}$$

$$\boldsymbol{AXB}+\boldsymbol{CY}<\boldsymbol{O} \tag{6.12}$$

$$\begin{bmatrix} \boldsymbol{AX}+\boldsymbol{XB} & \boldsymbol{BZ} \\ \boldsymbol{Z}^{\mathrm{T}}\boldsymbol{B}^{\mathrm{T}} & -\gamma\boldsymbol{E} \end{bmatrix}<\boldsymbol{O} \tag{6.13}$$

其中 $\boldsymbol{A},\boldsymbol{B},\boldsymbol{C}$ 为已知常值对称矩阵,$\boldsymbol{X},\boldsymbol{Y}$ 为对称矩阵变量,$\boldsymbol{Z}$ 为任意矩阵变量,$\gamma>0$ 为未知参数。以下几个为非线性矩阵不等式的例子:

$$\boldsymbol{XY}+\boldsymbol{XB}>\boldsymbol{O} \tag{6.14}$$

$$\boldsymbol{AX}^2+\boldsymbol{CY}<\boldsymbol{O} \tag{6.15}$$

其中,式(6.14)也因耦合项 $\boldsymbol{XY}$ 而称为双线性矩阵不等式。

线性矩阵不等式可以作为约束条件,优化某些标量目标函数,例如

$$\max \gamma \tag{6.16}$$

$$\text{s.t.} \quad \boldsymbol{X} > \boldsymbol{O} \tag{6.17}$$

$$\begin{bmatrix} \boldsymbol{AX}+\boldsymbol{XB} & \boldsymbol{BZ} \\ \boldsymbol{Z}^{\mathrm{T}}\boldsymbol{B}^{\mathrm{T}} & -\gamma \boldsymbol{E} \end{bmatrix} < \boldsymbol{O} \tag{6.18}$$

上述关于线性矩阵不等式的可行解问题或者优化问题均可以通过 MATLAB 中的 LMI、SDP 等工具箱进行求解，而对于一般的非线性矩阵不等式则并不适用。比较特殊的是如下形式的广义特征值问题

$$\min \alpha \tag{6.19}$$

$$\text{s.t.} \quad F_1(\boldsymbol{X}_1,\boldsymbol{X}_2,\cdots,\boldsymbol{X}_r) + \alpha F_2(\boldsymbol{X}_1,\boldsymbol{X}_2,\cdots,\boldsymbol{X}_r) < \boldsymbol{O} \tag{6.20}$$

由于 α 是标量，在给定 α 的边界条件后同样可以通过 LMI、SDP 等工具箱进行求解。

从适用的角度出发，可以将上面提到的可行解问题、标量目标函数优化问题和广义特征值问题统称为线性矩阵不等式问题，其他的称为非线性矩阵不等式问题。非线性矩阵不等式问题需要通过一定的方法转化为线性矩阵不等式问题才能求解，需要注意的是，并不是所有的非线性矩阵不等式都可以线性化。更多关于矩阵不等式约束下的优化问题可以参考平方和方法(SoS)等先进技术。

6.2.2 非线性矩阵不等式的线性化

下面介绍三种常用的矩阵不等式线性化方法。

(1) 合同变换与变量替换

该方法主要适用于某些特殊的双线性矩阵不等式，通过合同变换和耦合项的整体变量替换实现。为此，首先回顾合同变换不改变矩阵的正(负)定性，即如下引理：

引理 6.1 设 $\boldsymbol{P}\in \mathbb{R}^{n\times n}$ 是正定矩阵(即 $\boldsymbol{P}>\boldsymbol{O}$)，则对于任意矩阵 $\boldsymbol{W}\in \mathbb{R}_n^{n\times n}$，均满足

$$\boldsymbol{W}^{\mathrm{T}}\boldsymbol{PW} > \boldsymbol{O} \tag{6.21}$$

证明 由 $\boldsymbol{P}$ 正定，可知对于任意非零向量 $\boldsymbol{x}\in \mathbb{R}^n$ 均有 $\boldsymbol{x}^{\mathrm{T}}\boldsymbol{Px}>0$。又因为 $\boldsymbol{W}$ 非奇异，有向量 $\boldsymbol{y}=\boldsymbol{Wx}\neq\boldsymbol{0}$。从而可得

$$\boldsymbol{x}^{\mathrm{T}}(\boldsymbol{W}^{\mathrm{T}}\boldsymbol{PW})\boldsymbol{x} = (\boldsymbol{Wx})^{\mathrm{T}}\boldsymbol{PWx} = \boldsymbol{y}^{\mathrm{T}}\boldsymbol{Py} > 0$$

即有 $\boldsymbol{W}^{\mathrm{T}}\boldsymbol{PW}>\boldsymbol{O}$ 成立。 □

下面通过两个例子进行说明。

例 6.4 试求解矩阵不等式

$$\boldsymbol{A}^{\mathrm{T}}\boldsymbol{P}+\boldsymbol{PA}+\boldsymbol{K}^{\mathrm{T}}\boldsymbol{B}^{\mathrm{T}}\boldsymbol{P}+\boldsymbol{PBK} < \boldsymbol{O} \tag{6.22}$$

其中，$\boldsymbol{P}>\boldsymbol{O}$ 和 $\boldsymbol{K}$ 为矩阵变量。

解 由于矩阵不等式(6.22)是双线性的，需先对其进行线性化。因 $\boldsymbol{P}$ 正定，可令 $\boldsymbol{Q}^{\mathrm{T}}=\boldsymbol{Q}=\boldsymbol{P}^{-1}$，并根据引理 6.1 对不等式(6.22)两端同时左乘和右乘 $\boldsymbol{Q}$ 可得

$$\boldsymbol{QA}^{\mathrm{T}}+\boldsymbol{AQ}+\boldsymbol{QK}^{\mathrm{T}}\boldsymbol{B}^{\mathrm{T}}+\boldsymbol{BKQ} < \boldsymbol{O} \tag{6.23}$$

接着令 $\boldsymbol{Y}=\boldsymbol{KQ}$，则有

$$\boldsymbol{QA}^{\mathrm{T}}+\boldsymbol{AQ}+\boldsymbol{Y}^{\mathrm{T}}\boldsymbol{B}^{\mathrm{T}}+\boldsymbol{BY} < \boldsymbol{O} \tag{6.24}$$

通过解线性矩阵不等式(6.24)，可以求出 $\boldsymbol{Q}$ 和 $\boldsymbol{Y}$，从而得 $\boldsymbol{P}=\boldsymbol{Q}^{-1}$。再利用 $\boldsymbol{Y}=\boldsymbol{KQ}$ 得 $\boldsymbol{K}=\boldsymbol{YQ}^{-1}=\boldsymbol{YP}$。 □

例 6.5 试求解矩阵不等式

$$\begin{bmatrix} A^{T}P+PA & PBK+C^{T}Q \\ K^{T}B^{T}P+QC & -2Q \end{bmatrix}<O \tag{6.25}$$

其中，$P>O$、$Q>O$和K为矩阵变量。

解 与例6.4类似，令$X^{T}=X=P^{-1}$，$Y^{T}=Y=Q^{-1}$。对不等式(6.25)两端同时左乘和右乘

$$\begin{bmatrix} X & \\ & Y \end{bmatrix}$$

可得

$$\begin{bmatrix} XA^{T}+AX & BKY+XC^{T} \\ YK^{T}B^{T}+CX & -2Y \end{bmatrix}<O \tag{6.26}$$

接着令$Z=KY$，则有

$$\begin{bmatrix} XA^{T}+AX & BZ+XC^{T} \\ Z^{T}B^{T}+CX & -2Y \end{bmatrix}<O \tag{6.27}$$

通过解线性矩阵不等式(6.27)，可以求出X、Y和Z，从而得$P=X^{-1}$及$Q=Y^{-1}$。再利用$Y=KQ$得$K=ZY^{-1}=ZQ$。 □

(2) Schur补

该方法主要适用于某些特殊的二次矩阵不等式，通过如下Schur补引理实现。

引理6.2(Schur补引理) 设矩阵

$$\Xi=\begin{bmatrix} S_{11} & S_{12} \\ S_{12}^{T} & S_{22} \end{bmatrix}$$

则$\Xi<O$与以下任一条等价：

(1) $S_{11}<O$，$S_{22}-S_{12}^{T}S_{11}^{-1}S_{12}<O$；

(2) $S_{22}<O$，$S_{11}-S_{12}S_{22}^{-1}S_{12}^{T}<O$。

例6.6 试求解矩阵不等式

$$A^{T}P+PA+PBR^{-1}B^{T}P+Q<O \tag{6.28}$$

其中，$P>O$和$Q>O$为矩阵变量，$R>O$为已知常值矩阵。

解 显然，式(6.28)是关于矩阵变量P和Q的二次矩阵不等式。因$-R<O$，则根据引理6.2可知式(6.28)等价于

$$\begin{bmatrix} A^{T}P+PA+Q & PB \\ B^{T}P & -R \end{bmatrix}<O$$

这是一个线性矩阵不等式，可以方便地获得P与Q的可行解。 □

若将式(6.28)变为

$$A^{T}P+PA-PBR^{-1}B^{T}P+Q<O \tag{6.29}$$

则无法直接用引理6.2，需要结合第一种方法进行一些处理。令$X=P^{-1}$，$Y=Q^{-1}$，并对式(6.29)两端同时左乘和右乘X，有

$$XA^{T}+AX-BR^{-1}B^{T}+XY^{-1}X<O$$

又因$-Y<O$，则再根据引理6.2可得

$$\begin{bmatrix} XA^{T}+AX-BR^{-1}B^{T} & X \\ X & -Y \end{bmatrix}<O$$

解出 X,Y 后即可获得 P,Q。

(3) S 引理

该方法主要适用于将含有一定关联的多个二次型不等式转化为单个线性矩阵不等式，通过如下 S 引理实现。

引理 6.3(S-Procedure) 设 $T_0,T_1\in\mathbb{R}^{n\times n}$ 为对称矩阵，如果存在标量 $\beta>0$ 使得

$$T_0-\beta T_1>O \tag{6.30}$$

那么，当 $x^{\mathrm T}T_1x\geqslant 0,\forall x\neq 0$ 时，$x^{\mathrm T}T_0x>0$ 成立。

引理 6.3 只是取了 S-引理中一种常用的特例。完整的 S-引理是丰富的，其证明也具有较大的难度，这里不作介绍。

例 6.7 设向量 y 满足二次型约束 $y^{\mathrm T}y\leqslant x^{\mathrm T}C^{\mathrm T}Cx,\forall x\neq 0$，试求在该约束下的二次型不等式

$$\begin{bmatrix}x & y\end{bmatrix}\begin{bmatrix}A^{\mathrm T}P+PA & PB\\ B^{\mathrm T}P & O\end{bmatrix}\begin{bmatrix}x\\ y\end{bmatrix}<0 \tag{6.31}$$

其中 $P>O$ 为矩阵变量。

解 记 $z=[x\quad y]^{\mathrm T}$。因为 $y^{\mathrm T}y\leqslant x^{\mathrm T}C^{\mathrm T}Cx$ 等价于

$$z^{\mathrm T}T_1z\geqslant 0,\quad T_1=\begin{bmatrix}C^{\mathrm T}C & O\\ O & -E\end{bmatrix}$$

若令

$$T_0=\begin{bmatrix}A^{\mathrm T}P+PA & PB\\ B^{\mathrm T}P & O\end{bmatrix}$$

则不等式(6.31)等价于 $z^{\mathrm T}(-T_0)z>0$。根据引理 6.3，若要在 $z^{\mathrm T}T_1z\geqslant 0$ 时 $z^{\mathrm T}(-T_0)z>0$ 成立，则只需求解线性矩阵不等式 $(-T_0)-\beta T_1>O$，即

$$\begin{bmatrix}A^{\mathrm T}P+PA+\beta C^{\mathrm T}C & PB\\ B^{\mathrm T}P & -\beta E\end{bmatrix}<O$$

其中，$\beta>0$ 为变量参数。 □

6.3 应用案例

6.3.1 线性系统的稳定与镇定

在现代控制系统中，常采用状态空间模型描述线性动态系统。一般的连续时间线性时不变系统的状态空间方程与式(3.46)～(3.47)一致，即

$$\dot{x}=Ax+Bu \tag{6.32}$$

$$y=Cx+Du \tag{6.33}$$

在不考虑控制作用(即 $u=0$，称为自治系统)时，自治系统渐近稳定的充分必要条件是如下 Lyapunov 方程有正定解 P：

$$A^{\mathrm T}P+PA=-Q \tag{6.34}$$

其中 $Q>O$ 为任意给定的常值矩阵。由于 $Q>O$ 的任意性，可取 $Q=E$。因此判断自治系统

渐近稳定分为两步：

(1) 求解矩阵方程(6.34)，获得解 $\boldsymbol{P}$；

(2) 判断矩阵 $\boldsymbol{P}$ 是否正定。

例 6.8 设系统的状态方程为

$$\dot{\boldsymbol{x}} = \boldsymbol{A}\boldsymbol{x} = \begin{bmatrix} -1 & 1 & 0 \\ 0 & -2 & 1 \\ 2 & 1 & -3 \end{bmatrix}\boldsymbol{x} \tag{6.35}$$

试判断该系统的渐近稳定性。

解 令 $\boldsymbol{Q}=\boldsymbol{E}=\text{diag}(1,1,1)$。为了求解矩阵方程

$$\boldsymbol{A}^{\text{T}}\boldsymbol{P} + \boldsymbol{P}\boldsymbol{A} = -\boldsymbol{E} \tag{6.36}$$

对其两端同时进行向量化，并根据推论 6.1 的第(3)条，有

$$(\boldsymbol{E} \otimes \boldsymbol{A}^{\text{T}} + \boldsymbol{A}^{\text{T}} \otimes \boldsymbol{E}) \cdot \text{vec}(\boldsymbol{P}) = -\text{vec}(\boldsymbol{E}) \tag{6.37}$$

设

$$\boldsymbol{P} = \begin{bmatrix} p_{11} & p_{12} & p_{13} \\ p_{21} & p_{22} & p_{23} \\ p_{31} & p_{32} & p_{33} \end{bmatrix}$$

则式(6.37)可写为线性方程组

$$\underbrace{\begin{bmatrix} -2 & 0 & 2 & 0 & 0 & 0 & 2 & 0 & 0 \\ 1 & -3 & 1 & 0 & 0 & 0 & 0 & 2 & 0 \\ 0 & 1 & -4 & 0 & 0 & 0 & 0 & 0 & 2 \\ 1 & 0 & 0 & -3 & 0 & 2 & 1 & 0 & 0 \\ 0 & 1 & 0 & 1 & -4 & 1 & 0 & 1 & 0 \\ 0 & 0 & 1 & 0 & 1 & -5 & 0 & 0 & 1 \\ 0 & 0 & 0 & 1 & 0 & 0 & -4 & 0 & 2 \\ 0 & 0 & 0 & 0 & 1 & 0 & 1 & -5 & 1 \\ 0 & 0 & 0 & 0 & 0 & 1 & 0 & 1 & -6 \end{bmatrix}}_{\boldsymbol{M}} \underbrace{\begin{bmatrix} p_{11} \\ p_{21} \\ p_{31} \\ p_{12} \\ p_{22} \\ p_{32} \\ p_{13} \\ p_{23} \\ p_{33} \end{bmatrix}}_{\boldsymbol{y}} = \underbrace{\begin{bmatrix} -1 \\ 0 \\ 0 \\ 0 \\ -1 \\ 0 \\ 0 \\ 0 \\ -1 \end{bmatrix}}_{\boldsymbol{b}}$$

解得

$$\boldsymbol{P} = \begin{bmatrix} 119/114 & 34/57 & 31/114 \\ 34/57 & 2/3 & 9/38 \\ 31/114 & 9/38 & 14/57 \end{bmatrix}$$

显然，$\boldsymbol{P}$ 是对称矩阵。又因为 $\boldsymbol{P}$ 的各阶顺序主子式

$$D_1 = \frac{119}{114} > 0, \quad D_2 = \begin{vmatrix} 119/114 & 34/57 \\ 34/57 & 2/3 \end{vmatrix} = \frac{519}{1\,526} > 0, \quad D_3 = \det(\boldsymbol{P}) = \frac{455}{8\,664} > 0$$

所以 $\boldsymbol{P}$ 正定，从而可得系统(6.35)是渐近稳定的。 □

若自治系统本身不稳定且系统状态完全可测时，采用状态反馈控制律 $\boldsymbol{u}=\boldsymbol{K}\boldsymbol{x}$，其中 $\boldsymbol{K}\in \mathbb{R}^{p\times n}$ 为待求控制增益矩阵。将控制律 $\boldsymbol{u}$ 代入状态方程(6.32)可得如下闭环系统：

$$\dot{\boldsymbol{x}} = (\boldsymbol{A} + \boldsymbol{B}\boldsymbol{K})\boldsymbol{x} \tag{6.38}$$

类似自治系统的情形，该闭环系统渐近稳定的充分必要条件是矩阵方程

$$(\boldsymbol{A}+\boldsymbol{BK})^{\mathrm{T}}\boldsymbol{P}+\boldsymbol{P}(\boldsymbol{A}+\boldsymbol{BK})=-\boldsymbol{Q} \tag{6.39}$$

存在正定解 $\boldsymbol{P}$。由于式(6.39)中存在耦合项 $\boldsymbol{PBK}$ 及其转置($\boldsymbol{P}$,$\boldsymbol{K}$ 均未知)，无法通过上面使用的矩阵向量化方法转化为线性方程组进行求解。然而，由 $\boldsymbol{Q}>\boldsymbol{O}$ 的任意性，矩阵方程(6.39)可替换为矩阵不等式

$$(\boldsymbol{A}+\boldsymbol{BK})^{\mathrm{T}}\boldsymbol{P}+\boldsymbol{P}(\boldsymbol{A}+\boldsymbol{BK})<\boldsymbol{O} \tag{6.40}$$

下面通过合同变换与变量替换的方法(参考 6.2.2 节)找到可行解 $\boldsymbol{P}$ 并求出控制增益 $\boldsymbol{K}$。令 $\boldsymbol{X}=\boldsymbol{X}^{\mathrm{T}}=\boldsymbol{P}^{-1}$，对不等式(6.40)两端同时左乘和右乘 $\boldsymbol{X}$，可得

$$\boldsymbol{XA}^{\mathrm{T}}+\boldsymbol{XK}^{\mathrm{T}}\boldsymbol{B}^{\mathrm{T}}+\boldsymbol{AX}+\boldsymbol{BKX}<\boldsymbol{O} \tag{6.41}$$

再令 $\boldsymbol{Y}=\boldsymbol{KX}$，得到线性矩阵不等式

$$\boldsymbol{XA}^{\mathrm{T}}+\boldsymbol{Y}^{\mathrm{T}}\boldsymbol{B}^{\mathrm{T}}+\boldsymbol{AX}+\boldsymbol{BY}<\boldsymbol{O} \tag{6.42}$$

利用 LMI 工具解出 $\boldsymbol{X}$ 后，即可获得 $\boldsymbol{P}=\boldsymbol{X}^{-1}$ 且 $\boldsymbol{K}=\boldsymbol{YX}^{-1}=\boldsymbol{YP}$。需要注意的是，并不总是存在控制增益矩阵 $\boldsymbol{K}$ 使闭环系统渐近稳定，需要满足系统可镇定的条件，即矩阵对($\boldsymbol{A}$,$\boldsymbol{B}$)完全能控或者不能控部分本身就是渐近稳定的，详细内容可以参考线性系统相关文献。

例 6.9　设系统的状态方程为

$$\dot{\boldsymbol{x}}=\boldsymbol{Ax}+\boldsymbol{Bu}=\begin{bmatrix}-1 & 1 & 0\\ 0 & -2 & 1\\ 2 & 1 & 3\end{bmatrix}\boldsymbol{x}+\begin{bmatrix}0\\1\\1\end{bmatrix}\boldsymbol{u} \tag{6.43}$$

$$\boldsymbol{u}=\boldsymbol{Kx} \tag{6.44}$$

试求控制增益矩阵 $\boldsymbol{K}$，使得系统(6.43)渐近稳定。

解　将系统参数矩阵

$$\boldsymbol{A}=\begin{bmatrix}-1 & 1 & 0\\ 0 & -2 & 1\\ 2 & 1 & 3\end{bmatrix}\quad 和 \quad \boldsymbol{B}=\begin{bmatrix}0\\1\\1\end{bmatrix}$$

代入线性矩阵不等式(6.42)，利用 LMI 工具箱可以求出

$$\boldsymbol{P}=\begin{bmatrix}1.6025 & 0.0154 & 0.0249\\ 0.0154 & 0.9754 & 0.0347\\ 0.0249 & 0.0347 & 0.9553\end{bmatrix},\quad \boldsymbol{K}=[-1.8349 \quad 1.4018 \quad -3.3974] \tag{6.45}$$

即在控制增益 $\boldsymbol{K}$ 的作用下，本例考虑的闭环系统渐近稳定。由于 $\boldsymbol{P}$ 不唯一，故 $\boldsymbol{K}$ 也不唯一。 □

6.3.2　多智能体系统的一致性控制

多智能体系统描述了由一系列具有简单智能的子系统组成、以实现特定任务目标的复杂系统，不同智能体之间通过分布式传感器与网络通信等技术进行必要信息交互。多智能体控制问题主要包括一致性、包含、编队等，在飞行器编队、多机器人协作、交通控制等领域具有广泛的应用。下面以“领航者-跟随者”线性多智能体系统的一致性控制为例，对前面学习的矩阵相关知识进行运用。

考虑某多智能体系统包括 N 个跟随者智能体和 1 个领航者智能体。利用图论知识，将每个智能体作为拓扑图中的一个节点，智能体之间的通信作为拓扑图中的边。在跟随者智能

体中，如果智能体 i 可以向智能体 j 发送信息，则记 $a_{ij}=1$ 并称 i 是 j 的邻居，否则记 $a_{ij}=0$。这里考虑跟随者间是无向图，故总有 $a_{ij}=a_{ji}$。描述 N 个智能体连接关系的邻接矩阵记为$\boldsymbol{A}=[a_{ij}]\in\mathbb{R}^{N\times N}$。定义矩阵

$$\boldsymbol{L}=\begin{bmatrix}\sum\limits_{j\neq 1}a_{1j} & -a_{12} & -a_{13} & \cdots & -a_{1N}\\ -a_{21} & \sum\limits_{j\neq 2}a_{2j} & -a_{23} & \cdots & -a_{2N}\\ \vdots & \vdots & \vdots & \ddots & \vdots\\ -a_{N1} & -a_{N2} & -a_{N3} & \cdots & \sum\limits_{j\neq N}a_{Nj}\end{bmatrix} \tag{6.46}$$

称 $\boldsymbol{L}\in\mathbb{R}^{N\times N}$ 为 Laplacian 矩阵，显见其各行和均为零。领航者与跟随者之间的通信是有向图，即仅有领航者向跟随者发送信息。如果领航者可以向跟随者 i 发送信息，则记为 $a_{0i}=1$，否则 $a_{0i}=0$。定义对角矩阵 $\boldsymbol{F}=\mathrm{diag}(a_{01},a_{02},\cdots,a_{0N})$，并令 $\boldsymbol{M}=\boldsymbol{L}+\boldsymbol{F}$。这里假设领航者可以通过有向路径到达任何一个跟随者。

每个跟随者智能体的状态空间模型与式(6.32)～式(6.33)保持一致，即

$$\dot{\boldsymbol{x}}_i=\boldsymbol{A}\boldsymbol{x}_i+\boldsymbol{B}\boldsymbol{u}_i \tag{6.47}$$

$$\boldsymbol{y}_i=\boldsymbol{C}\boldsymbol{x}_i,\quad i=1,2,\cdots,N \tag{6.48}$$

其中，$\boldsymbol{x}_i$、$\boldsymbol{u}_i$、$\boldsymbol{y}_i$ 分别为跟随者智能体的状态、输入、输出。设领航者是自治系统，即

$$\dot{\boldsymbol{x}}_0=\boldsymbol{A}\boldsymbol{x}_0 \tag{6.49}$$

$$\boldsymbol{y}_0=\boldsymbol{C}\boldsymbol{x}_0 \tag{6.50}$$

其中，$\boldsymbol{x}_0$ 和 $\boldsymbol{y}_0$ 分别为领航者的状态和输出。

假设各智能体的内部状态不可测量，采用状态观测器对状态进行估计。一致性控制的目标是设计基于观测器的控制协议使所有的跟随者智能体的状态能够渐近跟踪领航者智能体的状态，即

$$\lim_{t\to\infty}\|\boldsymbol{x}_i-\boldsymbol{x}_0\|=0,\quad i=1,2,\cdots,N \tag{6.51}$$

为了保证控制器和观测器存在，这里假设矩阵对$(\boldsymbol{A},\boldsymbol{B})$能控，$(\boldsymbol{C},\boldsymbol{A})$能观测。

采用如下基于观测器的控制协议

$$\boldsymbol{u}_i=\boldsymbol{K}\sum_{j=1}^{N}a_{ij}(\hat{\boldsymbol{x}}_i-\hat{\boldsymbol{x}}_j)+a_{0i}\boldsymbol{K}(\hat{\boldsymbol{x}}_i-\boldsymbol{x}_0) \tag{6.52}$$

$$\dot{\hat{\boldsymbol{x}}}_i=\boldsymbol{A}\hat{\boldsymbol{x}}_i+\boldsymbol{B}\boldsymbol{u}_i+\boldsymbol{L}\sum_{j=1}^{N}a_{ij}(\tilde{\boldsymbol{y}}_i-\tilde{\boldsymbol{y}}_j)+a_{0i}\boldsymbol{L}\tilde{\boldsymbol{y}}_i \tag{6.53}$$

其中，$\boldsymbol{K}\in\mathbb{R}^{p\times n}$为待求控制增益矩阵，$\boldsymbol{L}\in\mathbb{R}^{n\times q}$为待求观测器增益矩阵，$\tilde{\boldsymbol{y}}_i=\boldsymbol{y}-\boldsymbol{C}\hat{\boldsymbol{x}}$。设观测器的状态估计误差为 $\tilde{\boldsymbol{x}}=\boldsymbol{x}-\hat{\boldsymbol{x}}$，其中 $\boldsymbol{x}=[\boldsymbol{x}_1^{\mathrm{T}}\quad \boldsymbol{x}_2^{\mathrm{T}}\quad\cdots\quad \boldsymbol{x}_N^{\mathrm{T}}]^{\mathrm{T}}$，$\hat{\boldsymbol{x}}=[\hat{\boldsymbol{x}}_1^{\mathrm{T}}\quad \hat{\boldsymbol{x}}_2^{\mathrm{T}}\quad\cdots\quad \hat{\boldsymbol{x}}_N^{\mathrm{T}}]^{\mathrm{T}}$。

因为

$$\begin{aligned}\dot{\tilde{\boldsymbol{x}}}_i&=\boldsymbol{A}\boldsymbol{x}_i+\boldsymbol{B}\boldsymbol{u}_i-\boldsymbol{A}\hat{\boldsymbol{x}}_i-\boldsymbol{B}\boldsymbol{u}_i-\boldsymbol{L}\sum_{j=1}^{N}a_{ij}(\tilde{\boldsymbol{y}}_i-\tilde{\boldsymbol{y}}_j)-a_{0i}\boldsymbol{L}\tilde{\boldsymbol{y}}_i\\&=\boldsymbol{A}\tilde{\boldsymbol{x}}_i-\boldsymbol{L}\boldsymbol{C}\sum_{j=1}^{N}a_{ij}(\tilde{\boldsymbol{x}}_i-\tilde{\boldsymbol{x}}_j)-a_{0i}\boldsymbol{L}\boldsymbol{C}\tilde{\boldsymbol{x}}_i\end{aligned}$$

不难计算

$$\dot{\tilde{\boldsymbol{x}}}=\begin{bmatrix}\dot{\tilde{\boldsymbol{x}}}_1\\ \dot{\tilde{\boldsymbol{x}}}_2\\ \vdots\\ \dot{\tilde{\boldsymbol{x}}}_N\end{bmatrix}=\begin{bmatrix}\boldsymbol{A}\tilde{\boldsymbol{x}}_1-\boldsymbol{LC}\sum_{j=1}^{N}a_{1j}(\tilde{\boldsymbol{x}}_1-\tilde{\boldsymbol{x}}_j)-a_{01}\boldsymbol{LC}\tilde{\boldsymbol{x}}_1\\ \boldsymbol{A}\tilde{\boldsymbol{x}}_2-\boldsymbol{LC}\sum_{j=1}^{N}a_{2j}(\tilde{\boldsymbol{x}}_2-\tilde{\boldsymbol{x}}_j)-a_{02}\boldsymbol{LC}\tilde{\boldsymbol{x}}_2\\ \vdots\\ \boldsymbol{A}\tilde{\boldsymbol{x}}_N-\boldsymbol{LC}\sum_{j=1}^{N}a_{Nj}(\tilde{\boldsymbol{x}}_N-\tilde{\boldsymbol{x}}_j)-a_{0N}\boldsymbol{LC}\tilde{\boldsymbol{x}}_N\end{bmatrix}$$

$$=\begin{bmatrix}(\boldsymbol{A}-a_{01}\boldsymbol{LC})\tilde{\boldsymbol{x}}_1\\ (\boldsymbol{A}-a_{02}\boldsymbol{LC})\tilde{\boldsymbol{x}}_2\\ \vdots\\ (\boldsymbol{A}-a_{0N}\boldsymbol{LC})\tilde{\boldsymbol{x}}_N\end{bmatrix}-\begin{bmatrix}(\sum_{j\neq 1}a_{1j})\boldsymbol{LC}\tilde{\boldsymbol{x}}_1+\sum_{j=1}^{N}(-a_{1j})\boldsymbol{LC}\tilde{\boldsymbol{x}}_j\\ (\sum_{j\neq 2}a_{2j})\boldsymbol{LC}\tilde{\boldsymbol{x}}_2+\sum_{j=1}^{N}(-a_{2j})\boldsymbol{LC}\tilde{\boldsymbol{x}}_j\\ \vdots\\ (\sum_{j\neq N}a_{Nj})\boldsymbol{LC}\tilde{\boldsymbol{x}}_N+\sum_{j=1}^{N}(-a_{Nj})\boldsymbol{LC}\tilde{\boldsymbol{x}}_j\end{bmatrix}$$

$$=(\boldsymbol{E}_N\otimes\boldsymbol{A}-\boldsymbol{\mathsf{F}}\otimes\boldsymbol{LC})\begin{bmatrix}\tilde{\boldsymbol{x}}_1\\ \tilde{\boldsymbol{x}}_2\\ \vdots\\ \tilde{\boldsymbol{x}}_N\end{bmatrix}-\begin{bmatrix}\sum_{j\neq 1}a_{1j} & -a_{12} & \cdots & -a_{1N}\\ -a_{21} & \sum_{j\neq 2}a_{2j} & \cdots & -a_{2N}\\ \vdots & & & \\ -a_{N1} & -a_{N2} & \cdots & \sum_{j\neq N}a_{1j}\end{bmatrix}\otimes\boldsymbol{LC}\begin{bmatrix}\tilde{\boldsymbol{x}}_1\\ \tilde{\boldsymbol{x}}_2\\ \vdots\\ \tilde{\boldsymbol{x}}_N\end{bmatrix}$$

$$=(\boldsymbol{E}_N\otimes\boldsymbol{A}-\boldsymbol{\mathsf{F}}\otimes\boldsymbol{LC})\tilde{\boldsymbol{x}}-(\boldsymbol{\mathsf{L}}\otimes\boldsymbol{LC})\tilde{\boldsymbol{x}}$$

又由 $\boldsymbol{M}=\boldsymbol{\mathsf{L}}+\boldsymbol{\mathsf{F}}$，从而导出状态观测误差的动态方程为

$$\dot{\tilde{\boldsymbol{x}}}=(\boldsymbol{E}_N\otimes\boldsymbol{A}-\boldsymbol{M}\otimes\boldsymbol{LC})\tilde{\boldsymbol{x}} \tag{6.54}$$

设跟随者智能体与领航者智能体的跟踪误差为 $\boldsymbol{e}_i=\boldsymbol{x}_0-\boldsymbol{x}_i$，则有

$$\begin{aligned}\dot{\boldsymbol{e}}_i&=\boldsymbol{A}\boldsymbol{x}_0-\boldsymbol{A}\boldsymbol{x}_i-\boldsymbol{BK}\sum_{j=1}^{N}a_{ij}(\hat{\boldsymbol{x}}_i-\hat{\boldsymbol{x}}_j)-a_{0i}\boldsymbol{BK}(\hat{\boldsymbol{x}}_i-\boldsymbol{x}_0)\\&=\boldsymbol{A}\boldsymbol{e}_i+\boldsymbol{BK}\sum_{j=1}^{N}a_{ij}(\boldsymbol{e}_i-\boldsymbol{e}_j+\tilde{\boldsymbol{x}}_i-\tilde{\boldsymbol{x}}_j)+a_{0i}\boldsymbol{BK}(\boldsymbol{e}_i+\tilde{\boldsymbol{x}}_i)\end{aligned}$$

类似于观测器误差系统的推导过程，不难计算：

$$\dot{\boldsymbol{e}}=\begin{bmatrix}\dot{\boldsymbol{e}}_1\\ \dot{\boldsymbol{e}}_2\\ \vdots\\ \dot{\boldsymbol{e}}_N\end{bmatrix}=\begin{bmatrix}\boldsymbol{A}\boldsymbol{e}_1+\boldsymbol{BK}\sum_{j=1}^{N}a_{1j}(\boldsymbol{e}_1-\boldsymbol{e}_j+\tilde{\boldsymbol{x}}_1-\tilde{\boldsymbol{x}}_j)+a_{01}\boldsymbol{BK}(\boldsymbol{e}_1+\tilde{\boldsymbol{x}}_1)\\ \boldsymbol{A}\boldsymbol{e}_2+\boldsymbol{BK}\sum_{j=1}^{N}a_{2j}(\boldsymbol{e}_2-\boldsymbol{e}_j+\tilde{\boldsymbol{x}}_2-\tilde{\boldsymbol{x}}_j)+a_{02}\boldsymbol{BK}(\boldsymbol{e}_2+\tilde{\boldsymbol{x}}_2)\\ \vdots\\ \boldsymbol{A}\boldsymbol{e}_N+\boldsymbol{BK}\sum_{j=1}^{N}a_{Nj}(\boldsymbol{e}_N-\boldsymbol{e}_j+\tilde{\boldsymbol{x}}_N-\tilde{\boldsymbol{x}}_j)+a_{0N}\boldsymbol{BK}(\boldsymbol{e}_N+\tilde{\boldsymbol{x}}_N)\end{bmatrix}$$

$$=(\boldsymbol{E}_N\otimes\boldsymbol{A}+\boldsymbol{M}\otimes\boldsymbol{BK})\boldsymbol{e}+(\boldsymbol{M}\otimes\boldsymbol{BK})\tilde{\boldsymbol{x}} \tag{6.55}$$

将观测器误差系统(6.54)和跟踪误差系统(6.55)联立得到总的误差系统为

$$\begin{bmatrix}\dot{e}\\ \dot{\tilde{x}}\end{bmatrix}=\begin{bmatrix}\boldsymbol{E}_N\otimes\boldsymbol{A}+\boldsymbol{M}\otimes\boldsymbol{BK} & \boldsymbol{M}\otimes\boldsymbol{BK}\\ \boldsymbol{O} & \boldsymbol{E}_N\otimes\boldsymbol{A}-\boldsymbol{M}\otimes\boldsymbol{LC}\end{bmatrix}\begin{bmatrix}e\\ \tilde{x}\end{bmatrix} \tag{6.56}$$

只要找到控制增益矩阵 $\boldsymbol{K}$ 和观测器增益矩阵 $\boldsymbol{L}$ 使得误差系统(6.56)渐近稳定,即可实现最初的一致性控制目标。借鉴文献[2]的证明过程,有如下结论。

定理 6.4 如果取控制增益矩阵 $\boldsymbol{K}=-\gamma\boldsymbol{B}^{\mathrm{T}}\boldsymbol{P}_1$,观测器增益矩阵为 $\boldsymbol{L}=\gamma\boldsymbol{P}_2^{-1}\boldsymbol{C}^{\mathrm{T}}$,其中 $\gamma\geqslant 1/\lambda_{\min}(\boldsymbol{M})$,$\boldsymbol{P}_1>\boldsymbol{O}$ 和 $\boldsymbol{P}_2>\boldsymbol{O}$ 满足线性矩阵不等式

$$\begin{bmatrix}\boldsymbol{A}^{\mathrm{T}}\boldsymbol{P}_1+\boldsymbol{P}_1\boldsymbol{A} & \boldsymbol{P}_1\boldsymbol{B}\\ \boldsymbol{B}^{\mathrm{T}}\boldsymbol{P}_1 & -\boldsymbol{E}_p/2\end{bmatrix}<\boldsymbol{O} \tag{6.57}$$

$$\boldsymbol{A}^{\mathrm{T}}\boldsymbol{P}_2+\boldsymbol{P}_2\boldsymbol{A}-2\boldsymbol{C}^{\mathrm{T}}\boldsymbol{C}<\boldsymbol{O} \tag{6.58}$$

那么,误差系统(6.56)渐近稳定。

例 6.10 考虑由 5 个跟随者和 1 个领航者构成的多智能体系统,其参数矩阵为

$$\boldsymbol{A}=\begin{bmatrix}0 & 1\\ -1 & 0\end{bmatrix},\quad \boldsymbol{B}=\begin{bmatrix}1\\ 1\end{bmatrix},\quad \boldsymbol{C}=\begin{bmatrix}1 & 0\end{bmatrix}$$

设智能体之间通信拓扑图如图 6.1 所示,试求控制器增益和观测器增益,并绘图验证一致性控制的效果。

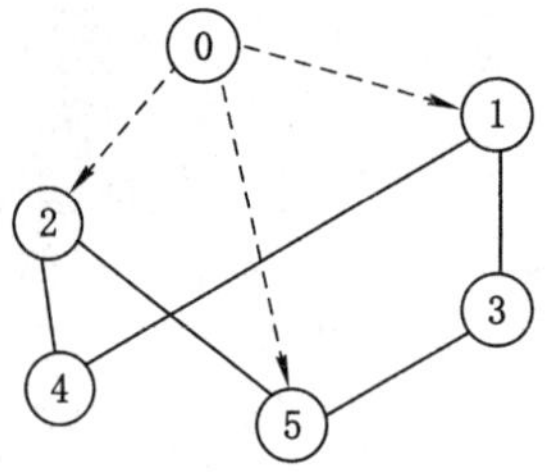

图 6.1 多智能体系统的通信拓扑图

解 由通信拓扑图可以看到领航者智能体 0 可以向跟随者智能体 1、2、5 发送信息,即有 $\boldsymbol{F}=\mathrm{diag}(1,1,0,0,1)$,跟随者之间通信的 Laplacian 矩阵为

$$\boldsymbol{L}=\begin{bmatrix}2 & 0 & -1 & -1 & 0\\ 0 & 2 & 0 & -1 & -1\\ -1 & 0 & 2 & 0 & -1\\ -1 & -1 & 0 & 2 & 0\\ 0 & -1 & -1 & 0 & 2\end{bmatrix}$$

从而可以计算出

$$\boldsymbol{M}=\boldsymbol{L}+\boldsymbol{F}=\begin{bmatrix}3 & 0 & -1 & -1 & 0\\ 0 & 3 & 0 & -1 & -1\\ -1 & 0 & 2 & 0 & -1\\ -1 & -1 & 0 & 2 & 0\\ 0 & -1 & -1 & 0 & 3\end{bmatrix}$$

并且有 $\gamma\geqslant 1/\lambda_{\min}(\boldsymbol{M})=1.927\,5$,取 $\gamma=2$。解线性矩阵不等式(6.57)~(6.58)可得

$$P_1 = \begin{bmatrix} 0.1075 & -0.0080 \\ -0.0080 & 0.1440 \end{bmatrix}, \quad P_2 = \begin{bmatrix} 0.9554 & -0.3608 \\ -0.3608 & 0.9554 \end{bmatrix}$$

根据定理 6.4，获得控制增益矩阵和观测器增益矩阵分别为

$$K = -\gamma B^{\mathrm{T}} P_1 = [-0.1990 \quad -0.2719], \quad L = \gamma P_2^{-1} C^{\mathrm{T}} = \begin{bmatrix} 2.4417 \\ 0.9221 \end{bmatrix}$$

将其分别代入基于观测器的控制协议(6.52)～(6.53)，并对原多智能体系统进行仿真，绘制的各个智能体的状态轨迹如图 6.2 所示，结果表明达到了多智能体一致性控制目标。 □

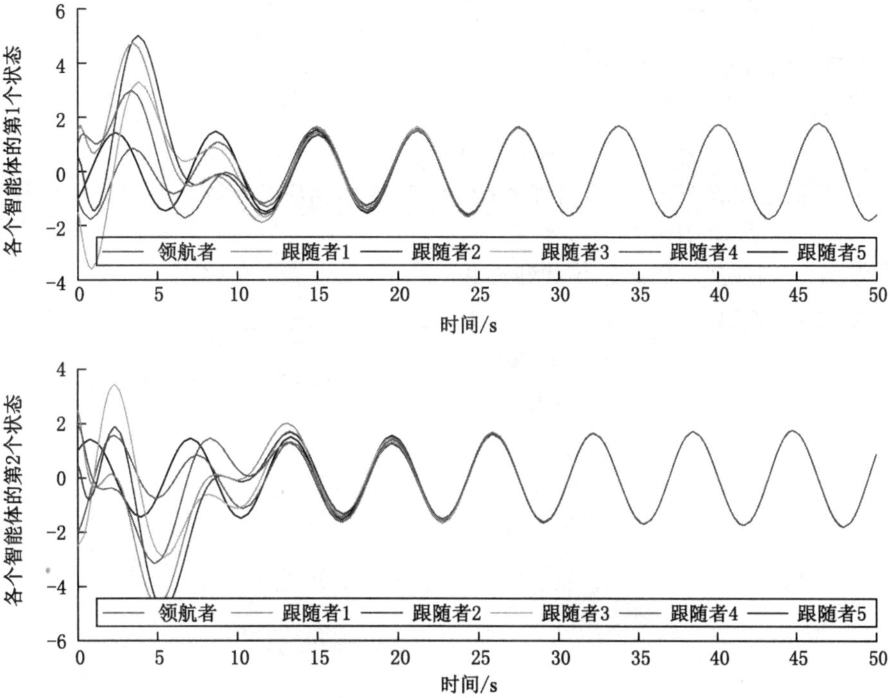

图 6.2 多智能体系统一致性控制效果

6.4 习题

6-1 设矩阵

$$A = \begin{bmatrix} 3 & -3 & 1 \\ 4 & 4 & -4 \end{bmatrix}, \quad B = \begin{bmatrix} 1 & 2 \\ -3 & -4 \end{bmatrix}$$

试计算 $A \otimes B$ 和 $B \otimes A^{\mathrm{T}}$。

6-2 设矩阵

$$A = \begin{bmatrix} 2 & -2 \\ 3 & 2 \end{bmatrix}, \quad B = \begin{bmatrix} 5 & 1 \\ -2 & 3 \end{bmatrix}$$

计算 $\mathrm{rank}(A \otimes B)$，$\mathrm{trace}(A \otimes B)$ 以及 $\det(A \otimes B)$。

6-3 设矩阵 $\boldsymbol{A}\in\mathbb{C}^{m\times n}$，$\boldsymbol{B}\in\mathbb{C}^{p\times q}$，$\boldsymbol{C}\in\mathbb{C}^{n\times s}$，$\boldsymbol{D}\in\mathbb{C}^{q\times l}$，证明：

$$(\boldsymbol{A}\otimes\boldsymbol{B})(\boldsymbol{C}\otimes\boldsymbol{D})=(\boldsymbol{AC})\otimes(\boldsymbol{BD})$$

6-4 设矩阵

$$\boldsymbol{A}=\begin{bmatrix}-2 & -3 & 2\\ 7 & 6 & 8\end{bmatrix}$$

写出 $\mathrm{rvec}(\boldsymbol{A})$和 $\mathrm{vec}(\boldsymbol{A})$。

6-5 已知矩阵

$$\boldsymbol{A}=\begin{bmatrix}0 & 3\\ -3 & 1\end{bmatrix},\quad \boldsymbol{B}=\begin{bmatrix}-1 & -1\\ 0 & -4\end{bmatrix},\quad \boldsymbol{C}=\begin{bmatrix}0 & -1\\ 0 & 4\end{bmatrix}$$

试求矩阵方程 $\boldsymbol{AXB}+\boldsymbol{CX}=\boldsymbol{C}$ 的解 $\boldsymbol{X}$。

6-6 已知

$$f(\boldsymbol{x})=\boldsymbol{x}_1^2-2\boldsymbol{x}_1\boldsymbol{x}_3+2\boldsymbol{x}_2^2+3\boldsymbol{x}_3^2$$

判断 $f(\boldsymbol{x})$是否正定？若非正定，给出理由；若正定，给出相应的矩阵不等式等价条件。

6-7 证明 Schur 补引理 6.2。

6-8 试将下列非线性矩阵不等式线性化：

(1) $(\boldsymbol{A}-\boldsymbol{LC})^{\mathrm{T}}\boldsymbol{P}(\boldsymbol{A}-\boldsymbol{LC})-\boldsymbol{P}<\boldsymbol{O}$，其中 $\boldsymbol{P}>\boldsymbol{O}$ 和 $\boldsymbol{L}$ 为矩阵变量；

(2) $\begin{bmatrix}\boldsymbol{A}^{\mathrm{T}}\boldsymbol{PA}-\boldsymbol{P}+\boldsymbol{C}^{\mathrm{T}}\boldsymbol{RC} & \boldsymbol{A}^{\mathrm{T}}\boldsymbol{PB}\\ \boldsymbol{B}^{\mathrm{T}}\boldsymbol{PA} & \boldsymbol{B}^{\mathrm{T}}\boldsymbol{PB}-\boldsymbol{R}\end{bmatrix}<\boldsymbol{O}$，其中 $\boldsymbol{P}>\boldsymbol{O}$ 和 $\boldsymbol{R}>\boldsymbol{O}$ 为矩阵变量。

参考文献

[1] BOYD S P. Linear matrix inequalities in system and control theory[M]. Philadelphia: Society for Industrial and Applied Mathematics,1994.

[2] CAO W,ZHANG J,REN W. Leader-follower consensus of linear multi-agent systems with unknown external disturbances[J]. Systems & control letters,2015,82:64-70.

[3] HESPANHA J P. Linear systems theory[M]. Princeton: Princeton University Press,2009.

[4] 陈祖明,周家胜. 矩阵分析引论[M]. 2 版. 北京:北京航空航天大学出版社,2013.

[5] 程云鹏,张凯院,徐仲. 矩阵论[M]. 西安:西北工业大学出版社,2006.

[6] 刘金琨. RBF 神经网络自适应控制及 MATLAB 仿真[M]. 2 版. 北京:清华大学出版社,2018.

[7] 邱启荣. 矩阵理论及其应用[M]. 北京:中国电力出版社,2008.

[8] 邱启荣. 矩阵论与数值分析理论及其工程应用[M]. 2 版. 北京:清华大学出版社,2013.

[9] 杨明,刘先忠. 矩阵论[M]. 2 版. 武汉:华中科技大学出版社,2010.

[10] 张宏伟,金光日,施吉林,等. 计算机科学计算[M]. 2 版. 北京:高等教育出版社,2013.

[11] 张凯院,徐仲. 矩阵论[M]. 北京:科学出版社,2013.

[12] 张嗣瀛,高立群. 现代控制理论[M]. 2 版. 北京:清华大学出版社,2017.

[13] 张贤达. 矩阵分析与应用[M]. 2 版. 北京:清华大学出版社,2013.

[14] 张贤达,周杰. 矩阵论及其工程应用[M]. 北京:清华大学出版社,2015.

[15] 张跃辉. 矩阵理论与应用[M]. 北京:科学出版社,2011.